机械制图与识图
从入门到精通

周明贵 郭红利 刘庆立 王靓 编著

化学工业出版社

·北京·

内 容 提 要

本书为帮助读者掌握在机械产品设计或制造过程中需要绘制和识读机械图样的基本技能而编写，书中通过大量范例系统全面地介绍了机械工程图样的识读和绘制方法，能有效训练和提高读者识读和绘制机械工程图样的技能。

本书内容包括：《技术制图》与《机械制图》国家标准基本规定、基本绘图技术、投影基础、机件图样的画法、轴测图、标准件和常用件、典型零件的视图选择、尺寸标注、零件的技术要求、零件图、装配图、零部件测绘、其他机械图样等。书中列举的大量范例以工程实例为主，涉及机械工程的各个方面，具有示范参考、举一反三的作用。同时书中配套提供了讲解视频，手机扫二维码即可观看，以直观的方式为读者讲解了机械制图与识图的方法与技巧，一目了然，便于掌握。

本书内容由浅入深，循序渐进，既有基本知识、基本训练，又有提高训练，各部分训练题目均有参考答案。本书既可供初学者能尽快掌握绘制和阅读机械图样的基本技能，又可为高校机械设计及相关专业师生进一步提高识读机械图样的技巧和方法提供有益帮助，还可供从事机械设计及相关技术工作的工程技术人员参考使用。

图书在版编目（CIP）数据

机械制图与识图从入门到精通/周明贵等编著. —北京：化学工业出版社，2020.6（2025.5 重印）
ISBN 978-7-122-36289-6

Ⅰ.①机… Ⅱ.①周… Ⅲ.①机械制图②机械图-识图 Ⅳ.①TH126

中国版本图书馆 CIP 数据核字（2020）第 032589 号

责任编辑：张兴辉 毛振威　　　　　　　　　　　文字编辑：温潇潇 陈小滔
责任校对：张雨彤　　　　　　　　　　　　　　　装帧设计：刘丽华

出版发行：化学工业出版社（北京市东城区青年湖南街 13 号　邮政编码 100011）
印　　装：河北延风印务有限公司
787mm×1092mm　1/16　印张 29¼　字数 711 千字　2025 年 5 月北京第 1 版第 11 次印刷

购书咨询：010-64518888　　　　　　　　　　　售后服务：010-64518899
网　　址：http://www.cip.com.cn
凡购买本书，如有缺损质量问题，本社销售中心负责调换。

定　　价：99.00 元

前言

　　本书是在认真总结和充分吸收多年来的教学与教改成功经验的基础上，结合工程实际对机械图样的绘制与识读需求，由先后出版的《机械制图》《机械绘图与识图实例教程》《机械绘图与识图 300 例》《模具制图》《工程制图》等若干套制图教材和教学参考书进行精心整合、扩充编写而成。该书的着力点在于培养读者绘制与识读机械工程图样的方法和技巧，提高读者绘图与识图的基本能力。

　　本书主要有以下特点：

　　1. 对基本投影理论进行了新的总结和提炼。本书以点、线、面的投影为基础理论，立足于绘图、识图基础知识的讲解与训练。

　　2. 加强基础，突出重点，注重实用性。本书在编写中特别重视实用性，书中列举的大量范例以工程实例为主，涉及机械工程的各个方面，具有示范参考、举一反三的作用。

　　3. 书中配套提供了讲解视频、动画，手机扫二维码即可观看，以直观的方式为读者讲解了机械制图与识图的方法和技巧，一目了然，便于掌握。

　　4. 力求表述简练，精心设计和选用图例，将文字说明和图例紧密结合，使描述重点突出，条理分明。

　　5. 书中内容既有基本内容，又有提高内容，提高部分带有"﹡"号。训练题目均带有参考答案和三维直观图，方便读者参考。

　　6. 为使本书有较大的适应性，在内容上尽量使其较为全面、详尽。例如：特编写了其他工程图样章节，内容包括：表面展开图、焊接图、模具图、铸件图、锻件图、工序简图、装配系统图与装配工艺系统图、机构运动简图、塑性成形零件图等。

　　7. 全书内容科学准确、语言流畅、逻辑性强，图例丰富、插图清晰。本书全部采用我国最新颁布的《技术制图》与《机械制图》国家标准及与制图相关的其他标准。

　　本书由周明贵、郭红利、刘庆立、王靓编著。

　　本书适用于工程技术人员、高等院校和中等专业学校的教师和学生使用。

　　由于编者水平有限，编写时间仓促，书中可能存在一些疏漏，欢迎读者给予批评指正。

编著者

2020 年 1 月

目录

03 第3章 投影基础 …………………………………… 038

04 第4章 机件图样的画法 131

05 第5章 轴测图 172

第6章　06　标准件和常用件 ……………………………… 185

第10章 零件图

第11章 装配图

＊第12章 12 零部件测绘 ……………………………………………… 345

第13章 13 其他机械图样简介 ……………………………………… 354

附　录 ……………………………………………………… 395

训练与提高答案 ▶ ………………………………………… 418

参考文献 …………………………………………………… 456

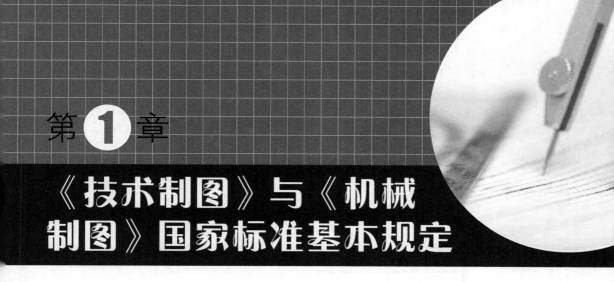

第①章

《技术制图》与《机械制图》国家标准基本规定

　　《技术制图》是基础技术标准，是各种专业技术图样的通则性规定。《机械制图》是机械专业制图标准。为了准确无误地交流技术思想，绘制和阅读工程图样时必须严格遵守《技术制图》和《机械制图》国家标准的有关规定。

　　国家标准简称"国标"，其代号为汉语拼音字母"GB"，如"GB/T 14689—2008"，其中"T"表示推荐性标准，字母后的数字为标准的编号，连接号后的数字为该标准颁布或最终修订的年份。

　　本节主要介绍最新修订本的基本内容，如图纸幅面和格式、比例、图线、字体和尺寸注法等相关规定。

1.1 图纸幅面及格式 （GB/T 14689—2008）

1.1.1 图纸幅面尺寸

　　为了使图纸幅面统一，便于装订和保管，绘制图样时应优先采用表1-1中规定的基本幅面。必要时允许采用国家标准所规定的加长幅面，如图1-1所示（尺寸由基本幅面的短边成倍数增加后得出）。

表 1-1　基本幅面及周边尺寸　　　　　　　　　　　　　　mm

幅面代号	A0	A1	A2	A3	A4
$B \times L$	841×1189	594×841	420×594	297×420	210×297
a	25				
c	10			5	
e	20		10		

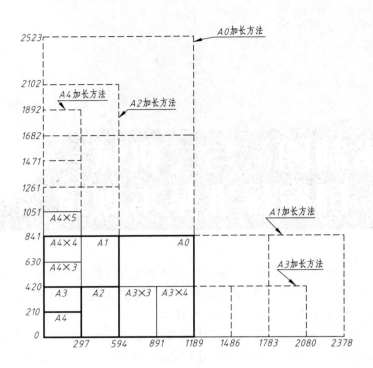

图 1-1　基本幅面和加长幅面

1.1.2　图框格式

图框格式分为留装订边（图 1-2）和不留装订边（图 1-3）两种，但同一产品图样只能采用同一种格式，尺寸按表 1-1 的规定。装订时可采用 A4 幅面竖装或 A3 幅面横装。

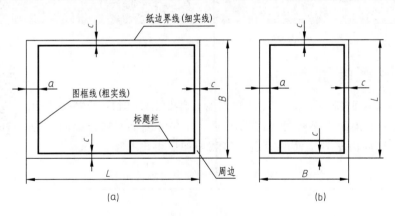

图 1-2　留装订边的图框格式

1.1.3　标题栏的方位

工程图样中，为方便读图及查询相关信息，图纸中一般会配置标题栏。绘图时，必须在图纸的右下角画出标题栏，一般情况下，标题栏的方向即为看图的方向。

对预先印制的图纸，考虑布图方便，允许将图纸逆时针旋转 90°，此时，标题栏位于

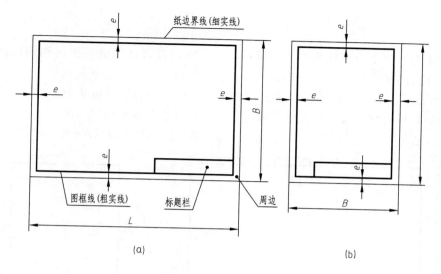

图 1-3　不留装订边的图框格式

图框右上角，标题栏字体与看图方向不一致。可在图纸下方画上方向符号，明确看图方向，如图 1-4 所示。

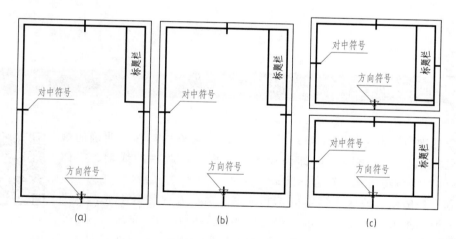

图 1-4　对中符号和方向符号

1.1.4　附加符号

（1）对中符号

为使图纸复制和微缩时定位方便，应在图纸各边的中点处用粗实线画出对中符号，长度从纸边界开始伸入图框内约 5mm。对中符号处在标题栏范围内，伸入标题栏部分省略不画，如图 1-4 所示。

（2）方向符号

当使用预先印制的图纸时，为了明确绘图和看图方向，要在对中符号处画出一个方向符号（图 1-4）。方向符号是用细实线画的等边三角形"▽"。

1.1.5 图幅分区

为了便于查找复杂图样的细部，可按图 1-5 所示方式在图纸周边内用细实线画出分区，每一分区的长度应该在 25～75mm 之间选定，分区的数目必须是偶数。

分区的编号，沿上下方向（依看图方向为准）用大写拉丁字母从上至下顺序编写；沿水平方向用阿拉伯数字从左到右顺序编写，并在对应边上重复标写一次。

当分区数超过 26 个拉丁字母的总数时，超过的各区用双字母（AA、BB 等）依次编写。

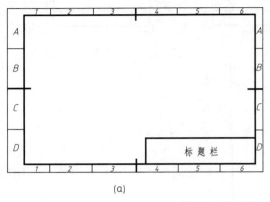
(a)

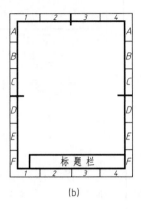
(b)

图 1-5　图幅分区

1.2 标题栏（GB/T 10609.1—2008）

国家标准对标题栏的基本要求、内容、尺寸与格式都作了明确的规定，标题栏中文字的书写方向即为读图的方向。标题栏的线型、字体（签字除外）等填写格式应符合标准。

标题栏一般由更改区、签字区、其他区、名称及代号区组成，也可按实际需要增加或减少。格式和尺寸应按国家标准 GB/T 10609.1—2008 的规定绘制，如图 1-6 所示。在制图作业中建议采用图 1-7 的格式。

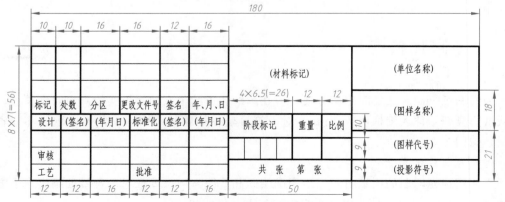

图 1-6　标题栏格式

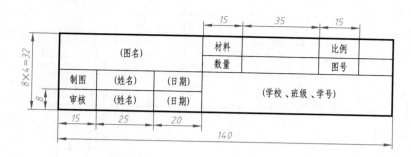

图 1-7　制图作业用标题栏格式

1.3

明细栏（GB/T 10609.2—2009）

　　明细栏是装配图中全部零件的详细目录，装配图上应画出明细栏。明细栏绘制在标题栏上方，按零件序号由下向上填写，以便添加零件。位置不够时，可紧靠在标题栏左边继续编写。明细栏中零件的序号应与装配图中所编写的序号一致。

　　明细栏的填写内容包括零件序号、代号、名称、数量、材料等。明细栏的格式、填写方法等应遵循 GB/T 10609.2—2009《技术制图　明细栏》中的规定，其格式如图 1-8 所示，在制图作业中可用图 1-9 简化格式。

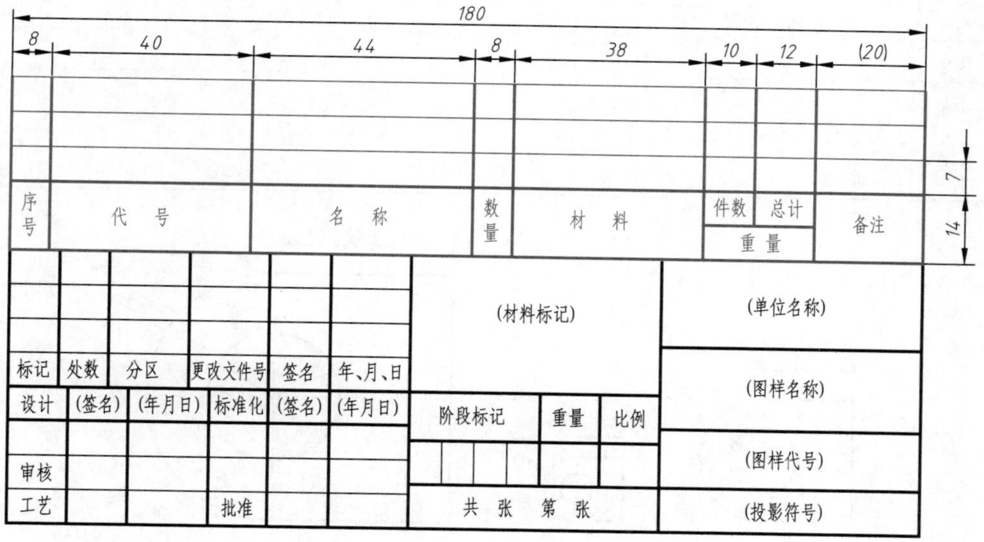

图 1-8　明细栏格式

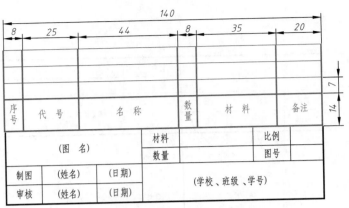

图 1-9　制图作业用明细栏格式

1.4

比例（GB/T 14690—1993）

① 比例是指图样中图形与其实物相应要素的线性尺寸之比。

② 绘制图样时，一般应从表 1-2 规定的系列值中选取适当的比例。不论采用何种比例，图样中所标注的尺寸均为物体的实际尺寸，如图 1-10 所示。

③ 绘制同一机件的各个视图时，应尽量采用相同的比例，并将其标注在标题栏的比例栏内，如图 1-10（b）所示比例为 1：2。当图样中的个别视图采用了与标题栏中不相同的比例时，可在该视图上方另行标注其比例。

表 1-2　比例

种类	优先选择系列			允许选择系列				
原值比例	1：1			—				
放大比例	5：1　　2：1			4：1　　2.5：1				
	5×10^n：1　2×10^n：1　1×10^n：1			4×10^n：1　　2.5×10^n：1				
缩小比例	1：2　　1：5　　1：10			1：1.5	1：2.5	1：3	1：4	1：6
	1：2×10^n　1：5×10^n　1：1×10^n			1：1.5×10^n	1：2.5×10^n	1：3×10^n	1：4×10^n	1：6×10^n

注：n 为正整数。

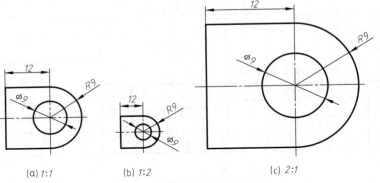

(a) 1:1　　　　(b) 1:2　　　　(c) 2:1

图 1-10　不同比例绘制的图形

1.5

字体（GB/T 14691—1993）

GB/T 14691—1993 规定了技术图样及有关技术文件中书写的汉字、字母、数字的结构形式及基本尺寸。

字体高度（用 h 表示）的公称尺寸系列为：1.8、2.5、3.5、5、7、10、14、20mm 等八种，字体的高度为字体的号数。如需要更大的字，高度应按 $\sqrt{2}$ 的比率递增。

字母和数字分为 A 型（笔画宽 $h/14$）和 B 型（笔画宽 $h/10$）两种。可写成直体或斜体两种形式。斜体字字头向右倾斜，与水平基准成 75°。同一张图纸只允许用一种类型的字体。

汉字只能写成直体。当汉字、字母、数字等组合书写时，其排列格式及间距等如图 1-11 所示。

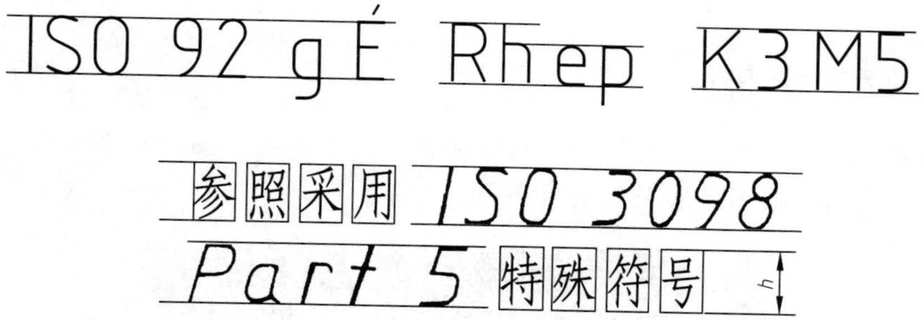

图 1-11　字体组合示例

1.5.1　汉字

汉字应写成长仿宋体，采用国家正式公布推行的简化字，字高不小于 3.5 号字，字宽为 $h/\sqrt{2}$，如图 1-12 所示。

书写要领为：横平竖直、注意起落、结构匀称、填满方格。

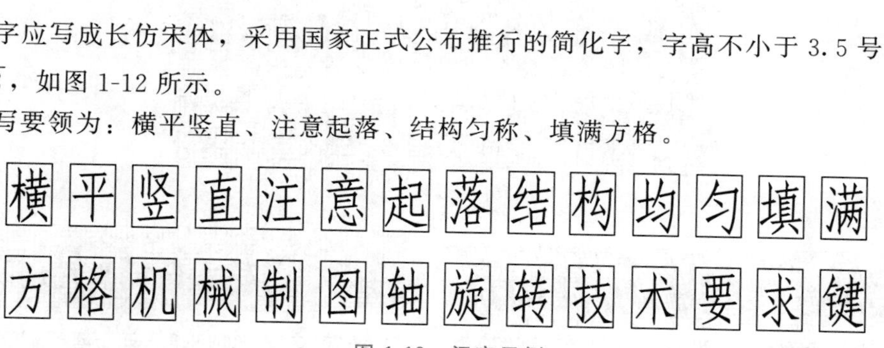

横平竖直注意起落结构均匀填满
方格机械制图轴旋转技术要求键

图 1-12　汉字示例

1.5.2　数字

工程上常用的数字有阿拉伯数字和罗马数字，并经常用斜体书写。阿拉伯数字示例如图 1-13 所示，罗马数字示例如图 1-14 所示。

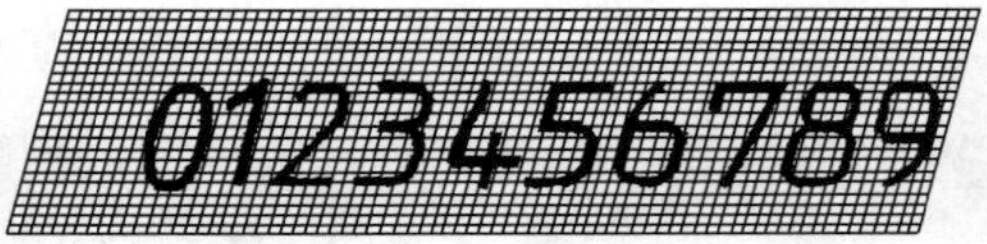

(a) 斜体 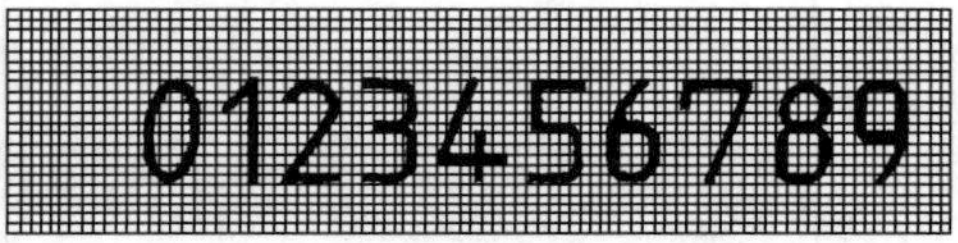   (b)直体

图 1-13   阿拉伯数字示例

(a) 斜体

(b)直体

图 1-14   罗马数字示例

1.5.3   拉丁字母

拉丁字母的大写和小写均有斜体和直体两种，写法示例如图 1-15 所示。汉语拼音字母来源于拉丁字母，两者字形完全相同。

(a) 大写斜体

(b) 大写直体

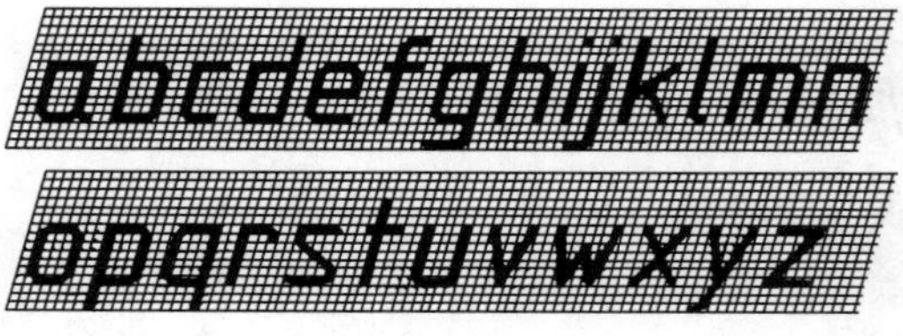

(c) 小写斜体 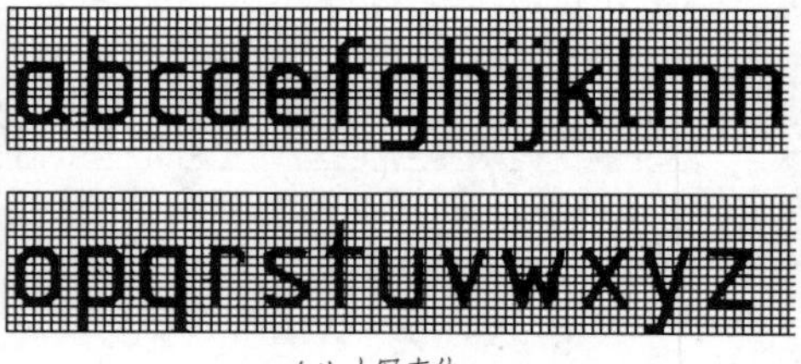   (d) 小写直体

图 1-15   拉丁字母示例

1.5.4 希腊字母

希腊字母写法示例如图 1-16 所示。

用作指数、脚注、极限偏差、分数等的数字及字母一般应采用小一号的字体，如图 1-17 所示。

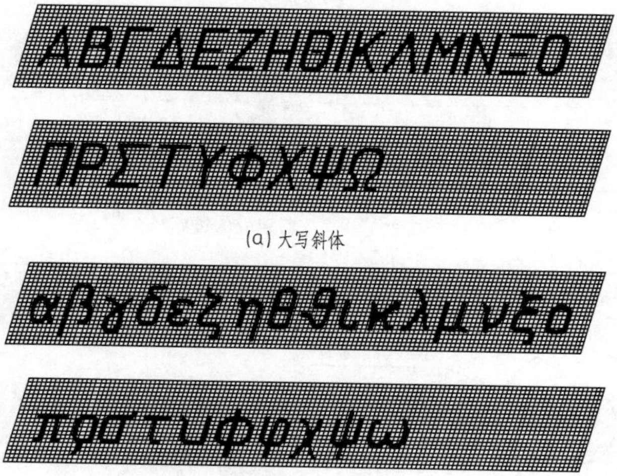

$$ABΓΔEZHΘIKΛMNΞO$$

$$ΠPΣΤΥΦΧΨΩ$$

(a) 大写斜体

$$αβγδεζηθϑικλμνξo$$

$$πρστυφχψω$$

(b) 小写斜体

图 1-16　希腊字母示例

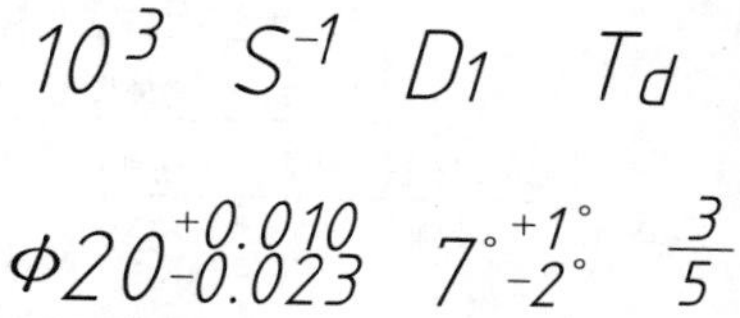

$$10^3 \quad S^{-1} \quad D_1 \quad T_d$$

$$Φ20^{+0.010}_{-0.023} \quad 7^{\circ+1^\circ}_{-2^\circ} \quad \frac{3}{5}$$

图 1-17　指数、脚注、极限偏差、分数等标注示例

1.6

图线 （GB/T 4457.4—2002）

1.6.1 线型

国标 GB/T 17450—1998 中规定了 15 种基本线型，以及多种基本线型的变形和图线的组合，GB/T 4457.4—2002 中列出了机械制图中常用 9 种线型，见表 1-3。

各种图线的应用如图 1-18 所示。

表 1-3　图线的型式及应用举例

名称	图线型式	线型宽度	图线主要应用举例
粗实线	——————— d	d	可见的轮廓线
细实线	———————	$d/2$	①尺寸线和尺寸界线 ②剖面线和重合断面的轮廓 ③引出线

机械制图与识图从入门到精通

名称	图线型式	线型宽度	图线主要应用举例
细虚线	≈4 | 1	$d/2$	不可见轮廓线
细点画线	15~25 | 3	$d/2$	①中心线 ②对称中心线
细双点画线	15~25 | 5	$d/2$	①相邻零件的轮廓线 ②移动件的限位线
波浪线		$d/2$	①断裂处的边界线 ②视图与剖视图的分界线
双折线		$d/2$	断裂处的边界线

注：表中所注的线段长度和间隔尺寸仅供参考。

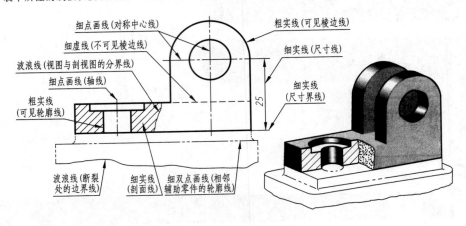

图 1-18　图线及其应用

1.6.2　图线的尺寸

国标推荐的图线宽度系列（mm）为：0.13、0.18、0.25、0.35、0.5、0.7、1、1.4、2。机械图样中粗线和细线的宽度比例为 2∶1，粗线的宽度 d 应通常按图形的大小和复杂程度选用，一般情况下选用 0.5mm 或 0.7mm。

为了保证图样清晰、易读和便于微缩复制，应尽量避免在图样中出现宽度小于0.18mm 的图线。

1.6.3　图线的画法

①　在同一张图样中，同类图线的宽度应一致。虚线、点画线、双点画线的线段长度和间隔应大致相同，如图 1-19 所示。

②　平行线（包括剖面线）之间的最小距离应不小于 0.7mm。

③　绘制中心线时，两线段相交处应为线段相交，点画线和双点画线的首末两端应是线段而不是短画，点画线应超出轮廓线外约 2~5mm。较小的图形中绘制点画线或双点画

线有困难时，可用细实线代替，如图 1-19（b）所示。

④ 虚线、细点画线与其它图线相交时，都应交到线段处。当虚线处于粗实线的延长线上时，虚线到粗实线结合点应留间隙，如图 1-19（c）所示。

⑤ 当图中的线段重合时，其优先次序为粗实线、虚线、点画线。

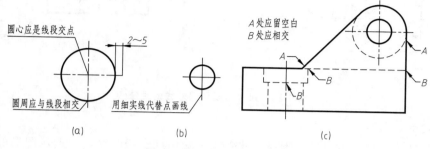

图 1-19　图线画法注意事项

1.7　尺寸注法（GB/T 4458.4—2003）

图样中除了表达零件的结构形状外，还需标注尺寸，以确定零件的大小。因此尺寸也是图样的重要组成部分，尺寸是否正确、合理，也会直接影响图样的质量。为了便于交流，国家标准对标注尺寸的方法做了一系列规定，在绘图时必须严格遵守。

1.7.1　基本规则

① 机件的真实大小以图样上所注尺寸数值为依据，与图形大小及绘图准确度无关。

② 图样中（包括技术要求和其他说明）的尺寸以毫米（mm）为单位时，不需标注计量单位的符号或名称，如采用其他单位，则必须注明单位代号。

③ 图样中所标注的尺寸，为该图样所示机件的最后完工尺寸，否则应另加说明。

④ 机件的每一尺寸，一般只标注一次，并应标注在反映该结构最清晰的图形上。

1.7.2　尺寸组成

一个完整的线性尺寸包含尺寸线、尺寸界线、尺寸线终端、尺寸数字，如图 1-20 所示。

（1）尺寸线

尺寸线表示尺寸的度量方向，必须用细实线单独绘制，不能用任何其他图线代替，也不得与其他图线重合或画在其延长线上。尺寸线之间不能相交，且应尽量避免与尺寸界线相交，如图 1-20 所示。

标注线性尺寸时，尺寸线必须与所标注的线段平行，相同方向尺寸线之间距离应均匀，间隔最小为 7mm 左右。当有几条平行的尺寸线时，大尺寸要标注在小尺寸的外面，以免尺寸线与尺寸界线相交。

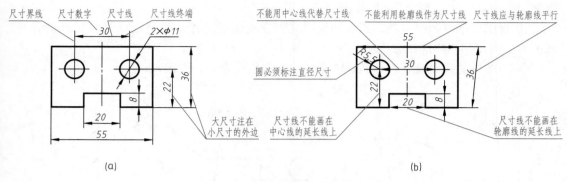

图1-20　尺寸组成和尺寸线的画法

（2）尺寸界线

尺寸界线表示尺寸度量的范围。尺寸界线一般用细实线绘制，一般从图形的轮廓线、轴线或对称中心线处引出，也可直接用图形的轮廓线、轴线或对称中心线作为尺寸界线。尺寸界线一般与尺寸线垂直，必要时允许倾斜，一般情况下尺寸界线应超出尺寸线2～5mm，如图1-21所示。

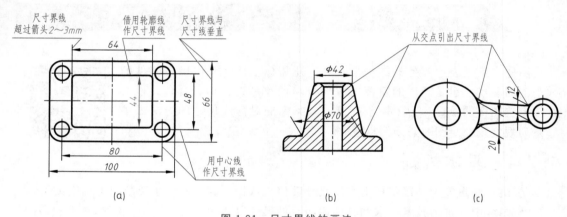

图1-21　尺寸界线的画法

（3）尺寸线终端

尺寸线终端表示尺寸的起止，有箭头和斜线两种形式。

箭头适用于各种类型的图形，其不能过长或过短，尖端要与尺寸界线接触，不得超出也不得离开。当尺寸线终端采用斜线形式时，尺寸线与尺寸界线必须相互垂直，如图1-22所示。

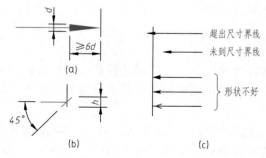

图1-22　箭头的形式和画法

同一张图样中只能采用一种尺寸线终端形式。通常机械图的尺寸线终端采用箭头形式，当采用箭头作为尺寸线终端时，若位置不够，则允许用圆点或细实线代替箭头。

（4）尺寸数字

尺寸数字表示尺寸度量的大小。线性尺寸的尺寸数字一般注写在尺寸线的上方或左方。线性尺寸数字的方向：水平方向字头朝上，竖直方向字头朝左，倾斜方向字头保持朝上的趋势，并尽量避免如图 1-23（a）所示的 30°范围内标注尺寸。当无法避免时，可按图 1-23（b）形式标注。

尺寸数字不可被任何图线通过，当不可避免时，图线必须断开，如图 1-24 所示。

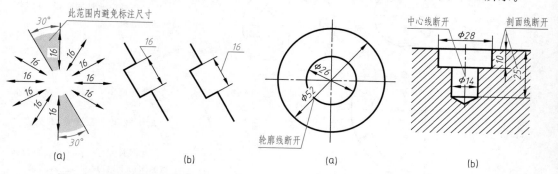

图 1-23　线性尺寸的注写　　　　　图 1-24　尺寸数字不可被任何图线所通过

标注角度尺寸时，尺寸界线应沿直径方向引出，尺寸线画成圆弧，其圆心为该角的顶点，半径取适当的大小，标注角度的数字一律水平方向书写，角度数字写在尺寸线中断处，必要时，允许写在尺寸线的上方或外面（或引出标注），如图 1-25 所示。

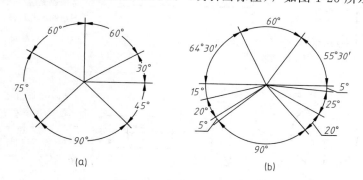

图 1-25　角度尺寸的注写

有些特殊情况下会用到不同类型的尺寸代号，见表 1-4。

表 1-4　尺寸标注中常用的符号和缩写词

名称	符号或缩写词	名称	符号或缩写词
直径	ϕ	45°倒角	C
半径	R	深度	↓
球直径	$S\phi$	沉孔或锪平	⊔
球半径	SR	埋头孔	⌄
厚度	t	均布	EQS
正方形	□	弧长	⌒

1.7.3　尺寸注法示例

各类尺寸的标注见表 1-5。

机械制图与识图从入门到精通

表 1-5　尺寸注法示例

标注内容	图　例	说　明
圆的直径	*Φ30* *Φ40* *Φ30* 尺寸线略超过圆心	①直径尺寸应在尺寸数字前加符号"φ"； ②尺寸线应通过圆心，尺寸线终端画成箭头； ③整圆或大于半圆的圆弧标注直径
圆弧半径	尺寸线通过圆心 *R20* *R15* *R10*	①半圆或小于半圆的圆弧标注半径尺寸； ②半径尺寸数字前加注符号"R"； ③半径尺寸必须标注在投影为圆弧的图形上，且尺寸线应通过圆心
大圆弧	*R80* 5 无法标注圆心位置时 *R55* 不需标注圆心位置时	当圆弧的半径过大时，或在图纸范围内无法标出圆心位置时，可按图示的形式标注
球面	*SΦ20* *SR15* *R12* *Φ12*	标注球面直径或半径尺寸时，应在符号"φ"或"R"前再加注符号"S"。对于标准件、轴及手柄的端部等，在不引起误解的情况下，可省略"S"
弦长和弧长	弦长标注 *26* 弧长标注 *⌒28*	①标注弧长时，应在尺寸数值前加注符号"⌒"； ②弧长的尺寸界线平行于对应弦的垂直平分线，当弧较大时，可沿直径引出
狭小部位	5　2　2　3　3　3　3　2　3　2　3 *Φ5* *Φ5* *R5* *R5*	狭小部位没有足够的地方画箭头，箭头可外移，也可用圆点或斜线代替。尺寸数字可写在尺寸界线外或引出标注

标注内容	图 例	说 明
尺寸符号应用	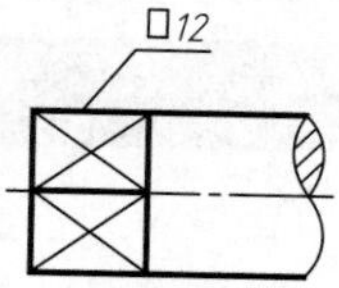 □12　　　　　　t2 表示正方形边长为12mm 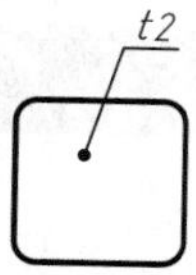　　表示板厚为2mm 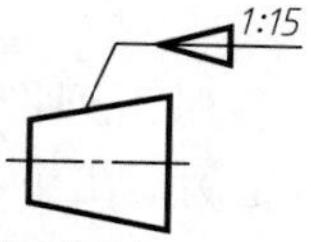 1:15　　　　　　1:6 表示锥度为1:15 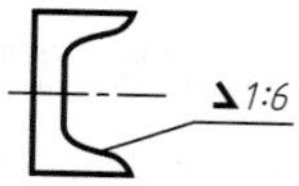　　　　表示斜度为1:6 Sφ20　　　　　　C1.6 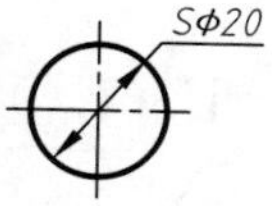 表示圆球直径为20mm 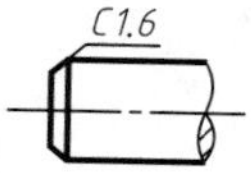　　表示倒角为1.6×45° 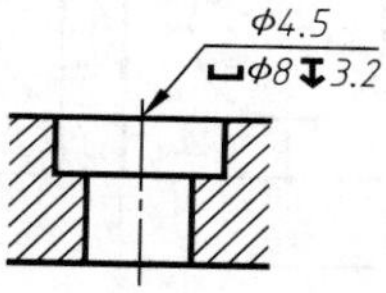 φ4.5　　　　　　φ4.5 ⊔φ8↧3.2　　　　⌵φ9.6×90° 表示沉孔直径为8mm，深3.2mm 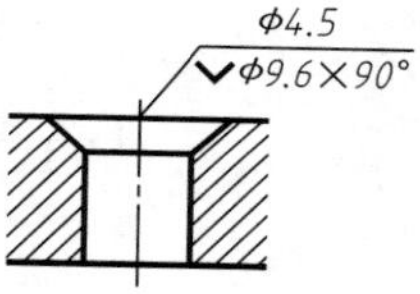　　表示埋头孔φ9.6mm×90°	机械图样中可加注一些符号，以简化表达一些常见结构
对称机件	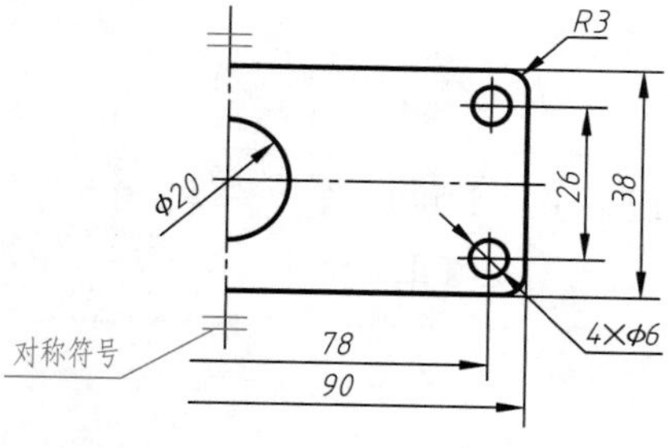 R3 φ20　26　38 对称符号　　78　　4×φ6 90	当对称机件的图形只画出一半或略大于一半时，尺寸线应略超过对称中心线或断裂处的边界线，仅在尺寸线一端画出箭头
圆周上均匀分布的孔	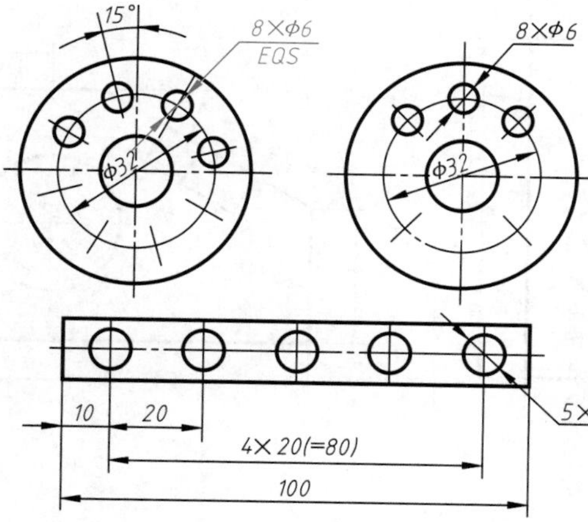 15°　8×φ6 EQS　　8×φ6 φ32　　　　　φ32 10　20　　　5×φ8 4×20(=80) 100	图中"8×φ6EQS"表示 8 个φ6 的孔均匀分布； 当孔的定位和分布情况在图中都已明确时，允许省略其位置尺寸和EQS（均布）

1.8 训练与提高

1.8.1 基本训练

【题1-1】 标注下列图形的尺寸（尺寸数值从图中度量并取整数）。	【题1-2】 参照下列图形，分别按照 1：2 和 2：1 的比例画出下列图形。
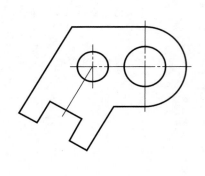	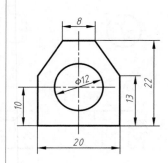

1.8.2 提高训练

【题1-3】 分析图中尺寸注法错误，并改正。	【题1-4】 分析图中尺寸注法错误，并改正。
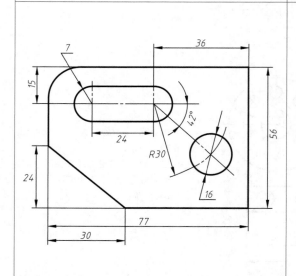	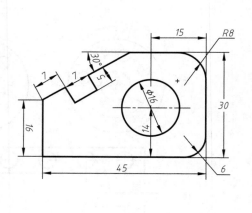

1.8.3 拓展训练

【题1-5】 标注尺寸数字，数值从图中直接量取。

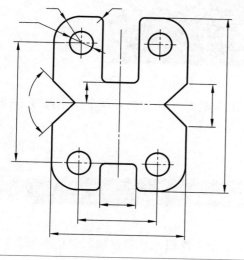

【题1-6】 分析图中尺寸注法错误，并改正。

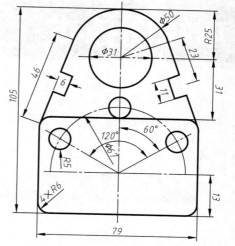

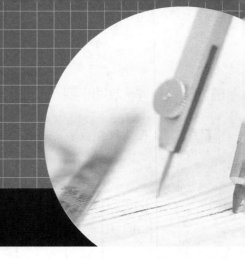

第**2**章

基本绘图技术

本章主要介绍绘图工具的使用方法和基本几何形体的作图方法，帮助大家熟练掌握常见几何形体的作图方法，保证绘图质量，提高绘图速度。

2.1 绘图工具和仪器的使用方法

绘制图样需使用一定的绘图工具和仪器，正确使用绘图工具和仪器，对提高绘图速度和绘图质量起着决定性的作用。

常用的绘图工具和仪器有图板、丁字尺、三角板、分规、圆规、比例尺、曲线板等。

2.1.1 图板和丁字尺

（1）图板

绘图时，图纸要固定在图板上，所以图板的表面要平整光洁，其左侧的边为导向边，必须平直。常用的图板按其大小有 0 号、1 号、2 号等规格，可根据需要选用，如图 2-1 所示。

（2）丁字尺

丁字尺由尺头和尺身组成，尺头的内侧边和尺身的上边为工作边。使用时必须使尺头的内侧边紧贴图板的左侧导向边，上下移动丁字尺，沿尺身工作边自左至右画出不同位置的水平线，如图 2-2 所示。

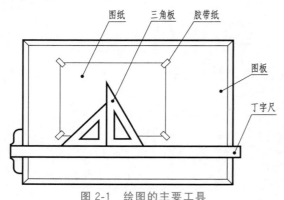

图 2-1　绘图的主要工具　　　　　　　图 2-2　用丁字尺画水平线

2.1.2　三角板

一副三角板有 45°角和 60°角两块，它们与丁字尺配合使用，自下而上画出不同位置的垂直线［图 2-3（a）］或一些特殊角度线［图 2-3（b）］。用两块三角板配合可画出 30°、45°、60°和其他 15°倍角的斜线，如图 2-3 所示。

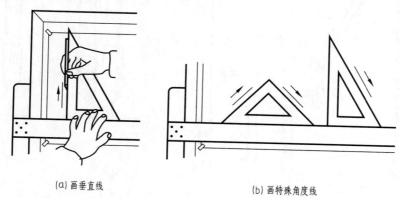

(a) 画垂直线　　　　　　　　(b) 画特殊角度线

图 2-3　用丁字尺和三角板画垂直线和特殊角度线

2.1.3　分规和圆规

(1) 分规

分规用来量取线段长度或等分线段。分规的两个针尖应平齐，如图 2-4 所示。

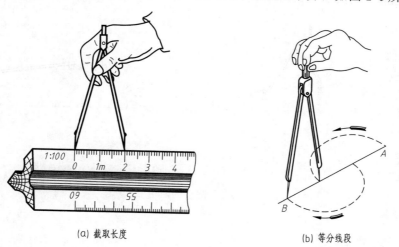

(a) 截取长度　　　　　　　　(b) 等分线段

图 2-4　分规的使用

(2) 圆规

圆规是用来画圆和圆弧的工具。圆规的活动腿上可以更换插脚，如铅芯插脚、带针插脚、延长杆等，如图 2-5（a）所示。画图时，使钢针和铅芯都垂直于纸面，钢针的台阶与铅芯尖应平齐。在画粗实线圆时，圆规针脚用 2B 或 B 铅芯（比画粗直线的铅芯软一号），并磨成矩形；画细线圆时，用 H 或 HB 铅芯并磨成斜角；如图 2-5（b）和图 2-5（c）所示。

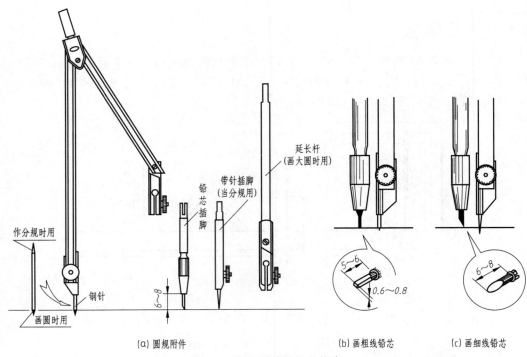

作分规时用

带针插脚
(当分规用)

延长杆
(画大圆时用)

铅芯插脚

钢针

6~8

画圆时用

5~6

0.6~0.8

6~8

(a) 圆规附件 　　　　　　　　　　　(b) 画粗线铅芯 　　　　(c) 画细线铅芯

图 2-5　圆规附件及铅芯修磨

画大直径圆时，圆规的针脚和铅芯脚均应保持与纸面垂直。画圆应匀速旋转、用力均匀、稍向前倾斜，画法如图 2-6（a）～（c）所示。

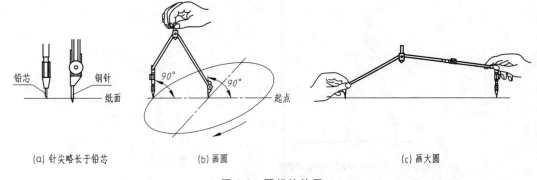

铅芯　钢针

纸面

90°　90°

起点

(a) 针尖略长于铅芯 　　　　　(b) 画圆 　　　　　　　　　(c) 画大圆

图 2-6　圆规的使用

2.1.4　绘图铅笔

绘图铅笔的铅芯有软、硬之分，分别以标号"B"和"H"表示，"B"前的数字越大，铅芯越软，画出的图线越黑；"H"前的数字越大，铅芯越硬，则画出的图线越淡。标号"HB"表示铅芯软硬适中。

绘图时，一般需准备一下几种铅笔：

B 或 HB——加深粗实线；

HB 或 H——写字或画箭头；

H 或 2H——画底稿或细线类图线；

B 或 2B——加深粗实线圆或圆弧。

画底稿线、细线和写字的铅笔，铅芯头部应修磨成锥状，如图 2-7（a）所示；加深粗实线的铅芯头部应修磨成矩形，如图 2-7（b）所示。铅芯的修磨方法如图 2-7（c）所示。

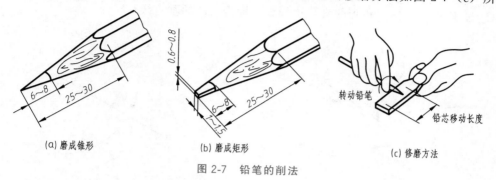

（a）磨成锥形　　　　　　　　（b）磨成矩形　　　　　　　　（c）修磨方法

图 2-7　铅笔的削法

画线时，铅笔在前后方向应与纸面垂直，而且向画线前进方向倾斜约 30°，如图 2-8 所示。当画粗实线时，因用力较大，倾斜角度可小一些。画线时用力要均匀，匀速前进。

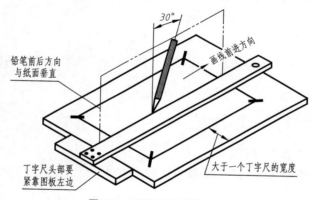

图 2-8　用铅笔划线的方法

2.1.5　其他绘图工具

在绘图时，除了上述工具之外，还需要准备铅笔刀、橡皮、固定图纸用的胶带纸、擦图片（修改图线时用它遮住不需要擦去的部分）、砂纸（磨铅笔用）以及清除图面上橡皮屑的小刷等。

2.2

几何作图

2.2.1　直线垂直线的画法

（1）用三角板作直线的垂直线

【例 2-1】　已知线段 EF，过 E 点作 EF 的垂直线 GH（图 2-9）。

作图步骤：

① 将两个三角板紧靠在一起，并让上方三角板的一条直角边和 EF 重合；

② 下方三角板不动，滑动上方三角板，直至三角板的另一条直角边过 F 点；

③ 过 F 点沿上方三角板的直角边画线，即得 EF 的垂直线 GH。

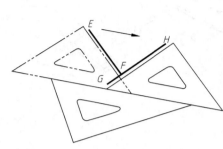

图 2-9　用三角板画直线的垂直线

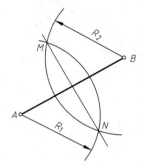

图 2-10　用圆规画直线的垂直平分线

（2）用圆规作直线的垂直平分线

【例 2-2】　作直线 AB 的垂直平分线（图 2-10）。

作图步骤：

① 以直线的端点 A、B 为圆心，取 $R_1(=R_2)>\dfrac{AB}{2}$ 为半径，作两圆弧交于 M、N；

② 连接 M 及 N，即得 AB 的垂直平分线。

2.2.2　直线平行线的画法

（1）用三角板作直线的平行线

【例 2-3】　已知线段 AB，过 C 点作 AB 的平行线 CD（图 2-11）。

作图步骤：

① 将两个三角板紧靠在一起，并让上方三角板的一条直角边和 AB 重合；

② 下方三角板不动，滑动上方三角板，直至三角板的同一条直角边过 C 点；

③ 过 C 点沿上方三角板的直角边划线，即得 AB 的平行线 CD。

（2）用圆规作直线的平行线

① 按已知距离作平行线。

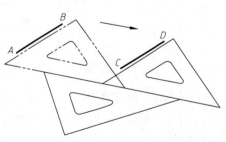

图 2-11　用三角板画直线的平行线

【例 2-4】　按已知距离 S 作直线 AB 的平行线（图 2-12）。

作图步骤：

a. 在已知直线 AB 上任取两点 M 和 N，过 M 和 N 分别作垂线；

b. 在两条垂线上截取长度 $MT_1=NT_2=S$；

c. 连接 T_1、T_2，T_1T_2 即为所求。

② 由直线外一点作平行线。

【例 2-5】　过直线 AB 外任意一点 C，作直线 AB 的平行线 CD（图 2-13）。

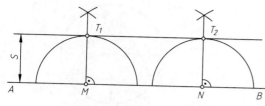

图 2-12　按已知距离作平行线

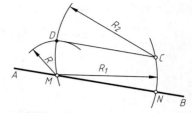

图 2-13　由直线外一点作平行线

作图步骤：

a. 在直线 AB 上任取一点 M 作为圆心，以 MC 为半径作弧 R_1，与 AB 交于点 N；

b. 以点 C 为圆心，R_2（$=R_1$）为半径作圆弧 R_2，与 AB 交于 M 点；

c. 以 M 点为圆心，以 NC 为半径作圆弧 R，与 R_2 弧相交于点 D；

d. 连 DC 即为所求。

2.2.3　直线段的等分

【例 2-6】 将已知直线 AB 三等分（图 2-14）。

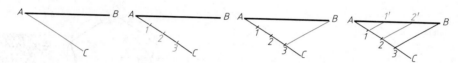

图 2-14　等分已知线段

作图步骤：

① 过点 A 任作一直线 AC；

② 用圆规或分规以任意长度为单位在 AC 上截取三个等分点，得 1、2、3 点；

③ 连接 $3B$，并分别过 AC 上的 1、2 点作 $3B$ 的平行线交与 AB 于 $1'$、$2'$，即得线段 AB 上三等分点。

以上作图方法适用于任意等分已知线段。

2.2.4　正多边形的画法

（1）正三角形的画法

① 已知边长作正三角形。

【例 2-7】 已知边长 L，作正三角形（图 2-15）。

作图步骤：

a. 作直线 AB 等于边长 L；

b. 分别以 A、B 为圆心，边长 L 为半径 R，作两圆弧相交于 C；

c. $\triangle ABC$ 即为所求。

② 作已知圆的内接正三角形。

【例 2-8】 已知圆的直径，作圆的内接正三角形（图 2-16）。

作图步骤：

a. 以圆的直径端点 E 为圆心，已知圆的半径为半径作弧，与圆相交于 A、B；

b. 连接 A、B、C 三点即为求作的正三角形。

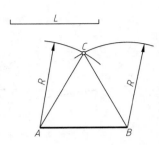

图 2-15　已知边长作正三角形

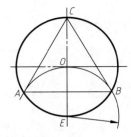

图 2-16　作已知圆的内接正三角形

（2）正五边形的画法

【例 2-9】　已知外接圆半径 R，求作正五边形（图 2-17）。

作图步骤：

① 作半径 OB 的中垂线 PQ 与 OB 交于 M 点；

② 以 M 为圆心，MA 为半径（R_1），画弧与水平中心线交于 N 点，A、N 的距离等于正五边形的边长；

③ 以 AN 长（R_2）等分外接圆周得五个顶点，将五个顶点连接，即成正五边形。

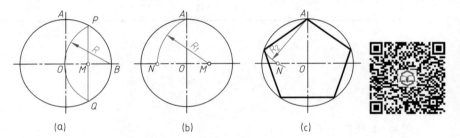

（a）　　　　　　　　　　（b）　　　　　　　　　　（c）

图 2-17　正五边形的画法

（3）正六边形的画法

画正六边形时，若知道对角线的长度（即外接圆的直径）或对边的距离（即内切圆的直径），即可用圆规、丁字尺和 60°三角板画出。

① 内接正六边形的画法。

【例 2-10】　已知外接圆直径 D，用圆规作内接正六边形［图 2-18（a）］。

作图步骤：

a. 以 A、B 两点为圆心，外接圆半径（$D/2$）为半径画弧，与外接圆交于 1、2、3、4；

b. 1、2、3、4 点外加 A、B 点，即为圆周六等分点，连接各点形成正六边形。

【例 2-11】　已知外接圆直径 D，用三角板作内接正六边形［图 2-18（b）］。

作图步骤：

a. 过两点 A、B 用 60°三角板和丁字尺配合直接画出六边形的四条边；

b. 再用丁字尺连接点 1、2 和 3、4，即得正六边形。

② 外切正六边形的画法。

【例 2-12】　已知内切圆直径 S，用三角板作外切正六边形［图 2-18（c）］。

作图步骤：

a. 用 60°三角板和丁字尺配合，过圆心作 60°斜线，与圆的水平切线相交于 2、5 点；

b. 对称求得 1、4 点；

c. 过 4 点作 60°线，与圆的水平中心线交于 3 点，对称可求 6 点；

d. 连接各点即可得到正六边形。

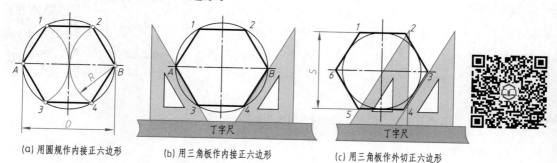

(a) 用圆规作内接正六边形　　　(b) 用三角板作内接正六边形　　　(c) 用三角板作外切正六边形

图 2-18　正六边形的画法

（4）正 n 边形的画法

这里以正七边形为例，讲解正 n 边形的画法。

【例 2-13】　已知外接圆半径，求作正七边形（图 2-19）。

作图步骤：

① 将直径 AB 分为七等份（若作正 n 边形，可分为 n 等份）；

② 以 B 为圆心，AB 为半径画弧，与 AB 相垂直的直径相交，交点为 C、D；

③ 自 C、D 与 A、B 上偶数点（或奇数点）连线，延长至圆周，即得各等分点 I～Ⅶ。

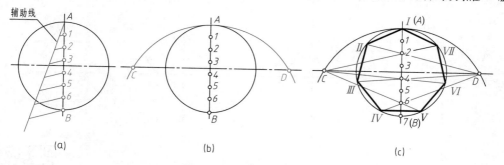

(a)　　　　　　　　　　(b)　　　　　　　　　　(c)

图 2-19　正 n 边形的画法

2.2.5　椭圆的画法

椭圆为常见的非圆曲线，在已知椭圆的长轴和短轴的条件下，可采用同心圆法作椭圆，也可采用四心圆法作近似椭圆。

（1）同心圆法

【例 2-14】　已知椭圆的长轴和短轴，画椭圆（图 2-20）。

作图步骤：

① 以椭圆中心为圆心，分别以长轴、短轴长度为直径，作两个同心圆；

② 作圆的十二等分，过圆心作斜线，分别求出与两圆的交点；

③ 过大圆上的等分点作竖直线，过小圆上的等分点作水平线，竖直线与水平线的交

点即为椭圆上的点；

④ 光滑连接各点即得椭圆。

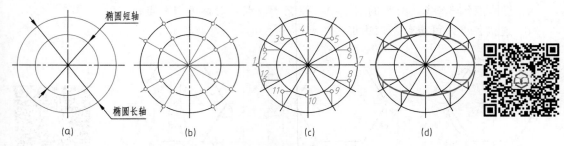

图 2-20　用同心圆法作椭圆

（2）四心圆法

【例 2-15】　已知椭圆的长轴 AB 和短轴 CD，作椭圆（图 2-21）。

作图步骤：

① 连接 AC，以 O 为圆心，OA 为半径画圆弧，交 OC 延长线于 E 点；

② 以 C 点为圆心，CE 为半径画圆弧，交 AC 于 F 点；

③ 作 AF 的垂直平分线，与两轴交于点 1、2；再取对称点 3、4，点 1、2、3、4 即为圆心；

④ 连接点 2、3，点 3、4 和点 4、1，并延长，得到一菱形 1234；

⑤ 以 1、2、3、4 为圆心，分别以 $1A$、$2C$、$3B$、$4D$ 为半径画圆弧，所画的四段圆弧在菱形延长线处光滑连接，即得近似椭圆。

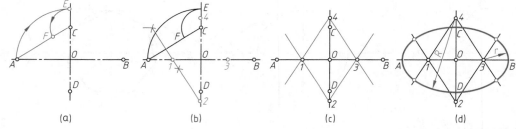

图 2-21　用四心圆法作近似椭圆

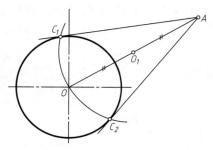

图 2-22　过圆外一点作圆的切线

＊2.2.6　圆的切线画法

（1）过圆外一点作圆的切线

【例 2-16】　过圆外一点 A 作已知圆的切线（图 2-22）。

作图步骤：

① 作 A 点与圆心 O 的连线；

② 以 OA 的中点 O_1 为圆心，OO_1 为半径作

弧，与已知圆相交于点 C_1、C_2；

③ 分别连接点 A、C_1 和点 A、C_2，AC_1 和 AC_2 即为所求切线。

（2）两圆公切线的画法

【例 2-17】　已知两圆 O_1 和 O_2，求作同侧公切线（图 2-23）。

作图步骤：

① 以 O_2 为圆心，R_2-R_1 为半径作辅助圆；

② 过 O_1 作辅助圆的切线 O_1C；

③ 连接 O_2C 并延长，使与 O_2 圆交于 C_2；

④ 作 $O_1C_1 /\!/ O_2C_2$，连线 C_1C_2 即为所求同侧公切线。

【例 2-18】　已知两圆 O_1 和 O_2，求作异侧公切线（图 2-24）。

作图步骤：

① 以 O_1O_2 为直径作辅助圆；

② 以 O_2 为圆心，R_2+R_1 为半径作弧，与辅助圆相交于点 K；

③ 连接 O_2K 与 O_2 圆交于 C_2；

④ 作 $O_1C_1 /\!/ O_2C_2$，连线 C_1C_2 即为所求异侧公切线。

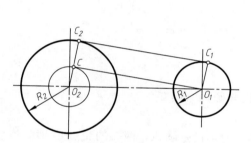

图 2-23　两圆同侧公切线的画法

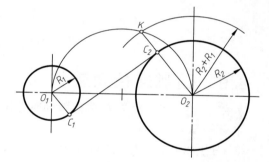

图 2-24　两圆异侧公切线的画法

2.2.7　圆弧连接两直线

【例 2-19】　用半径为 R 的圆弧连接两已知直线（图 2-25）。

作图步骤：

① 作与已知两直线分别相距为 R 的平行线，交点 O 即为连接圆弧的圆心；

② 过 O 点向已知两直线作垂线，垂足 M、N 即为两切点；

③ 以 O 为圆心，以 R 为半径，在 M、N 之间画出连接圆弧。

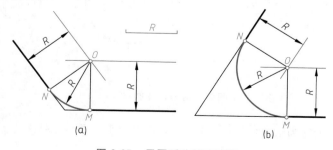

图 2-25　用圆弧连接两直线

2.2.8　圆弧连接直线与圆弧

【例 2-20】　已知直线 L 和圆弧 R_1，用半径为 R 的圆弧光滑连接已知直线和圆弧，要求与已知圆弧外切（图 2-26）。

作图步骤：

① 作与直线 L 距离为 R 的平行线；

② 以 O_1 为圆心，R_1+R 为半径作弧，与上述平行线相交于点 O；

③ 过点 O 向直线 L 作垂线，垂足为 K_1；

④ 连接 O、O_1 两点，与 R_1 圆弧交于 K_2；

⑤ 以 O 为圆心，R 为半径，在 K_1 和 K_2 之间画圆弧。

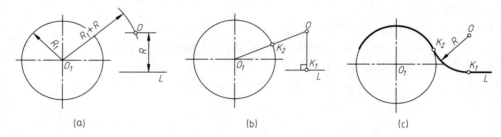

图 2-26　用圆弧连接直线与圆弧的画法

2.2.9　圆弧连接两圆弧

【例 2-21】　用半径为 R 的圆弧同时外切两已知圆弧（图 2-27）。

作图步骤：

① 分别以 O_1、O_2 为圆心，$R+R_1$、$R+R_2$ 为半径画圆弧，两弧的交点 O 即为连接圆弧的圆心；

② 连 OO_1、OO_2 交两已知圆弧于 T_1、T_2，即为两切点；

③ 以 O 为圆心，R 为半径，由 T_1 到 T_2 作圆弧即为所求，最后加粗。

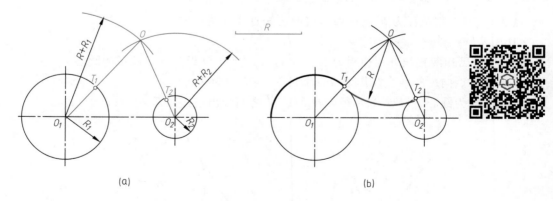

图 2-27　用圆弧外切两已知圆弧

【例 2-22】　用半径为 R 的圆弧同时内切两已知圆弧（图 2-28）。

作图步骤：

① 分别以 O_1、O_2 为圆心，$R-R_1$、$R-R_2$ 为半径画圆弧，两弧交点 O 即为连接圆弧的圆心；

② 连 OO_1、OO_2 交两已知圆弧于 T_1、T_2，即为两切点；

③ 以 O 为圆心，R 为半径，由 T_1 到 T_2 作圆弧即为所求，最后加粗。

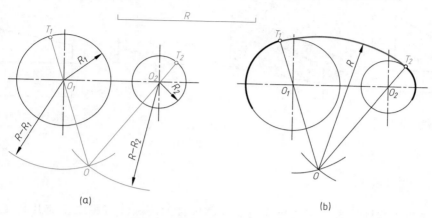

(a)   (b)

图 2-28　用圆弧内切两已知圆弧

【例 2-23】　用半径 R 的圆弧同时内、外切连接两已知圆弧（图 2-29）。

作图步骤：

① 分别以 O_1、O_2 为圆心，$R+R_1$、$R-R_2$ 为半径画圆弧，两弧交点 O 即为连接圆弧的圆心；

② 连 OO_1、OO_2 交两已知圆弧于 T_1、T_2，即为两切点；

③ 以 O 为圆心，R 为半径，由 T_1 到 T_2 作圆弧即为所求，最后加粗。

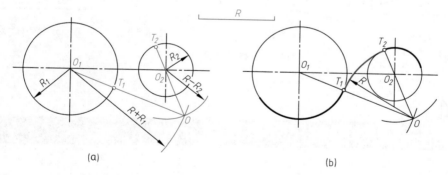

(a)   (b)

图 2-29　用圆弧内、外切连接两已知圆弧

2.3

斜度和锥度

2.3.1　斜度

斜度是指一直线对另一直线或一平面对另一平面倾斜的程度，其大小用两直线或两平

面间夹角的正切来表示 [图 2-30（a）]，即 $\tan\alpha = H/L$。在图样上常以 $1：n$ 的形式加以标注，并在其前面加上斜度符号"∠" [见图 2-30（c），h 为字体高度，符号线宽为 $h/10$]，符号的方向应与图形斜度方向一致，其标注如图 2-30（d）所示。

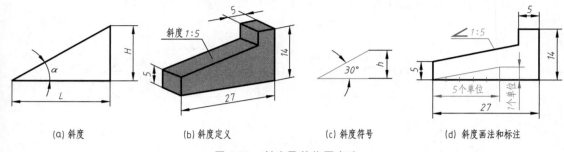

(a) 斜度   (b) 斜度定义   (c) 斜度符号   (d) 斜度画法和标注

图 2-30　斜度及其作图方法

2.3.2　锥度

锥度是指正圆锥的底圆直径与其高度或圆锥台的两底圆直径之差与其高度之比 [图 2-31（a）]，即 $= D/L' = (D-d)/L = 2\tan\alpha/2$。在图样上也以 $1：n$ 的形式加以标注，并在其前面加上锥度符号 [见图 2-31（c）]，该符号应配置在基准线上，符号的方向应与图形锥度方向一致，其标注如图 2-31（d）所示。

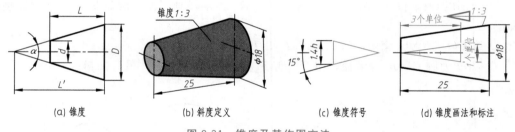

(a) 锥度   (b) 斜度定义   (c) 锥度符号   (d) 锥度画法和标注

图 2-31　锥度及其作图方法

2.4
平面图形的尺寸与线段分析

平面图形是由许多线段连接而成，这些线段之间的相对位置和连接关系，依据标注的尺寸来确定。画图时，只有通过对图形的尺寸分析，了解哪些线段能根据给定的尺寸直接画出，哪些线段要按照相切的连接关系才能画出，从而确定正确的作图步骤和方法。

2.4.1　平面图形的尺寸分析

平面图形中标注的尺寸按其所起的作用可分为定形尺寸和定位尺寸两类。

(1) 定形尺寸

确定平面图形中几何元素形状大小的尺寸称定形尺寸。例如线段的长度、圆及圆弧的直径和半径、角度大小等。如图 2-32 中所示的 $\phi20$ 和 $\phi38$。

（2）定位尺寸

确定图形中几何要素之间的相对位置的尺寸称为定位尺寸，如图 2-32 中的 74 和 11。

标注定位尺寸时，必须有个起点，这个起点称为尺寸基准。平面图形有长和高两个方向，每个方向至少应有一个尺寸基准。定位尺寸通常以图形的对称线、中心线、较长的底线或边线作为尺寸基准。如图 2-32 所示平面图形，可以把平面图形中最左边的铅垂线和最下边的水平线或者 $\phi20$、$\phi38$ 这两个圆的公共的中心线，作为图形水平方向和高度方向的尺寸基准。

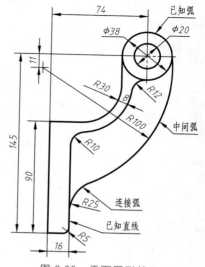

图 2-32　平面图形的尺寸分析与线段分析

2.4.2　平面图形的线段分析

平面图形中，有些线段或圆弧具有完整的定形尺寸和定位尺寸，绘图时，可根据标注尺寸直接绘出；而有些线段或圆弧的定位尺寸并未完全注出，要根据已注出的尺寸及该线段或圆弧与相邻的线段或圆弧的连接关系，通过几何作图才能画出。因此，按线段或圆弧的尺寸是否标注齐全，可将线段或圆弧分为以下三类。

① 已知线段和已知圆弧　当有足够的定形尺寸和定位尺寸，可以直接画出的线段或圆弧。

② 中间线段和中间圆弧　只有定形尺寸和一个定位尺寸，而另一个定位尺寸未直接给出，需根据其他线段或圆弧的相切关系才能画出的线段或圆弧。

③ 连接线段和连接圆弧　只有定形尺寸而缺少两个定位尺寸，只能在已知线段和中间线段或已知圆弧和中间圆弧画出后，才能根据相切关系画出的线段或圆弧。

分析图 2-32，选择 $\phi20$、$\phi38$ 这两个圆公共的中心线作为左右、上下方向的尺寸基准。因此 $\phi38$ 的圆和下端的铅垂线可按图中所注尺寸直接作出，是已知圆弧和已知线段。

$R100$ 的圆弧有定形尺寸 $R100$ 和圆心的一个定位尺寸 11，但圆心的定位尺寸还缺一个，必须依靠一端与已知圆弧（$\phi38$ 的圆）相切才能作出，所以是中间线段，也就是中间圆弧。

$R25$ 的圆弧有定形尺寸 $R25$，圆心的两个定位尺寸都没有，必须依靠两端分别与已画出的中间弧（$R100$ 的圆弧）、已知线段（铅垂线）相切才能作出，所以是连接线段，也就是连接圆弧。

由此可知，画这一部分圆弧连接时，应该先画出已知圆弧和已知线段，然后画出中间圆弧，最后画出连接圆弧。

2.4.3　平面图形的作图方法

平面图形的绘图方法及步骤如下，图例见表 2-1。

① 对平面图形进行尺寸及线段分析。

② 选择适当的比例及图幅。

③ 固定图纸，画出基准线（对称线、中心线）。

④ 按已知线段、中间线段、连接线段的顺序依次画出各线段。

⑤ 加深图线。

⑥ 标注尺寸，填写标题栏，完成图纸。

表 2-1　平面图形的主要画图步骤

①如图 2-32 所示。以 $\phi20$、$\phi38$ 这两个圆公共的中心线为上下、左右基准，画出基准线。确定左侧端线位置和 $R100$ 的圆心位置 O_2 作图时所用的尺寸 $R81$ 是由中间弧的半径 100 减去已知圆弧的半径 19 而得到的	②按已知尺寸画已知弧和已知直线段，即绘制 $\phi20$、$\phi38$ 的圆及左下侧长方形图形，以此确定连接圆弧 $R25$ 的圆心 O_3 确定 O_3 所用圆弧的半径尺寸 $R125$ 是由连接弧的半径 $R25$ 加上中间圆弧的半径 100 得到的
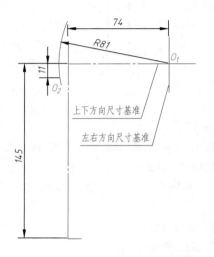	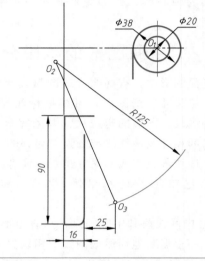
③画中间圆弧 $R30$、$R38$、$R100$ 通过作直线和 $\phi38$ 圆切线的平行线确定圆心 O_4	④根据已画出的已知直线和中间弧，画连接弧 $R12$、$R10$、$R25$
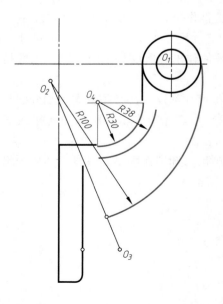	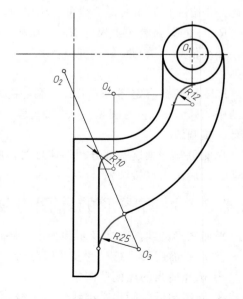

2.5 绘图的方法和步骤

2.5.1 仪器绘图的方法和步骤

① 准备工作　首先准备好绘图用的图板、三角板、丁字尺及其他绘图仪器，再按线型要求磨削好铅笔和圆规用的铅芯。

② 选择图幅，固定图纸　根据图样大小和绘图比例选好图幅，再将图纸铺放在图板左下方，摆正后用胶带纸固定，如图 2-33（a）所示。

③ 画图框和标题栏　根据国家标准规定的幅面和标题栏位置，画出图框线和标题栏底图，如图 2-33（b）所示。

④ 确定图形的位置　布图要求均匀、美观。先根据每个图形大小及标注尺寸所占面积确定其位置，然后画出各图的作图基准线，如图 2-33（c）所示。

⑤ 画底图　画底图时应轻、细、准，用 H 或 2H 铅笔，先画主要轮廓线，再画细节部分，尺寸量取一定要准确，画完后要逐个图形进行检查，改正错误。

⑥ 描深图线　根据图线的要求，选择不同型号铅笔进行描深，一般顺序为先描图形后标尺寸，再填写标题栏和文字。描深图线时，先粗线后细线；先曲线后直线，先水平线后垂直线，然后描斜线。描完后，再对全部图形进行检查，确定无误后即完成全图。

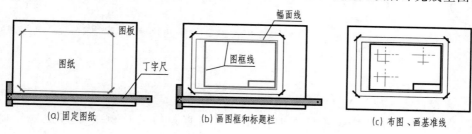

（a）固定图纸　　　　（b）画图框和标题栏　　　　（c）布图、画基准线

图 2-33　绘图步骤

2.5.2 徒手绘图的一般方法

徒手图也称草图，是以目测物体的形状、大小和相对比例而徒手绘制的图样。绘制徒手图可加快设计速度，方便现场测绘。徒手图同样要求：图形正确、线型分明、比例一致、字体工整、图面整洁。

徒手绘图所使用的铅笔芯磨成圆锥形，画中心线和尺寸线的磨得较尖，画可见轮廓线的磨得较钝。手握笔的位置要比仪器绘图高些，以利于运笔和观察目标，笔杆与纸面成 $45°\sim60°$ 角，执笔稳而有力。一个物体的图形无论怎样复杂，总是由直线、圆、圆弧和曲线所组成。因此要画好草图，必须掌握徒手画各种图线的方法。

（1）直线的画法

画直线时，手腕不要转动，眼睛看着画线的终点，轻轻沿画线方向移动手腕和手臂，如图 2-34 所示。画长斜线时，可以将图纸旋转适当角度，使它转成水平线来画。

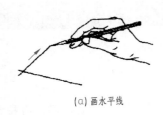

(a) 画水平线　　　　　　　(b) 画垂直线　　　　　　　(c) 画斜线

图 2-34　徒手画直线的方法

(2) 圆的画法

画小圆时，应先定圆心，画中心线，再根据半径大小用目测在中心线上定出四点，然后过这四点分两半画出圆，如图 2-35 (a) 所示。也可过四点先作正方形，再作内切的四段圆弧，如图 2-35 (b) 所示。画较大圆时，可过圆心增画两条 45°的斜线，在斜线上再根据半径大小目测定出四个点，然后过这八点分段画出圆。如图 2-35 (c) 所示。

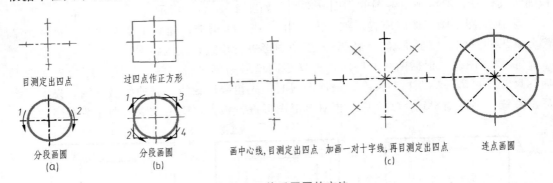

图 2-35　徒手画圆的方法

(3) 角度的画法

画 30°、45°、60°等特殊角度线时，可利用两直角边的比例关系近似地绘制，如图 2-36 所示。

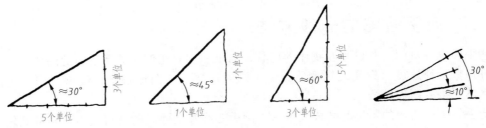

图 2-36　角度的徒手画法

(4) 椭圆及圆角的画法

画椭圆时，先画出椭圆的长、短轴，并目测确定长、短轴上四个端点的位置，过这四个点画一矩形。然后分别画四段圆弧与矩形相切，并注意其对称性，也可利用外接的菱形画四段圆弧构成椭圆，如图 2-37 (a) 所示。

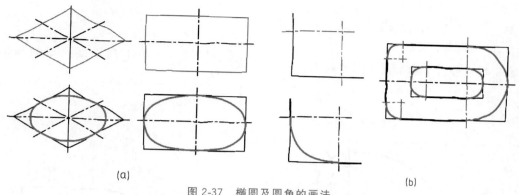

| (a) | | | (b) |

图 2-37 椭圆及圆角的画法

画圆角时，先通过目测选取圆心位置，过圆心向两边引垂线定出圆弧与两边的切点，然后画弧，如图 2-37（b）所示。

2.6

训练与提高

2.6.1 基本训练

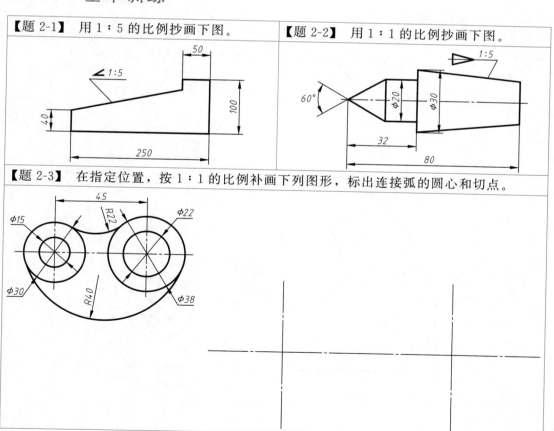

【题 2-1】 用 1：5 的比例抄画下图。

【题 2-2】 用 1：1 的比例抄画下图。

【题 2-3】 在指定位置，按 1：1 的比例补画下列图形，标出连接弧的圆心和切点。

2.6.2 提高训练

【题 2-4】 分析下列平面图形的画图步骤。　【题 2-5】 分析下列平面图形的画图步骤。

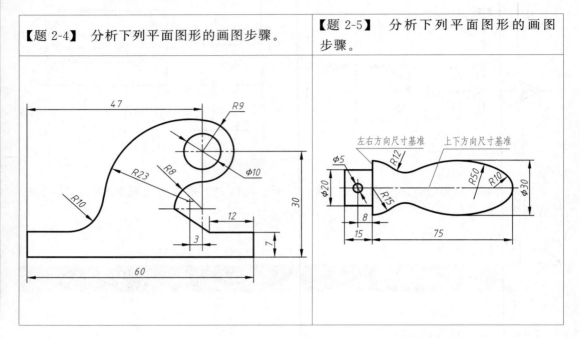

2.6.3 拓展训练

【题 2-6】 绘图训练：在 A3 图纸上选择合适的比例抄画下列图形，并标注尺寸。

①

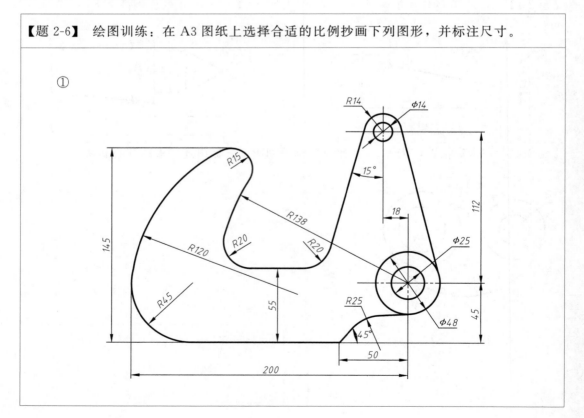

②

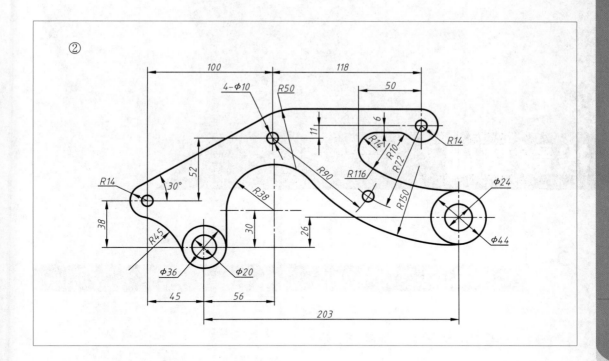

第**3**章

投影基础

3.1 投影法

3.1.1 投影法的概念及分类

在日常生活中，当太阳光或灯光照射物体时，会在墙上或地面上出现物体的影子，这就是一种投影现象。人们将这种现象科学地总结和抽象，概括出了用物体在平面上的投影来表示其形状的投影方法。如图 3-1 所示，S 为投射中心，A 为空间点，平面 P 为投影面，S 与点 A 的连线为投射线，SA 的延长线与平面 P 的交点 a 称为 A 在平面 P 上的投影，这种产生图像的方法叫做投影法。

工程上常用的投影法分为中心投影法和平行投影法两大类。

(1) 中心投影法

投射线都交汇于一点的投影法，称为中心投影法。图 3-2 是三角形 ABC 用中心投影法在投影面 P 上得到投影 abc。

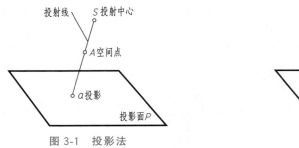

图 3-1　投影法

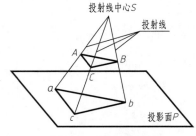

图 3-2　中心投影法

从图 3-2 中可以看出，投影 abc 比空间三角形 ABC 要大得多，不能反映物体的真实大小，所以它不适用于绘制机械图样。中心投影法常用于绘制建筑物或产品的立体图，也称为透视图，其特点是直观性好、立体感强，但可度量性差。

(2) 平行投影法

投射线相互平行的投影法，称为平行投影法，如图 3-3 所示。

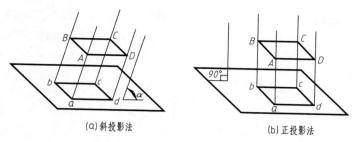

（a）斜投影法　　　　　　　　　　（b）正投影法

图 3-3　平行投影法

根据投射线与投影面是否垂直，平行投影法可分为两种。

① 斜投影法　投射线与投影面倾斜的投影方法，如图 3-3（a）。常用于绘制零件的立体图，其特点是直观性强，但作图麻烦，不能反映物体真实形状和大小，在机械图中只作为辅助图样。

② 正投影法　投射线与投影面垂直的投影方法，如图 3-3（b）。机械工程中最常用的多面正投影图是采用正投影法绘制的。这种投影图能正确地表达物体的真实形状和大小，作图比较方便，在机械工程中应用最广泛。以后若不特别指出，投影即指正投影。

3.1.2　正投影的基本特性

表 3-1 列出了正投影的主要特性、图例及说明。

表 3-1　正投影特性

正投影特性	图 例	说 明
真实性	（a）　　　　　　（b）	（a）直线 AB 平行于 H 面，则其在 H 面上的投影 ab 反映实长 （b）平面 $\triangle ABC$ 平行于 H 面，则其在 H 面上的投影 $\triangle abc$ 反映实形
积聚性	（a）　　　　　　（b）	（a）直线 AB 垂直于 H 面，则其在 H 面上的投影 ab 积聚为一点 （b）平面 $\triangle ABC$ 垂直于 H 面，则其在 H 面上的投影 $\triangle abc$ 积聚为一条直线

机械制图与识图从入门到精通

正投影特性	图 例	说 明
类似性	(a)　　　(b)	直线或平面倾斜于 H 面，它们在 H 面上的投影与空间形状类似
从属性	(a)　　　(b)	（a）点 K 在直线 AB 上，则其在 H 面上的投影 k 必在直线 AB 的 H 面投影 ab 上 （b）直线 MN 在平面 $\triangle ABC$ 上，则其在 H 面上的投影 mn 必在 $\triangle ABC$ 的 H 面投影 $\triangle abc$ 上；若点 D 在直线 MN 上，则其在 H 面的投影 d 必在 $\triangle ABC$ 的 H 面投影 $\triangle abc$ 上
平行性	(a)　　　(b)	（a）空间两直线 AB、CD 平行，则它们的投影也相互平行，即 $ab/\!/cd$ （b）平面 $\triangle ABC /\!/ \triangle DEF$，且均垂直于 H 面，则它们在 H 面上的积聚性投影平行
定比性		点 K 在直线 AB 上，则点 K 的投影 k 也在直线 AB 的同面投影上，且 $AK:KB=ak:kb$

点的投影仍然是点。如图 3-4（a）所示，过空间点 A 的投射线与投影面 P 的交点 a 叫做点 A 在投影面 P 上的投影。

点的空间位置确定后，它在一个投影面上的投影是唯一确定的。但是，若只有点的一个投影，则不能唯一确定点的空间位置［图 3-4（b）］。因此，要确定一个点的空间位置，仅凭一个投影是不行的，常需要作出点的两面投影或三面投影。

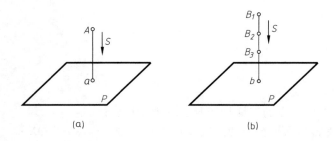

图 3-4　点的单面投影

3.2.1　点在三面投影

（1）三投影面体系的建立

以相互垂直的三个平面作为投影面，便组成了三投影面体系，如图 3-5 所示。正立放置的投影面称为正立投影面，简称正面，用 V 表示；水平放置的投影面称为水平投影面，简称水平面，用 H 表示；侧立放置的投影面称为侧立投影面，简称侧面，用 W 表示。相互垂直的三个投影面的交线称为投影轴，分别用 OX、OY、OZ 表示。

三个投影面将空间划分为八个分角，国家标准《技术制图　投影法》规定，绘制技术制图时，应以采用正投影法为主，并采用第一角画法。因此，这里着重讨论点在第一分角中的投影。

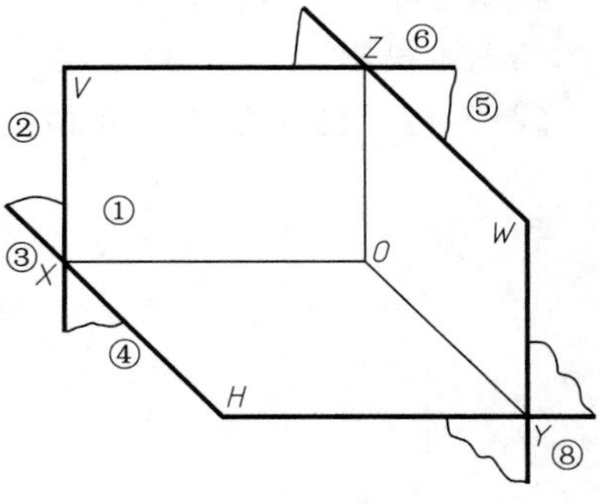

图 3-5　三面投影体系

（2）点的三面投影的形成

如图 3-6（a）所示，将空间点 A 分别向 H、V、W 三个投影面投射，得到点 A 的三个投影 a、a'、a''，分别称为水平投影、正面投影和侧面投影。

为了使点的三个投影 a、a'、a'' 画在同一图面上，移去空间点 A，规定 V 面不动，将 H、W 面按箭头所指的方向绕其相应的投影轴旋转摊平在同一平面上，使 H、V、W 三个投影面共面，画图时不必画出投影面的边框和 V、H、W 代号，便得到了点的三面投影图，如图 3-6（b）所示。图中 a_x、a_y、a_z 分别为点的投影连线与投影轴 OX、OY、

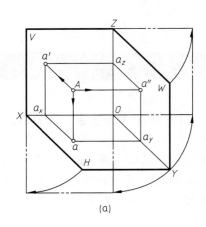

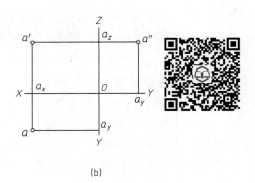

(a)

(b)

图 3-6　点的三面投影

OZ 的交点。

（3）点的三面投影特性

由图 3-6 不难看出，点的三面投影具有下列特性：

① 点的正面投影与水平投影的连线垂直于 OX 轴，即 $a'a\perp OX$；

② 点的正面投影与侧面投影的连线垂直于 OZ 轴，即 $a'a''\perp OZ$；

③ 点的水平投影到 OX 轴的距离等于其侧面投影到 OZ 轴的距离，即 $aa_x=a''a_z$。

另外请注意：

$$a'a_x = a''a_y = \text{点 } A \text{ 到 } H \text{ 面的距离；}$$
$$aa_x = a''a_z = \text{点 } A \text{ 到 } V \text{ 面的距离；}$$
$$aa_y = a'a_z = \text{点 } A \text{ 到 } W \text{ 面的距离。}$$

根据上述投影规律，在点的三面投影中，只要知道点的任意两个面的投影，即可求出它的第三个投影。

【例 3-1】 已知点 A 的正面投影和水平投影，求其侧面投影 ［图 3-7（a）］。

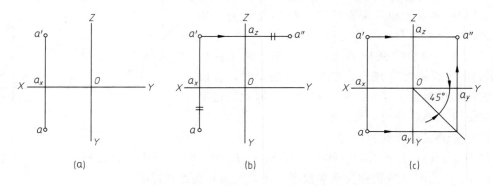

(a)

(b)

(c)

图 3-7　已知点的两面投影求第三面投影

分析：由点的投影特性可知，$a'a''\perp OZ$，$aa_x=a''a_z$，故过 a' 作直线垂直于 OZ 轴，交 OZ 轴于 a_z，在 $a'a_z$ 的延长线上量取 $aa_x=a''a_z$，即可得到 a''［图 3-7（b）］。也

可采用 $45°$ 斜线的方法求得 a'' ，作图过程如图 3-7 （c）中箭头指向所示。

（4）点的投影与坐标的关系

如图 3-8 所示，在三投影面体系中，三条投影轴可以构成一个空间直角坐标系，空间点 A 的位置可以用三个坐标值（x_A、y_A、z_A）表示，则点的投影与坐标之间的关系为：

$$aa_y=a'a_z=x_A \qquad aa_x=a''a_z=y_A \qquad a'a_x=a''a_y=z_A$$

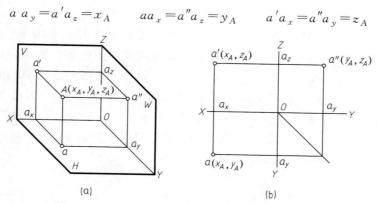

图 3-8　点的投影与坐标的关系

由此可见，若已知点 A 的投影（a、a'、a''），即可确定该点的坐标，也就确定了该点的空间位置；反之亦然。

由图 3-8 （b）可知，点的每个投影包含了点的两个坐标；点的任意两个投影包含了点的三个坐标，所以，根据点的任意两个投影，也可确定点的空间位置。

（5）投影面和投影轴上点的投影

在特殊情况下，点也可以处于投影面和投影轴上。如点的一个坐标为 0，则点在相应的投影面上；如点的两个坐标为 0，则点在相应的投影轴上；如点的三个坐标为 0，则点与原点重合。

如图 3-9 所示，N 点在 V 面上，其投影 n' 与 N 重合，投影 n、n'' 分别在 OX、OZ 轴上；M 点在 H 面上，其投影 m 与 M 点重合，m'、m'' 分别在 OX、OY 轴上。K 点在 OX 轴上，其投影 k、k' 与 K 点重合，k'' 与原点 O 重合，其他情况可依次类推。

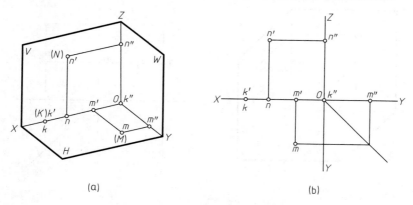

图 3-9　投影面和投影轴上点的投影

由此可见，当点在投影面上，则在该投影面上的投影与空间点重合，另两个投影在相应的投影轴上。当点在投影轴上，则该点的两个投影与空间点重合，即都在该投影轴上，另一个投影与原点重合。

3.2.2 两点的相对位置与重影点

(1) 两点的相对位置

空间点的位置可以用绝对坐标（即空间点对原点 O 的坐标）来确定，也可以用相对于另一点的相对坐标来确定。两点的相对坐标即为两点的坐标差。如图 3-10 所示，已知空间点 A（x_A、y_A、z_A）和 B（x_B、y_B、z_B），如分析 B 相对于 A 的位置，在 X 方向的相对坐标为（$x_B - x_A$），即这两点对 W 面的距离差。Y 方向的相对坐标为（$y_B - y_A$），即这两点对 V 面的距离差。Z 方向的相对坐标为（$z_B - z_A$），即这两点对 H 面的距离差。由于 $x_A > x_B$，因此点 A 在点 B 的左方；由于 $y_A < y_B$，因此点 A 在点 B 的后方；由于 $z_A < z_B$，因此点 A 在点 B 的下方。

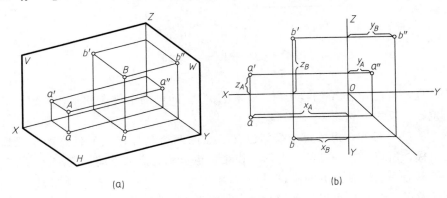

(a)   (b)

图 3-10 两点的相对位置

(2) 重影点

若空间两点位于某一投影面（如 H 面）的同一投射线上，如图 3-11 所示，它们有两个坐标值相同，即 $x_B = x_A$、$y_B = y_A$，则它们在该投影面上的投影重合为一点，称为两

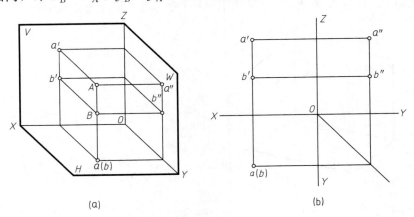

(a)   (b)

图 3-11 重影点

点对 H 面的重影点，由于 $z_A > z_B$，故点 A 在点 B 的正上方。同理，若一点位于另一点的正前方或正后方时，称这两点为对 V 面的重影点；若一点在另一点的正左方或正右方时，称这两点为对 W 面的重影点。

当两点在某一投影面上的投影重合时，会存在一点遮住另一点的问题，需判断其可见性。对 H 面的重影点，Z 坐标大者为可见；对 V 面的重影点，Y 坐标大者为可见；对 W 面的重影点，X 坐标大者为可见。在图 3-11 中，由于 $z_A > z_B$，从上向下投射时，点 A 为可见，点 B 为不可见，其水平投影以 (b) 表示。

【例 3-2】 已知 A 点的正面投影 a' 和侧面投影 a''，又知 B 点在 A 点左方 20mm、后方 6mm、下方 10mm，求作 A 点的水平投影和 B 点的三面投影（图 3-12）。

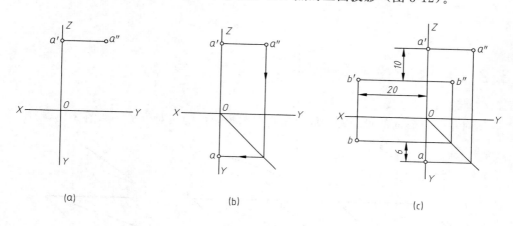

图 3-12 根据两点的相对位置关系求点的投影

分析：因点 A 的两面投影已知，故可按点的投影规律求出其第三投影。又知点 B 相对点 A 的三个方向及其坐标差，因而以 A 为参考点，按它们的方向和坐标差以及投影规律即可作出 B 点的三面投影。

作图步骤：

① 由 A 点的两面投影 a' 和 a'' 作出其第三投影 a，如图 3-12 (b) 所示；

② 在 a'、a 左方 20mm 处作 X 轴的垂线，在 a' 下方 10mm 处作 Z 轴的垂线，交点为 b'，在 a 后方 6mm 处所作 X 轴平行线与 X 轴的垂线相交得 b；

③ 由 b、b' 根据投影规律可确定 b''。作 B 点的三面投影的步骤如图 3-12 (c) 所示。

3.3

直线的投影

3.3.1 直线的投影图

由平面几何得知，两点确定一条直线，故直线的投影可由直线上两点的投影确定。如图 3-13 所示，分别将两点 A、B 的同面投影用直线相连，则得直线 AB 的投影。

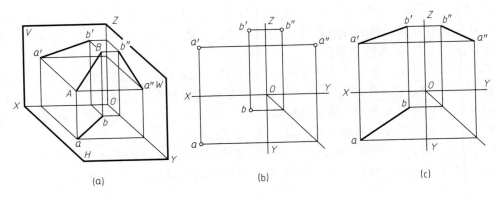

图 3-13　直线的投影

3.3.2　直线的投影特性

（1）直线对一个投影面的投影特性

直线对单一投影面的投影特性取决于直线与投影面的相对位置，如图 3-14 所示。

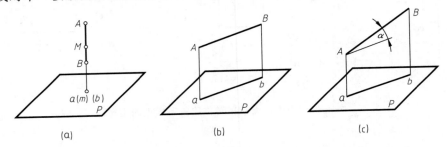

图 3-14　直线对一个投影面的投影特性

① 直线垂直于投影面　其投影重合为一个点，而且位于直线上的所有点的投影都重合在这一点上。投影的这种特性称为积聚性，如图 3-14（a）所示。

② 直线平行于投影面　其投影的长度反映空间线段的实际长度，即 $ab=AB$。投影的这种特性称为实长性，如图 3-14（b）所示。

③ 直线倾斜于投影面　其投影仍为直线，但投影的长度比空间线段的实际长度缩短了，$ab=AB\cos\alpha$，如图 3-14（c）所示。

（2）直线在三投影面体系中的投影特性

直线在三投影面体系中的投影特性取决于直线与三个投影面之间的相对位置。根据直线与三个投影面之间的相对位置不同可将直线分为三类：投影面平行线、投影面垂直线和一般位置直线。投影面平行线和投影面垂直线又称为特殊位置直线。

① 一般位置直线　与三个投影面都倾斜的直线称为一般位置直线 ［图 3-15（a）］。

图 3-15 所示的直线 AB，由于直线与三个投影面都倾斜，直线上两端点到三个投影面的距离都不相等，所以三面投影 $a'b'$、ab、$a''b''$ 均与投影轴倾斜，且投影长度缩短。从图中还可看出，每一投影对相应投影轴的夹角，不反映空间直线对相应投影面的真实倾角。

直线与投影面的夹角称为直线对投影面的倾角，分别用 α、β、γ 表示。

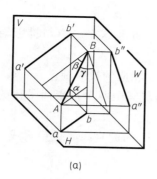 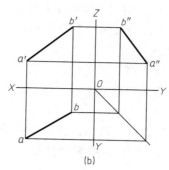

（a） （b）

图 3-15　一般位置直线

②　投影面平行线　平行于某一投影面而又倾斜于另两个投影面的直线称为投影面平行线。

其中，平行于 H 面的直线叫做水平线，平行于 V 面的直线叫做正平线，平行于 W 面的直线叫做侧平线。它们的投影特性见表 3-2。

表 3-2　投影面平行线的投影特性

名称	轴　测　图	投　影　图	投影特性
水平线 $AB\parallel H$ $\angle V$ $\angle W$			①水平投影 ab 反映实长，并反映真实倾角 β、γ ②正面投影 $a'b'\parallel OX$，侧面投影 $a''b''\parallel OY$，且都小于实长
正平线 $CD\parallel V$ $\angle H$ $\angle W$			①正面投影 $c'd'$ 反映实长，并反映真实倾角 α、γ ②水平投影 $cd\parallel OX$，侧面投影 $c''d''\parallel OZ$，且都小于实长
侧平线 $EF\parallel W$ $\angle H$ $\angle V$			①侧面投影 $e''f''$ 反映实长，并反映真实倾角 α、β ②水平投影 $ef\parallel OY$，正面投影 $e'f'\parallel OZ$，且都小于实长

分析表 3-2，可归纳出投影面平行线的投影特性。

a. 直线在所平行的投影面上的投影反映实长，并且这个投影与投影轴的夹角等于空间直线对相应投影面的倾角。

b. 其他两个投影都小于实长，并且分别平行于相应的投影轴。

③ 投影面垂直线　垂直于某一投影面，从而与其余两个投影面平行的直线称为投影面垂直线。

其中垂直于 V 面的直线叫做正垂线，垂直于 H 面的直线叫做铅垂线，垂直于 W 面的直线叫做侧垂线，它们的投影特性见表 3-3。

表 3-3　投影面垂直线的投影特性

名称	轴　测　图	投　影　图	投影特性
铅垂线 $AB \perp H$			①水平投影积聚为一点 $a(b)$ ②正面投影 $a'b' \perp OX$，侧面投影 $a''b'' \perp OY$，并且都反映实长 ③$\alpha = 90°$，$\beta = \gamma = 0°$
正垂线 $CD \perp V$			①正面投影积聚为一点 $c'(d')$ ②水平投影 $cd \perp OX$，侧面投影 $c''d'' \perp OZ$，并且都反映实长 ③$\beta = 90°$，$\alpha = \gamma = 0°$
侧垂线 $EF \perp W$			① 侧面投影积聚一点 $e''(f'')$ ②正面投影 $e'f' \perp OZ$，水平投影 $ef \perp OY$，并且都反映实长 ③$\gamma = 90°$，$\alpha = \beta = 0°$

分析表 3-3，可归纳出投影面垂直线的投影特性。

a. 直线在它所垂直的投影面上的投影积聚为一点。

b. 其他两个投影垂直相应的投影轴，且反映实长。

3.3.3　直线上点的投影

如图 3-16 所示，直线上点的投影有如下特性。

（1）从属性

若点在直线上，则点的投影一定在直线的同面投影上，且符合点的投影规律，反之亦然。

在图3-16中，如点K在直线AB上，则k'必在$a'b'$上，k必在ab上，k''必在$a''b''$上，且k'、k、k''符合点的投影规律。

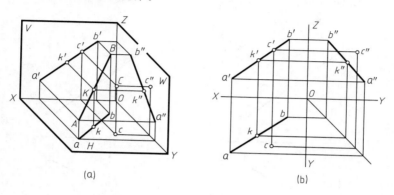

图3-16 直线上点的投影

反之，若点的各投影均在直线的各同面投影上，且符合点的投影规律，则该点必在该直线上。如图3-16所示，点C的V面投影c'在$a'b'$上，但点C的H面投影c不在ab上，点C的W面投影c''不在$a''b''$上，则点C不在直线AB上。

（2）定比性

直线上的点分割线段之比等于该点的投影分割线段的同面投影之比，反之亦然。如图3-16所示，直线AB上的点K分割AB为AK和KB两段，则$AK:KB=ak:kb=a'k':k'b'=a''k'':k''b''$。

【例3-3】 已知点K在直线CD上，求作它们的三面投影（图3-17）。

分析：点K的正面投影k'一定在$c'd'$上，但如何确定k'在$c'd'$上的位置呢？这里可采用两种方法，一是求出它们的侧面投影（作图略）；另一种方法如图3-17（b）所示，用分割线段成定比的方法作图。

【例3-4】 已知侧平线AB及点M的正面投影和水平投影，判断点M是否在直线AB上（图3-18）。

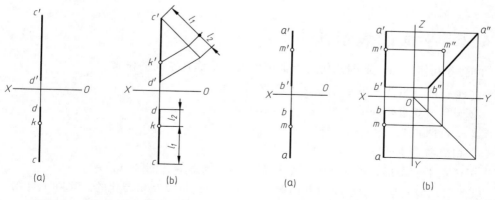

图3-17 求直线上点的投影　　　　图3-18 判断点是否在直线上

分析：判断方法有两种。

① 求出它们的侧面投影。由于 m'' 不在 $a''b''$ 上，故点 M 不再直线 AB 上。

② 用点分线段成定比的方法判断。由于 $am:mb \neq a'm':m'b'$，故点 M 不在直线 AB 上。

【例 3-5】　在已知直线 AB 上取一点 C，使 $AC:CB=2:3$，求作点 C 的投影（图 3-19）。

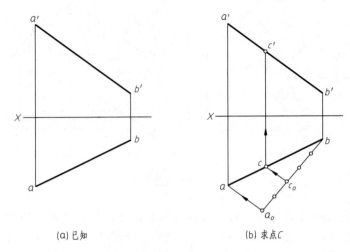

(a) 已知　　　　　　　　　　(b) 求点 C

图 3-19　求作点 C 的投影

分析：根据直线投影的定比性，当 $AC:CB=2:3$ 时，$a'c':c'b'=ac:cb=2:3$。

作图步骤：

① 过 b 引一任意直线，并在其上作 $a_0c_0:c_0b=2:3$；

② 连接 a_0a，过 c_0 作 a_0a 的平行线，交 ab 于 c；

③ 由 c 再求出 c'，则 c、c' 即为所求。

3.4

平面的投影

3.4.1　平面的表示法

由初等几何得知，下列几何元素都可以决定平面在空间的位置。

① 不在同一直线上的三个点［图 3-20 (a)］。

② 一直线和直线外的一个点［图 3-20 (b)］。

③ 平行两直线［图 3-20 (c)］。

④ 相交两直线［图 3-20 (d)］。

⑤ 任意平面图形，如三角形、平行四边形、圆形等［图 3-20 (e)］。

以上用几何元素表示平面的五种形式彼此之间是可以互相转化的。实际上，第一种表示法是基础，后几种都是由它转化而来的。

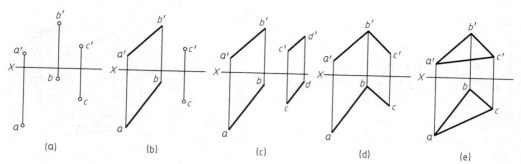

图 3-20　平面的几何元素表示法

3.4.2　平面的投影特性

（1）平面对单一投影面的投影特性

平面对一个投影面的投影特性取决于平面与投影面的相对位置，平面相对于投影面的位置共有三种情况：平行于投影面；垂直于投影面；倾斜于投影面。由于位置不同，平面的投影就各有不同的特性，如图 3-21 所示。

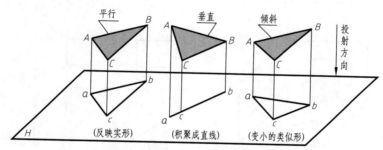

图 3-21　平面对一个投影面的投影特性

① 平面平行于投影面　当平面平行于投影面时，它在该投影面上的投影反映实形，这种投影特性称为实形性。

② 平面垂直于投影面　当平面垂直于投影面时，它在该投影面上的投影积聚成一条直线，这种投影特性称为积聚性。

③ 平面倾斜于投影面　当平面倾斜于投影面时，它在该投影面上的投影与空间平面的形状是类似的，这种投影特性称为类似性。

（2）平面在三投影面体系中的投影特性

平面在三面投影体系中的投影特性取决于平面对三个投影面的相对位置。根据平面与三个投影面的相对位置不同，可将平面分为三类：投影面平行面、投影面垂直面和一般位置平面，前两种又称为特殊位置平面。

① 一般位置平面　对三个投影面均倾斜的平面，称为一般位置平面。

图 3-22（a）所示△ABC 的三面投影均为三角形。作图时，先求出三角形各顶点的投影 ［图 3-22（b）］，然后将各点的同面投影依次相连，即得 △ABC 的三面投影 ［图 3-22（c）］。

由于△ABC 对三个投影面都倾斜，所以，它的三面投影均为与空间平面类似的图形，既不反映实形，也不积聚。

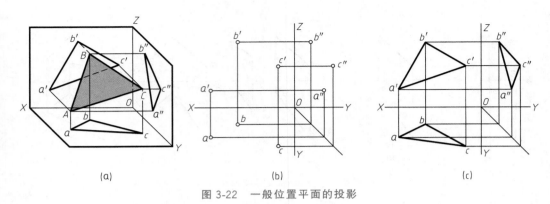

(a)　　　　　　　　　　　　(b)　　　　　　　　　　　　(c)

图 3-22　一般位置平面的投影

② 投影面垂直面　垂直于一个投影面而倾斜于另两个投影面的平面统称为投影面垂直面。

其中垂直于 H 面的平面，称为铅垂面；垂直于 V 面平面，称为正垂面；垂直于 W 面的平面，称为侧垂面，它们的投影特性见表 3-4。

表 3-4　投影面垂直面的投影特性

名称	轴 测 图	投 影 图	投影特性
铅垂面⊥H ∠V、∠W			①水平投影积聚为直线； ②正面投影与侧面投影为实形的类似形
正垂面⊥V ∠H、∠W			①正面投影积聚为直线； ②水平投影与侧面投影为实形的类似形
侧垂面⊥W ∠H、∠V			①侧面投影积聚为直线； ②正面投影与水平投影为实形的类似形

③ 投影面平行面　平行于一个投影面而垂直于另两个投影面的平面，统称为投影面平行面。

其中，平行于 H 面的平面，称为水平面；平行于 V 面的平面，称为正平面；平行于 W 面的平面，称为侧平面。它们的投影特性见表 3-5。

表 3-5　投影面平行面的投影特性

名称	轴　测　图	投　影　图	投影特性
水平面//H			①水平投影反映实形；②正面投影和侧面投影积聚成直线，并分别平行于 OX、OY 轴
正平面//V			①正面投影反映实形；②水平投影和侧面投影积聚成直线，并分别平行于 OX、OZ 轴
侧平面//W			①侧面投影反映实形；②正面投影和水平投影积聚成直线，并分别平行于 OZ、OY 轴

【例 3-6】已知平面的正面投影和侧面投影，求出其水平投影 [图 3-23（a）]。

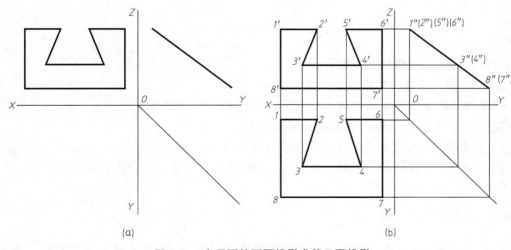

(a)　　　　　　　　　　　　　(b)

图 3-23　由平面的两面投影求第三面投影

分析：因为平面的侧面投影积聚为一条直线，且与轴倾斜，所以该平面为侧垂面。根据侧垂面的投影特性，其水平投影为正面投影的类似形。

作图步骤［图 3-23（b）］：

① 在正面投影上标出平面的各顶点 1′、2′、3′、4′、5′、6′、7′、8′；

② 根据点的投影规律及平面的侧面投影的积聚性，求得 1″、2″、3″、4″、5″、6″、7″、8″；

③ 根据点的投影规律求出水平投影 1、2、3、4、5、6、7、8；

④ 按照正面投影的顺序依次连接水平投影中各点，即完成作图。

*3.5 平面上的直线和点

3.5.1　平面内取直线

直线在平面上的条件是：

① 直线经过平面上的两点；

② 直线经过平面上的一点，且平行于平面上的另一已知直线。

据此，可在平面的投影图中进行作图。

【例 3-7】　已知平面△ABC，试在平面内任意作一条直线（图 3-24）。

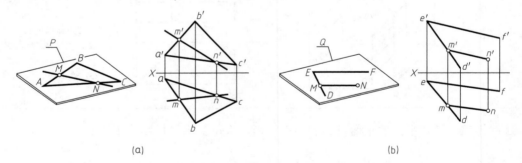

(a)　　　　　　　　　　　　　(b)

图 3-24　平面内取任意直线

分析：可用下面两种方法作图。

① 在平面内任找两个点连线［图 3-24（a）］。

在边线 AB 上任意取一点 M（m、m'），在边线 AC 上任意取一点 N（n、n'），用直线连接 M、N 的同面投影，直线 MN 即为所求。

② 过面内一点作平面内已知直线的平行线［图 3-24（b）］。

在边线 DE 上任意取一点 M（m、m'），过 M 点作直线 $MN // EF$（$mn // ef$，$m'n' // e'f'$），直线 MN 即为所求。

3.5.2　平面内取点

点在平面内的条件是：如果点在平面内的某一直线上，则此点必在该平面上。据此，在平面上取点时，应先在平面上取直线，再在直线上取点。

【例 3-8】 已知△ABC 上点 K 的正面投影 k′，求 k 和 k″（图 3-25）。

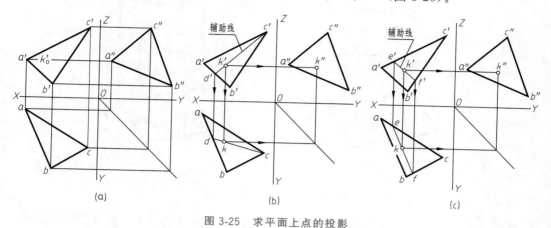

图 3-25　求平面上点的投影

分析：求平面上点的投影，必须先过已知点作辅助线，可用两种方法作图。图 3-25（b）示出了过 k′ 作辅助直线 c′d′ 求 k 和 k″ 的方法；图 3-25（c）示出了过 k′ 作平行线（e′f′//a′b′）求 k 和 k″ 的方法，具体作图步骤，如图中箭头所指。

3.5.3　平面内取投影面平行线

既在平面内又平行于某一投影面的直线称为平面内的投影面平行线。平面内的投影面平行线又可分为平面内的水平线、正平线和侧平线三种，其投影既要符合直线在平面内的几何条件，又要符合投影面平行线的投影特性。

如图 3-26（a）所示，由于点 A、D 在△ABC 平面上，则直线 AD 是△ABC 平面上的一条直线；又因 a′d′//OX 轴，其符合水平线的投影特性，所以直线 AD 为△ABC 平面上的一条水平线；对于 EF 直线，因 EF//AD，且 A、D 在△ABC 平面上，所以直线 EF 也是△ABC 平面上的一条水平线。同理，在图 3-26（b）中，AD、EF 均为△ABC 平面上的一条正平线。

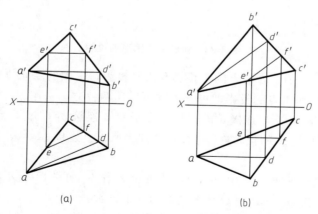

图 3-26　平面内的投影面平行线

【例 3-9】 已知□ABCD 上有一点 K，且点 K 在 H 面之上 10mm，在 V 面之前

15mm，求点 K 的水平投影 k 和正面投影 k'（图 3-27）。

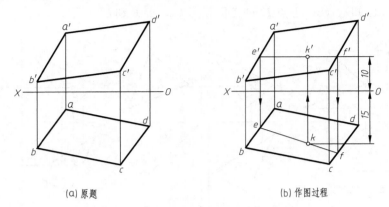

(a) 原题　　　　　　　　　(b) 作图过程

图 3-27　在 $\square ABCD$ 上取点 K

分析：可先在 $\square ABCD$ 上取位于 H 面之上 10mm 的水平线 EF，再在 EF 上取位于 V 面之前 15mm 的点 K。

作图步骤 [图 3-27（b）]：

① 先在 OX 之上 10mm 处作出 $e'f'$，再由 $e'f'$ 作 ef；

② 在 ef 上取位于 OX 之前 15mm 的点 k，即为所求点 K 的水平投影。由 k 在 $e'f'$ 上作出所求点 K 的正面投影 k'。

【例 3-10】　完成平面图形四边形 $ABCD$ 的水平投影（$BC /\!/ AD$）（图 3-28）。

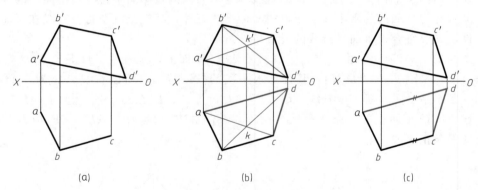

(a)　　　　　　　　(b)　　　　　　　　(c)

图 3-28　完成平面图形的投影

分析：现已知 A、B、C 三点的正投影和水平投影，平面的空间位置已经确定，可以利用点在面上的原理作出点的投影即可。本题可以用两种方法来作。

方法一 [图 3-28（b）]：连接 $a'c'$ 和 $b'd'$ 交于 k'；连接 ac，过 k' 点作投影连线交 ac 于 k；连接 bk 并延长过 d' 的投影连线于 d，d 即为所求；连接 cd、ad 完成平面图形的水平投影。

方法二 [图 3-28（c）]：因 $BC /\!/ AD$，故可过 a 作 bc 的平行线交过 d' 的投影连线于 d，d 即为所求；连接 cd、ad 完成平面图形的水平投影。

从本例可以看出，在完成平面投影时，若其中有平行的对边，利用其平行的投影特性作图更方便。

【例 3-11】　在 $\triangle ABC$ 平面内确定点 K，使其距离 H 面 20mm，距离 V 面 12mm（图 3-29）。

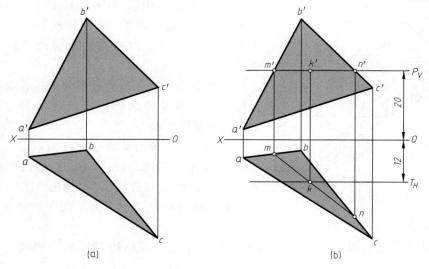

图 3-29　平面内取点

分析：由题意可知，K 点必须同时满足三个条件，K 点在△ABC 平面上、距离 H 面 20mm 点的轨迹为水平面 P、距 V 面 12mm 点的轨迹为正平面 T，K 点即为三面的公共点。水平面 P 与△ABC 的交线为水平线，正平面 T 与△ABC 的交线为正平线，正平线与水平线的交点即为 K 点。

作图步骤：

① 作出 P 平面的正面投影位置 P_V 和 T 平面的水平投影位置 T_H，在距离 X 轴 20mm 作 $P_V//X$ 轴，在距离 X 轴 12mm 作 $T_H//X$ 轴；

② 求出 P 面与三角形 ABC 平面的交线 MN 的两面投影，其正面投影 $m'n'$ 是 P_V 与 $a'b'c'$ 的交线，水平投影 mn 可按投影规律求出；

③ 求出交线 MN 与 T 面的交点 K 的两面投影，其水平投影 k 是 mn 与 T_H 的交点，正面投影 k' 可按投影规律求出。

3.6

物体的三视图

3.6.1　三视图的形成

图 3-30 表示两个形状不同的物体，但在同一投影面上的正投影却是相同的，这说明仅有一个投影是不能准确地表示物体形状的。因此，必须采用多面正投影来确定物体的形状。

将物体放置在三投影面体系中，按正投影法向各投影面投射，可分别得到物体的正面投影、水平投影和侧面投影，如图 3-31 (a) 所示。

用正投影法绘制物体的图形时，可把人的视线假设成相互平行且垂直于投影面的一组投射线，将物体在投影面上的投影称为视图。物体在 V 面上的投影，即由前向后投射所得

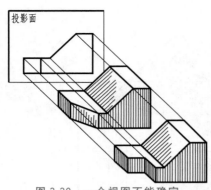

图 3-30 一个视图不能确定
物体的形状

的视图，称为主视图；物体在 H 面上的投影，即由上向下投射所得的视图，称为俯视图；物体在 W 面上的投影，即由左向右投射所得的视图，称为左视图。

在视图中，规定物体表面的可见轮廓线用粗实线绘制，不可见轮廓线用细虚线绘制。如图 3-31（a）的主视图所示。

为了使三个视图能画在一张图纸上，国家标准规定 V 面保持不动，H 面绕 OX 轴向下旋转 $90°$，W 面绕 OZ 轴向右旋转 $90°$，如图 3-31（b）所示。这样就得到展开在同一平面上的三面视图，简称为三视图，如图 3-31（c）所示。

为了便于看图和画图，在三视图中不必画出投影面的边框线和投影轴，如图 3-31（d）所示。

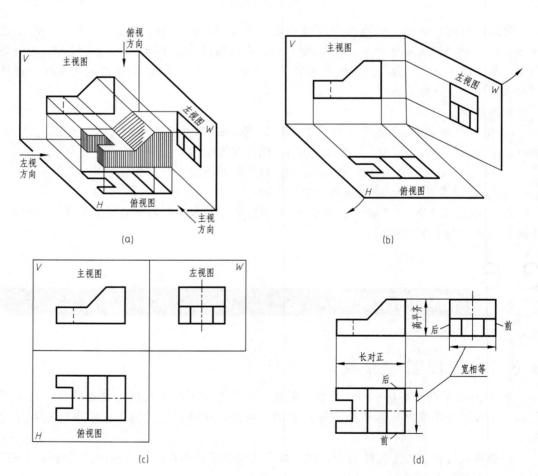

图 3-31 三视图的形成及投影规律

3.6.2　三视图的投影规律

(1) 三视图的"三等"投影规律

三视图的配置是以主视图为准,俯视图在它的正下方,左视图在它的正右方。

物体都有长、宽、高三个方向尺寸,每个视图都反映两个方向的尺寸,主视图和俯视图都反映物体的长度;主视图和左视图都反映物体的高度,俯视图和左视图都反映物体的宽度,由此可归纳得出三视图之间的对应规律 [图 3-31 (d)]:

主视图与俯视图:长对正 (等长);

主视图与左视图:高平齐 (等高);

俯视图与左视图:宽相等 (等宽)。

"长对正、高平齐、宽相等"是三视图之间的投影规律,它不仅适用于整个物体的投影,也适用于物体每个局部的投影。

(2) 三视图与物体的方位关系

在应用投影规律时,要注意物体的上、下、左、右、前、后六个方位与视图的关系。在俯视图和左视图中,靠近主视图的一边都反映物体的后面,远离主视图的一边则反映物体的前面。因此,在量取"宽相等"时,不但要注意量取的起点,还要注意量取的方向。

3.7

基本体的三视图

3.7.1　平面立体

(1) 棱柱

棱柱是由两个相互平行的底面和几个棱面围成的立体。棱面的交线称为棱线,棱线相互平行。

① 棱柱的三视图　图 3-32 所示为正六棱柱的投射情况。从图中可知,六棱柱的顶面和底面都是水平面,六个棱面 (均为矩形) 中,前、后棱面为正平面,其余的四个棱面为铅垂面,六条棱线为铅垂线。

画三视图时,先画顶面和底面的投影。俯视图中,顶面和底面均反映实形 (正六边形) 且投影重合,主、左视图中都积聚为直线;六个棱面由六条侧棱线分开,六条棱线在俯视图中具有积聚性,积聚在正六边形的六个顶点,它们在主、左视图中的长度均反映棱柱的高。在画完上述面与棱线的投影后,即得该六棱柱的三视图,如图 3-32 (b) 所示。

请特别注意,俯视图和左视图之间必须符合宽相等和前后对应关系。这种关系可在作图时按照投影的对应关系在图中直接量取作图,也可采用添加 45°辅助线作图。

② 棱柱表面取点　平面立体表面上取点的方法和平面上取点相同。由于正六棱柱的各个表面都处于特殊位置,因此,在其表面上取点均可利用平面投影的积聚性作图,并标明其可见性。

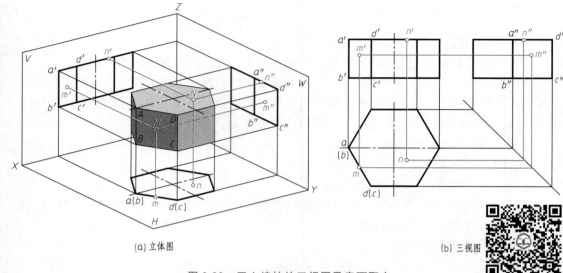

(a) 立体图   (b) 三视图

图 3-32　正六棱柱的三视图及表面取点

如图 3-32（b）所示，已知棱柱表面上点 M 的正面投影 m'，求其水平投影 m 和侧面投影 m''。由于点 M 的正面投影是可见的，因此，点 M 必定处于棱面 ABCD 上，而棱面 ABCD 为铅垂面，水平投影 $abcd$ 具有积聚性，因此点 M 的水平投影 m 必在 $abcd$ 上，根据 m' 和 m 即可求出 m''。

又如，已知点 N 的水平投影 n，求其正面投影 n' 和侧面投影 n''。由于点 N 的水平投影是可见的，因此点 N 必定处于顶面上，而顶面的正面投影和侧面投影都具有积聚性，因此 n' 和 n'' 必定在顶面的同面投影上。

下面是一些常见的棱柱及其三视图，从中可以总结出它们的特征（见图 3-33）。

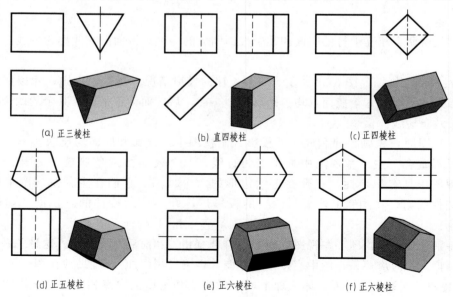

(a) 正三棱柱   (b) 直四棱柱   (c) 正四棱柱

(d) 正五棱柱   (e) 正六棱柱   (f) 正六棱柱

图 3-33　正棱柱体及其三视图

①　形体特征　直棱柱体都是由两个平行且相等的多边形底面和若干个与其相垂直的矩形棱面所组成。

②　三视图的特征　一个视图为多边形，其他两个视图均为一个或多个可见或不可见的矩形线框（图形内的线为某些棱面或棱线的投影）。

（2）棱锥

棱锥由一个多边形底面和多个棱面所围成，且各棱面都是三角形，各棱线相交于同一点，此点即为棱锥的顶点。

①　棱锥的三视图　图 3-34（a）所示为正三棱锥的投射情况。正三棱锥由底面△ABC和三个相等的棱面△SAB、△SBC 和△SAC 所组成。底面△ABC 为水平面，在俯视图中反映实形，主、左视图中积聚为一直线；棱面△SAC 为侧垂面，因此在左视图中积聚为一直线，主、俯视图中都是类似形（三角形）；棱面△SAB 和△SBC 为一般位置平面，它在三视图中的投影均为类似形。棱线 SB 为侧平线，棱线 SA、SC 为一般位置直线，棱线 AC 为侧垂线，棱线 AB、BC 为水平线。对它们的投影，读者可自行分析。

画正三棱锥的三视图时，先画出底面△ABC 的投影，再画出锥顶 S 的各个投影，连接各顶点的同一投影面的投影，即为正三棱锥的三视图，如图 3-34（b）所示。

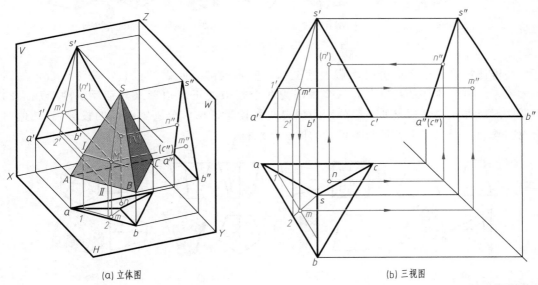

(a) 立体图　　　　　　　　　　　　　　　(b) 三视图

图 3-34　正三棱锥的三视图及表面取点

②　棱锥表面取点　棱锥表面上取点，首先要确定该点在立体表面的哪个平面上，要分析点所在平面的空间位置。特殊位置平面上的点，可利用平面投影的积聚性来作图，一般位置平面上的点，可通过作适当的辅助线来求得。

如图 3-34（b）所示，已知点 M 的正面投影 m' 和点 N 的水平投影 n，求点 M、N 的另外两面投影。由点 M、N 已知投影的可见性，可判定它们分别在△SAB、△SAC 棱面上。棱面△SAB 是一般位置平面，过锥顶 S 和点 M 作一辅助线 SⅡ，然后求出 SⅡ 的水

平投影 $s2$，再求出 m，也可过 M 在 $\triangle SAB$ 上作 AB 的平行线 IM，即 $1'm'//a'b'$，再作 $1m//ab$，求出 m，再由 m' 和 m 求出 m''。棱面 $\triangle SAC$ 是侧垂面，它的侧面投影 $s''a''(c'')$ 具有积聚性，因此 n'' 落在 $s''a''(c'')$ 上，有 n 和 n'' 即可求出 (n')。

下面是一些常见的棱锥体及其三视图，从中可以总结出它们的特征（图 3-35）。

a. 形体特征：正棱锥体由一个正多边形底面和若干个具有公共顶点的等腰三角形侧面所组成，且锥顶位于过底面中心的垂直线上。

b. 三视图的特征：一个视图为正多边形（图形内的线分别为侧棱线的投影，等腰三角形分别为棱面的投影），其他两视图均为一个或多个可见与不可见具有公共顶点的三角形线框。

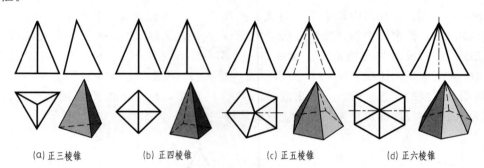

(a) 正三棱锥　　　(b) 正四棱锥　　　(c) 正五棱锥　　　(d) 正六棱锥

图 3-35　正棱锥体及其三视图

棱锥体被平行于底面的平面截去其上部，所剩的部分叫做棱锥台，简称棱台，如图 3-36 所示。其三视图的特征是：一个视图为两个相似的正多边形（分别反映两个底面的实形。图形内对应角顶点的连线分别为侧棱线的投影，梯形分别为侧面的投影）；其他两个视图均为一个或多个可见与不可见的四边形线框。

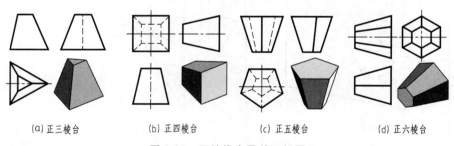

(a) 正三棱台　　　(b) 正四棱台　　　(c) 正五棱台　　　(d) 正六棱台

图 3-36　正棱锥台及其三视图

3.7.2　回转体

由一条母线（直线或曲线）围绕轴线回转而形成的表面，称为回转面，如图 3-37 所示；由回转面或回转面与平面所围成的立体，称为回转体。

工程中常见的回转体有圆柱、圆锥、圆球等，下面分别介绍它们的形成、画法、表面取点方法及截断面的作图方法等。

（1）圆柱体

① 圆柱面的形成　如图 3-37（a）所示，圆柱面可看作一条直线 AB 围绕与它平行的轴线 OO 回转而成。OO 称为回转轴，直线 AB 称为母线，母线转至任一位置的线，称为素线。

(a) 圆柱面的形成　　　　　(b) 圆锥面的形成　　　　　(c) 球面的形成

图 3-37　回转面的形成

②　圆柱体的三视图　　图 3-38（a）表示圆柱体的投射情况。由于圆柱轴线为铅垂线，圆柱面上所有素线都是铅垂线，所以其水平投影积聚成一个圆。圆柱体的上、下两底圆均平行于水平投影面，其水平投影反映实形，是与圆柱面水平投影重合的圆。

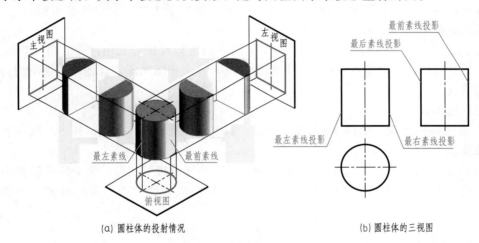

(a) 圆柱体的投射情况　　　　　　　　　(b) 圆柱体的三视图

图 3-38　圆柱体及其三视图

主视图的矩形表示圆柱面的投影，其上、下两边分别为上、下底面的积聚性投影；左、右两边分别为圆柱面最左、最右素线的投影，这两条素线的水平投影积聚成两个点，其侧面投影与轴线的侧面投影重合。最左、最右素线将圆柱面分为前、后两半，是圆柱面由前向后的转向轮廓线，也是圆柱面在正面投影中可见与不可见部分的分界线。

左视图的矩形线框可与主视图的矩形线框作类似的分析。

画圆柱体的三视图时，必须先画出轴线和对称中心线，再画反映两端圆平面实形的圆投影和另两个积聚投影，最后根据圆柱体的高度和投影规律画出圆柱面的另外两投影的外形轮廓线，如图 3-38（b）所示。

③　圆柱体表面上的点　　如图 3-39（a）所示，已知圆柱面上点 M 的正面投影 m' 和点 N 的侧面投影 n''，求点 M 和 N 的另外两面投影。

根据给定的 m' 的位置，可判定点 M 在前半圆柱面的左半部分。因圆柱面的水平投影具有积聚性，故 m 必在前半圆柱的左方。m'' 可根据 m' 和 m 直接求得。n'' 在圆柱面的最

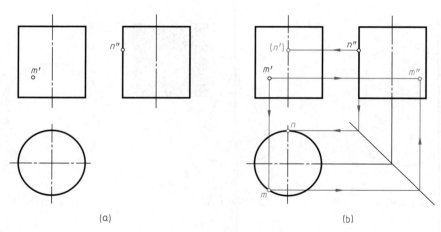

(a)　　　　　　　　　　　(b)

图 3-39　圆柱体表面上点的求法

后素线上，其正面投影 n' 在轴线上（不可见），水平投影在圆的最后方，如图 3-39（b）所示。

可见性判断：主视是前遮后，左视是左遮右，俯视是上遮下。点所在表面投影可见，则点的投影可见。

④ 圆柱体的特征　综上所述，可总结出圆柱的形体特征：它由两个相等的圆底面和一个与其垂直的圆柱面所围成；其三视图的特征，一个视图为圆，其他两个视图均为相等的矩形线框。

（2）圆锥体

① 圆锥面的形成　如图 3-37（b）所示，圆锥面可看作是一条直母线 SA 围绕和它相交的轴线 OO 回转而成。

② 圆锥体的三视图　图 3-40（a）所示为一圆锥体的投射情况。由于圆锥轴线为铅垂线，底面为水平面，所以它的水平投影为一圆，反映底面的实形，同时也表示圆锥面的投影。

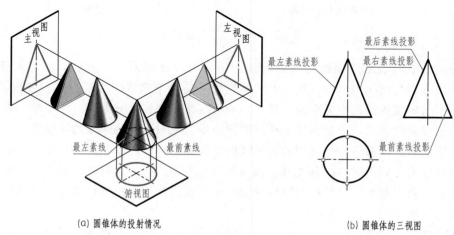

（a）圆锥体的投射情况　　　　　　　　（b）圆锥体的三视图

图 3-40　圆锥体及其三视图

主视图、左视图均为等腰三角形，其底边均为圆锥底面的积聚性投影。主视图中三角形的左、右两边，分别表示圆锥面最左、最右素线的投影（为正平线反映实长），它们是圆锥面的正面投影可见与不可见的分界线；左视图中三角形的两边，分别表示圆锥面最前、最后素线的投影（为侧平线反映实长），它们是圆锥面的侧面投影可见与不可见的分界线。上述四条线的其他两面投影，请读者自行分析，如图 3-40（b）所示。

画圆锥体的三视图时，应先画出各投影的对称中心线和轴线、底圆及顶点的各投影，再画出四条特殊位置素线的投影。

③ 圆锥体表面上的点　如图 3-41 所示，已知圆锥体表面上点 M 的正面投影 m'，求 m 和 m''。根据 M 的位置和可见性，可判定点 M 在前、左圆锥面上，因此，点 M 的三面投影均为可见。

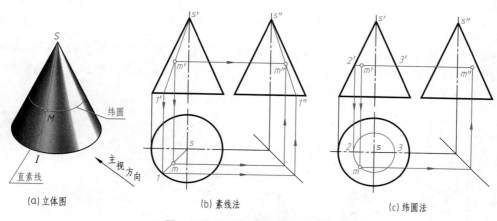

(a) 立体图　　(b) 素线法　　(c) 纬圆法

图 3-41　圆锥体表面上点的求法

作图可采用下面两种辅助线的方法：

a. 素线法：如图 3-41（a）所示，过锥顶 S 和点 M 作一辅助素线 SI，即在图 3-41（b）中连接 $s'm'$，并延长到与底面的正面投影相交于 $1'$，求得 $s1$ 和 $s''1''$；再由 m' 根据点在线上的投影规律求出 m 和 m''。

b. 纬圆法：如图 3-41（a）所示，过点 M 在圆锥面上作垂直于圆锥轴线的水平辅助圆（该圆的正面投影积聚为一直线），即过 m' 作的 $2'3'$［图 3-41（c）］，其水平投影为一直径等于 $2'3'$ 的圆，圆心为 s，由 m' 作 OX 轴的垂线，与辅助圆的交点即为 m。再根据 m' 和 m 求出 m''。

④ 圆锥体的特征　圆锥的形体特征是：它由一个圆底面和一个锥顶位于与底面相垂直的中心轴线上的圆锥面所围成；其三视图的特征是一个视图为圆，其他两视图均为相等的等腰三角形。

圆锥体被平行于其底面的平面截去其上部，所剩的部分叫作圆锥台，简称圆台。圆台及其三视图如图 3-42 所示，其三视图的特征是：一个视图为两个同心圆（分别反映两个底面的实形，两圆之间的部分表示圆台面的投影）；两个视图均为相等的等腰梯形。

（3）圆球体

① 圆球面的形成　如图 3-37（c）所示，圆球面可看作一圆母线围绕它的直径回转而成。

② 圆球体的三视图　图 3-43（a）所示为一圆球体的投射情况，圆球体的三个视图都是与球直径相等的圆。球体的各个投影虽然都是圆，但各个圆的意义却不相同。主视图中的圆是平行于 V 面的圆素线 I（前、后半球的分界线，球面正面投影可见与不可见的分界

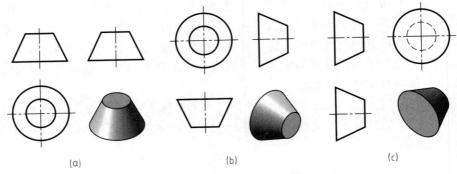

图 3-42　圆台及其三视图

线）的投影；按此作类似分析，俯视图中的圆是平行于 H 面的圆素线 II 的投影；左视图中的圆是平行于 W 面的圆素线 III 的投影。这三条圆素线的其他两面投影，都与圆的相应中心线重合，如图 3-43（b）所示。

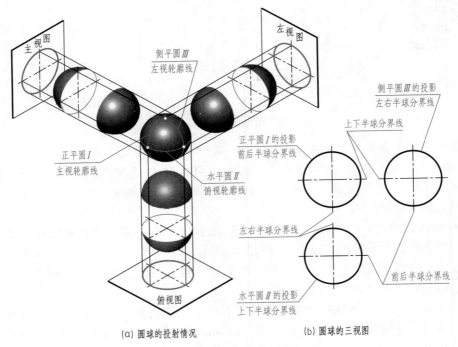

（a）圆球的投射情况　　　　（b）圆球的三视图

图 3-43　圆球及其三视图

③ 圆球体表面上的点　如图 3-44（a）所示，已知圆球面上点 M 的水平投影 m 和点 N 的正面投影 n'，求点 M、N 的其余两面投影。

根据点的位置和可见性，可判定：

a. 点 N 在前、后两半球的分界线上，n 和 n'' 可直接求出，因为点 N 在右半球，其侧面投影 n'' 不可见，须加括号，如图 3-44（b）所示；

b. 点 M 在前半球的左上部分，因此点 M 的三面投影均为可见，须采用辅助圆法求 m' 和 m''。

过点 M 在球面上作一平行于正面的辅助圆（也可作平行于水平面或侧面的圆）。因点

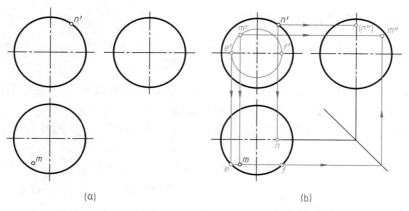

图 3-44　圆球体表面上的点

在辅助圆上，故点的投影必在辅助圆的同面投影上。

作图时，先在水平投影中过 m 作 $ef // OX$，ef 为辅助圆在水平投影面上的积聚性投影，再画正面投影为直径等于 ef 的圆，由 m 作 OX 轴的垂线，其与辅助圆正面投影的交点（因 m 可见，应取上面的交点）即为 m'，再由 m、m' 求得 m''，如图 3-44（b）所示。

④ 圆球体的特征　圆球体的形体特征是：它是由过球心任一直径都相等的球面所围成的。其三视图的特征是三个视图都是直径相等的圆。

阅读回转体的三视图时，应先看具有特征形状的视图，即先看具有圆（或圆弧）的视图，再看其他两视图。

值得一提的是，在看物记图、看图想物的过程中，不应忽略图中的细点画线。它往往是物体对称中心面、回转体轴线的投影或圆的中心线，在图形中起着基准或定位的重要作用。弄清这个道理，对看图、画图、标注尺寸等都很有帮助。

3.8 切割体的三视图

平面与立体表面相交，在立体表面上就会产生交线，该交线称为截交线，截切立体的平面称为截平面，在立体上产生的平面称为截断面。研究平面与立体表面相交的目的就是要准确地求出立体表面截交线的投影，如图 3-45 所示。

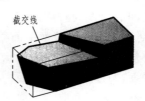

图 3-45　立体表面的截交线

3.8.1 截交线的一般性质

立体的形状和截平面的位置不同，截交线的形状也各不相同，但它们都具有下面的一般性质。

① 共有性　截交线既在截平面上，又在立体表面上，因此截交线是截平面和立体表面的共有线，故截交线上任一点都是截平面和立体表面的共有点。

② 封闭性　由于任何立体表面在空间的尺寸是有限的，所以截交线是封闭的平面图形。

③ 截交线的形状取决于立体表面的形状和截平面与立体的相对位置。截平面与平面立体相交，其截交线为一平面多边形。截平面与回转体相交，截交线一般是由曲线或曲线与直线围成的一个封闭的平面图形。

3.8.2 截交线的作图方法

平面立体的截交线为一平面多边形，它的顶点是截平面与平面立体棱线的交点。因此，求平面立体的截交线的实质是求出截交线多边形的顶点的投影，再按顺序连接即可。

当回转体的截交线一般为非圆曲线时，它可以利用表面取点的方法求出截交线上一系列点的投影（首先求出截交线上的全部特殊点，即最高、最低、最左、最右、最前、最后点或转向轮廓线上的点），再连成光滑的曲线，并判别可见性。当连线有困难时，再求出若干个一般点。

① 认清形体　根据已知投影，结合各种立体的投影特性，确定立体的空间几何形状。

② 分析截平面与立体的相对位置　平面与平面立体、回转体、组合体相交以及有切口的立体，都要根据立体的投影图，分析立体被哪些平面所截切，以及它们与立体的相对位置，通过对截平面及立体的形状分析和投影分析，由此确定截交线的空间形状。

③ 分析截断面的形状及其投影情况　在以上分析的基础上，确定截断面的形状及截交线的投影。分析哪个投影是已知的，哪个投影是要作图的，然后再逐一作图。

单个平面截切基本几何体时，其截交线的形状取决于立体的形状及截平面与立体的相对位置。对于平面立体，其截交线是平面多边形；对于圆柱，其圆柱面的截交线是圆、椭圆或平行两直素线，截平面与圆柱端面的交线是两直线；对于圆锥，其圆锥面的截交线是圆锥曲线（圆、椭圆、双曲线、抛物线），截平面与底平面的交线是直线；对于圆球，其截交线是圆；对于圆环，其截交线是圆或高次曲线。

单个截平面截切组合体时，其截交线是截平面与参与相交的各基本几何体的截交线的组合。

多个截平面截切立体时，其截交线则是各截平面与相交的立体的截交线的组合，且相邻两截平面之间的交线为直线。

④ 求截交线　基本体被截平面截切后得到切割体。绘制切割体的投影首先要画出基本体的投影，然后分析出截断面形状，再按照不同切割体的特点进行作图。

由于截平面往往垂直于投影面，截交线在该投影面上的投影为已知，故求截交线的问题就转化为在立体表面上取点、取线的问题。

在作图过程中，应先求出所有特殊点，对于平面立体就是求出截交线（平面多边形）的各顶点；对于回转体则是求出各转向轮廓线上的点，即最高、最低、最左、最右、最前、最后点，椭圆长短轴的端点，抛物线、双曲线的顶点，等等。在组合体的截交线中，还要求出各基本几何体截交线的分界点，根据需要适当作若干一般点，判别可见性，按顺序光滑连接各点，若是多个截平面，则要画出截平面之间的交线。

当用两个以上切割面切立体时，在立体上将会出现切口、开槽或穿孔等情况，这就要逐个画出各个切割面的断面投影，而且要画出各切割面之间交线的投影，进而完成整个切割体的投影。

⑤ 完成立体的投影　分析立体的轮廓被截切后的投影情况，补全截切后立体的投影。

3.8.3　平面立体的截切

【例3-12】　补全五棱柱被截切后的俯视图，并补画左视图（图3-46）。

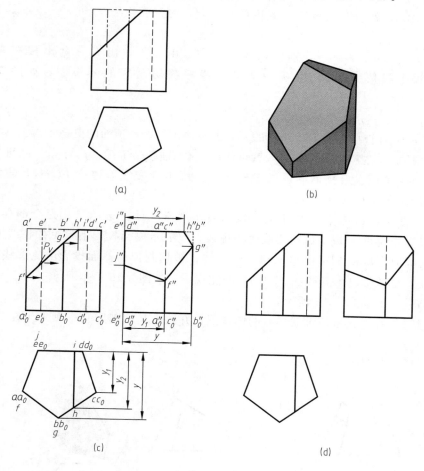

图 3-46　截切正五棱柱的作图步骤

① 空间分析　五棱柱被正垂面切割掉左上方的一块（双点画线表示部分），其截交线的各边是正垂面与五棱柱的棱面和顶面的交线，形状为五边形，如图 3-46（b）所示。

② 投影分析　截交线的正面投影都重合在主视图正垂面的积聚线上，所以截交线的正面投影已知，五棱柱被切割后的主视图也已知，只要作出截交线的水平投影，就可作出

五棱柱被切割后的俯视图。由已作出的截交线的正面投影和水平投影，也可作出截交线的侧面投影，从而作出五棱柱被切割后的左视图。从已知的正面投影可以直观地看出，截断面的水平投影和侧面投影都是可见的，如图 3-46（b）所示。

作图步骤如下。

① 在五棱柱正面投影右侧的适当位置画表示后棱面的铅垂线，用水平投影中从后棱面向前的距离 y 和 y_1，按侧面投影与水平投影宽相等和前后对应，以及五棱柱顶面、底面的正面投影和侧面投影应高平齐的原则，就可由已知的正面投影和水平投影作出完整的五棱柱的侧面投影，如图 3-46（c）所示。

② 在截交线已知的正面投影上，标注出棱线 AA_0，BB_0、EE_0 与截平面 P 的交点 F、G、J 的正面投影 f'、g'、j'，标注出截平面 P 与顶面的交线 HI（及其端点 H、I）的正面投影 $h'i'$，就表明了截交线五边形 $FGHIJ$ 的正面投影 $f'g'h'i'j'$，如图 3-46（c）所示。

③ 在 aa_0、bb_0、ee_0 上分别标出 f、g、j，由 $h'i'$ 作出 hi，画出截交线五边形 $FGHIJ$ 的水平投影 $fghij$，也就补全了五棱柱被切割后的俯视图，如图 3-46（c）所示。

④ 由 f、g、j 分别在 $a''a_0''$、$b''b_0''$、$e''e_0''$ 上作出 f''、g''、j''；由于点 I 在顶边侧垂线 ED 上，所以可直接在积聚成一点的 $e''d''$ 上标注出 i''；在顶面的侧面投影上，从 i'' 向前量取水平投影中 h 在 i 前的距离 y_2，就可作出 h''。连接 j'' 与 f''、f'' 与 g''、g'' 与 h''，$h''i''$、$i''j''$ 分别积聚在顶面、后棱面的侧面投影上，便画出截交线五边形 $FGHIJ$ 的侧面投影 $f''g''h''i''j''$，如图 3-46（c）所示。

⑤ 因为棱线 AA_0 在点 F 之上的一段已被切割掉，而棱线 CC_0 仍是全部存在的，所以在侧面投影中应将 f'' 以上的粗实线改为虚线，仅表示侧面投影不可见的棱线 CC_0 的上部的一段；同时还应将 h'' 以前和 g'' 以上的五棱柱被切割掉的侧面投影的轮廓线擦去或画成双点画线，也就作出了五棱柱被切割后的左视图，如图 3-46（c）所示。

作图结果如图 3-46（d）所示。

【例 3-13】 补全正六棱锥截切后的俯视图，并画出其切割后的左视图（图 3-47）。

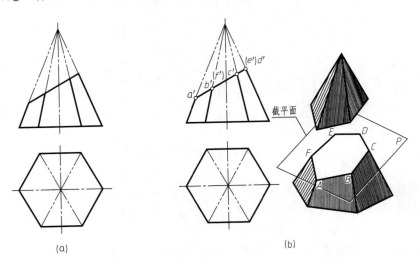

(a)   (b)

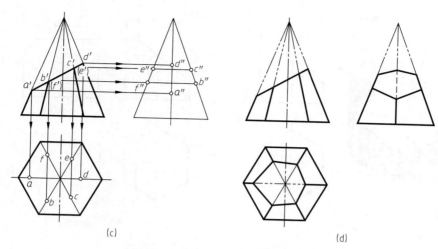

(c)

(d)

图 3-47 截切正六棱锥的作图步骤

分析：通过主、俯视图可知，该形体为直立的正六棱锥，被一正垂面 P 截去锥顶，截平面 P 与正六棱锥的六条棱线，故断面 $ABCDEF$ 是一个六边形，如图 3-47 （b）所示。由于截平面 P 的正面投影积聚成一直线，所以截平面 P 与正六棱锥各棱线六个交点的正面投影 a'、b'、c'、d'、(e')、(f') 即可确定，即断面的正面投影是已知的，故只需求其水平投影和侧面投影。

作图：

① 利用断面的积聚性投影，找出断面各顶点的正面投影 a'、$b'\cdots$ [图 3-47 （b）]；

② 画出正六棱锥的左视图，根据直线上点的投影特性，求出各顶点的水平投影 a、$b\cdots$ 及侧面投影 a''、$b''\cdots$ [图 3-47 （c）]；

③ 依次连接各顶点的同面投影，即为断面的水平投影和侧面投影（均为六边形的类似形），此外，还应考虑形体其他轮廓线投影及可见性问题，直至完成三视图 [图 3-47 （d）]。

当用两个以上切割面切立体时，在立体上将会出现切口、开槽或穿孔等情况，这就要逐个画出各个切割面的断面投影，而且要画出各切割面之间交线的投影，进而完成整个切割体的投影。

【例 3-14】　完成截切后六棱柱的三面投影（图 3-48）。

分析：由图 3-48 （a）可知，截平面 P 为正垂面，它与六棱柱的四条棱线相交，并与截平面 Q 有交线，截交线为六边形，其正面投影积聚为直线，水平投影和侧面投影均为类似形。截平面 Q 为侧平面，其截交线的侧面投影为实形（四边形），正面投影和水平投影均积聚为直线。

作图步骤：

① 先求出四条棱线与截平面 P 的交点，再以宽相等（Y 相等）求出 P、Q 面的交线，依次连接各交点，得到类似的六边形，见图 3-48 （b）；

② 求出 Q 面与六棱柱的交线，得到截交线的侧面投影为实形（四边形），见图 3-48 （c）；

③ 擦去被截去部分的投影，并将可见的线加粗，不可见线画虚线，完成全图，见图 3-48 （d）。

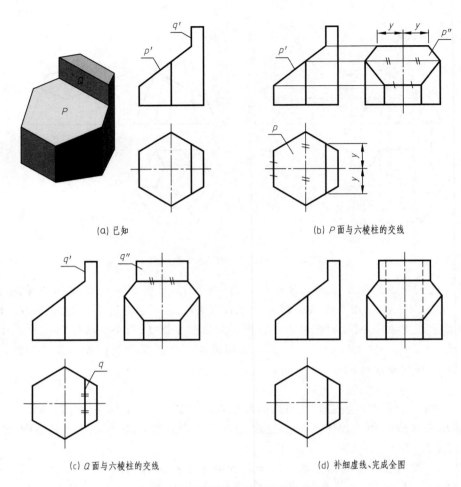

(a) 已知

(b) P 面与六棱柱的交线

(c) Q 面与六棱柱的交线

(d) 补细虚线、完成全图

图 3-48　截切正六棱柱的作图步骤

【例 3-15】　已知立体的正面投影和水平投影，求其侧面投影（图 3-49）。

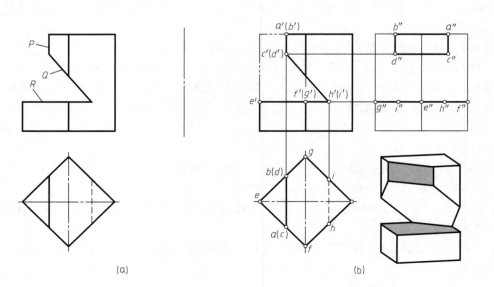

(a)

(b)

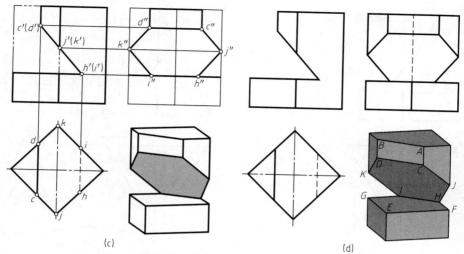

(c)   (d)

图 3-49   截切正四棱柱的作图步骤

分析：

① 依据水平投影是正方形，并且棱线的正面投影相互平行的特性，可以看出该立体是一个正四棱柱；

② 左上角的缺口是由侧平面 P、正垂面 Q 和水平面 R 截切所得；

③ 侧平面 P 截切正四棱柱与左边前后棱面和顶面、Q 面相交构成的截断面为矩形 $ABDC$，该面的正面投影和水平投影积聚为直线，侧面投影反映实形；

④ 水平面 R 截切正四棱柱与四个棱面和 Q 面相交，则截交线为五边形 $EFHIG$，其正面投影和侧面投影积聚为直线，水平投影反映实形；

⑤ 正垂面 Q 与正四棱柱四个棱面及 P、R 平面相交，其截交线为平面六边形 $CDKIHJ$，正面投影积聚为直线，水平投影、侧面投影为类似六边形。

作图步骤：

① 先画出完整的正四棱柱的侧面投影，再画出截断面 $ABDC$ 的侧面投影，由 $a'(b')$、$c'(d')$ 和 $a(c)$、$b(d)$ 求出 $a''b''d''c''$，如图 3-49（b）所示；

② 求截断面 R 的侧面投影，利用聚积性可确定五边形 $EFHIG$ 的水平投影 $efhig$ 和正面投影 $e'f'(g')h'(i')$，直接求出侧面投影 $e''f''h''i''g''$，如图 3-49（b）所示；

③ 正垂面 Q 的截断面为六边形 $CDKIHJ$，利用积聚性确定正面投影 $c'(d')j(k')h(i')$，并直接求出水平投影 $cjhikd$，再由正面投影和水平投影求得侧面投影 $c''j''h''i''k''d''$，如图 3-49（c）所示；

④ 完成立体的侧面投影；由正面投影可知，四棱柱的左、前、后棱线各被切掉一段，擦去对应的侧面投影，加粗剩余轮廓线，不可见的画虚线，如图 3-49（d）所示。

【例 3-16】 求立体被平面截切后的水平投影与侧面投影（图 3-50）。

分析：

① 由水平投影的三角形和棱线正面投影交于一点可知，立体为正三棱锥；

② 由正面投影左侧缺口可知，三棱锥被水平面 P 和正垂面 T 截切；

③ 因截平面 P 与三棱锥的三个棱面和 T 面相交，则截交线形状为一平面四边形，截交线的正面投影重合在 P 上，其侧面投影积聚为直线，水平投影为实形，截平面 T 与三

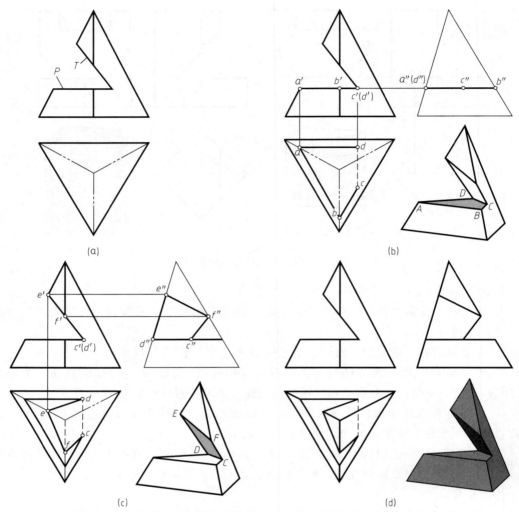

图 3-50　截切正三棱锥的作图步骤

个棱面和 P 面相交，则截交线为四边形，其水平投影和侧面投影均为类似形。

作图步骤如下。

① 作出完整三棱锥的侧面投影。求 P 面截交线 $ABCD$ 的投影：正面投影 $a'b'c'(d')$ 积聚在 P 上，利用棱锥表面求点的方法（作辅助平行线）求出其水平投影 $abcd$，再利用点的三面投影规律求出侧面投影 $a''(d'')b''c''$，如图 3-50（b）所示。

② 求 T 面截交线 $CDEF$ 的投影。正面投影 $c'(d')e'f'$ 积聚在 T 上。同上可求出水平投影 $cdef$ 和侧面投影 $c''d''e''f''$。注意 P 面与 T 面的交线 CD 的水平投影不可见，应画为虚线，如图 3-50（c）所示。

③ 完成棱锥的水平投影和侧面投影。补全轮廓线，加粗未被切割掉的棱线投影，如图 3-50（d）所示。

3.8.4　回转体的截切

(1) 圆柱的截切

根据截平面与圆柱轴线的相对位置不同，其截交线有三种不同的形状，见表 3-6。

表 3-6 圆柱体的截交线

截平面的位置	与轴线平行	与轴线垂直	与轴线倾斜
轴测图	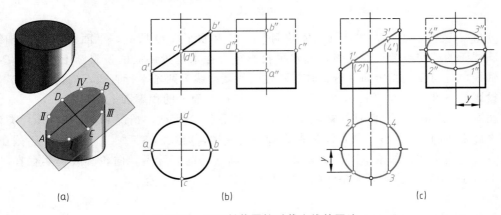		
投影图			
截交线的形状	矩形	圆	椭圆

【例 3-17】 求作圆柱被正垂面截切时截交线的投影（见图 3-51）。

图 3-51 平面斜截圆柱时截交线的画法

分析：由图 3-51（a）可见，圆柱被平面斜截，其截断面为椭圆。椭圆的正面投影积聚为一条斜线，水平投影与圆柱面投影重合，仅需求出侧面投影。由于已知截交线的正面投影和水平投影，所以根据"高平齐，宽相等"的投影规律，便可直接求出截交线的侧面投影。

作图步骤如下。

① 求特殊点。在求截交线的投影时，首先需要求出决定相贯线范围的特殊点（即最左 A、最右 B、最前 C、最后 D、最高 B、最低 A 点）。如图 3-51（b）所示，由截交线

的正面投影，直接作出截交线上的特殊点的其余两面投影。

② 求一般点。作图时，为保证连接的光滑性，需要在特殊点之间再取适当的一般点。如图 3-51（c）所示，在投影为圆的视图上任取两点，根据水平投影 1、2、3、4（对称取点），利用投影关系求出正面投影 1'、(2')、3'、(4') 和 1"、2"、3"、4"。

③ 连点成线。将各点光滑连接起来，即为截交线的投影。

④ 整理轮廓。圆柱被正垂面截切后，截平面上方的轮廓被截去，应擦除或用细双点画线画出原有轮廓，截平面下方的轮廓还在，注意画成粗实线。

【例 3-18】 根据圆柱被截切后的主、俯视图，补画其左视图（图 3-52）。

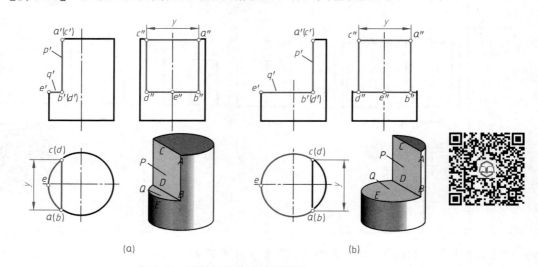

图 3-52　圆柱切口截交线的画法

分析：在图 3-52（a）中，圆柱体被侧平面 P 和水平面 Q 所截，平面 Q 垂直于轴线，其与圆柱面的截交线为一段圆弧，其水平投影重合在水平投影面的积聚圆上。平面 P 平行于轴线，且与侧立投影面平行，其与圆柱面的截交线为两条平行直线，均为铅垂线，其正面投影与 p 重合，水平投影积聚为点，在水平投影面上的积聚圆上。

在图 3-52（b）中，圆柱体被侧平面 P 和水平面 Q 所截，情况和图 3-52（a）类似，不同之处是在图 3-52（a）中平面 P 截在轴线的左边，而在图 3-52（b）中平面 P 截在轴线的右边，由于截切部位不同，图 3-52（a）中圆柱的前后两条转向轮廓线仍然存在，而图 3-52（b）中圆柱的前后两条转向轮廓线则被截去。

作图步骤：

① 先画出完整的圆柱体左视图矩形；

② 平面 Q 与圆柱面截交线的投影分别积聚在正面投影 $b'e'(d')$、侧面投影 $b''e''d''$ 和水平投影 $(b)e(d)$ 圆弧上，平面 P 与圆柱面截交线的正面投影 $a'b'$、$(c')(d')$ 及水平投影 $a(b)$、$c(d)$ 为已知，据此可求出侧面投影 $a''b''$、$c''d''$；

③ 检查轮廓线。具体作图参照图 3-52。

【例 3-19】 已知圆柱体上部开槽后的主、俯视图，补画其左视图（图 3-53）。

分析：由主视图上部缺口可知，该空心圆柱体被左右对称的侧平面 P 和水平面 R 所截切。侧平面 P 截切圆柱表面的截交线为两段直素线，水平投影分别积聚在圆周上，侧面投影仍为直线；水平面 R 截切圆柱表面的截交线为水平圆弧，正面投影和侧面投影积聚为直线，水平投影反映实形。

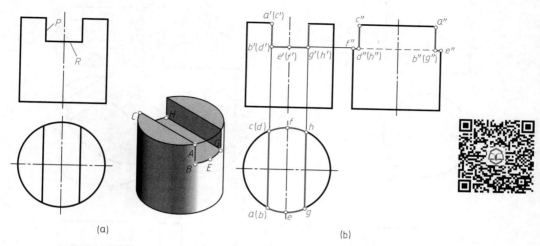

图 3-53 开槽圆柱体的三视图

作图步骤如下。

① 首先画出未开槽的实心圆柱体的左视图。

② 求圆柱面的截交线。P 平面截切圆柱截交线的正面投影 $a'b'$、$(c')(d')$ 重合在 P 平面的正面投影上，水平投影 $a(b)$、$c(d)$ 积聚在圆周上，根据对应关系可求得侧面投影 $a''b''$、$c''d''$；R 平面截切实体圆柱的截交线为前后两段圆弧，其截断面为水平面，正面投影积聚为直线，水平投影 $(b)(d)fhge$ 反映实形，侧面投影积聚为直线 $e''f''$，其中 $b''d''$ 段不可见画虚线，如图 3-53 (b) 所示。

③ 完成立体的左视图。由于内外圆柱最前最后素线的上段已被 R 平面截去，故最前最后素线的侧面投影以 e''、f'' 为界仅画出下段，如图 3-53 (b) 所示。

【例 3-20】 根据正面投影完成水平投影，并补画侧面投影（图 3-54）。

分析：

① 由正面投影矩形和水平投影圆可知，立体为圆柱体；

② 由正面投影左上角的缺口可知，该圆柱被正垂面 P 和侧平面 Q 所截切；

③ P 平面截切圆柱表面的截交线为椭圆弧，其正面投影积聚在 P 平面的正面投影上，水平投影重合在圆柱的水平投影上，侧面投影为椭圆弧；

④ 侧平面 Q 截切圆柱表面的交线为前后两段素线，Q 平面与顶平面和 P 面相交的交线为两段正垂线，其截断面为矩形，正面投影重合在 Q 平面的正面投影上，水平投影积聚为直线，侧面投影反映实形。

作图步骤如下。

① 求正垂面 P 截圆柱表面的截交线。先求特殊点，在正面投影上确定出 A、B、C、D、E 的正面投影 a'、(b')、c'、(d')、e'，由此定出水平投影 a、c、e、d、b，按对应关系求出侧面投影 a''、c''、e''、d''、b''；再适当求几个一般点，如 F、G；按水平投影中的顺序光滑连接 $a''c''g''e''f''d''b''$，如图 3-54 (b) 所示。

② 求截断面 Q 的投影。因为 Q 为侧平面，水平投影积聚为直线，由此求出水平投影 ab，侧面投影反映实形，根据对应关系可求得侧面投影 $a''b''m''n''$，如图 3-54 (c) 所示。

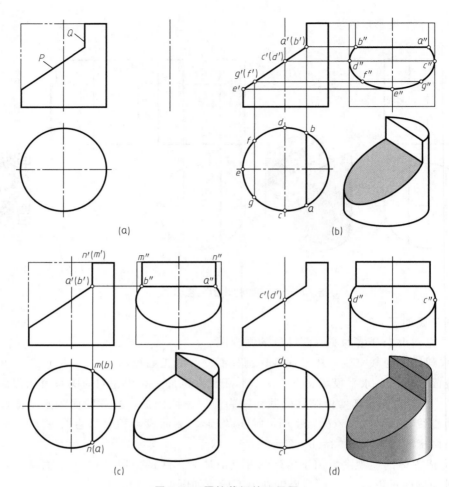

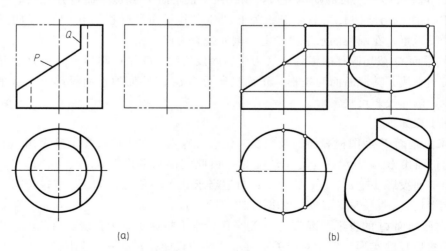

图 3-54　圆柱截切的三视图

③ 完成外部轮廓的侧面投影。因为圆柱的最前最后素线上部被 P 平面所截掉，故最前最后素线的侧面投影以 $c''d''$ 为截断点，仅画出下部即可，如图 3-54（d）所示。

【例 3-21】　根据立体的正面投影和水平投影，补画其侧面投影（图 3-55）。

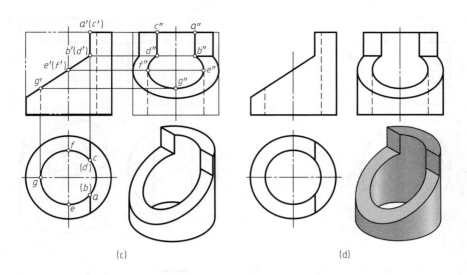

图 3-55 空心圆柱体切口的画法

分析：

① 由已知的正面投影和水平投影可知，其立体为空心圆柱体；

② 由正面投影左上角所缺部分可以想象出，空心圆柱被侧平面 Q 和正垂面 P 所截切；

③ 侧平面 Q 截切内外圆柱表面的截交线均为直素线，侧平面 Q 和正垂面 P 二者相交，所产生的交线为正垂线，由此可知，Q 平面截切空心圆柱体的截断面为前后两个平行于侧面的矩形，其正面投影和水平投影都积聚为直线，侧面投影反映实形；

④ P 平面截切空心圆柱体，在内外圆柱表面上产生的交线均为椭圆弧，正面投影为直线，水平投影为圆弧，侧面投影为椭圆弧，用分别在内外圆柱表面上取点的方法即可求得侧面投影。

作图步骤：

① 求截平面 P、Q 截切外圆柱面的截交线，如图 3-55（b）所示，作图过程见【例 3-20】；

② 求截平面 Q 截切内圆柱面的截交线，正面投影 $a'b'$、$(c')(d')$ 重合在 Q 面上，水平投影 $a(b)$、$c(d)$ 积聚在内圆周上，根据投影规律求得侧面投影 $a''b''$、$c''d''$，如图 3-55（c）所示；

③ 截平面 P 截切内圆柱面的截交线的侧面投影，正面投影 $b'(d')e'(f')g'$ 重合在 P 面上，水平投影 $(b)egf(d)$ 积聚在内圆周上，根据投影规律求得侧面投影 b''、e''、g''、f''、d''，再适当的求一些一般点，判别可见性并依次光滑连线，如图 3-55（c）所示；

④ 由 P 平面与 Q 平面交线的水平投影可知，bd 段没有，故侧面投影 b''、d'' 之间无投影，应去掉先前所画的图线，如图 3-55（c）所示；

⑤ 完成内外圆柱轮廓素线的投影。由正面投影可以看出，内外圆柱的最前最后素线被 P 平面截断，补全剩余轮廓线的侧面投影，如图 3-55（d）所示。

【例 3-22】 根据立体的正面投影和水平投影，完成其侧面投影（图 3-56）。

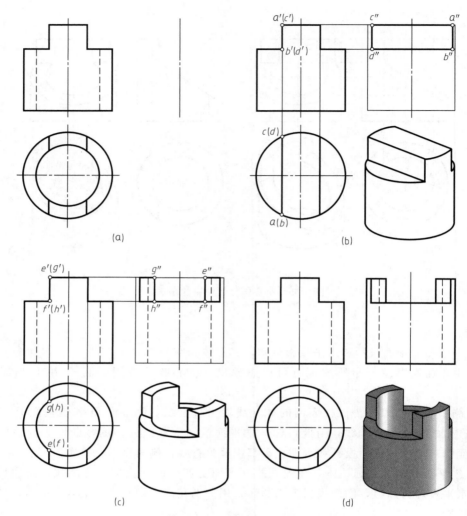

(a)

(b)

(c)

(d)

图 3-56　空心圆柱体切角的画法

分析：

① 由正面投影和水平投影可知，该立体为空心圆柱体；

② 由正面投影上部左右各缺一块可知，该空心圆柱体被左右对称的侧平面和水平面所截切；

③ 侧平面截切外圆柱表面的截交线为两直素线 AB、CD，侧平面截切内圆柱表面的截交线为两直素线 EF、GH，水平面截切内外圆柱表面的截交线分别为圆弧 FH 和 BD。

作图步骤：

① 求外圆柱表面的截交线，先确定截交线 AB、CD 的正面投影 $a'(c')$、$b'(d')$，其水平投影 $a(b)$、$c(d)$ 重合在圆柱面的水平投影上，根据对应关系求出侧面投影 $a''b''$、$c''d''$，如图 3-56（b）所示；

② 求内圆柱表面的截交线，先确定截交线 EF、GH 的正面投影 $e'(g')$、$f'(h')$，其水平投影 $e(f)$，$g(h)$ 积聚在圆柱的水平投影上，根据对应关系求出侧面投影 $e''f''$、$g''h''$，如图 3-56（c）所示；

③ 完成水平面截切圆柱表面的截交线，因为截交线为两段水平圆弧，其侧面投影为直线。按对应关系求出侧面投影，如图 3-56（c）所示；

④ 完成外部轮廓线的侧面投影，内外圆柱最前、最后素线依然完整，故应完整画出，而顶平面被左右两侧平面截切之后，自左向右形成了一缺口，故顶平面的侧面投影中间段无线，如图 3-56（d）所示。

【例 3-23】　根据立体的正面投影和水平投影，补画其侧面投影（图 3-57）。

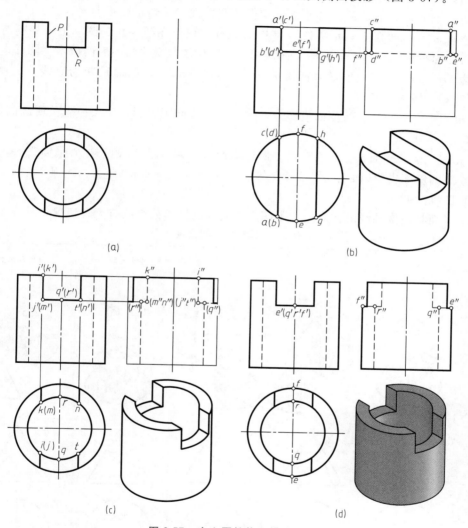

图 3-57　空心圆柱体开槽的画法

分析：

① 由正面投影和水平投影的外部轮廓可知，其立体为空心圆柱体；

② 由正面投影上部缺口可知，该空心圆柱体被左右对称的侧平面 P 和水平面 R 所截切；

③ P 平面截切外圆柱表面的截交线为两段直线线 AB 和 CD，截切内圆柱孔表面的截交线也为两段直素线 IJ 和 KM，水平投影分别积聚在外圆周和内圆周上，侧面投影仍为直线，R 平面截切内外圆柱表面的截交线均为水平圆弧，正面投影和侧面投影均为直线，水平投影反映实形。

作图步骤如下。

① 求实体圆柱的截交线。P 平面截切实体圆柱截交线的正面投影 $a'(c')$、$b'(d')$ 重合在 P 平面的正面投影上，水平投影 $a(b)$、$c(d)$ 积聚在圆周上，根据对应关系可求得侧面投影 $a''b''d''c''$；R 平面截切实体圆柱的截交线为前后两段圆弧，其截断面为水平面，正面投影积聚为直线，水平投影 $(b)(d)fhge$ 反映实形，侧面投影积聚为直线 $e''b''d''f''$ 段，如图 3-57 (b) 所示。

② 求虚体圆柱的截交线。P 平面截切虚体圆柱截交线的正面投影 $i'(k')$、$j'(m')$ 重合在 P 平面的正面投影上，水平投影 $i(j)$、$k(m)$ 积聚在圆柱孔的圆周上，根据对应关系可求得侧面投影 $i''j''$、$k''m''$；R 平面截切虚体圆柱的截交线为前后两段水平圆弧，其水平投影为 tqj、nrm，正面投影为直线 $j'(m')q'(r')t'(n')$，侧面投影为直线 $(q'')(j'')$、$(m'')(r'')$ 段，如图 3-57 (c) 所示。

③ 由于是空心圆柱，故侧面投影 (j'')、(m'') 之间无投影，应去掉先前所画的虚线，如图 3-57 (c) 所示。

④ 完成立体的侧面投影。由于内外圆柱最前最后素线的上段已被 R 平面截去，故最前最后素线的侧面投影以 e''、q''、r''、f'' 为界仅画出下段，如图 3-57 (d) 所示。

(2) 圆锥的截切

由于平面与圆锥轴线的相对位置不同，平面与圆锥的截交线有五种情况，见表 3-7。

表 3-7 圆锥体的截交线

截平面的位置	与轴线垂直	过圆锥顶点	平行于任一素线	与轴线倾斜	与轴线平行
轴测图					
投影图					
截交线的形状	圆	相交两直线	抛物线	椭圆	双曲线

【例 3-24】 求作圆锥被一正垂面截切后截交线的水平投影和侧面投影（图 3-58）。

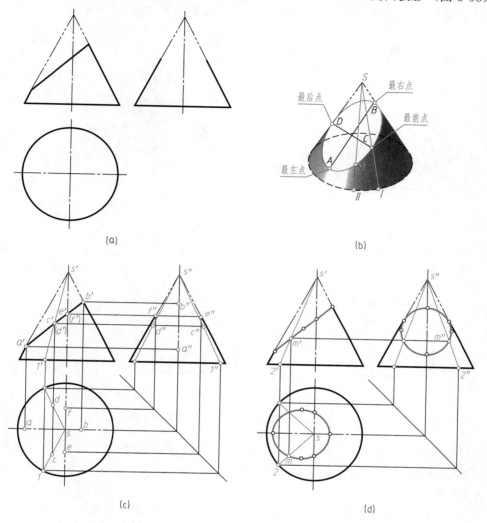

(a)　　　　　　　　　　(b)

(c)　　　　　　　　　　(d)

图 3-58　用素线法求圆锥的截交线

分析：由于截平面与圆锥轴线倾斜，故其截交线为一椭圆。椭圆的正面投影与截平面的正面投影重合，所以只需求出其水平投影和侧面投影。

作图步骤如下。

① 求特殊点。椭圆长轴上的两个端点 A、B 是截交线上的最低、最高及最左、最右点，也是圆锥左右方向转向轮廓线上的点，可利用投影关系由 a'、b' 求得 a、b 和 a''、b''；椭圆短轴上两个端点 C、D 是截交线上的最前、最后点，其正面投影 c'、(d') 重影于 $a'b'$ 的中点，利用素线法即可求得 c、d 和 c''、d''。椭圆上 E、F 点也是左右方向转向轮廓线上的点，由 e'、(f') 直接求的 e、f 和 e''、f''。

② 求一般点。用素线法在特殊点之间再求出适量的一般点，如 M 点等。

③ 经判别可见性后依次光滑连接各点的水平投影和侧面投影即为所求（e''、f'' 以上

的转向轮廓线被切去）。

【例 3-25】 画出圆锥被正平面截切后截交线的正面投影（图 3-59）。

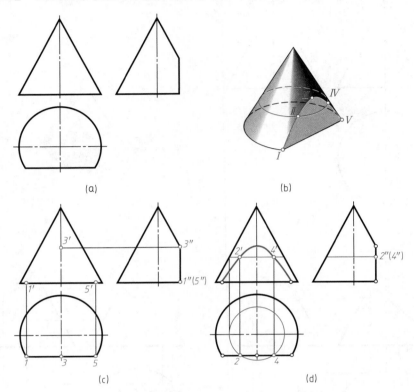

图 3-59　用纬圆法求圆锥的截交线

分析：因为截平面为正平面，与圆锥的轴线平行，所以截交线为双曲线。其水平投影和侧面投影分别积聚为一直线，只需求出正面投影。

作图步骤如下。

① 求特殊点。点 III 为最高点，它在最前素线上，故根据 3″可直接作出 3 和 3′。点 I、V 为最低点，也是最左、最右点，其水平投影 1、5 在底圆的水平投影上，据此可求出 1′和 5′。

② 求一般点。可利用纬圆法，即在正面投影 3′与 1′、5′之间画一条与圆锥轴线垂直的水平线，与圆锥最左、最右素线的投影相交，以两交点之间的长度为直径，在水平投影中画一圆，它与截交线的积聚性投影（直线）相交于 2 和 4，据此求出 2′、4′及 2″、4″。

③ 依次将点 1′、2′、3′、4′、5′连成光滑的曲线，即为截交线的正面投影。

【例 3-26】 已知立体的正面投影，补全水平投影和侧面投影（图 3-60）。

分析：

① 由水平投影为圆和正面投影为三角形可知，立体为正圆锥；

② 由正面投影上部缺口可知，三棱锥被水平面 P 和侧平面 T 截切；

③ 因截平面 P 垂直于圆锥的轴线，则截交线形状为一水平圆，其正面投影重合在 P 上，其侧面投影积聚为直线，水平投影为实形圆弧；

④ 截平面 T 与圆锥的轴线平行，则截交线形状为双曲线，其正面投影重合在 T 上，

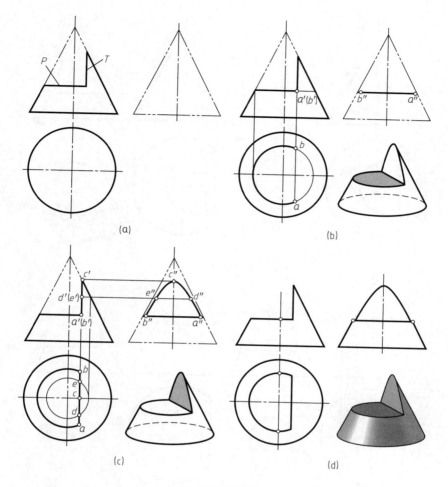

图 3-60 圆锥截交线的画法

其水平投影积聚为直线，侧面投影为双曲线实形。

作图步骤如下。

① 作出完整圆锥的侧面投影。求 P 面截交线圆弧 AB 的投影，正面投影和侧面投影积聚为直线，水平投影为实形圆弧 ab，并注意确定 P 面、T 面交线的两面投影 ab、$a'(b')$、$a''b''$，如图 3-60（b）所示。

② 求 T 面截交线 $ABECD$ 双曲线的投影。先求出特殊点 A、B、C 的三面投影，A、B 是圆弧 AB 的两个端点，点 C 为 T 面与圆锥表面上最右素线的交点，其正面投影 c' 可直接求出，其水平投影和侧面投影可根据点在立体上的位置及投影规律求出，再求出适当的一般点 D、E 的投影，其正面投影 d'、(e') 可直接确定在 T 面的正面投影上，水平投影 d、e 和侧面投影 d''、e'' 可利用辅助平行圆法求出；判断可见性，依次光滑连线 $a''b''e''c''d''$ 即可，如图 3-60（c）所示。

③ 完成圆锥的侧面投影。加粗未被切割掉的底圆和圆锥的最前、最后素线的侧面投影，如图 3-60（d）所示。

【例 3-27】 已知立体的正面投影，补全水平投影，画出侧面投影（图 3-61）。

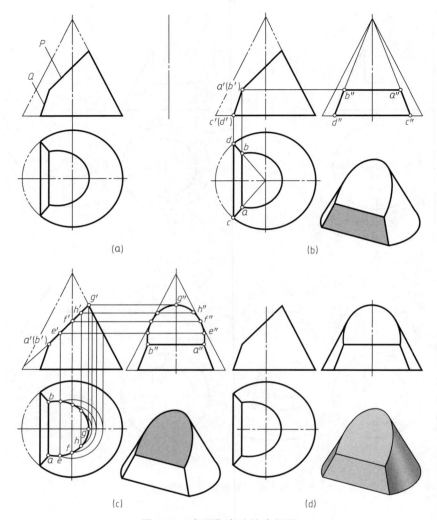

图 3-61　表面取点法补全投影

分析：

① 由正面投影和水平投影可知立体为正圆锥；

② 由正面投影的左上方缺口可知，正圆锥被正垂面 P 和 Q 截切；

③ 延长 Q 的正面投影积聚线，Q 恰好过锥顶，由此知 Q 面截切正圆锥截交线为相交两直素线，加上它与 P 平面和圆锥底平面相交的交线，截断面为梯形 $ABDC$，其正面投影积聚，水平投影和侧面投影为类似梯形；

④ 正垂面 P 截切正圆锥截交线为椭圆，其正面投影重合在 P 上，利用圆锥表面取点的方法，可求出各截交线的水平投影和侧面投影。

作图步骤如下。

① 画出完整正圆锥的侧面投影。

② 依据 Q 截断面的正面投影积聚为 $a'(b')c'(d')$，延长该线至锥顶，求圆锥底圆上点 c、d，连接 c、d 至锥顶，a、b 两点分别在这相交两直素线上，并求出其侧面投影 a''、b''。

判别可见性，依次连接 $abdc$ 和 $a''b''d''c''$，即为梯形四边形的水平投影和侧面投影。如图 3-61（b）所示。

③ P 平面与圆锥的截交线椭圆要依据其正面投影重合，按表面取点法求出。先求特殊点 F、G、E，点 F、G 为转向轮廓线上的点，E 为椭圆的最前点，也是直线与曲线的分界点。在正面投影确定 e'、f'、g'，过 E 可作一纬圆求出 e 和 e''，f'、g' 和 f''、g'' 直接按投影规律作出。然后求一般点 H，用表面取点的方法在圆锥面上过 h' 作一纬圆，画出纬圆的水平投影，求出 h 和 h''。由于前后对称，同样可求出后边椭圆的各点。判别可见性，依次光滑连接各点即得其投影，如图 3-61（c）所示。

④ 由正面投影分析，圆锥的左素线被切掉、前后素线被切断，侧面投影擦去多余线段，加粗剩余轮廓线，如图 3-61（d）所示。

（3）圆球的截切

圆球被任意方向的平面截切，其截交线都是圆。当截平面为投影面平行面时，截交线在所平行的投影面上的投影为一圆，其余两面投影积聚为直线。该直线的长度等于切口圆的直径 D，其直径的大小与截平面至球心的距离 B 有关，如图 3-62 所示。

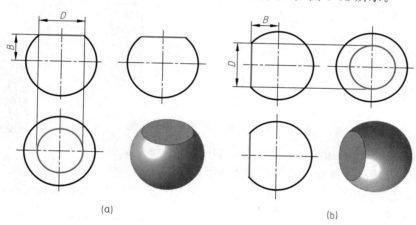

图 3-62　圆球被平面截切的画法

【例 3-28】　完成开槽半圆球的水平投影和侧面投影（图 3-63）。

分析：

① 空间分析　从主视图的缺口可知，半圆球被两个对称的侧平面和一个水平面截切，如图 3-63（a）所示；

② 投影分析　两个侧平面与球面的截交线各为一段平行于侧面的圆弧，俯视图投影积聚一直线。而水平面与球面的截交线为两段水平圆弧，左视图投影积聚一直线，如图 3-63（a）所示。

作图步骤：

① 画水平面的截交线，沿槽底作一辅助平面，确定辅助圆弧半径 R_1（R_1 小于半圆球的半径 R），画出辅助圆弧的水平投影，再根据槽宽画出槽底的水平投影，如图 3-63（b）所示；

② 画侧平面的截交线，沿侧壁作一辅助平面，确定辅助圆弧半径 R_2（R_2 小于半圆球的半径 R），画出辅助圆弧的侧面投影，如图 3-63（c）所示。

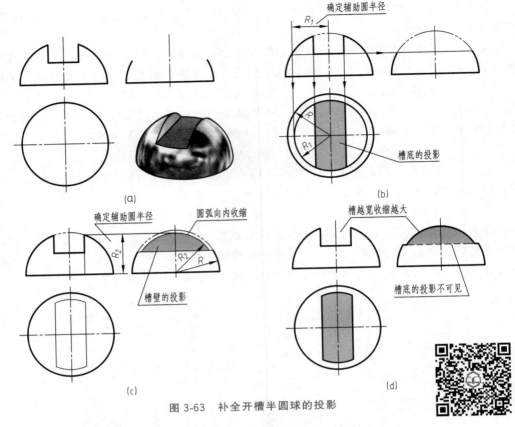

图 3-63　补全开槽半圆球的投影

③ 去掉多余图线再描深，完成作图，如图 3-63（d）所示。

提示：因圆球的最高处在开槽后被切掉，故左视图上方的外形轮廓线向内"收缩"，其收缩程度与槽宽有关，槽愈宽、收缩愈大。注意区分槽底侧面投影的可见性，槽底的中间部分是不可见的，应画成细虚线。

（4）组合回转体的截切

【例 3-29】　完成图 3-64 所示同轴回转体的三面投影。

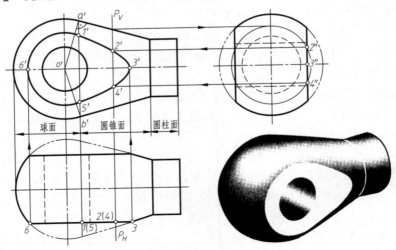

图 3-64　完成截切同轴回转体的投影

分析：该立体是由同轴线的圆球、圆锥和圆柱组成，其中圆球、圆锥被前后对称的正平面截切。作图时先要确定球面与圆锥面的分界线，过 o' 作圆锥正面轮廓线的垂线得交点 a'、b'，连线 $a'b'$ 即为球面与圆锥面的分界。截平面与圆球的截交线为正平圆弧，其水平投影和侧面投影均积聚为直线，正面投影为实形圆弧；截平面与圆锥表面的截交线为双曲线，其水平投影和侧面投影也积聚为直线，正面投影为实形。

作图步骤：

① 作出该立体截切前的三面投影；

② 求作圆球截交线的正面投影，因水平投影和侧面投影积聚为直线，以 $o'6'$ 为半径可求出截交线的实形圆弧，作截交线的正面投影圆弧 $1'$、$6'$、$5'$；

③ 求作圆锥截交线的正面投影，因水平投影和侧面投影积聚为直线，所以先求出特殊点 Ⅰ、Ⅲ、Ⅴ 和一般点 Ⅱ、Ⅳ 的水平投影和侧面投影，再利用三等规律求出其正面投影，光滑连接即可得到截交线的正面投影；

④ 完成截切后回转体的三面投影。

【例 3-30】 完成顶针头部的水平投影（图 3-65）。

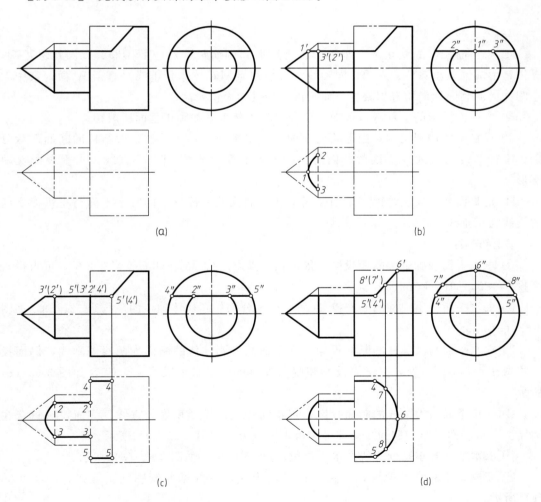

(a)　　　(b)

(c)　　　(d)

图 3-65

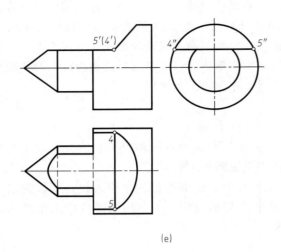

(e)

图 3-65　组合截切

分析：

① 由正面投影的三角形、小矩形、大矩形和侧面投影对应的小圆、大圆特性可知，立体是由圆锥、小圆柱、大圆柱同轴线组合成组合回转体，且轴线垂直于 W 面，其中大小圆柱面的侧面投影均有积聚性，而圆锥面的投影无积聚性；

② 由正面投影的上部缺口可知，组合回转体被水平面和正垂面所截切；

③ 水平面截切圆锥的断面形状为双曲线，水平面截切小圆柱、大圆柱的断面形状分别为平行轴线的直素线，该截断面的正面投影和侧面投影积聚一直线，水平投影反映实形；

④ 正垂面截切大圆柱面产生的断面形状为椭圆的一部分，同时水平面与正垂面之间的交线为正垂线。

作图步骤：

① 求水平面与圆锥的断面投影。依据正面投影 $1'(2')3'$ 和侧面投影 $1''2''3''$，可求得水平投影 123，如图 3-65（b）所示。

② 求水平面与小圆柱的断面投影。过 2、3 分别作圆柱体轴线的平行线 22、33，如图 3-65（c）所示。

③ 求水平面与大圆柱的断面投影。水平面截大圆柱体的断面为两段侧垂线，侧面投影积聚在 $4''$、$5''$ 两点处，由正面投影和侧面投影可求出水平投影 44、55，如图 3-65（c）所示。

④ 求正垂面与大圆柱的断面投影。正垂面的正面投影积聚为直线，侧面投影重合在圆周上，由正面投影和侧面投影即可求得水平投影，如图 3-65（d）所示。

⑤ 求水平面与正垂面交线的水平投影，连 45 即可，如图 3-65（d）所示。

⑥ 完成立体的水平投影，加粗可见的轮廓线，不可见的轮廓线画虚线，如图 3-65（e）所示。

下面列举一些同轴回转体常见的截切形式，供读者自行阅读，如图 3-66 所示。

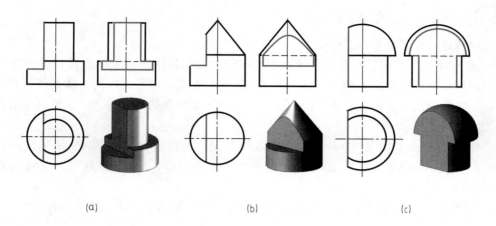

(a)   (b)   (c)

图 3-66   回转截切体的三视图

看图提示总结如下。

① 要注意分析截平面的位置。一是分析截平面与被切回转体的相对位置，以确定截交线的形状（如截平面与圆柱轴线倾斜，其截交线为椭圆，与圆柱轴线垂直，其截交线为圆等）；二是分析截平面与投影面的相对位置，以确定截交线的投影形状（如球被垂直于投影面的截平面切割，截交线圆在另两面上的投影则变成了椭圆等）。

② 当截交线的投影为非圆曲线时，应先求特殊点的投影，以确定其投影范围，再求一般点的投影以增加其投影连线的准确度（除圆柱的截交线可利用其投影的积聚性求得外，圆锥和球等则必须用辅助素线法或辅助纬圆法求得）。

③ 要注意分析回转体轮廓线投影的变化情况（存留轮廓线的投影不要漏画，被切掉轮廓线的投影不要多画）。此外，还要注意截交线投影的可见性问题。

3.9

相贯体的三视图

两立体相交，其表面上产生的交线称为相贯线，如图 3-67 所示。
本节只讨论两回转体轴线正交的相贯线的性质和求画方法。

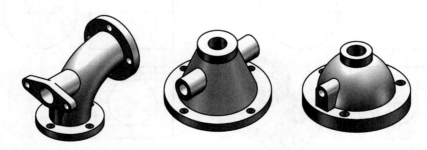

图 3-67   相贯线实例

3.9.1 相贯线的性质

两回转体的相贯线有以下性质。

① 共有性　由于相贯线是两立体表面的交线，故相贯线是两立体表面的共有线，相贯线上的点是两立体表面上的共有点。求画相贯线的实质，就是求出两立体表面一系列的共有点。常采用以下方法：立体表面取点法、辅助平面法和辅助球面法。这里只介绍前两种方法。

② 封闭性　由于相交两立体总有一定大小限制，所以相贯线一般为封闭的空间曲线 [图 3-68（a）]，特殊情况下可能是不封闭的 [图 3-68（b）]，也可能是平面曲线或直线 [图 3-68（c）、（d）]。

③ 表面性　由于相贯线为两立体表面的交线，因此相贯线位于立体的表面上。

(a)封闭的空间曲线　　(b)不封闭的空间曲线　　(c)封闭的平面曲线　　(d)直线段

图 3-68　两回转体的相贯线

3.9.2 相贯线的作图方法

（1）表面取点法

当圆柱与其他回转体相交时，若圆柱的轴线垂直于某一投影面时，圆柱面在这个投影面上的投影具有积聚性，因而相贯线的投影与其重合，根据这个投影，就可在另一回转体表面上用表面取点法求出相贯线的其他投影。

① 正交两圆柱相贯线的画法。

【例 3-31】　求作两正交圆柱的相贯线（图 3-69）。

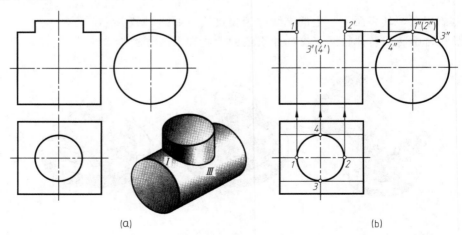

(a)　　　　　　　　　　　　　　(b)

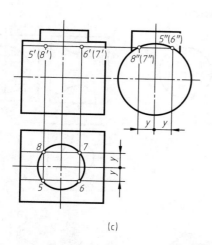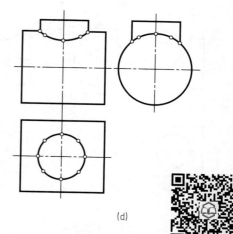

(c)　　　　　　　　　　　　　　　　　　(d)

图 3-69　两正交圆柱的相贯线

分析：由图 3-69（a）可知，两个圆柱的直径不同，轴线垂直相交，相贯线为一封闭的空间曲线。大圆柱的轴线垂直于侧面，小圆柱的轴线垂直于水平面，所以相贯线的水平投影和小圆柱的水平投影重合，积聚为一个圆；相贯线的侧面投影和大圆柱面的侧面投影重合，积聚为一段圆弧，只要求出相贯线的正面投影即可。

作图步骤如下。

a. 求特殊点。相贯线上的特殊点主要是转向轮廓线上的共有点和极限位置点。如图 3-69（b）所示，点 I、II 为最左、最右（也是最上）点，III、IV 是最前、最后（也是最下）点，由已知投影 1、2、3、4 和 1″、（2″）、3″、4″，可求得 1′、2′、3′、（4′）。

b. 求一般点 V、VI、VII、VIII。由水平投影中 5、6、7、8 和侧面投影 5″、（6″）、（7″）、8″，根据三等规律求出侧面投影，可求出 5′、6′、（7′）、（8′）。

c. 顺次光滑连接，判别可见性。根据具有积聚性投影的顺序，依次光滑连接各点的正面投影，即完成作图，由于相贯线前后对称，因而其正面投影虚实线重合。

② 正交两圆柱相交的三种形式。两立体相交的表面可能是它们的外表面，也可能是内表面，图 3-70 所示为两圆柱相交的三种情况。图 3-70（a）为两圆柱体相交；图 3-70（b）为外圆柱面与内圆柱面相交；图 3-70（c）为两圆柱孔相交，即两内圆柱面相交。它们虽有内、外表面的不同，但由于两圆柱面的直径大小和轴线相对位置不变，因此它们交线的形状和特殊点是完全相同的。

③ 正交两圆柱的直径大小变化时，对相贯线的影响。正交两圆柱的相贯线的形状取决于它们直径的相对大小。图 3-71 表示相交两圆柱的直径相对变化，相贯线的形状和位置也随之变化。

④ 正交两圆柱相对位置变化对相贯线的影响。正交两圆柱的相贯线的形状也取决于它们轴线的相对位置。图 3-72 表示相交两圆柱的位置变化，相贯线的形状和位置也随之变化。

（2）辅助平面法

所谓辅助平面法就是根据三面共点的原理，利用辅助平面求出两回转体表面上若干共有点，从而画出相贯线投影的方法。

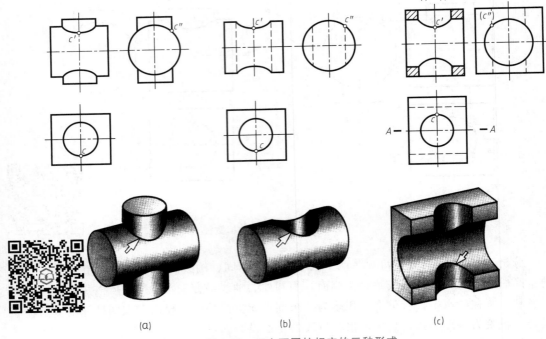

图 3-70　正交两圆柱相交的三种形式

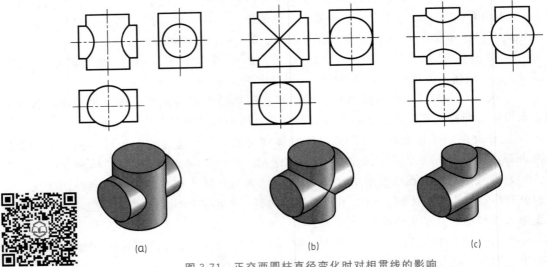

图 3-71　正交两圆柱直径变化时对相贯线的影响

作图步骤：

① 作一辅助平面同时与两回转体相交；

② 分别求辅助平面与两回转体表面的交线，即得两组截交线；

③ 求出两组截交线的交点即为相贯线上的点。

选择辅助平面的原则是：选取特殊位置平面（一般为投影面平行面），使其截切所得的截交线投影最简单（直线或圆）。

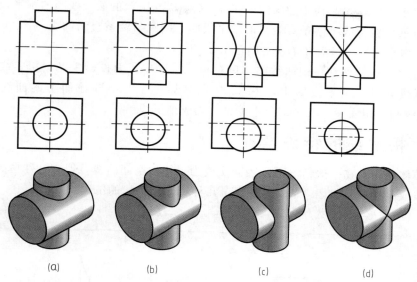

图 3-72　正交两圆柱位置变化时对相贯线的影响

【例 3-32】　圆柱与圆球相交，求相贯线的投影（图 3-73）。

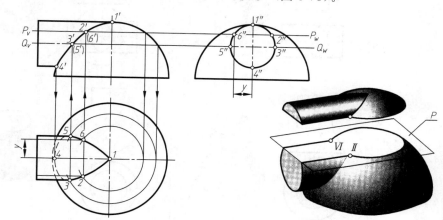

图 3-73　辅助平面法求相贯线

　　分析：由图 3-73 中看出，侧垂的圆柱与半圆球相交，相贯线为一空间曲线。因圆柱的侧面投影积聚为圆，相贯线的侧面投影积聚在该圆上，故只须求作相贯线的水平投影和正面投影。相贯线前、后对称，其正面投影重合。本例用辅助平面法作图较为方便，选择的辅助平面为水平面。

　　作图步骤如下。

　　① 求特殊点。如图 3-73 所示，由侧面投影可知 $1''$、$4''$ 是相贯线上最高点和最低点的投影，它们是两回转体正面投影外形轮廓线（即特殊位置素线的投影）的交点，可直接确定出 $1'$、$4'$，并由此投影确定出水平投影 1、4；而 $3''$、$5''$ 是相贯线上最前点、最后点的侧面投影，它们在圆柱水平投影外形轮廓线上。可过圆柱轴线作水平面 Q 为辅助平面（画出 Q_V），求出平面 Q 与圆球截交线圆的水平投影，该圆与圆柱面水平投影的外形轮廓线交于 3、5 两点，求出 $3'$、$(5')$。

② 求一般点。作水平面 P 为辅助平面，求出 P 与圆球的截交线圆的水平投影，并求出 P 与圆柱面的截交线（两条直线）的水平投影，则圆与两条直线的交点 2、6 即为一般点 II、VI 的水平投影，最后在 P_V 上确定出 $2'$ 和（$6'$）。

③ 顺序光滑连接曲线。因曲线前、后对称，所以在正面投影中，用粗实线画出可见的前半部曲线即可；水平投影中，由 3、5 点分界，在上半圆柱面上的曲线可见，将 32165 段曲线画成粗实线，其余部分不可见，画成细虚线。

3.9.3 相贯线的特殊情况

两回转体相交，在一般情况下，表面交线为封闭的空间曲线，但在特殊情况下，也可为平面曲线或直线或不封闭。表 3-8 列出了几种特殊相贯线的情况。

表 3-8 相贯线的特殊情况

说　明	示　例
当两回转体共切于一球面时,其相贯线为平面曲线—椭圆	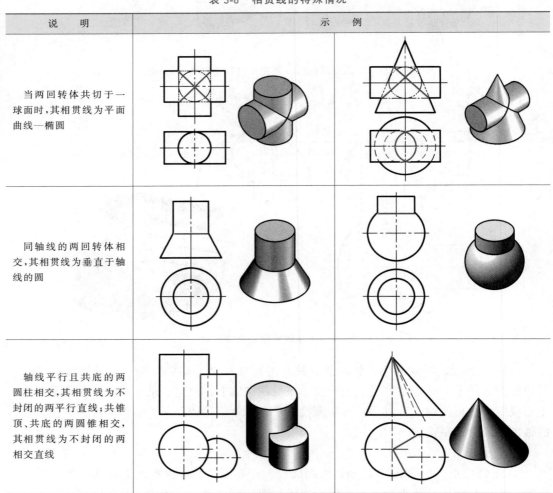
同轴线的两回转体相交,其相贯线为垂直于轴线的圆	
轴线平行且共底的两圆柱相交,其相贯线为不封闭的两平行直线;共锥顶、共底的两圆锥相交,其相贯线为不封闭的两相交直线	

3.9.4 正交两圆柱相贯线的简化画法

当正交两圆柱的直径相差较大，作图准确性要求不高时，为了作图方便允许采用近似画法。即用圆弧代替空间曲线的投影，圆弧的半径等于大圆柱半径，圆心位于小圆柱的轴线上，并弯向大圆柱的轴线，具体作图见图 3-74。

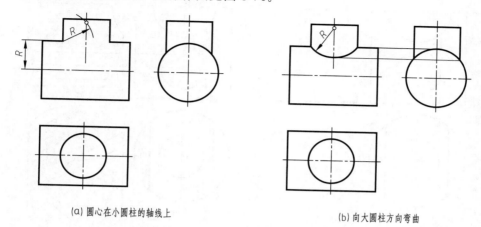

(a) 圆心在小圆柱的轴线上 　　　　　　　　　　　(b) 向大圆柱方向弯曲

图 3-74　正交两圆柱相贯线的简化画法

3.9.5　综合相贯

【例 3-33】　求作两正交半圆筒的相贯线（图 3-75）。

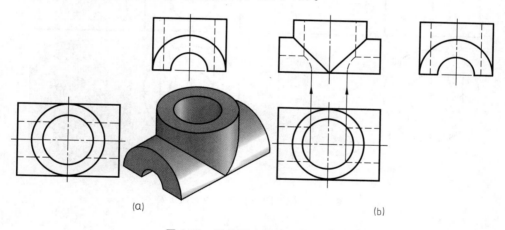

(a) 　　　　　　　　　　　　　　　　　　　(b)

图 3-75　正交两半圆筒的相贯线

分析：由图 3-75（a）可知，两个半圆筒的轴线垂直相交，外圆柱面与外圆柱面相交，内圆柱面与内圆柱面相交。两个外圆柱面的直径相同，相贯线为两条平面曲线（椭圆），其水平投影积聚在大圆上，侧面投影积聚在半个大圆上，正面投影应为两段直线。两个内圆柱面的相贯线为两段空间曲线，水平投影积聚在小圆的两段圆弧上，侧面投影积聚在半个小圆上，正面投影应该为曲线，弯向大圆筒的轴线。

作图步骤：

① 求两外圆柱面的相贯线的正面投影，应为两段直线；

② 求两内圆柱面的相贯线的正面投影，应该为曲线，弯向大圆筒的轴线；

③ 判别可见性，完成作图。

【例 3-34】　完成立体的侧面投影（图 3-76）。

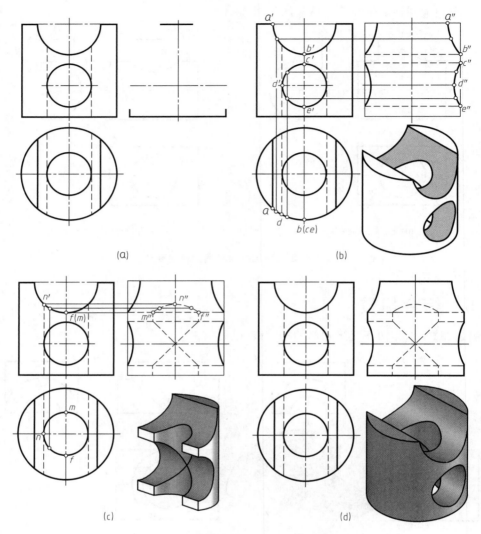

图 3-76　补全圆柱开孔后的侧面投影

分析如下。

① 由正面投影的矩形对应水平投影的圆可知，立体为圆柱；由正面投影上部半圆对应水平投影的两条直线可知，圆柱体上部前后挖切了一半圆柱槽；由正面投影的圆对应水平投影虚线框可知，该圆柱前后贯穿了一圆柱孔；由水平投影的圆对应正面投影虚线框可知，该圆柱上下贯穿了一圆柱孔。

② 由正面投影可知，半圆柱槽与大圆柱体两轴线垂直相交，相贯线为前后两段空间曲线；前后方向的圆柱孔与大圆柱体轴线垂直相交，相贯线为前后两条封闭的空间曲线；轴线为铅垂方向的圆柱孔与上部的半圆柱槽相贯，相贯线为一条封闭的空间曲线；轴线为铅垂方向的圆柱孔与轴线为正垂方向的圆柱孔直径相等，轴线垂直相交，相贯线属于特殊相贯线（为两个平面椭圆）。

作图步骤如下。

① 补全完整圆柱的侧面投影，并画出半圆柱槽、前后圆柱孔的侧面投影，如图 3-76（b）

所示。

② 求半圆柱槽与大圆柱体的相贯线的投影。已知相贯线的水平投影 ab 和正面投影 a' b' 分别重合在水平投影大圆和正面投影半圆上，利用表面取点法求出其侧面投影 $a''b''$，如图 3-76 （b） 所示。

③ 求前后穿通的圆柱孔与大圆柱体相贯线的投影。已知正面投影 $c'd'e'$ 和水平投影 $(c)d(e)$ 分别重合在正面投影的小圆和水平投影的大圆上，利用表面取点法可求出其侧面投影 $c''d''e''$，如图 3-76 （b） 所示。

④ 作出上下圆柱孔的侧面投影及与其他形体表面的相贯线。求铅垂方向的圆柱孔与半圆柱槽相贯线的投影。其水平投影 mnf 和正面投影 $(m')n'f'$ 分别重合在水平投影的小圆和正面投影的半圆上，利用表面取点法可求出其侧面投影 $m''n''f''$，不可见，应画虚线。求两个等径圆柱孔的相贯线的投影。其正面投影和水平投影分别重合在对应的小圆上，其侧面投影为相交两直线，直接连接两个圆柱孔转向轮廓线交点即可，如图 3-76 （c） 所示。

⑤ 完成相贯后各立体剩余轮廓线的侧面投影，如图 3-76 （d） 所示。

【例 3-35】 完成立体的侧面投影 （图 3-77）。

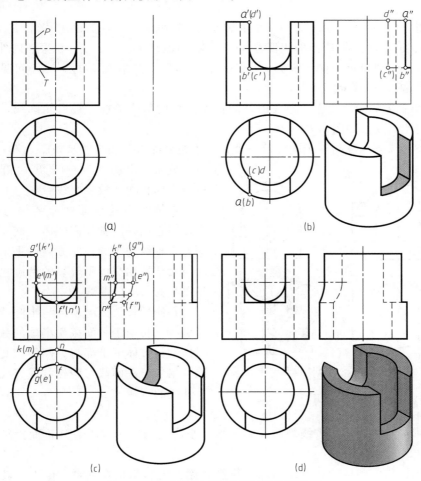

图 3-77　完成空心圆柱开槽后的侧面投影

099

分析：

① 由正面投影实、虚矩形和水平投影的同心圆可知，立体为空心圆柱，由正面投影上部的矩形和半圆对应水平投影前后两条直线可知，该空心圆柱前后形成了通槽，因正面投影中的矩形和半圆弧都可见，所以该空心圆柱前方为长方形缺口，后方为 U 形缺口；

② 空心圆柱的前方被左右对称的长方形缺口切割，截交线的分析同【例 3-23】；

③ 空心圆柱的后方被左右对称的侧平面 P 和半圆孔切割，P 面的截交线为铅垂的两条直线 KM、GE，半圆孔与空心圆柱内外圆柱面垂直相交，相贯线均为左右对称的一段空间曲线。

作图步骤如下。

① 作出完整空心圆柱的侧面投影，如图 3-77（b）所示。

② 求长方形缺口与空心圆柱的截交线 ABCD 的投影，截交线的作法同【例 3-23】，如图 3-77（b）所示。

③ 求 U 形缺口与空心圆柱的相贯线曲线 MN、EF 的投影。其水平投影 $(m)n$、$(e)f$ 分别重合在内外圆柱面的积聚圆上，其正面投影 $(m')(n')$、$e'f'$ 均重合在正面投影的半圆上。按投影规律可求出其侧面投影曲线 $m''n''$、$(e'')(f'')$，且 $(e'')(f'')$ 不可见，应画虚线。

求 U 形缺口中 P 面与空心圆柱表面的交线 KM、GE 的投影。其正面投影 $(k')(m')$、$g'e'$ 重合在 P 面的积聚直线上，水平投影 $k(m)$、$g(e)$ 积聚在内外圆柱的积聚圆上，按投影规律求出侧面投影 $k''m''$、$(g'')(e'')$，其中 $(g'')(e'')$ 不可见，应画虚线，如图 3-77（c）所示。

④ 补全立体的侧面投影。擦去内外圆柱切割掉的部分最前、最后轮廓线，加粗剩余空心圆柱的轮廓线，如图 3-77（d）所示。

【例 3-36】 求半球与两个圆柱及一个长方体相交的组合相贯线（如图 3-78）。

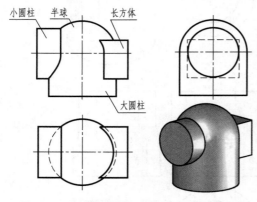

图 3-78 半球与圆柱、长方体相交的相贯线

分析：由图 3-78 中看出，铅垂的大圆柱与半球相切，故无交线。

左侧的侧垂小圆柱上半部与半圆球相交，因它们是同轴线回转体相交，相贯线为垂直于轴线的半圆；左方的侧垂小圆柱下半部与大圆柱相交为不等径的两圆柱正交，其相贯线为一空间曲线。

右侧的长方体上半部与半圆球相交，其相贯线（相当于平面截切半球的截交线）为圆弧；长方体下半部与大圆柱相交，其相贯线（相当于平面截切圆柱的截交线）为平行于轴线的直线。

作图步骤：

① 小圆柱与半圆球相贯线侧面投影积聚在小圆柱的上半圆上，其正面投影和水平投影均为直线；

② 小圆柱与大圆柱的相贯线的水平投影和侧面投影积聚在各自的圆上，其正面投影用前述的方法求出即可；

③ 长方体与半球、大圆柱的截交线侧面投影积聚在长方形（图中虚线）上，长方体与半球相贯线的正面投影、水平投影各为一段前后对称的正平圆弧和水平圆弧，长方体与大圆柱相贯线的正面投影为两条平行于轴线的前后对称直线，水平投影积聚在大圆柱的圆上（图中虚线）。

【例 3-37】　补齐视图中所缺图线（图 3-79）。

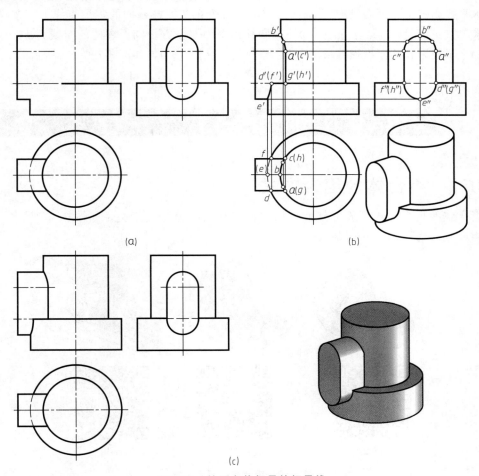

图 3-79　补画多体相贯的相贯线

分析：

① 由水平投影同心圆对应正面投影的两个矩形可知，上部的小圆柱与下部的大圆柱共轴线，由侧面投影中的长圆形对应正面投影左方矩形可知，左边是一个上下各为半圆柱、中间为四棱柱的长圆形柱体；

② 由正面投影可知，长圆形柱体上方的半圆柱与小圆柱轴线垂直相交，下部的半圆柱与大圆柱轴线垂直相交，中间的四棱柱与小圆柱表面截交；

③ 半圆柱与圆柱的相贯线均为前后对称的空间曲线，可利用表面取点法求出其三面投影；四棱柱与圆柱的交线为前后对称的两条铅垂线。

作图步骤如下。

① 半柱与小圆柱的相贯线的正面投影。先求特殊点 A、B、C 的投影，利用圆柱的

积聚圆可直接确定其侧面投影 a''、b''、c'' 和水平投影 a、b、c，按投影规律求出其正面投影 a'、b'、(c')；再适当的求出若干一般点，判别可见性，依次光滑连接 $a'(c')b'$ 即可，如图 3-79（b）所示。

② 求下半圆柱与大圆柱的相贯线正面投影 $d'(f')e'$，方法同 1，如图 3-79（b）所示。

③ 求四棱柱与圆柱的交线 AG、CH 的正面投影。因其水平投影 $a(g)$、$c(h)$ 积聚在圆柱的水平投影圆上，侧面投影 $a''(g'')$、$c''(h'')$ 重合在四棱柱棱面的积聚直线上，按投影规律可求出其正面投影 $a'g'$、$(c')(h')$。大圆柱顶平面与左方长圆形柱体的交线为 DG、FH，由已知水平投影和侧面投影可求出正面投影 $d'g'$、$(f')(h')$，如图 3-79（b）所示。

3.10 组合体的三视图

3.10.1 组合体的组合方式

组合体的组合方式一般可分为叠加式、切割式和综合式三类，如图 3-80 所示。最基本的构成方式为叠加式和切割式。

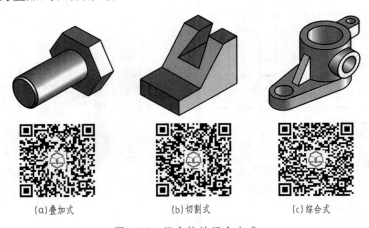

(a)叠加式   (b)切割式   (c)综合式

图 3-80　组合体的组合方式

叠加式组合体可以看成是由若干个基本形体叠加而形成的，如图 3-80（a）所示。

切割式组合体可以看成是由一个基本形体经过切割、钻孔、挖槽后形成的，如图 3-80（b）所示。

综合式组合体是叠加和切割组合而形成的，如图 3-80（c）所示。在实际中，综合式组合体较为常见。

3.10.2 组合体的相邻表面关系

在组合体中，相邻基本形体表面之间的连接关系可归纳为三种，即两形体表面共面（平齐）、两形体表面相切、两形体表面相交。

(1) 共面

两形体相邻表面共面时（可以是共平面或共曲面），两形体相邻表面之间应无分界线，如图 3-81（a）所示。当两形体相邻表面不共面时，两形体相邻表面之间应有分界线，如图 3-81（b）所示。

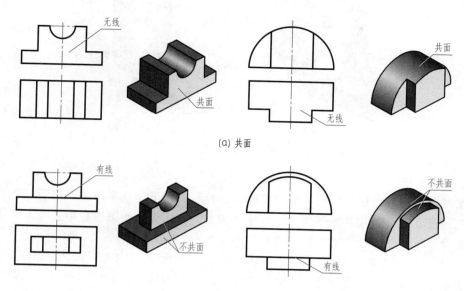

(a) 共面

图 3-81　两形体表面共面或不共面的画法

（2）相切

当两形体相邻表面相切时，由于相切是光滑过渡，因此，不应该在光滑过渡处有分界线，故不画出切线的投影，如图 3-82（a）所示。

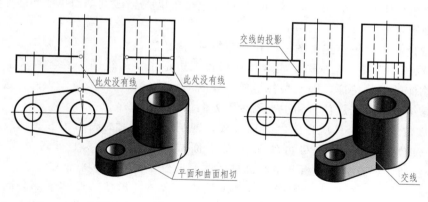

(a) 相切　　　　　　　　　　　(b) 相交

图 3-82　两形体表面相切和相交的画法

（3）相交

当相邻两形体的表面彼此相交时，其表面交线是它们的分界线。要按投影关系画出表面交线，如图 3-82（b）所示。

3.10.3　画组合体的三视图

下面以图 3-83 所示支座为例，介绍画组合体三视图的方法和步骤。

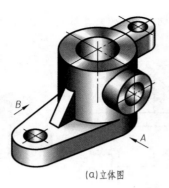

(a)立体图

(b)形体分析

图 3-83　支座

（1）形体分析

画图时，首先运用形分析法，假想将组合体分解成若干个基本形体，然后分析它们之间的相互位置、组合方式及相邻表面间的连接关系。以便于在画图过程中按基本形体各自所处的位置进行画图和处理形体表面之间的图线关系。

图 3-83（a）所示的支座，可看成如图 3-83（b）所示，由空心圆柱体、底板、凸台、耳板、肋板，这五个形体之间叠加组合，其中底板与空心圆柱体底面平齐，前后铅垂面与圆柱面相切；耳板位于空心圆柱体的右侧，两形体的上顶面平齐，耳板的两侧面与圆柱面相交；凸台与空心圆柱体表面相交（内外表面均相贯）；肋板在底板上方，其前后端面、左侧斜面均与空心圆柱体表面相交。在底板、空心圆柱体、凸台、耳板中，分别切出一圆柱体而形成圆柱孔。画组合体视图时，可以采用"先分后合"的方法。就是说，先在想象中把组合体分解成若干个基本形体，然后按其相对位置逐个画出各基本形体的投影，综合起来即得到整个组合体的视图。这样，就可把一个复杂的问题分解成几个简单的问题加以解决。

（2）视图选择

视图选择的内容包括主视图选择和视图数量的确定。

① 主视图的选择　主视图是组合体一组视图中最主要的视图。通常要求主视图能较多地反映物体的形状特征，即反映各组成部分的形状特点和位置关系。为此，选择主视图时，要注意组合体的安放位置和主视图投影方向的选取。

a. 安放位置。组合体应自然、平稳安放，即把组合体大的底面、主要轴线或对称中心线水平（或垂直）放置，尽可使其主要平面或轴线平行或垂直于基本投影面。如图 3-83（a）所示，支座的底板与空心圆柱体的底面位于下方且水平放置。

b. 投影方向。选择使主视图能够较多地反映组合体的形状特征和各部分间的相对位置关系，并使在俯、左视图上尽可能少出现虚线的投影方向作为主视图的投影方向。

如图 3-83（a）所示，选取箭头 A 的方向作为主视图的投影方向，因为组成该支座的各基本形体及它们间的相对位置在此投影方向表达最为清晰，因而最能反映支座的结构形状特征。如选取 B 方向，则耳板全为虚线，底板、肋板形状以及它们与空心圆柱体间的位置关系也没有 A 方向清晰。故不选取 B 方向的投影作为主视图。

② 视图数量的确定　在组合体形状、结构表达完整、清晰的前提下，其视图数量越少越好。

支座的主视图确定后，为了表达底板、耳板的形状及前后位置关系，还要画出俯视图，并用左视图进一步表达了凸台、肋板与空心圆柱体表面的相交关系。因此，要完整表达该支座，必须要画出如图 3-84（f）所示的主、俯、左三个视图。

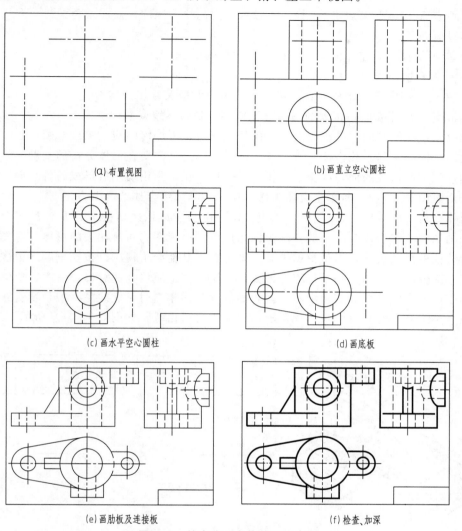

(a) 布置视图　　　　　　　　　　　(b) 画直立空心圆柱

(c) 画水平空心圆柱　　　　　　　　(d) 画底板

(e) 画肋板及连接板　　　　　　　　(f) 检查、加深

图 3-84　综合式组合体的画图步骤

（3）画图步骤

① 选比例、定图幅　根据物体的大小和复杂程度确定作图比例和图幅。比例优先选用 1：1，根据视图所占面积，并考虑标注尺寸所占位置，选用标准图幅。

② 布置视图　布图时，应将视图均匀地布置在图幅上，画出各视图的基准线、对称线以及主要形体的轴线和中心线，如图 3-84（a）所示。注意：视图间的空当应保证可以注全所需的尺寸。

③ 绘制底稿　上述组合体的画图步骤如图 3-84 所示。

为了迅速而准确地画出组合体的三视图，画底稿时应注意以下几点。

a. 画图的先后顺序，一般应从形状特征明显的视图入手。先画主要部分，后画次要部分；先画可见部分，后画不可见部分；先画圆或圆弧，后画直线。对于基本体上被切割部分的表面，可先从有积聚性的视图画起，再完成其余视图。当有轴线正交的两圆柱相贯时，相贯线的投影可用圆弧代替简化画出。

b. 画图时，物体的每一组成部分，最好是三个视图配合着画。就是说，不要先把一个视图画完后再画另一视图。这样，不仅可以提高绘图速度，还能避免漏线、多线及视图间的不对应问题。

④ 检查加深　底稿完成后，应认真进行下列检查：

a. 是否有遗漏形体的投影；

b. 在三视图中，依次核对各组成部分的投影对应关系正确与否；

c. 相邻两形体表面衔接处的画法有无错误，是否多线或漏线。

再以模型或轴测图与三视图对照，确认无误后，再加深图线，完成全图。

上述画图方法与步骤也适应于切割体，但不同的是需要在形体分析的基础上，对某些在切割过程中所形成的面与线作进一步投影分析，正确画出切割后形成的各个面、线的投影。下面以图 3-85（a）所示组合体为例，说明切割式组合体的画图方法。

形体分析如图 3-85（a）所示，该组合体是由长方体依次切去 I、II、III 三个形体而形成。画切割式组合体时，一般先画出原始形体的三视图，对于切去的形体，应先画出反映形状特征的那个视图，然后根据投影关系再画出其他两个视图。按切割顺序依次画出切去的每一部分的三视图，画图过程如图 3-85（b）~（f）所示。注意每切一次，要画出平面与立体表面的交线，尤其有两个不同投影面的垂直面相交时，交线是一般位置直线，应按长对正、高平齐、宽相等的投影规律求出两端点之后连线，如图 3-85（e）所示。

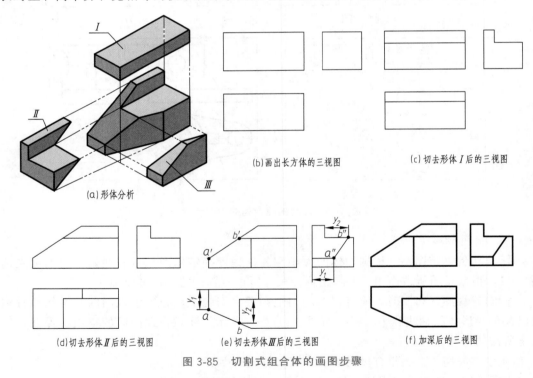

(a) 形体分析
(b) 画出长方体的三视图
(c) 切去形体 I 后的三视图
(d) 切去形体 II 后的三视图
(e) 切去形体 III 后的三视图
(f) 加深后的三视图

图 3-85　切割式组合体的画图步骤

3.10.4　读组合体的三视图

(1) 读图要领

① 几个视图联系起来看　通常一个视图只能表示组合体一个方向的形状，不能确定

物体的形状。如图 3-86 (a)、(b) 所示的主视图和左视图是一样的，但它们的俯视图不相同，所表达的物体形状也不相同。如图 3-86 (c)、(d) 所示，只看主、俯视图，物体的形状并不能确定，因为它们的左视图不相同，所表达的物体形状也不一样。因此，在读图时，不能孤立地只看一个或两个视图，而应以主视图为主，联系所给出的其他视图，才能想象出物体的确切形状和结构，这是读图的一个基本准则。

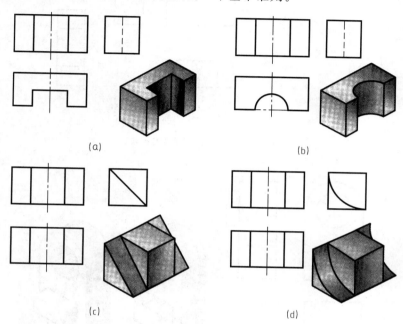

图 3-86　几个视图联系起来读图

② 从反映组合体形状特征和位置特征视图入手　所谓特征视图就是指能够反映物体形状特征和组成物体的各个基本形体间的位置特征的视图。对于一般的组合体来说，主视图是整个形体的特征视图，它反映了各形体之间的相对位置关系，如图 3-84 (f) 所示主视图。在读图时，要先从主视图入手，然后再与其他视图联系起来看，就能较迅速地想象出组合体的结构形状。

a. 形状特征。组成组合体的各形体的形状特征不一定完全集中在主视图上，此时，必须善于找出反映形体形状特征的那个视图，再联系其相应的投影，构思形体的形状便容易得多。如图 3-87 (a) 所示底板的三视图，如果只看主、左两个视图，除了底板的长、宽及高度以外，其他形状就看不出来。如果抓住俯视图，再对照主视图，即使不要左视图，我们也能较快地构思出底板的形状。显然，俯视图是反映物体形状特征最明显的视图。同样分析可知，图 3-87 (b) 中的主视图、图 3-87 (c) 中的左视图是反映物体形状特征最明显的视图。

b. 位置特征。在图 3-88 (a) 中，如果只看主、俯视图，Ⅰ、Ⅱ两个形体哪个凸出哪个凹进是不能确定的。因为，这两个图可以表示为图 3-88 (b) 的结构形状，也可以表示为图 3-88 (c) 的结构形状。但如果将主、左视图配合起来看，则不仅形状容易想清楚，而且Ⅰ、Ⅱ两个形体Ⅰ凸出Ⅱ凹进就能确定了，想象结果只能是图 3-88 (b) 所示的结构形状。显然，左视图是反映该物体各组成部分之间相对位置特征最明显的视图。

③ 弄清视图中图线和线框的含义　视图是由若干封闭线框组成的，而线框又是由图

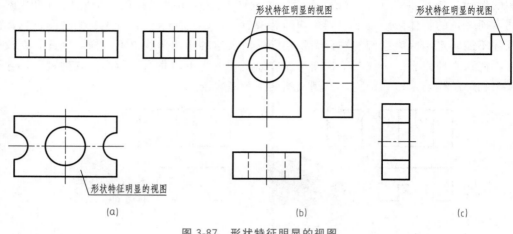

形状特征明显的视图

形状特征明显的视图

形状特征明显的视图

(a)   (b)   (c)

图 3-87　形状特征明显的视图

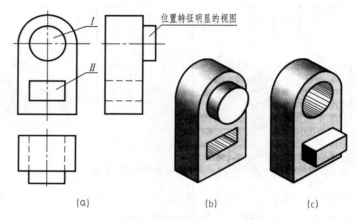

位置特征明显的视图

(a)   (b)   (c)

图 3-88　位置特征明显的视图

线围成的。因此，弄清视图中的图线和线框的空间含义，对读懂组合体视图十分必要。

　　a. 视图中图线的含义。如图 3-89 所示，视图中图线的含义有：面的积聚性投影，如图中的线条 I 、II ；面与面的交线，如图中的线条 III ；回转体的转向轮廓线，如图中的线条 IV 。

　　视图中的细点画线表示回转体的轴线、圆的中心线、对称平面的投影，读图时也可以

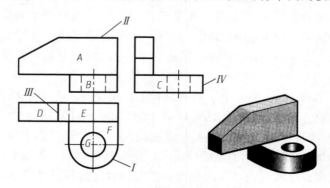

图 3-89　视图中图线和线框的含义

帮助我们想象物体。

b. 视图中线框的含义。视图上的每一个封闭的线框，表示物体的一个面，可能是平面、曲面、组合面，如图3-89中的线框 A、D、E、F 均表示平面的投影；线框 B 表示曲面的投影；线框 C 表示平面与曲面相切的组合面；线框 G 表示圆柱通孔的投影。视图上任何相邻的封闭线框，必然是物体上两相交面或两不同位置平行面的投影。由于不同的线框代表不同的面，它们表示的面有前、后、左、右、上、下的相对位置关系，可以通过这些线框在其他视图中的对应投影来加以判断，图3-90表示了其判断方法。

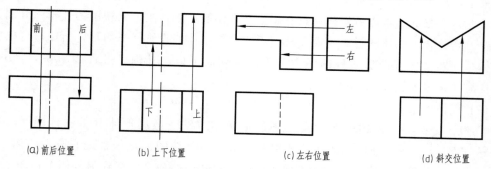

(a) 前后位置　　　(b) 上下位置　　　(c) 左右位置　　　(d) 斜交位置

图3-90　判断物体表面之间的相对位置

分析图3-90可归纳得出：主视图不反映面的前后关系，俯视图不反映面的上下关系，左视图不反映面的左右关系。若要明确这种关系，只有将主视图中的线框向前拉出［图3-90（a）］，将俯视图中的线框向上拉出［图3-90（b）］，将左视图中的线框向左拉出［图3-90（c）］，使该线框所表示的面（或体）在另外两视图上对准其投影，这样，物体上面的相对位置（含斜交位置），如图3-90（d）才能确定，线框所表示的基本形体的形状才能在头脑中初步形成。实际上，这种线框分析，就是由平面图形想象物体空间形状的最根本的途径和最有效的方法。

④ 要善于运用构形思维　读图的过程，就是不断的把想象出的不同物体的空间形状与各个视图中的投影反复对照、反复修改的过程。所以，读组合体视图要始终伴随着构思空间形状的思维活动。下面通过一组图形说明读图时构思空间形状方法。

如图3-91（a）所示，已知某一物体三个视图的外轮廓，要求构思物体的形状。

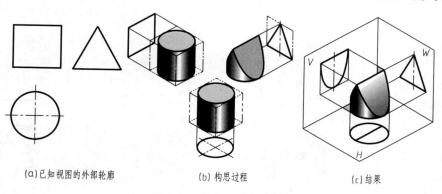

(a) 已知视图的外部轮廓　　　(b) 构思过程　　　(c) 结果

图3-91　构思形体的方法

从已知三个视图的外轮廓考虑，构思空间形状的方法如下：

由主视图的外轮廓矩形和俯视图的外轮廓圆，可想象该物体为圆柱体，但圆柱体的左视图应该为矩形，而该物体左视图的外轮廓为三角形，不符合圆柱体的投影关系，故不是圆柱体。由俯视图的外轮廓圆和左视图的外轮廓三角形，可想象该物体为圆锥体，但圆锥体的主视图应该为等腰三角形，而该物体主视图的外轮廓为矩形，不符合圆锥体的投影关系，故也不是圆锥体。由主视图的外轮廓矩形和左视图的外轮廓三角形，可想象该物体为三棱柱，但三棱柱的俯视图应该为矩形，而该物体俯视图的外轮廓为圆，不符合三棱柱的投影关系，故更不是三棱柱。

至此，完整的基本体可排除，只有想象基本体被切割：主、俯视图的外轮廓分别为矩形和圆，它符合圆柱体的投影，而左视图不符合圆柱体的投影呈三角形，所以，可以想象该物体是一圆柱体被前后对称的两个侧垂面截切而形成，其构思过程如图 3-91（b）所示。构思的结果如图 3-91（c）所示。

（2）读图方法

① 形体分析法　形体分析法是读图的最基本方法。运用形体分析法读图时，仍按"先分解后组合"进行分析，即从特征视图入手，将复杂图形按线框把它分解为若干块，由"长对正、高平齐和宽相等"的三等对应规律，找出每一个线框在另外两个视图上的对应投影，然后一部分一部分地构思出它们所表示的空间形状，最后根据其相对位置、组合方式和表面连接关系，综合起来想出整体形状。

下面以图 3-92 所示物体的三视图为例，说明运用形体分析法读图的步骤。

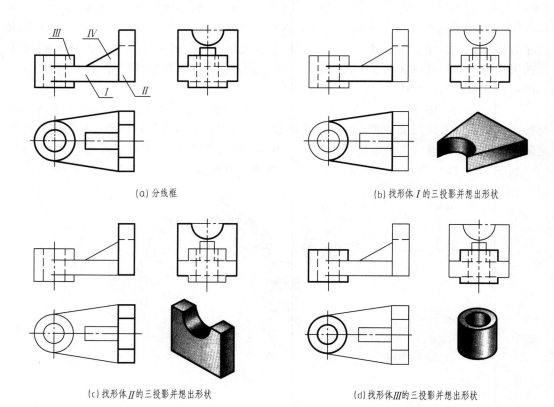

(a) 分线框

(b) 找形体 I 的三投影并想出形状

(c) 找形体 II 的三投影并想出形状

(d) 找形体 III 的三投影并想出形状

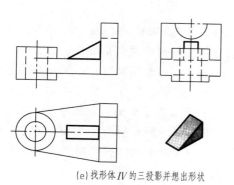

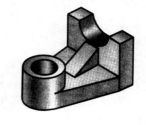

(e) 找形体Ⅳ的三投影并想出形状

(f) 整体形状

图 3-92　运用形体分析法读图

a. 看视图、分线框。根据图 3-92（a）所示的三视图，可将主视图分成Ⅰ、Ⅱ、Ⅲ、Ⅳ四个线框，即四个部分。

b. 对投影、识形体。从各形体的特征视图入手，根据各视图间的投影关系，分别找出各部分在其他视图中相应的投影。Ⅰ、Ⅲ形体从俯视图出发、形体Ⅱ从左视图出发、形体Ⅳ从主视图出发，依据"三等"规律分别在其他视图上找出对应的投影［图 3-92（b）～（e）三视图中粗实线线框］。从而可得出构成物体各组成部分的空间形状［如图 3-92（b）～（e）中的轴测图所示］。

c. 综合后、想整体。分析各部分形体之间的相对位置和组合方式，然后将它们综合起来，就可以想象出该组合体的整体形状。由图 3-92（a）主、左视图可了解各形体的左右、上下位置，即形体Ⅰ在形体Ⅱ和Ⅲ的中间，形体Ⅰ与Ⅱ下底面平齐、并与Ⅲ相切，形体Ⅳ与Ⅰ和Ⅱ叠加；由俯、左视图可了解各部分的前后位置关系，即组合体前后对称。从而综合想象出物体的整体形状，如图 3-92（f）所示。

对于形体清楚的物体，用上述形体分析法读图即可解决问题。然而有些物体，完全用形体分析法读图还不够。因此，对于切割形成的组合体上一些局部复杂之处，有时就需要用线面分析法读图。

② 线面分析法　线面分析法，是在形体分析法的基础上，运用直线和平面的投影规律，把形体上某些线、面分离出来，通过识别这些几何要素的空间位置和形状，进而想象出物体形状的方法。

在读切割体的视图时，常运用线面分析法。下面以图 3-93 所示压块为例，说明运用线面分析法读图的步骤。

a. 形体分析，弄清被切面的空间位置。由于压块三个视图的轮廓基本上都是矩形（仅缺了几个角），所以它的原始形体是长方体。从压块三视图的外轮廓来看，主视图左上方的缺角是用正垂面切出的；俯视图左端前部的缺角是用铅垂面切出的；左视图上方前角的缺块，则是用正平面和水平面切出的。可见，压块的外形是一个长方形被几个特殊位置平面切割后形成的。由于物体被特殊位置平面切割，其平面的投影有积聚性，所以视图上都较明显地反映出切口的位置

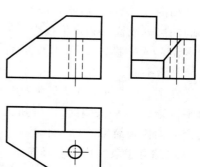

图 3-93　压块的三视图

特征。

b. 线面分析，分清被切面的几何形状。当被切面为"投影面垂直面"时，从该平面投影积聚成的直线出发，在其他两个视图上找出边数相等的对应类似形线框。

如图 3-94（a）所示，从主视图中的斜线 q'（正垂面的积聚性投影）出发，在俯视图中找到与它对应的六边形线框 q，则左视图也对应一个六边形线框 q''，根据正垂面的投影特性可知，Q 平面为垂直于正立投影面而倾斜于水平和侧立投影面的六边形平面。

如图 3-94（b）所示，先从俯视图中的斜线 p（铅垂面的积聚投影）出发，在主、左视图上找到与它对应的投影（p'、p''）——一对五边形，由铅垂面的投影特性可知，P 平面为垂直于水平投影面而倾斜于正立投影面和侧立投影面的五边形平面。

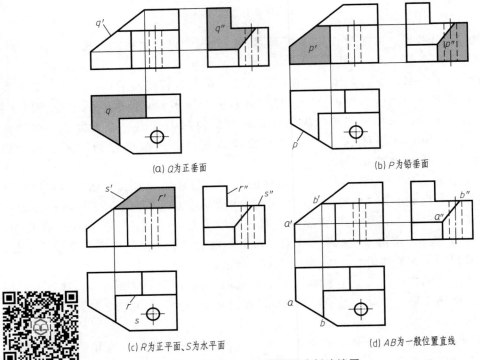

(a) Q 为正垂面　　　　　　　　　　　(b) P 为铅垂面

(c) R 为正平面、S 为水平面　　　　　　(d) AB 为一般位置直线

图 3-94　运用线面分析法读图

当被切面为"投影面平行面"时，也应从该平面投影积聚的直线出发，在其他两视图上找出对应的一条直线和一个反映该平面实形的平面图形的投影。

如图 3-94（c）所示，应先从左视图 r'' 直线入手，再找出 R 面的正面投影 r'（反映实形的四边形线框）和水平投影 r（一条直线）；从图 3-94（c）左视图中的直线 s'' 出发，找出 S 面的水平投影 s（反映实形的五边形）和正面投 s'（一条直线）。可知 R 面为正平面，S 面是水平面。

在图 3-94（d）中，左视图中有一斜线 $a''b''$，找出它的正面投影 $a'b'$（一条斜线）和水平投影 ab（一条斜线），可知 AB 是一般位置直线，它是铅垂面 P 和正垂面 Q 的交线。其余表面比较简单易看，不再一一分析。

c. 综合想象，构思整体形状。通过形体分析和线面分析就可以了解各部分的形状，再根据它们在视图中的上下、前后、左右的相对位置关系，综合起来就可以想象出整体形状，如图 3-95 所示。

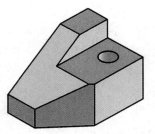

图 3-95 压块的立体图

(3) 读图实例

【例 3-38】 已知主、俯视图，补画左视图（图 3-96）。

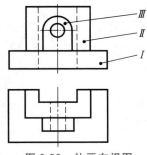

图 3-96 补画左视图

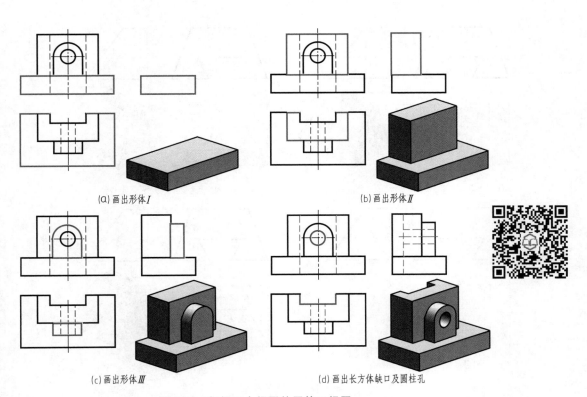

(a) 画出形体 I

(b) 画出形体 II

(c) 画出形体 III

(d) 画出长方体缺口及圆柱孔

图 3-97 根据两个视图补画第三视图

113

① 分析两视图，想象出物体的形状　根据前述的看图方法，结合主、俯视图，不难看出，该物体为综合式组合体，它由三部分（Ⅰ、Ⅱ、Ⅲ）叠加和两部分切割而组成。形体Ⅰ和Ⅱ为长方体，以左右对称、后表面共面的方式上下叠加在一起，并在其后部挖切了一长方体，形成了上下相通的通槽；形体Ⅲ为上圆下方的立板，叠加在形体Ⅰ上方和Ⅱ前方，又由前至后挖切了一圆柱体，形成了一圆柱孔。由此得出物体的空间结构形状，如图 3-97（d）中的立体图所示。

② 按形体分析法，补画左视图　按照形体分析法的画图步骤，根据三视图的"三等"对应规律，分别画出各形体的左视图，作图步骤如图 3-97（a）～（d）所示。

【例 3-39】　已知物体的主视图和左视图，求作俯视图（图 3-98）。

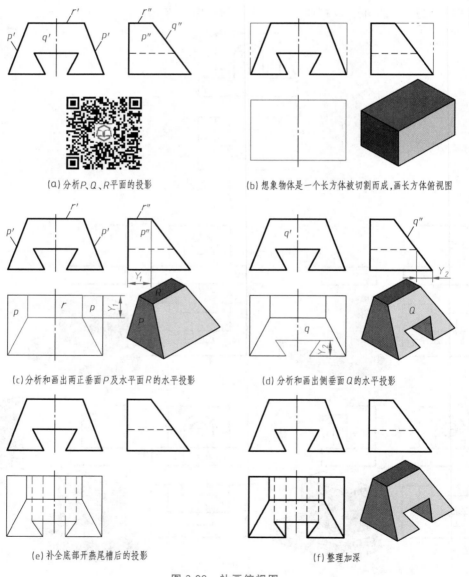

(a) 分析 P、Q、R 平面的投影

(b) 想象物体是一个长方体被切割而成，画长方体俯视图

(c) 分析和画出两正垂面 P 及水平面 R 的水平投影

(d) 分析和画出侧垂面 Q 的水平投影

(e) 补全底部开燕尾槽后的投影

(f) 整理加深

图 3-98　补画俯视图

① 分析、想象 根据主、左视图分析，该物体是个长方体经正垂面 P、侧垂面 Q 和燕尾槽切割而成。俯视图上 p 是 p'' 的类似形、q 是 q' 的类似形、r 是矩形实形，如图 3-98（a）所示。

② 补画俯视图 作图步骤如图 3-98（b）～（f）所示。

【例 3-40】 已知主、俯视图，补画左视图（图 3-99）。

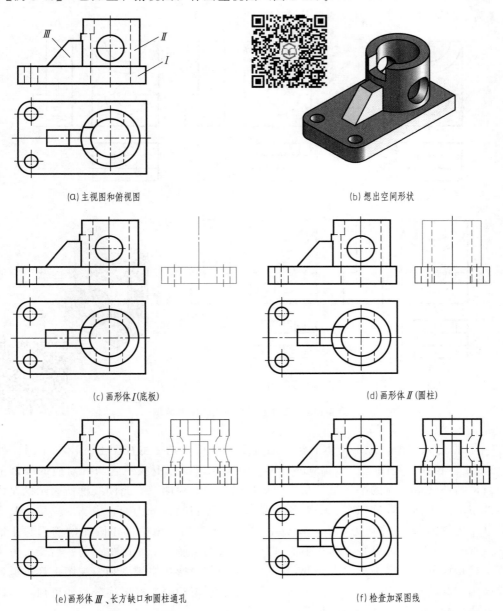

(a) 主视图和俯视图　　　　　　　　　　　　(b) 想出空间形状

(c) 画形体 I（底板）　　　　　　　　　　　(d) 画形体 II（圆柱）

(e) 画形体 III、长方缺口和圆柱通孔　　　　(f) 检查加深图线

图 3-99 已知两视图，求第三视图

① 分析视图，想象物体空间形状 该物体为综合式组合体，在主视图上分线框，共分为三个线框 I、II、III，如图 3-99（a）所示。

对投影、识形体，分别想象出三个线框所表示的立体形状。I 为带有两圆角的长方体底板；Ⅱ为空心圆柱体，在圆柱体的左上方挖切一长方缺口，圆柱体正前方由前向后挖切一圆柱通孔；Ⅲ为支撑板。

按Ⅰ、Ⅱ、Ⅲ形体在视图中的相互位置，想象出物体整体形状，如图 3-99（b）所示。

② 根据投影规律，分别画出各形体的左视图　画图过程如图 3-99（c）～（f）所示。

【例 3-41】 已知主、俯视图，补画左视图（图 3-100）。

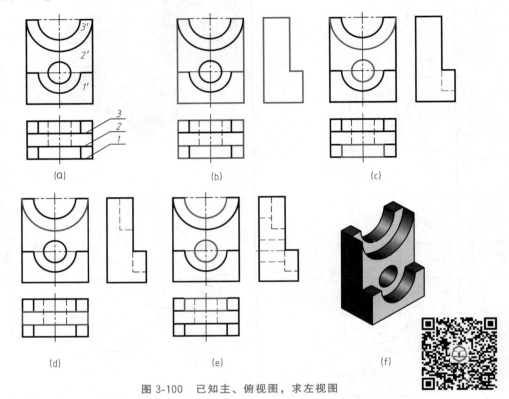

图 3-100　已知主、俯视图，求左视图

① 根据已知视图，想出物体形状　通过形体分析，先在主视图上分出三个封闭线框 1′、2′、3′，再在俯视图上找出对应的投影。由于在俯视图上找不到与其对应的类似形线框，所以与该线框对应的必然都是积聚线（1、2、3），说明三个封闭线框所表示的是由前至后的三个正平面。以这三个正平面各为前端面，可将物体分为前、中、后三层，其宽度相等（见俯视图）；从高度方向看，又分上、中、下三层，由中部小圆孔的前后起止情况（见俯视图中的虚线），可知 2 面在中层，其上方被切去较大的半圆柱。前、后层上方由于都有半径相同的较小半圆槽，一层低，一层高，而其投影在主视图和俯视图上都可见，所以最高的半圆柱槽必定位于后层。小圆柱孔在中、后层相通，经上述分析便可想象出该物体的整体形状，如图 3-100（f）所示。

② 根据物体的整体形状，画左视图　在看懂物体形状的基础上，可以画出它的左视图，具体作图步骤如图 3-100（b）～（e）所示。

【例 3-42】 补画主视图中的漏线（图 3-101）。

分析：由给出视图可知，该组合体由底板、圆柱凸台、空心圆柱、支撑板组成，且底

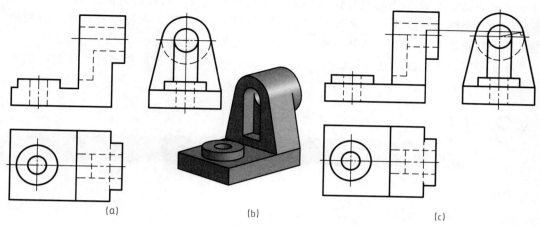

图 3-101　补全主视图中缺漏的直线

板及其圆柱凸台上有一通孔，空心圆柱及其支撑板的左方用前后对称的两个正平面、一个水平面和一个侧平面挖去了一块，形成了一上圆下方的凹槽，如图 3-101（b）所示。

　　圆柱凸台、支撑板分别与底板叠加，前后表面不平齐，投影有分界线；支撑板的前后表面与空心圆柱的外圆柱面相切，相切处无分界线，支撑板右端面的积聚投影必须画至切点；凹槽的前后正平面与空心圆柱的内圆柱面相切，相切处无分界线，凹槽右端侧平面的积聚投影必须画至切点，如图 3-101（b）所示。

　　作图步骤：

　　① 按投影规律分别补画底板上表面的正面积聚性投影及支撑板与底板分界线的正面投影，如图 3-101（c）所示；

　　② 分别补画支撑板右端面、凹槽右端侧平面的正面投影至切点，如图 3-101（c）所示。

　　【例 3-43】　补画三视图中所缺的图线（图 3-102）。

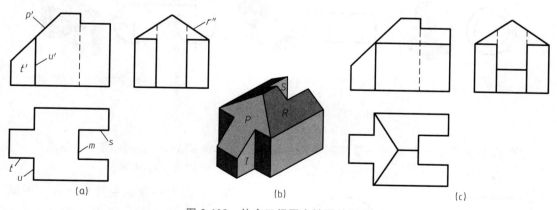

图 3-102　补全三视图中缺漏的图线

　　分析：由已给出的投影图分析可知，该组合体为切割式，是一长方体被正垂面 P、前后对称的侧垂面 R、正平面 T、S 及侧平面 U、M 切割而形成。其空间形状如图 3-102（b）所示。

主视图漏画了 R 平面与长方体前端面的交线（侧垂线）的投影；俯视图中漏画了两 R 平面间的交线（侧垂线）及 R 平面与 P 平面间的交线（两条一般位置直线）的投影；左视图中漏画了 P 平面与长方体左端面的交线（正垂线）的投影。

作图步骤：由交线的已知投影按对应关系即可补画出主、俯、左视图中所缺的图线，如图 3-102（c）所示。

*3.11 形体构思

3.11.1 形体构思的基本原则

根据不同的结构要求，将某些基本几何体按照一定的组合形式组合起来，构成一个新形体并用三视图表示出来的过程，称为组合体的构形设计。

组合体构形设计不同于"照物""照图"画图，而是在一定基础上"想物""造物"画图，它把空间想象、构思形体及形体表达三者结合起来，是发挥读者创造力和想象力的过程。构型设计的目的是进一步提高想象力，培养创新思维。

构形设计的基本原则：

① 构形应以基本体为主，由若干基本体组合而成；

② 构形要求结构合理、组合关系正确。应为现实的实体，两形体之间不能用点接触或用线连接，如图 3-103 所示。

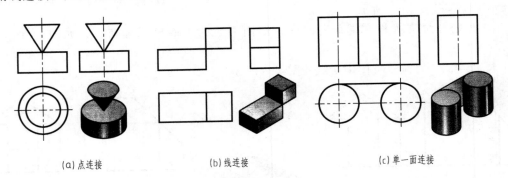

(a) 点连接　　　　　　(b) 线连接　　　　　　(c) 单一面连接

图 3-103　实体之间错误的连接方式

③ 构形应简洁、美观。一般使用平面立体、回转体来构形，而不使用不规则曲面。

④ 为了便于成型，构型中应避免出现封闭的空腔，如图 3-104 所示。

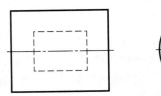 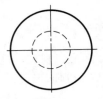

图 3-104　封闭的内腔不便于成型

⑤ 构形应力求多样、变异和新颖。根据所采用的基本形体类型，对形体表面凹凸、正斜、曲平面以及相交、相贯和组合方式进行联想，构思出组合体，使构形呈现多样化和个性化，也可打破常规，构造与众不同的新颖方案。

3.11.2 形体构思的基本方法

根据组合体的一个视图构思组合体，通常不止一个，读者要运用联想的方法多构思出几种新颖、独特的组合体，以提高思维能力。

(1) 通过表面凹凸、正斜、平曲的切割构思组合体

根据一个视图可以想象出多种形体。例如图 3-105 中给出的是同一个主视图，根据该主视图可构思出多种不同形状的组合体，并画出其俯视图。

根据图 3-105，假定该组合体原形是一块长方板，板的前面有三个彼此不同的可见表面。这三个表面的凹凸、正斜、平曲可构成多种不同形状的组合体。

先分析中间的面，通过凸与凹的联想，可构思出如图 3-105（a）、（b）所示的组合体；通过正与斜的联想，可构思出如图 3-105（c）所示的组合体；通过平与曲的联想，可构思出如图 3-105（d）所示的组合体。

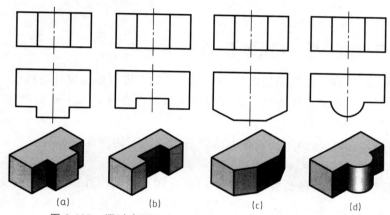

(a)   (b)   (c)   (d)

图 3-105 通过表面凹凸、正斜、平曲的切割构思组合体

(2) 通过基本体相交、相贯和组合方式构思组合体

在图 3-106 中，用不同的基本形体 II 和半圆柱筒 I 进行组合，可以构思出不同的组合体。在图 3-106 中，它们分别为：图 3-106（a）的形体 II 是四棱台与半圆柱筒相贯；图 3-106（b）中形体 II 的四棱台左边是铅垂面；图 3-106（c）的形体 II 是圆柱与半圆柱筒正交相贯；图 3-106（d）中形体 II 的左边为圆柱面；图 3-106（e）中形体 II 的左边为圆锥面；图 3-106（f）中形体 II 的左边为球面。

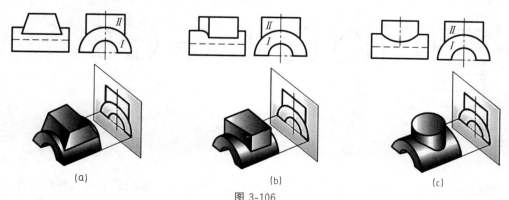

(a)   (b)   (c)

图 3-106

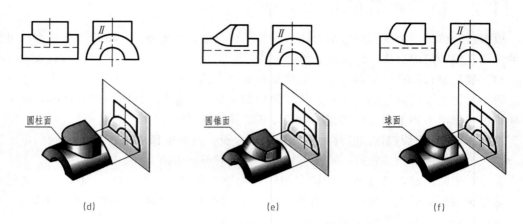

图 3-106 用不同的基本形体 II 和半圆柱筒 I 进行构思

3.11.3 形体构思的基本步骤

组合体的构形设计是在看懂给定已知视图的基础上进行创作设计的过程。要构形设计出符合投影关系、结构和形状准确、造型形体美观的组合体，需要有正确的方法和步骤。组合体构形一般可按以下步骤进行。

① 划分线框，识别面的形状 根据给定视图，从面的角度划分线框，识别其可能表示的面的形状、凹凸和正斜。

② 对照投影，想象面的位置 对照某一个或两个视图，分析面与面的交线，确定各面在组合体中的位置，也可配合采用徒手勾画出组合体的雏形，为下一步构形设计奠定基础。

③ 综合想象，逐步作图，完成构形设计 将各面及其交线的空间形状和空间位置的分析结果综合起来，严格遵守"长对正、高平齐、宽相等"的投影规律，按照组合体的画图方法和步骤，从每一组成部分的特征视图作图，逐步完成组合体的构形设计。

如图 3-107（a）所示，根据给出的主、俯视图，来构思形体。先将其想象成棱柱切割体，可画出如图 3-107（b）~（e）所示四种不同形状的切割体，也可将其想象成圆柱切割体，又可画出图 3-107（f）~（i）所示四种不同形状的切割体。

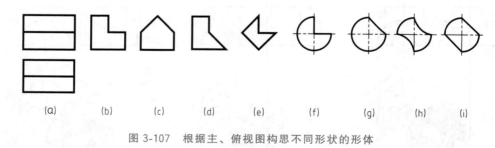

图 3-107 根据主、俯视图构思不同形状的形体

如图 3-108 所示，根据一个主视图来构思形体，可构思出如图所示的六种组合体。

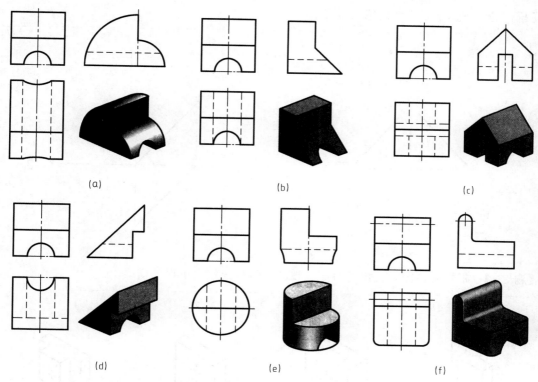

(a)　　　　　　　　　　　(b)　　　　　　　　　　　(c)

(d)　　　　　　　　　　　(e)　　　　　　　　　　　(f)

图 3-108　根据主视图构思不同的组合体

3.12

训练与提高

3.12.1　基本训练

【题 3-1】 已知各点的两面投影，求作第三面投影。	【题 3-2】 已知平面的两面投影，求作其第三面投影。
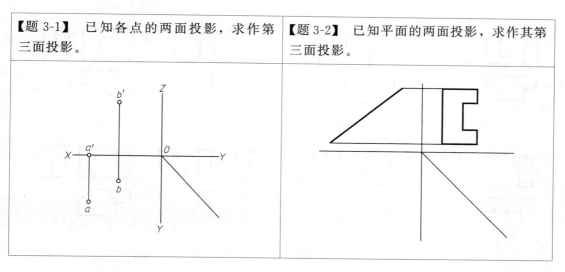	

【题 3-3】 画出下列直线的第三投影。

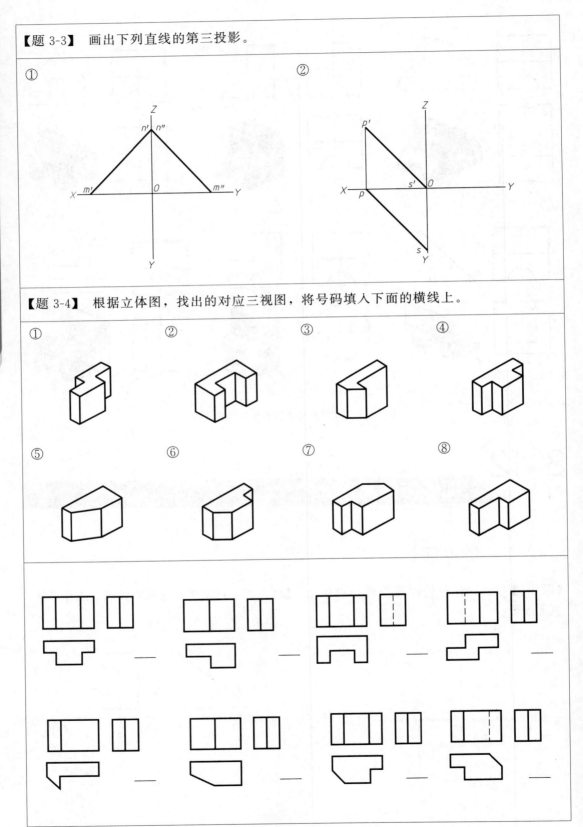

【题 3-4】 根据立体图，找出的对应三视图，将号码填入下面的横线上。

【题 3-5】 根据立体的两个视图，补画第三视图，并补全立体表面上各点的另外两面投影。

①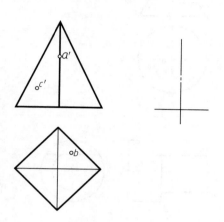

②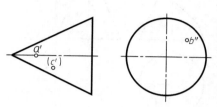

【题 3-6】 分析视图，想象形状，补第三视图。

①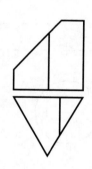

②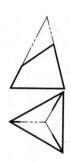

【题 3-7】 分析回转体截切后的截交线形状，补全其三视图。

①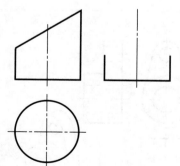

②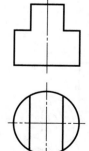

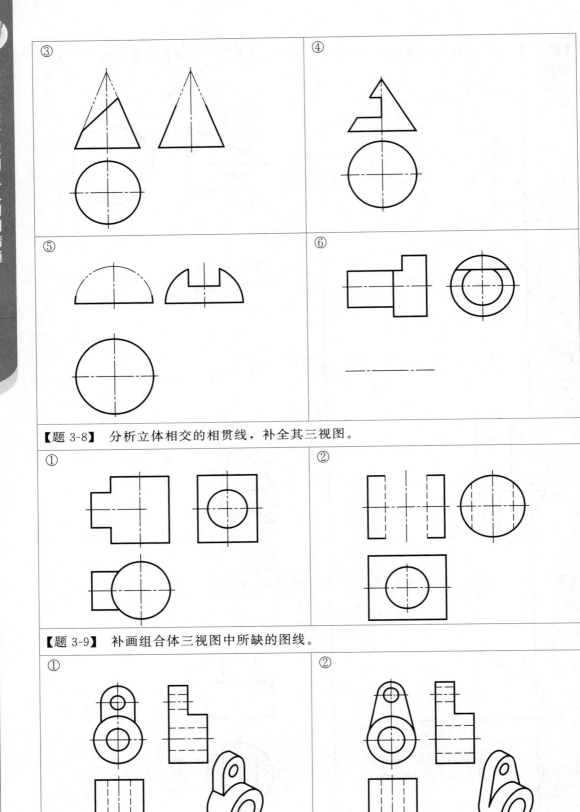

③

④

⑤

⑥

【题 3-8】 分析立体相交的相贯线，补全其三视图。

①

②

【题 3-9】 补画组合体三视图中所缺的图线。

①

②

【题 3-10】 根据轴测图画组合体三视图。

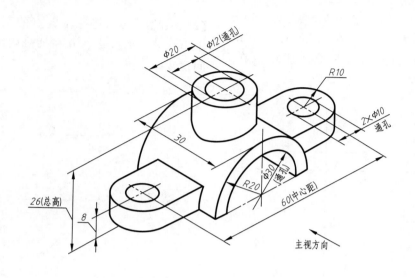

【题 3-11】 根据两个视图，补画第三视图。

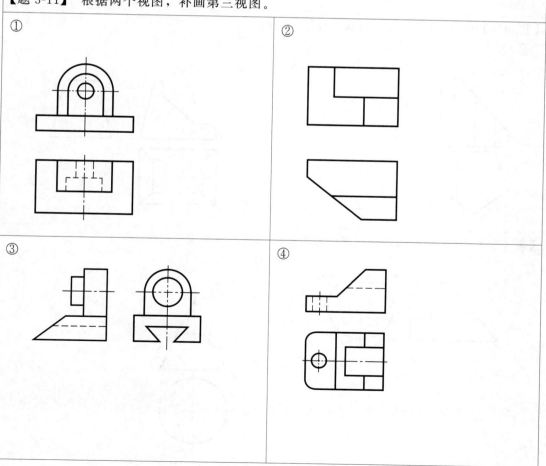

① ② ③ ④

*3.12.2 提高训练

【题 3-12】 已知 B 点在 A 点左方 35mm、在 A 点前方 5mm、在 A 点上方 10mm 处，又知 C 点与 B 点同高，且 C 点在 D 点的正上方，求各点的投影。

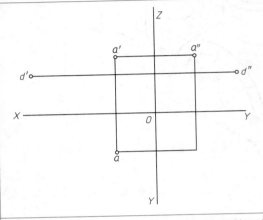

【题 3-13】 已知特殊位置点的两面投影，求出其第三面投影，并在括号内填写其空间位置。

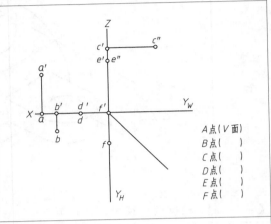

A 点（ V 面）
B 点（　　）
C 点（　　）
D 点（　　）
E 点（　　）
F 点（　　）

【题 3-14】 分析视图，想象形状，补第三视图。

①

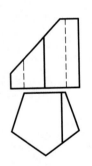

②

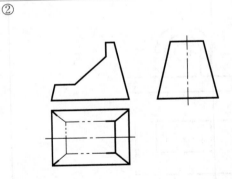

【题 3-15】 根据给定的两个视图，想象空间形状，补画第三视图。

①

②

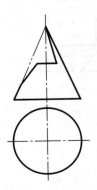

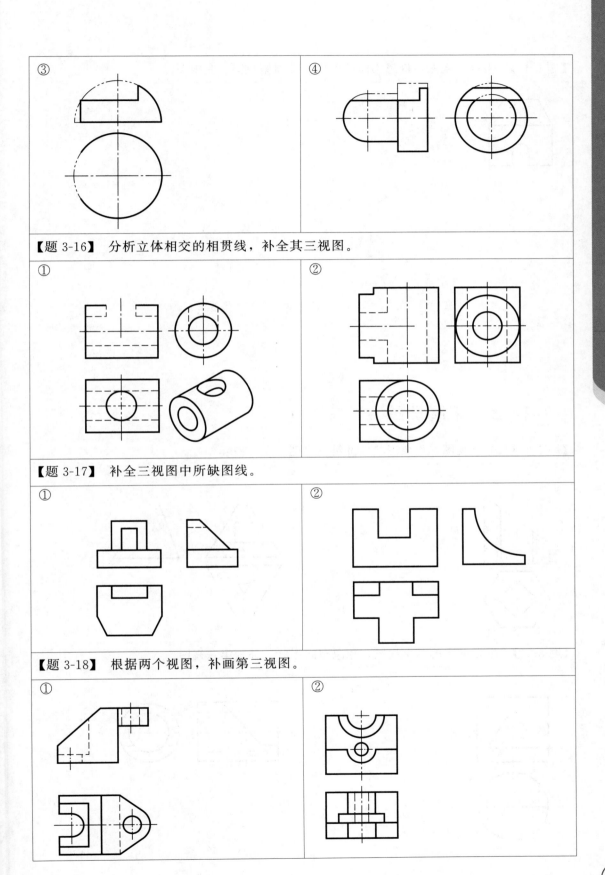

③

④

【题 3-16】 分析立体相交的相贯线，补全其三视图。

①

②

【题 3-17】 补全三视图中所缺图线。

①

②

【题 3-18】 根据两个视图，补画第三视图。

①

②

【题 3-19】 根据主视图，构思不同的形体，补画俯视图、左视图。

＊3.12.3 拓展训练

【题 3-20】 分析视图，想象形状，补第三视图。

①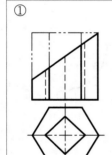

②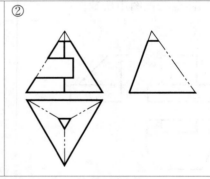

【题 3-21】 根据给定的两个视图，想象空间形状，补画第三视图。

①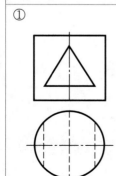

②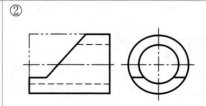

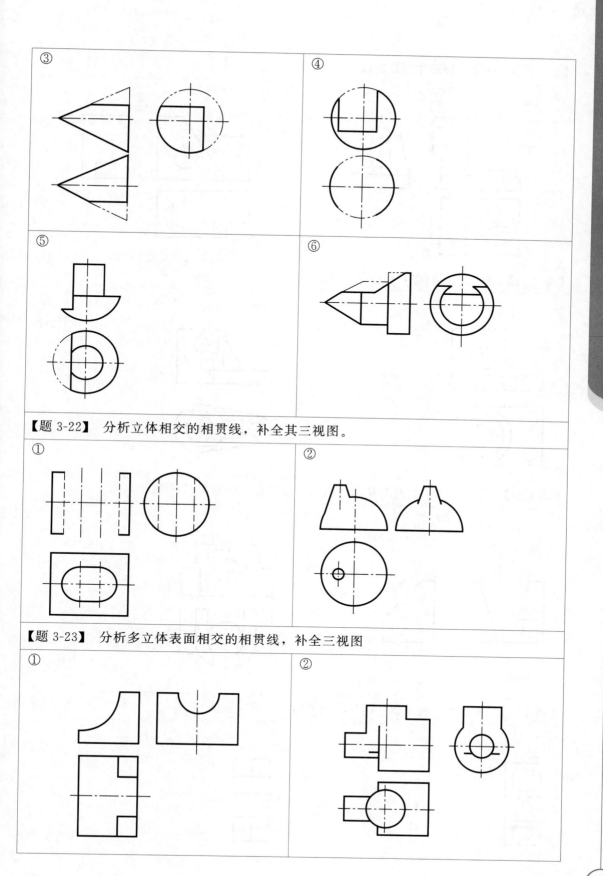

③ ④

⑤ ⑥

【题 3-22】 分析立体相交的相贯线，补全其三视图。

① ②

【题 3-23】 分析多立体表面相交的相贯线，补全三视图

① ②

【题 3-24】 补全三视图中所缺图线。

① ②

【题 3-25】 根据两个视图，补画第三视图。

① ②

【题 3-26】 根据组合体的两个视图，想出空间形状，补画第三视图。

① ②

【题 3-27】 根据主、俯视图，构思空间形体，补画左视图。

① ②

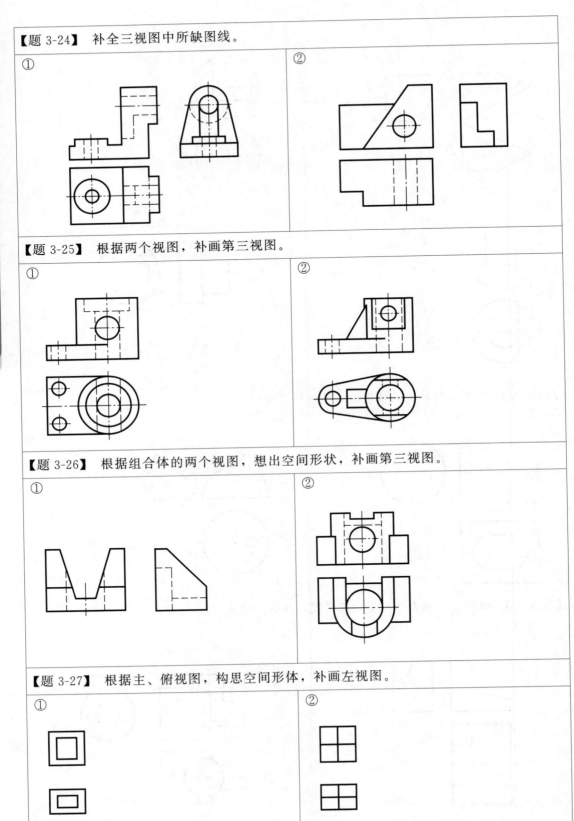

机械制图与识图从入门到精通

130

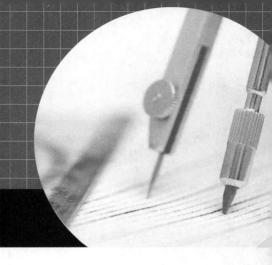

第 4 章

机件图样的画法

在生产实际中，由于机件的使用要求不同，它们的内、外结构形状是多种多样的，且有的结构形状较为复杂，仅仅运用前面掌握的主、俯、左三个视图，往往不能完整、清晰、简便地表达它们的结构形状。为此，国家标准《机械制图》的"图样画法"（GB/T 4458.1—2002）中规定了机件的各种表达方法。本章将对视图、剖视图、断面图、简化画法和其他表达方法进行介绍。

4.1 视图

视图主要用来表达机件的外部结构和形状，一般只画出机件的可见部分，必要时才用虚线表达其不可见部分。

视图分为：基本视图、向视图、局部视图和斜视图。

4.1.1 基本视图

机件向基本投影面投影所得的视图，称为基本视图。

为了清楚地表达机件的上、下、左、右、前、后六个方向的结构形状，在三面投影体系的基础上，再增加三个投影面，构成了一个六面投影体系（正六面体）。六面体的六个面即为六个基本投影面。假设六个面是透明的，将机件放置在六面投影体系中，分别向各基本投影面投射，即得到六个基本视图，如图 4-1 所示。

六个基本视图的展开方法是：保持正立投影面不动，其余各投影面按图 4-1 中箭头所指方向旋转，使之与正立投影面共面。各视图的名称及展开后的图形配置如图 4-2 所示，按此投影关系配置视图时，一律不标注视

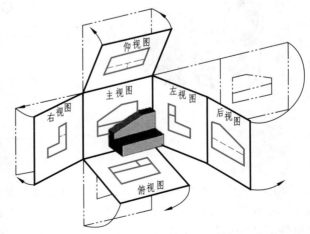

图 4-1　六个基本视图的形成

图名称。

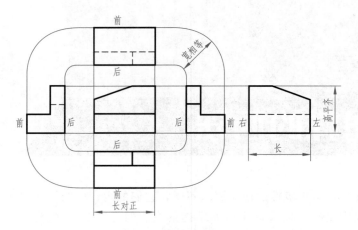

图 4-2 六个基本视图的配置

六个基本视图之间仍然保持"长对正""高平齐""宽相等"的"三等"对应规律，即：

主、俯、仰视图长对正，与后视图长相等。

主、左、右、后视图：高平齐。

俯、左、仰、右视图：宽相等。

六个基本视图也反映了机件的上下、左右和前后的位置关系。应注意的是，左、右、仰、俯四个视图靠近主视图的一侧反映机件的后面，远离主视图的一侧反映机件的前面。

图 4-3 为支架的三视图，可以看出如采用主、左两个视图，已经能将机件的各部分形状完全表达，这里的俯视图显然是多余的，可以省略不画。但由于零件的左、右部分都一起投影在左视图上，因而虚线与实线重叠，右端结构不清晰。

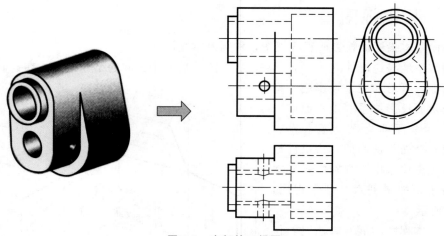

图 4-3 支架的三视图

从图 4-3 中支架的三视图可以看出，采用主、俯、左三视图表达不合适，如果去掉俯视图，增加一个右视图来表达右侧的"8"字形孔腔结构，用主、左、右三个视图来表达该机件的结构形状，比较清楚，如图 4-4 所示。由于在右视图上，已经表达清楚右侧的"8"字形孔腔结构，所以在左视图中表示该机件右侧"8"字形孔腔结构的虚线可以省略不画，同样道理，在右视图上，表示机件左侧的长圆形结构和圆柱凸台对应的虚线省略不画。

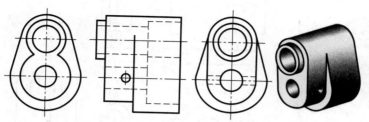

图 4-4 用主、左、右三个视图表达支架

实际绘图时，不是任何机件都要选用六个基本视图，除主视图外，其他视图的选取由机件的结构特点和复杂程度而定，在机件表达清楚的前提下，力求制图简便，选用几个必要的视图即可。

4.1.2 向视图

有时为了能合理地利用图纸幅面，不按展开后的位置配置的基本视图称为向视图。

向视图必须作相应标注，在向视图的上方标注"×"（"×"为大写拉丁字母，注写时按 A、B、C…的顺序），并在相应的视图附近用箭头指明投影方向，注上相同的字母，投影方向尽可能配置在主视图中，如图 4-5 所示。

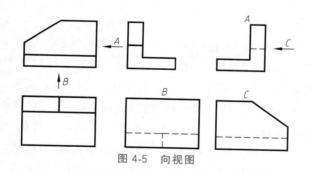

图 4-5 向视图

4.1.3 局部视图

将机件的某一部分向基本投影面投影所得的视图，称为局部视图。

当机件的主要形状已经表达清楚，只有局部结构需要表达时，为了简化绘图，不必增加一个完整的基本视图，可以采用局部视图。

如图 4-6（a）所示的机件，用主、俯两个基本视图，其主要结构已经表达完整，但左、右两个凸台的形状不够清晰。若再画两个完整的基本视图（左视图和右视图），大部分投影重复；若只画出两个局部视图，就表达得更为简练、清晰，不仅便于看图和画图，而且符合国家标准中关于选用适当表达方法的要求。

画局部视图时应注意以下几点。

① 为便于画图和看图，局部视图可按基本视图或向视图配置。当局部视图按基本视图配置，中间又无其他图形隔开时，可省略标注，如图 4-6（b）中的 A 向局部视图。当局部视图按向视图方式配置时，则按向视图的标注方法标注，如图 4-6（b）中的 B 向局

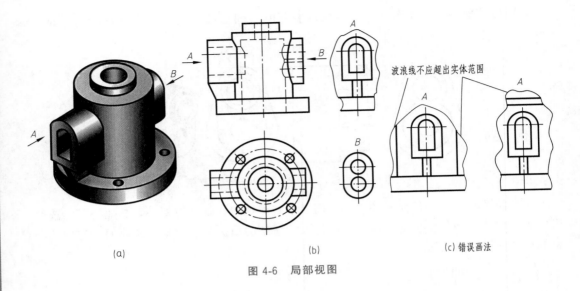

(a)　　　　　　　　　(b)　　　　　　　(c) 错误画法

图 4-6　局部视图

部视图。

② 局部视图的断裂边界以波浪线（或双折线）表示，如图 4-6（b）中的 A 向局部视图。若表示的局部结构是完整的，且外形轮廓成封闭状态时，波浪线可省略不画，如图 4-6（b）中的 B 向局部视图。波浪线不应超出实体范围，如图 4-6（c）所示。

4.1.4　斜视图

斜视图是机件向不平行于基本投影面的平面投射所得到的视图。

当机件上有不平行于基本投影面的倾斜结构时，则基本视图就不能反映该结构的实形。为了表示倾斜结构的实形，可增加一个平行于该倾斜结构的表面，且垂直某一基本投影面的辅助投影面，然后将倾斜结构向该辅助投影面投射，所得的视图称为斜视图。

如图 4-7（b）所示压杆零件，如果采用基本视图表达，零件的倾斜结构无法反映其真实形状，如图 4-7（a）所示。为了表示该零件倾斜表面的真实形状，可设置一新投影面平行于零件的倾斜表面，然后以垂直于倾斜表面的方向向新投影面投影，就得到反映零件倾斜表面真实形状的斜视图，如图 4-8（a）所示。

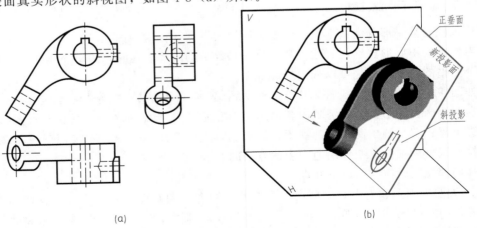

(a)　　　　　　　　　　　　　(b)

图 4-7　压杆的三视图及斜视图的形成

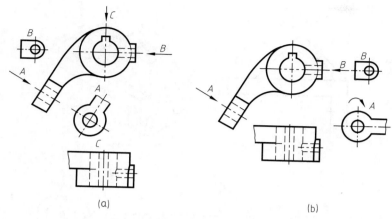

图4-8 压杆的斜视图和局部视图

画斜视图时应注意以下几点。

① 斜视图必须进行标注。一般用带字母的箭头指明投影方向,并在斜视图上方标注相应的字母,字母一定要水平书写,如图4-8(a)所示。

② 斜视图一般配置在箭头所指的方向上,并保持投影关系。必要时也可配置在其他位置,也允许将斜视图旋转配置,但需画出旋转符号［见图4-8(b)］,表示该视图名称的字母应靠近旋转符号的箭头端,也允许旋转角度标注在字母之后。斜视图可顺时针或逆时针旋转,但旋转符号的方向要与实际旋转方向一致,以便于看图者识别。

③ 斜视图只用来表示倾斜部分的局部结构,故其断裂边界画波浪线(或双折线)。若表示的倾斜结构是完整的,且外形轮廓成封闭状态时,波浪线可省略不画。

用波浪线作为断裂线时,波浪线不应超出断裂机件的轮廓线,应画在机件的实体上,不可画在中空处,图4-9用正误对比说明了波浪线的正确画法。

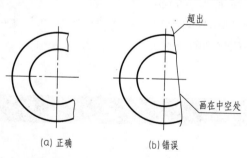

(a) 正确　　　(b) 错误

图4-9 波浪线的正误画法

【例4-1】 根据立体图和主视图,将箭头所指部位画出局部视图和斜视图(按立体图上所注的尺寸作图)(图4-10)。

分析:根据立体图,该机件由底板、竖板和倾斜结构叠加组合而成。箭头 A 所指部位的投影是指底板在水平投影面上的部分投影(局部视图),它反映水平放置长方形底板右侧长圆孔、圆角的特征视图;箭头 B 所指部位的投影是指竖板在侧平投影面上的部分投影(局部视图),它反映竖立放置长方形竖板及圆孔、圆角的特征视图;箭头 C 所指部位的投影是指倾斜结构在倾斜投影面上的投影(斜视图),它反映倾斜结构的上圆下方柱体的特征视图。如图4-10(a)箭头所示。

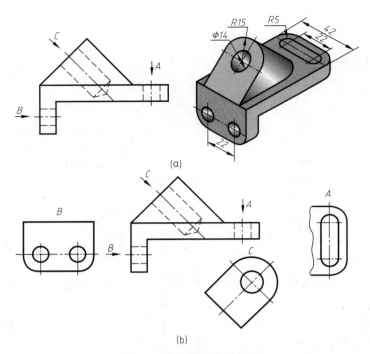

图 4-10　局部视图和斜视图

作图步骤［图 4-10（b）］：

① 按箭头 A 投影方向画出底板的局部视图，为了避免表达倾斜结构，投影用波浪线断开，并在视图正上方标注视图名称 A；

② 按箭头 B 投影方向画出竖板的局部视图，由于局部结构投影是封闭线框，故不画波浪线，并在视图正上方标注视图名称 B；

③ 按箭头 C 投影方向画出倾斜结构的斜视图，倾斜结构投影是封闭线框，故不画波浪线，并在视图正上方标注视图名称 C。

4.2

剖视图

在视图中，不可见的内部结构用虚线表示，当内部结构比较复杂时，虚线太多影响图形的清晰，造成画图、读图的困难，如图 4-11（a）的主视图所示。为此，国标图样画法规定用剖视图表达机件的内部结构形状。

4.2.1　剖视图的基本概念

(1) 剖视图的形成

如图 4-11（b）所示，假想用剖切面剖开机件，将处在观察者和剖切面之间的部分移去，而将其余部分向投影面投影，并将剖切到的实体部分的断面轮廓内画上剖面符号，所得的图形称为剖视图，简称剖视。由于剖切后的轮廓变为可见而画成粗实线，因而图形清晰，便以画图和读图。

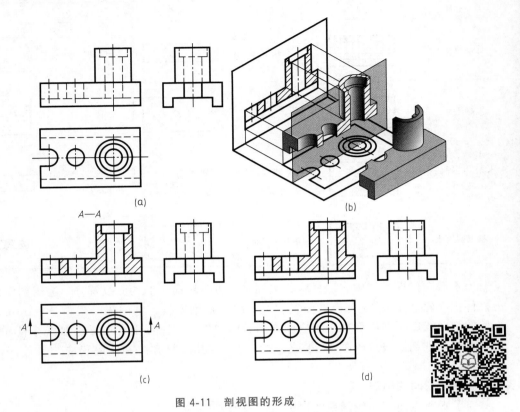

图 4-11　剖视图的形成

（2）剖视图的画法

如图 4-11（b）～（d）所示。

① 确定剖切面的位置　一般用平面作剖切面（也可用柱面）。为了在主视图上表达出机件内部结构的真实形状，避免剖切后产生不完整的结构要素，在选择剖切平面时，应使其平行于投影面，并尽量通过机件的对称面或内部孔、槽等结构的轴线。

② 画剖视图的轮廓线　想象清楚剖切后哪部分移走了，哪部分留下了，剩余部分与剖切面接触部分（剖面区域）的形状、剖切面后面的结构还有哪些是可见的？画图时，移开机件与观察者之间部分，画出剩余部分的全部投影，对已经表达清楚的结构，在剖视图或其他视图上的虚线可以省略不画，但未表达清楚的结构的虚线必须保留。

③ 画剖面符号　在剖视图中，凡与剖切面接触到的实体部分称为剖面区域。为了区分机件的实体部分和空心部分，按国家标准 GB 4457.5—2013 规定，在剖面区域应画出相应的剖面符号。不同的材料用不同的剖面符号，各种材料的剖面符号如表 4-1 所示。

表 4-1　各种材料的剖面符号

材料	剖面符号	材料	剖面符号	材料	剖面符号
金属材料(已有规定剖面符号者除外)		非金属材料(已有规定剖面符号者除外)		转子、电枢、变压器和电抗器等的叠钢片	

第4章 机件图样的画法

137

材料	剖面符号	材料	剖面符号	材料	剖面符号
线圈绕组元件		玻璃及供观察用的其他透明材料		木材横剖面	
混凝土		砖		液体	
型砂、填砂、粉末冶金、砂轮、陶瓷刀片、硬质合金刀片等		基础周围的泥土		木质胶合板（不分层数）	
钢筋混凝土		木材纵剖面		格网（筛网、过滤网等）	

当不需在剖面区域中表示材料的类别时，可采用通用的剖面线符号。通用剖面线应是与机件主要轮廓线成45°（左右倾斜均可）的等距细实线，其间隔一般取2~4mm。同一机件的剖面线在不同的剖视中均应同方向、同间隔。当图形中有主要轮廓线与剖面线平行或垂直时，则剖面线可改画成30°或60°方向，但其倾斜方向和间隔仍应与其他图形保持一致。

（3）剖视图的标注

为了看图方便，一般剖视图需标注下列内容。

① 剖切符号　在相应的视图上用粗短画线（长约6d，d为线宽）表示剖切面起、讫和转折位置（剖切符号尽可能不与图形的轮廓线相交）；在剖切符号的起、讫或转折处注以大写字母"×"，在起、讫的外端用与其垂直的细实线箭头表示投影方向，如图4-11c所示

② 剖视图的名称　在剖视图的上方用同样的字母标注剖视图的名称"×—×"，如图4-11（c）所示。

③ 在下列情况下，剖视图可简化或省略标注：

a.当剖视图按投影关系配置，中间又无其他图形隔开时，可省略箭头；

b.当单一的剖切平面通过机件的对称（或基本对称）平面剖切，且剖视图按投影关系配置，中间又无其他图形隔开时，可省略标注，如图4-11（d）所示。

（4）画剖视图时应注意的几个问题

① 剖切平面必须垂直于投影面（平行面或垂直面）。

② 剖视图只是假想的将机件剖开，因此除剖视图外，其他视图仍按完整的形状画出。

③ 剖切面后面的可见部分应全部画出，不能遗漏（图4-12）。

④ 对于剖视或视图上已经表达清楚的结构形状，在剖视或其他视图上这部分结构的投影为虚线时，一般不画，如图4-13所示。但没有表达清楚的结构，允许画少量虚线，如图4-14、图4-15所示。

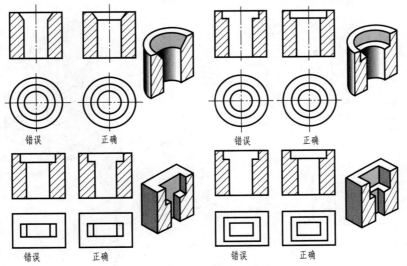

图 4-12　剖视图中孔后线的正误对比

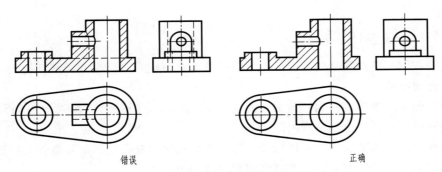

图 4-13　剖视图中虚线省略示例

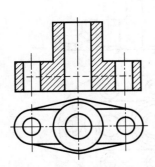

图 4-14　剖视图中不能省略虚线示例（一）

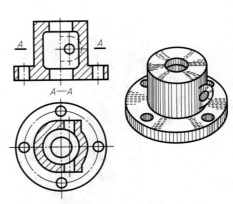

图 4-15　剖视图中不能省略虚线示例（二）

　　⑤ 剖视图中肋板的规定画法　国标规定：对于机件的肋、轮辐及薄壁等，如按纵向剖切，这些结构的剖切面上不画剖面符号，而用粗实线将它与邻接部分分开，如图 4-16 中的左视图所示，但横剖时（剖切平面垂直肋的对称平面）必须画出剖面线，如图 4-16 中的俯视图所示。

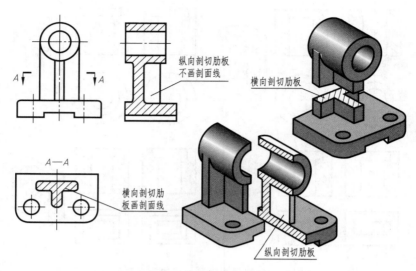

图 4-16　剖视图中肋板的规定画法

4.2.2　剖视图的种类

剖视图按图形特点和剖切范围的大小，可分为全剖视、半剖视和局部剖视图三类。

（1）全剖视图

用剖切面完全地将机件剖开所得的完整剖视图称为全剖视图。如图 4-17 所示的主视图为全剖视图，其图形全部呈现内形。

全剖视图主要用来表达外形比较简单，内部形状比较复杂的不对称机件的内形；但外形简单而内形相对复杂的对称机件也常用全剖视图来表达。

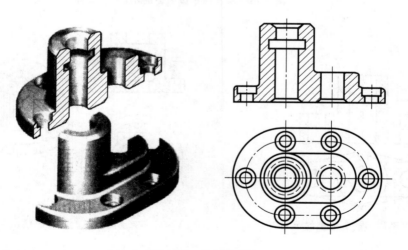

图 4-17　全剖视图

【例 4-2】　根据机件的俯、左视图，画出全剖的主视图（图 4-18）。

分析：将左视图分解为三个部分 1″、2″、3″，对照俯视图的对应投影 1、2、3，可以想象出机件是由带槽的空心圆柱 I 、带 U 形槽的半圆头底板 II 和带小圆孔的半圆头凸台 III 构成 [如图 4-18 (b)]。机件前后对称，根据题意要求，全剖主视图的剖切平面与机件的前后对称平面重合。

作图步骤如下。

① 画剖视图　根据以上的分析，剖切平面为过空心圆柱轴线的正平面。剖开机件后，按投影规律，作出剖切平面与机件接触部分的投影及剖切平面后面的可见轮廓，并在剖切平面剖切到的实体上画出剖面线。完成后的全剖视图如图 4-18 (c) 所示。

② 剖视标注　剖视图作出后，必须考虑标注，由于所作剖视图系用单一剖切平面剖切所得，且剖切平面通过机件的前后对称平面，剖视图按基本视图形式配置，它与俯、左视图之间又没有其他图形隔开，所以省略了全部标注。

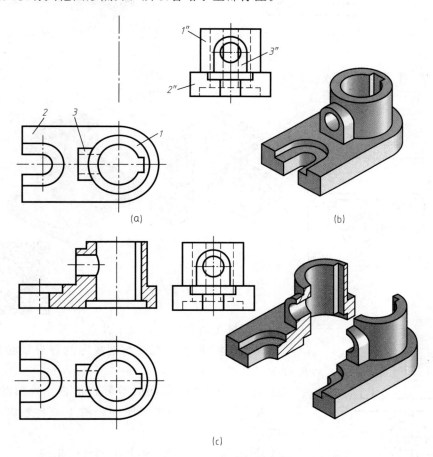

图 4-18　画出全剖的主视图

(2) 半剖视图

当机件具有对称（或基本对称）平面，且内外结构均须在同一视图中表示时，将机件沿对称平面处全部剖开，并以对称中心为界，一半画成剖视图，另一半画成视图的图形，称为半剖视图，如图 4-19 所示。

适用范围：半剖视图主要用于内、外形状均需在同一视图中表达的对称（或基本对称）机件，如图 4-20 所示。

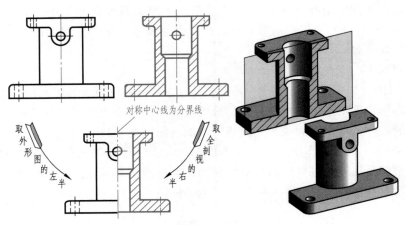

图 4-19　半剖视图的形成

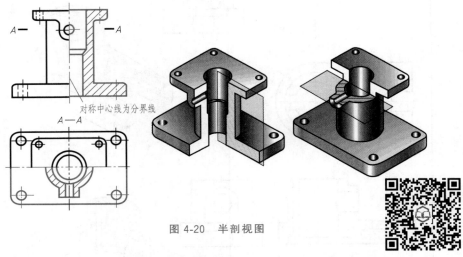

图 4-20　半剖视图

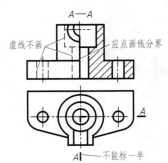

图 4-21　半剖视图中常见错误

画半剖视图时，应注意以下几点（图 4-21）：

① 在半剖视图中，视图与剖视图的分界线必须是对称中心线（细点画线）；

② 由于半剖视图可同时兼顾机件内、外形状的表达，所以，在表达外形的一半视图中一般不必再画出表达内形的虚线；

③ 半剖视图的标注原则与全剖视图相同。

【例 4-3】　将主、俯视图改画成半剖视图（图 4-22）。

分析如下。

① 分析视图可知，该机件由 Ⅰ、Ⅱ、Ⅲ、Ⅳ 部分叠加组成。从 Ⅰ、Ⅱ、Ⅲ 俯视图反映的形状特征对应主视图的矩形线框可知，Ⅰ 为两边有槽口的大圆柱、Ⅱ 为小圆柱、Ⅲ 为如俯视图中线框 3 所示形状的凸台，Ⅰ、Ⅱ、Ⅲ 部分同轴线叠加，并在 Ⅰ、Ⅱ、Ⅲ 中间由上向下挖切三个层次的同轴阶梯孔，又在 Ⅲ 左右两边挖切两小圆柱孔与阶梯孔中的大孔相通。由主视图的同心圆对应俯视图的图框可知，Ⅳ

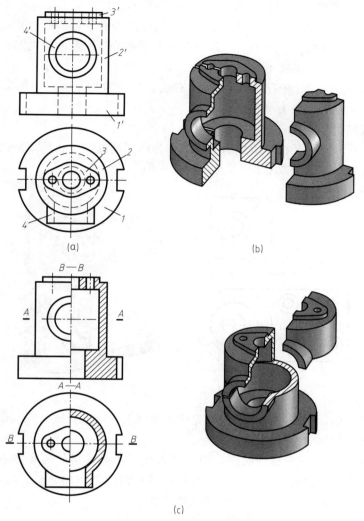

图 4-22　将主、俯视图改画成半剖视图

部分为空心圆柱，它与Ⅱ的内、外圆柱表面相贯，有相贯线。如图 4-22 （b）所示。

② 该机件左右对称，可用单一正平面将机件全部剖开，将主视图以点画线为界，左边画成视图，外部结构仍保留；右边画成剖视图，剖开后Ⅰ、Ⅱ、Ⅲ内部孔、槽结构均已表达清楚。如图 4-22 （b）所示。

③ 由于机件前后不对称，左右对称，可用单一水平面将机件全部剖开，将俯视图以点画线为界，左边画成视图，外部结构仍保留；右边画成剖视图，剖开后Ⅱ、Ⅳ的内部孔结构及相互关系均表达清楚。如图 4-22 （c）所示。

作图步骤如下［图 4-22 （c）］。

① 画出半剖的主视图。以点画线为界，右边画出剖切平面剖切到的内部形状和外形轮廓，再画出剖切平面后可见的轮廓线，即视图中的虚线画成了粗实线，并去掉多余的外轮廓线，并在剖切平面与机件实体相交的断面内画上剖面符号。左边的视图仍保留，由于内部结构已经表达清楚，故虚线不画。

② 画出半剖的俯视图。以点画线为界，右边画出剖切平面剖到的内部形状和外形轮廓，再画出剖切平面后可见的轮廓线，即视图中的虚线画成了粗实线，并去掉多余的外轮廓线，并在剖切平面与机件实体相交的断面内画上剖面符号。左边的视图仍保留，由于内部结构已经表达清楚，故虚线不画。

③ 主视和俯视的半剖视图剖切平面都没有通过机件对称平面，应加以标注，但剖切符号两端表示投射方向的箭头可省略。

(3) 局部剖视图

用剖切平面局部地剖开机件所得的剖视图称为局部剖视图。在局部剖视图中，视图与剖视图的分界线为细波浪线或双折线，如图 4-23 所示。

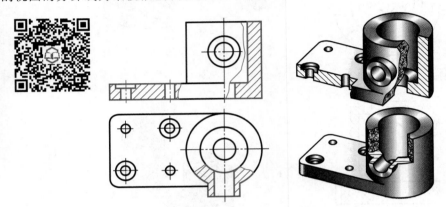

图 4-23　局部剖视图

在局部剖视图中，视图与剖视图的分界线为细波浪线或双折线。画波浪线时应注意以下几点（详见图 4-24 中的箭头所指）。

① 波浪线的含义是假想机件断裂，因此波浪线只能画在机件的实体表面上，且不能超出轮廓线，若遇孔、槽时，波浪线必须断开，图 4-24 中图（a）、（c）的画法是错误的，图（b）、（d）的画法是正确的，画图时要注意区别。

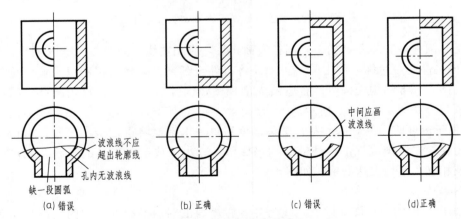

图 4-24　局部剖视图波浪线画法（一）

② 波浪线不能与其他图线重合，也不能画在它们的延长线上，图 4-25（b）的画法是正确的，图 4-25（a）画法是错误的。

③ 当被剖切的局部结构位或转体时，允许将该结构的中心线作为局部剖视与视图的分界线，如图 4-26 所示。

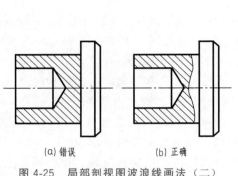

(a) 错误　　　　(b) 正确

图 4-25　局部剖视图波浪线画法（二）

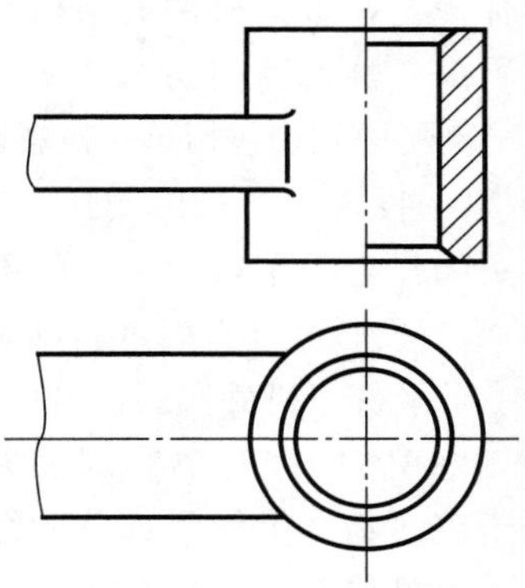

图 4-26　回转体结构可以对称
中心线代替波浪线

由于局部剖视图是局部剖切，所以它是一种比较灵活的表达方法，运用得当，可使图形表达重点突出，简化清晰。但在同一机件的表达中，局部剖切不宜过多，否则会使图形显得过于零碎，反而不利于读图。

局部剖视图一般适用于下列情况。

① 不对称机件的内、外形均需要表达，但又不宜画全剖视图、半剖视图时，如图 4-23 所示。

② 实心件上需要表达孔、槽等内部结构时，如图 4-27 所示。

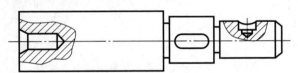

图 4-27　局部剖视图应用（一）

③ 当对称机件有轮廓线与对称中心重合，不宜采用半剖视时，如图 4-28 所示。

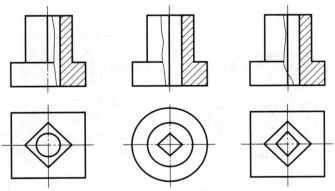

图 4-28　局部剖视图应用（二）

局部剖视图的标注方法：当单一剖切平面的剖切位置明显、不会引起读图误解时，可免去标注，如图 4-23～图 4-28 所示。

4.2.3 剖视图的剖切方法

国标规定，根据机件的结构不同，可采用不同的剖切方法，剖切方法有如下几种。

（1）单一剖切面剖切

单一剖切面剖切包括单一投影面平行面剖切、单一投影面垂直面剖切和单一柱面剖切。

① 单一投影面平行面剖切　前面已介绍过的全剖视图、半剖视图和局部剖视图都是采用单一的投影面平行面剖得的剖视图，如图 4-17～图 4-23 所示。

② 单一投影面垂直面（斜剖切面）剖切　当机件上具有倾斜的内部结构时（图 4-29），可采用一个平行于机件倾斜部分的投影面垂直面来剖切机件而获得剖视图。

图 4-29 中的"B—B"剖视图，是用单一斜剖切面完全的剖开物体得到的全剖视图。主要用于表达物体上倾斜部分的结构形状。用单一斜剖切面获得的剖视图，一般按投影关系配置，也可将剖视图平移到适当位置。必要时允许将图形旋转配置，但必须标注旋转符号。对此类视图必须进行标注，不能省略。

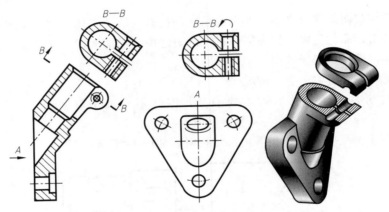

图 4-29　单一斜剖切面剖切获得的全剖视图

③ 单一柱面剖切　用柱面剖切机件得到的剖视图一般采用展开画法，此时应在该剖视图的上方标注"×—×展开"字样，如图 4-30 所示。

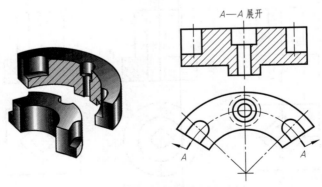

图 4-30　单一柱面剖切获得的全剖视图

（2）几个平行的剖切平面剖切

用几个互相平行的剖切平面剖开机件，各剖切平面的转折必须是直角的剖切方法。它主要适用于表达机件上有一系列不在同一剖切平面上的孔、槽等内部结构，如图 4-31、图 4-32 所示。

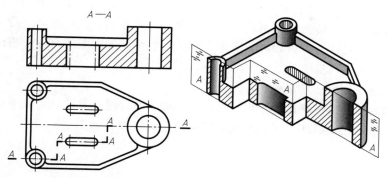

图 4-31 几个平行剖切平面剖切得到的剖视图（一）

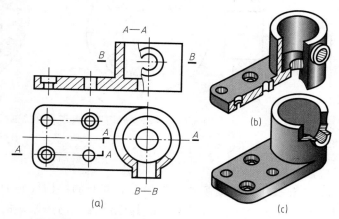

图 4-32 几个平行剖切平面剖切得到的剖视图（二）

画几个平行剖切平面剖切得到的剖视图时应注意以下几点。

① 剖视图上不允许画出剖切平面转折处的分界线，如图 4-33（c）所示；要恰当地选择剖切位置，避免在剖视图上出现不完整的要素，如图 4-33（d）所示。剖切平面的转折处不应与图形中的轮廓线重合，如图 4-33（c）所示。

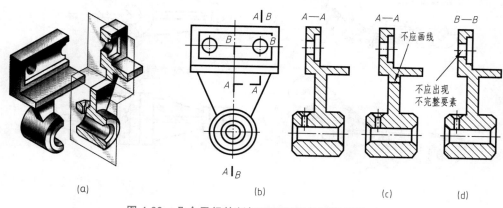

图 4-33 几个平行的剖切平面剖切作图常见错误

② 只有当两个要素在图形上具有公共对称中心线或轴线时，可以对称中心线为界，各画一半，如图 4-34 所示。

③ 用几个平行的剖切平面剖切时，必须进行标注，如图 4-31、图 4-32、图 4-34 所示。剖切平面起、讫、转折处画粗短线并标注字母，并在起、讫外侧画上箭头，表示投影方向；在相应的剖视图上方以相同的字母"×—×"标注剖视图的名称。当剖视图按投影关系配置时，也可省略箭头。

（3）几个相交的剖切平面剖切

当机件的内部结构形状用一个剖切面剖切不能表达完全，且此机件在整体上又具有回转轴线时，可采用相交的两个剖切平面剖切而得到剖视图，如图 4-35 所示。

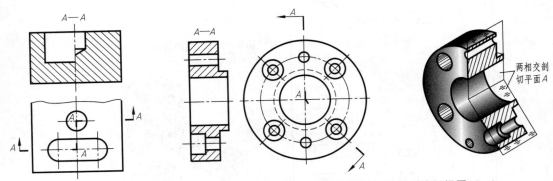

图 4-34　允许出现不完整要素的情况

图 4-35　两相交剖切平面剖切得到的剖视图（一）

画该剖视图时应注意以下几点。

① 剖开机件后，需将其中一个被倾斜的剖切平面剖开的结构绕它们的交线旋转到与投影面平行后再投射画出；但处于剖切平面后的其他结构，仍按原来的位置投射，如图 4-36 所示。

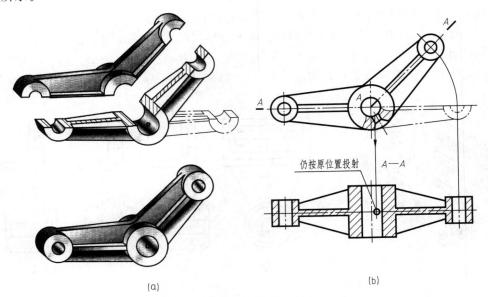

（a）　　　　　　　　　　　　　　　（b）

图 4-36　两相交剖切平面剖切得到的剖视图（二）

② 当相交两平面剖切机件上的机构出现不完整要素时，则这部分结构作不剖处理，如图 4-37 所示。

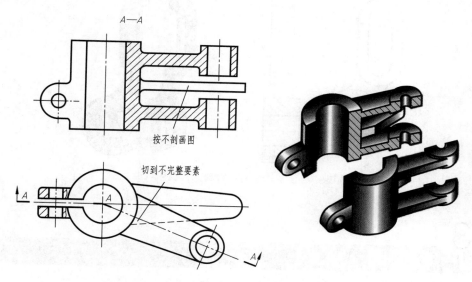

图 4-37　两相交剖切平面剖切得到的剖视图（三）

（4）组合剖切面剖切

当机件的内部结构不便于运用平行剖切平面和两相交剖切平面表达时，可用组合剖切面剖切机件而绘制剖视图，如图 4-38 所示。

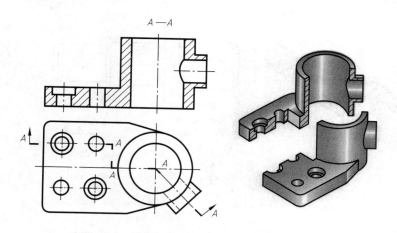

图 4-38　组合剖切面剖切得到的剖视图（一）

组合剖切面剖切是平行剖切平面剖切和相交剖切平面剖切的组合，所以平行剖切平面剖切和相交剖切平面剖切的画图注意点仍然适用。

组合剖切面剖切所得的剖视图，必须进行标注，标注方法与平行剖切平面剖切和相交剖切平面剖切的标注类似，如图 4-38、图 4-39 所示。

当采用连续几个相交平面剖切时，一般采用展开画法，如图 4-39 所示。但展开画出时，在剖视图上方应标注"×—×展开"。

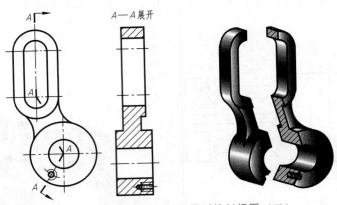

图 4-39　组合剖切面剖切得到的剖视图（二）

4.3 / 断面图

4.3.1 断面图的概念

假想用剖切平面将机件的某处切断，仅画出剖切面与机件接触部分的图形称为断面图，简称为断面，如图 4-40（b）所示。

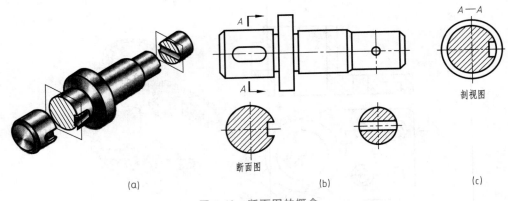

图 4-40　断面图的概念

断面图与剖视图主要区别：断面图是仅画出机件断面的真实形状，如图 4-40（b）所示；而剖视图不仅要画出其断面形状外，还要画出剖切平面后面所有的可见轮廓线，如图 4-40（c）所示。

根据断面图在图样中的不同位置，断面图分为移出断面图和重合断面图两种，通常简称移出断面和重合断面。

4.3.2 移出断面

画在视图外面的断面图，称为移出断面图。

（1）移出断面图的画法

① 移出断面的轮廓线用粗实线绘制，一般需画出剖面线，如图 4-41 所示。

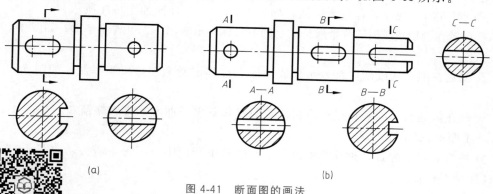

(a)　　　　　　　　　　　　　　　　(b)

图 4-41　断面图的画法

② 移出断面可配置在剖切符号的延长线上或剖切线的延长线上，如图 4-41（a）所示。为了合理布图也可将移出断面图配置在其他适当的位置，如图 4-41（b）中的 "A—A" "B—B" "C—C" 所示。

③ 国标规定，当剖切平面通过回转面形成的孔或凹坑的轴线时，这些结构按剖视绘制，如图 4-42 所示。另外当剖切面过非圆孔导致断面图出现分离的两个断面时，这些结构也按剖视绘制，如图 4-43 所示。

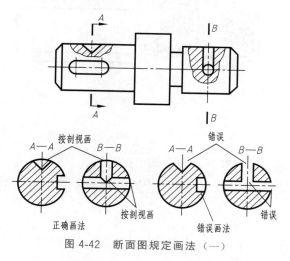

图 4-42　断面图规定画法（一）

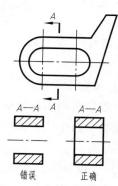

图 4-43　断面图规定画法（二）

④ 断面图形对称时，移出断面图可配置在视图的中断处，如图 4-44 所示。由两个或多个相交的平面剖切得到的移出断面图，中间应断开，如图 4-45 所示。

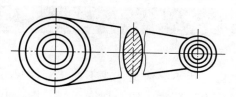

图 4-44　配置在图形中断处的移出断面图

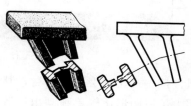

图 4-45　相交两平面剖切得到的移出断面图

（2）移出断面图的标注

为了清楚反映移出断面图与主要视图之间的关系，移出断面图与剖视图一样应对剖切位置、投影方向、视图名称进行标注，如图 4-41 中 $B—B$ 断面图标注所示。

① 配置在剖切线或剖切符号延长线上的不对称移出断面图，可省略字母，如图 4-41（a）所示。

② 配置在剖切线或剖切符号延长线上的对称移出断面图，可不标注，如图 4-41（a）所示。

③ 画在剖切符号的延长线外适当位置的对称移出断面图，可省略箭头，如图 4-41 中的 $A—A$ 断面图标注。

④ 按投影关系配置，画在基本投影面上的移出断面图，可省略箭头，如图 4-41 中的 $C—C$ 断面图标注。

4.3.3 重合断面

画在视图轮廓线内的断面，称为重合断面，如图 4-46、图 4-47 所示。

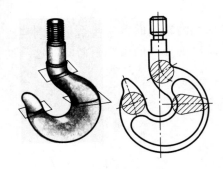

图 4-46 重合断面（一）

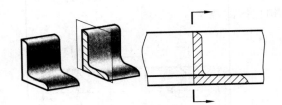

图 4-47 重合断面（二）

（1）重合断面图的画法

① 重合断面图的轮廓线必须用细实线绘制，并在断面图上画上剖面线。

② 当视图中的轮廓线与重合断面的图形重合时，视图中的轮廓线仍应连续画出，不可间断。

（2）重合断面图的标注

① 配置在剖切线或剖切符号延长线上的不对称重合断面图，可省略字母。

② 配置在剖切线或剖切符号延长线上的对称重合断面图，可不标注。

4.4

局部放大图

机件按一定比例绘制视图后，其中一些细小结构表达不够清楚，或不便于标注尺寸时，用大于原图形比例单独画出这些结构，该图形称为局部放大图，如图 4-48、图 4-49 所示。

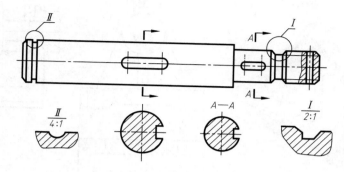

图 4-48　局部放大图（一）

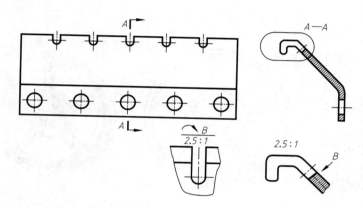

图 4-49　局部放大图（二）

　　局部放大图可以画成视图、剖视图和断面图，与被放大结构的表达方式无关。

　　绘制局部放大图时，一般应用细实线圈出被放大的部位，并尽量配置在被放大部位的附近。当同一机件有几处被放大时，必须用罗马数字依次标明被放大部位。并在局部放大图的上方标注出相应的罗马数字和所采用的比例，如图 4-48 所示。当机件上被放大的部分仅一个时，在局部放大图的上方只需注明所采用的比例，如图 4-49 所示。

　　注意：局部放大图的比例，指该图形与实物的比例，与原图采用的比例无关。

4.5

规定画法和简化画法

4.5.1　零件上肋、轮辐及薄壁的规定画法

　　对机件上的肋、轮辐及薄壁等，如按纵向剖切，即剖切平面通过这些结构的基本轴线或对称平面时，这些结构都不画剖面线，而用粗实线将它与其邻接部分分开。但若按横向（剖切平面垂直于肋、轮辐及薄壁厚度）剖切时，这些结构的剖切面上仍应画出剖面线，如图 4-50、图 4-51 所示。

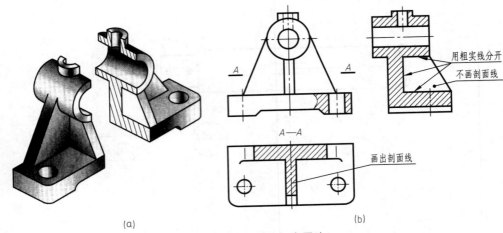

用粗实线分开
不画剖面线

画出剖面线

(a)   (b)

图 4-50　肋板的规定画法

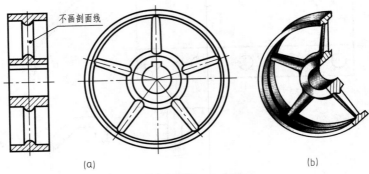

不画剖面线

(a)   (b)

图 4-51　轮辐的规定画法

4.5.2　成规律分布结构的规定画法

　　当回转体机件上均匀分布的肋、轮辐、和孔等结构不处于剖切平面上时，将这些结构旋转到剖切平面上按对称画出，如图 4-52 所示。

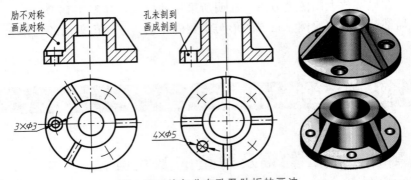

肋不对称
画成对称

孔未剖到
画成剖到

3×φ3

4×φ5

图 4-52　均匀分布孔及肋板的画法

4.5.3　较长机件的断开画法

　　对于较长的机件（轴、杆、型材、连杆等）沿长度方向的形状一致或按一定的规律变化时，可断开缩短画出，但标注尺寸时仍标注实际长度，如图 4-53 所示。

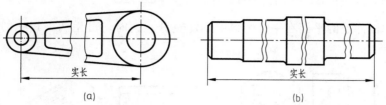

图 4-53　断开画法

4.5.4　零件上相同结构按规律分布的画法

当机件上具有若干相同的结构要素（如齿、孔、槽）并按一定规律分布时，只需画出几个完整的结构要素，其余可用细实线连接或只需画出它们的中心位置。但图中必须注明结构要素的总数，如图 4-54 所示。

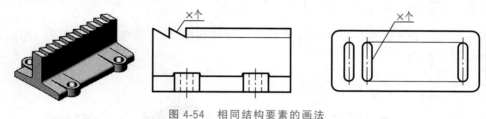

图 4-54　相同结构要素的画法

4.5.5　零件上对称结构局部视图的画法

零件上对称结构的局部视图，可按如图 4-55 所示简化。

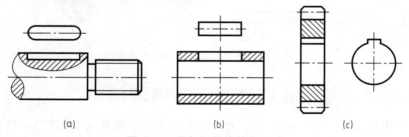

图 4-55　局部视图的简化画法

4.5.6　对称图形的简化画法

在不致引起误解时，对称机件的视图可只画一半或四分之一，并在对称中心线的两端画出两条与其垂直的平行细实线，如图 4-56 所示。

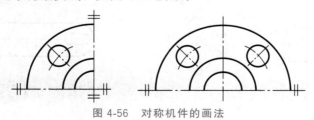

图 4-56　对称机件的画法

4.5.7　回转体机件上平面的表示画法

当回转体机件上的平面在一个图形中不能充分表达时，可用两条相交的细实线表示，如图 4-57 所示。

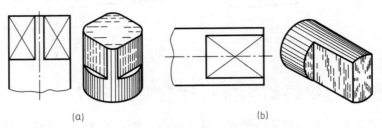

图 4-57　回转体上的平面的表示法

4.5.8　法兰盘上均布孔的表示法

圆柱形法兰和类似机件上均匀分布的孔，可按如图 4-58 所示的方法表示（由机件外向法兰端面方向投射）。

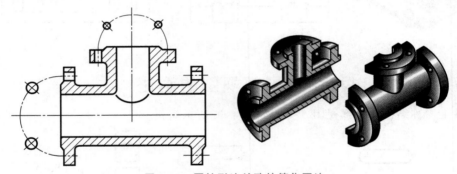

图 4-58　圆柱形法兰孔的简化画法

4.5.9　机件上较小结构交线的省略画法

圆柱体上因钻小孔、铣键槽等出现的交线允许省略，如图 4-59 所示。但必须有一个视图已经清楚表达了孔、槽的形状。

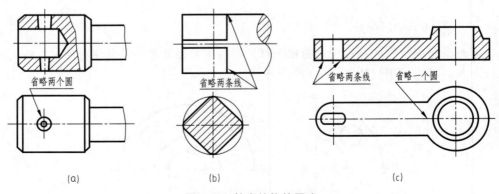

图 4-59　较小结构的画法

4.5.10　倾斜角度不大的结构的画法

与投影面倾斜角度小于或等于 30° 的圆弧或圆，其投影可画成圆弧或圆，如图 4-60 所示。

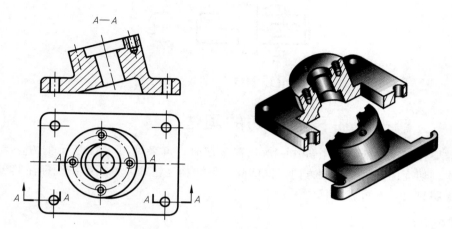

图 4-60　倾斜圆弧和圆的简化画法

4.5.11　剖切平面前面结构的表示法

在需要表示位于剖切平面前面的结构时，这些结构可按假想投影的轮廓线画出，如图 4-61 所示。

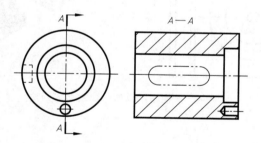

图 4-61　剖切平面前的结构简化画法

4.5.12　网状物表面滚花的画法

网状物、编织物或机件上的滚花部分，可在轮廓线附近用细实线示意画出，并在零件图上或技术要求中注明这些结构的具体要求，如图 4-62 所示。

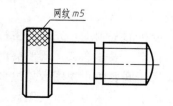

图 4-62　网状物表面滚花的画法

4.5.13 断面图允许省略剖面符号的画法

在不引起误解的情况下，机件的移出断面允许省略剖面符号，如图 4-63 所示。

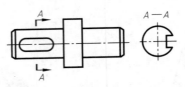

图 4-63 剖面符号省略的画法

4.5.14 剖视图中再次剖切的画法

当需要在剖视图的剖面中再作一次局部剖切时，可采用图 4-64 所示的方法表达，此时，两次剖切面的剖面线应同方向、同间隔，但要相互错开，并用引出线标注其名称，当剖切位置明显时，也可省略标注。

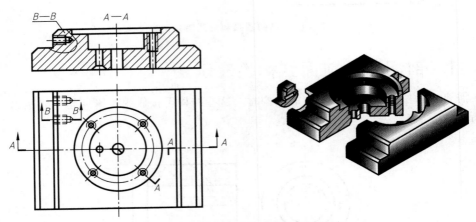

图 4-64 剖视图中再作一次剖切的画法

4.6 表达方法综合应用举例

表达机件常要运用视图、剖视图、断面图、规定和简化画法等各种表达方法，将机件的内、外结构形状及形体间的相对位置完整、清晰地表达出来。选择机件的表达方案的关键在于主视图选择、视图数量和表达方法的选择。

在选择时，应在对机件进行分析的基础上，先确定主视图，再采用逐个增加的方法选择其他视图。每个视图都应有其特定的表达意义，既要突出表达各自的重点，又要兼顾视图间的相互配合、彼此的互补关系；既要防止视图数量过多、表达松散的毛病，又要避免将表达方法过多地集中在一个视图上，一味地追求视图数量越少越好、致使看图者费解的倾向。只有经过反复地推敲、认真比较，才能筛选出一组"表达完整、搭配恰当、图形清晰、利于看图"的表达方案。

【例 4-4】 选用适当的表达法将图 4-65 所示的机件表达清楚。

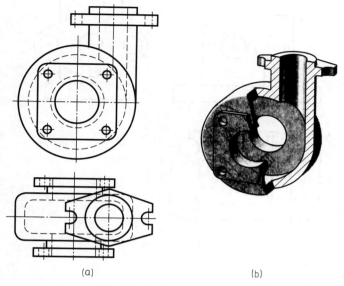

图 4-65 综合表达（一）原题

分析：

① 该机件左右不对称，前方凸台及内部结构形状均需表达，所以主视图采用局部剖视图表达。剖切位置通过机件的前后对称面，故省略标注。

② 该机件前后对称，俯视图采用半剖视图表达，但需要标注，可以省略箭头；在视图部分，采用局部剖视图表达上部凸缘的四个小孔。

③ 机件后方凸台及圆柱管的形状表达不清，需采用 $B—B$ 剖视图补充表达该结构更清晰、完整。

作图：画出主视局部剖视图，俯视半剖视图和 $B—B$ 全剖视图，如图 4-66 所示。

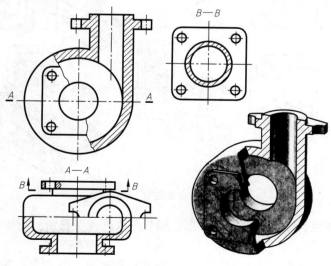

图 4-66 综合表达（一）结果

【例 4-5】 选用适当的表达法将图 4-67 所示的机件表达清楚。

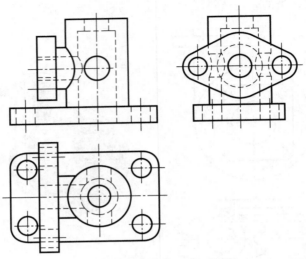

图 4-67 综合表达（二）原题

分析：

① 该机件左右不对称，所以主视图采用全剖视图表达内部。剖切位置通过机件的前后对称面，故省略标注。

② 该机件前后对称，俯、左视图均采用半剖视图表达。左视外形图部分，既表达清楚了机件左凸台的形状，又采用局部剖视图表达了底板的四个小孔。

作图：画出主视局部全剖视图，俯视半剖视图，左视半剖视图和局部剖视图，如图 4-68 所示。

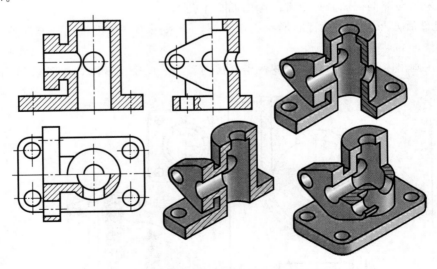

图 4-68 综合表达（二）结果

【例 4-6】 选择适当的剖切平面，将主、俯视图改画成剖视图（图 4-69）。

分析如下。

① 由 4-69 可知，该机件由底板 I、四棱柱 II、圆柱 III、顶板 IV、前后凸台 V、圆柱

凸台Ⅵ叠加而成，机件左右、前后对称。底板上有圆角，凸台Ⅵ叠加在底板Ⅰ的四个角上，顶板下前后凸台Ⅴ的前后表面与顶板前后表面平齐。

② 在机件的内部有上下开通的台阶孔，并与凸台Ⅴ上前后的孔相交，顶板上有四个小孔，底板上也有四个小孔。四棱柱Ⅱ的边长和上部的圆柱Ⅲ的直径相等，前后各有两个盲孔。

③ 由已知视图可知，主视图左右对称，内外结构均需表达，可采用半剖视图。又因底板上的四个小孔与主体内部上下通孔在前后方向位置上不在同一平面，因此可采用两个平行的剖切平面 B—B 进行剖切。由于在剖切过程中顶板上的四个小孔剖不到，可在主视图外形图基础上进行局部剖切。

④ 凸台Ⅴ上的孔和四棱柱上的盲孔在俯视图中的表达，由于不在同一高度，但前后对称，可用平行两平面沿 A—A 位置进行半剖，即可表达孔的深度，也可表达顶板的实形，如图4-70所示。

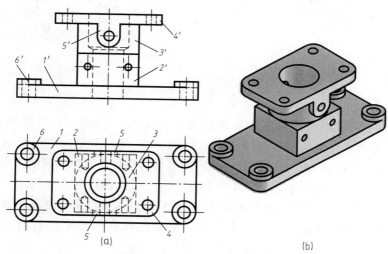

图 4-69 综合表达（三）原题

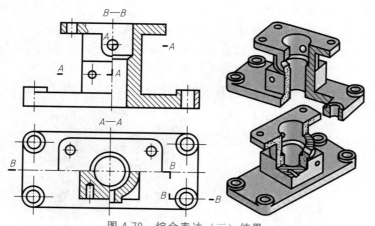

图 4-70 综合表达（三）结果

作图步骤：

① 将主视图沿 B—B 位置剖开，画成半剖视图，主视图以左右对称的点画线为界，

左方用视图表达机件的外形，右方用剖视图表达机件的内部结构。

② 俯视图沿 A—A 位置剖开，画成半剖视图，由于俯视图既前后对称，也左右对称，因此既可以前后半剖，也可以左右半剖，本题采用前后半剖。

③ 在主视图的左侧外形图中采用局部剖视表达顶板上的小孔。

【例 4-7】 确定支架（图 4-71）的表达方案。

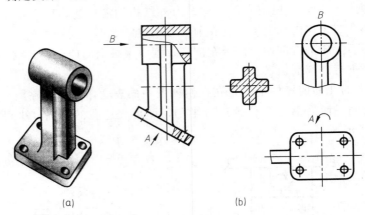

图 4-71 综合表达（四）

分析：经过形体分析，该机件主要由底板和上方的圆筒组成，底板和圆筒之间用"十"字形肋板相连，首先确定主视图方向，如图 4-71（b）所示。主视图用以表达机件的外部结构形状，圆筒上大孔和斜板上小孔的内部结构形状用局部剖视图来表达；为了明确圆筒与"十"字肋的连接关系，采用一个局部视图来表达；为了表达"十"字肋的形状，采用移出断面表达；为了反映斜板的实形及其四个小孔的分布情况，采用斜视图表达，可旋转配置（左边画波浪线的部分是为了表示肋板和底板之间的前、后相对位置关系）。

作图步骤：

① 画主视图，表达主体结构；

② 画局部视图，表达圆筒与"十"字肋的连接关系；

③ 画斜视图，反映斜板的实形及其四个小孔的分布情况，逆时针旋转后投影；

④ 画出表达"十"字肋板形状的移出断面。

【例 4-8】 运用适当的表达方法，表达四通管的结构形状（图 4-72）。

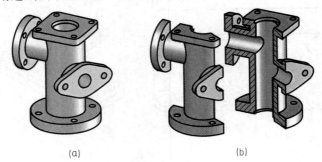

图 4-72 综合表达（五）原题

分析：如图 4-72（a）所示的四通管，其结构由多段圆柱体相贯而构成，为了与管路相连接，管端有各种形状的法兰。如图 4-72（b）所示，四通管主体是空心圆柱，中间为上下两端都带台阶的通孔，主管两边通孔高低不同、轴线不在同一个平面内，由于安装需要，主管顶部为方形法兰，底部有圆形法兰，法兰上均布等径的四个小孔。在左方支管的端部，有圆形法兰，均布等径的四个小孔，在右前方支管的端部则有带圆角菱形凸缘，对称分布着两个等径小孔。若将该四通管的结构形状完整、清晰地表达出来，仅用三视图是不够的。因为四通管内外部结构复杂，因此在表达时既要考虑表达外部结构，也要表达内部结构。

对于四通管的外部结构，可以运用前面所讲的基本视图、局部视图、斜视图和剖视图来实现并清晰表达。但对于四通管的内部结构，可采用剖视图来表达。由于左右两个通孔不在同一高度，前后方向不在同一平面上，因为机件的结构形状不同，所采用的剖切方法也不一样。

首先选择基本视图，考虑到四通管的形体特征和安放位置，基本视图采用主视图和俯视图来表达，主视图投影方向选择如图 4-73 所示，主视图反映了四通管的主体形状。为了表达管体内带台阶的通孔结构 F，主视图应采用全剖视来表达内部结构，同时由于左侧的带孔支管 H 和右侧的带孔支管 G 从俯视图中看出其两孔轴线不在同一平面内，其夹角为 α，因此主视图用通过两支管轴线的两个相交的剖切平面剖开机件（即 $B—B$ 剖切），来表达主管和两支管的内孔结构及连接关系。

为了表达两支管的夹角关系及立管底部法兰的结构形状，采用俯视图来表达。如果俯视图不做剖切，则从上往下投影时，主管上端法兰可表达清楚，下端法兰被上端法兰遮挡，表达不清晰，同时由于左侧的带孔支管 H 和右侧的带孔支管 G 从主视图看出其两孔轴线不在同一高度，因此俯视图采用过两支管轴线的两个相互平行剖切平面剖开机件（即 $A—A$ 剖切）。在表达主管和两支管的内孔结构及连接关系的同时，将主管下端法兰结构表达清晰，同时将右前端菱形凸沿上的两个对称的小孔剖开，表达清晰。

由于俯视图作全剖视后上端方形法兰被剖去，没有表达，因此增加一个 D 向局部视图来表达上连接法兰的外形及其上孔的大小、分布等结构。

左连接法兰的外形及其上孔的大小分布等结构可采用从左向右投影的局部视图来表达。但与 $C—C$ 剖视图相比较的话，$C—C$ 剖视图在表达左连接法兰的外形及其上孔的大小分布等结构的基础上更加清晰地反映出左侧 H 支管的内、外圆柱形管壁结构。因此采用 $C—C$ 剖视图表达左连接法兰的结构要比局部视图清晰得多。

右前侧的斜支管（G 支管）端部的菱形凸沿可用 E 向斜视图来清晰表达。

作图，如图 4-73 所示。

① 画出用 $B—B$ 相交面剖切的主视图。由于剖切面为相交剖切面，所以在俯视图中画出剖切位置，并在主视图上方标注视图名称 "$B—B$"。

② 画出用 $A—A$ 平行面剖切的俯视图。并在主视图上画出剖切位置，并在俯视图上方标注视图名称 "$A—A$"。

③ 画出 $C—C$ 剖视图，用来表达左连接法兰的外形及其上孔的大小分布，反映左侧 H 支管的内、外圆柱形管壁结构，并标注。

④ 画出 D 向局部视图和 E 向斜视图，分别表达上连接法兰的形状和 G 支管端部的形状，并标注。

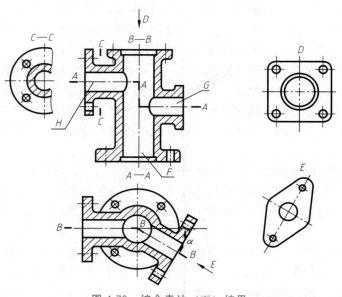

图 4-73 综合表达（五）结果

第三角画法简介

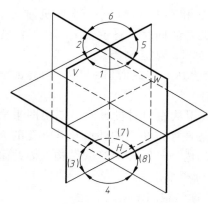

图 4-74 八个分角

国家标准规定，"技术图样应采用正投影法绘制，并优先采用第一角画法。必要时才允许使用第三角画法"。但国际上有些国家（如美国、日本等）仍采用第三角画法，为了进行国际间的技术交流和协作，应对第三角画法有所了解。

如图 4-74 所示，三个相互垂直的平面将空间分为八个分角，我国采用第一分角投影法，即把机件放在第一分角进行投影，此时机件处于观察者和投影面之间，如图 4-75 所示。而第三角投影法是将机件放在第三分角内进行投影，在第三角投影法中，投影面处在观察者与机件之间，如图 4-76（a）所示。

第三角投影法投影面的展开规定是：正面 V 保持不动，水平面 H 向前上方旋转 $90°$、右侧面 W 向右前方旋转 $90°$，使 H、W 和 V 面重合在同一平面内。在 V 面上所得到的投影图称为主视图，在 H 面上所得到的投影图称为俯视图，在 W 面上所得到的投影图称为右视图。三个视图的配置如图 4-76（b）所示，俯视图在主视图的上方，右视图在主视图的右方。六面基本视图的配置如图 4-77 所示。

按 GB/T 14692—1993 规定，采用第三角画法绘制图样时，必须在图样上画出如图 4-78（a）所示的第三角画法的识别符号；当采用第一角画法时，在图样中一般不画第一角画法识别符号［图 4-78（b）］。

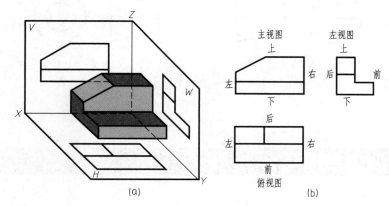

图 4-75　第一角画法的三视图

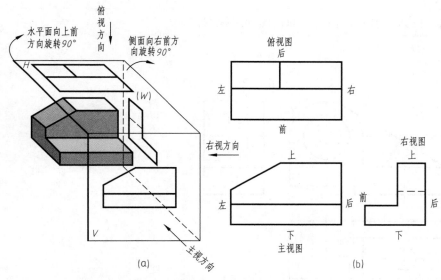

图 4-76　第三角画法的三视图

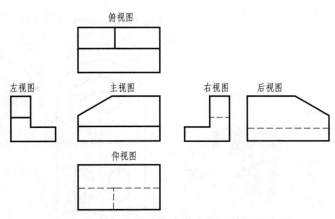

图 4-77　第三角画法六个基本视图的配置位置

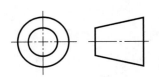

(a) 第三角画法

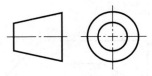

(b) 第一角画法

图 4-78　第一角和第三角画法的识别符号

4.8 训练与提高

4.8.1　基本训练

【题 4-1】　根据三视图，补画其仰视图和后视图。

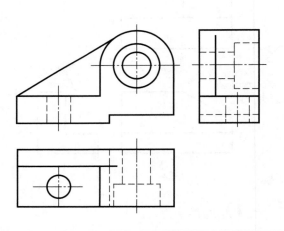

| 【题 4-2】　在主视图右侧，画出 A 向局部视图。 | 【题 4-3】　画出 A 向斜视图。 |

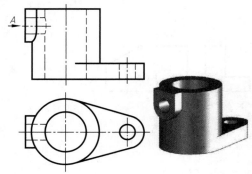

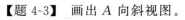

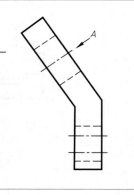

【题 4-4】 将主视图改画成全剖视图。

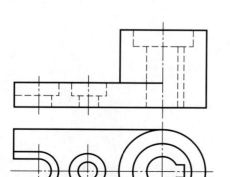

【题 4-5】 将主视图改画成半剖视图。

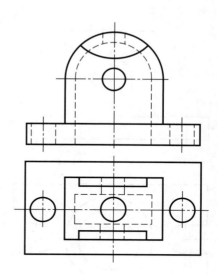

【题 4-6】 补画剖视图中缺漏的图线。

①

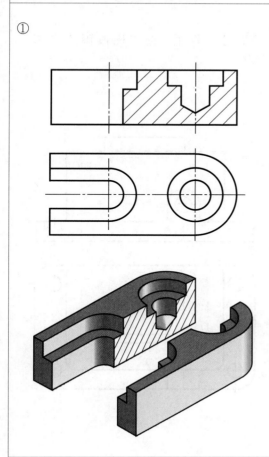

②

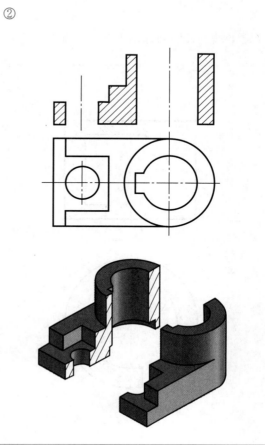

【题 4-7】 完成半剖的主视图，并补画全剖左视图。

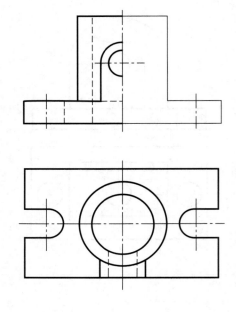

【题 4-8】 补画局部剖视图中的漏线。

【题 4-9】 将主、俯视图改画成局部剖视图。

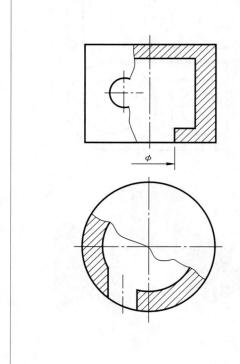

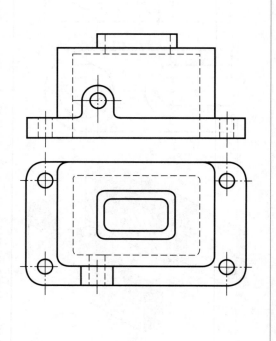

机械制图与识图从入门到精通

φ

【题 4-10】　将主视图改画成全剖视图。　　　【题 4-11】　作 A—A、B—B 移出断面图。

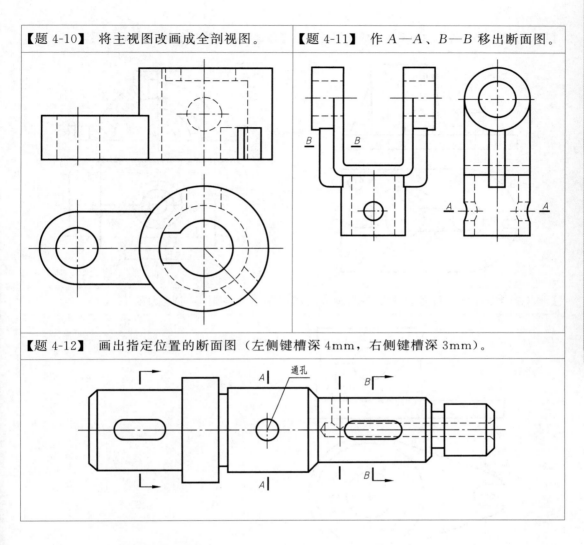

【题 4-12】　画出指定位置的断面图（左侧键槽深 4mm，右侧键槽深 3mm）。

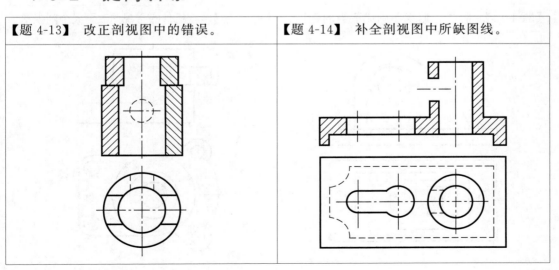

*4.8.2　提高训练

【题 4-13】　改正剖视图中的错误。　　　【题 4-14】　补全剖视图中所缺图线。

【题 4-15】 将机件的主视图改画成全剖视图。

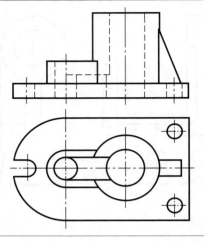

【题 4-16】 改正剖视图中的错误。

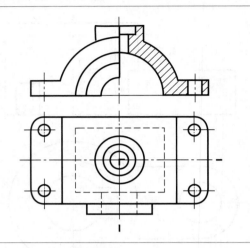

【题 4-17】 在指定位置将主视图改画成全剖视图，并补画半剖左视图。

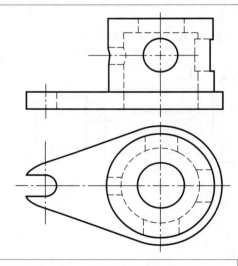

【题 4-18】 将主、俯视图画成适当的剖视。

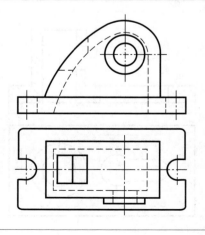

【题 4-19】 将机件的主视图改画成全剖视图。

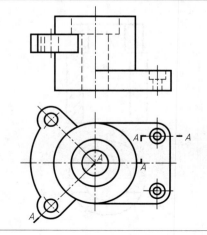

4.8.3　拓展训练

【题 4-20】　将机件的主视图改画成半剖视图，并补画全剖的左视图。

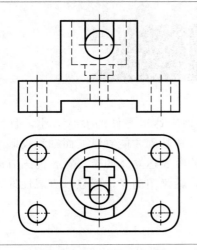

【题 4-21】　将机件的主、俯视图改画成局部剖视图。

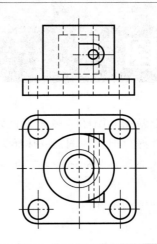

【题 4-22】　选用适当的剖切方法将主视图改画成剖视图。

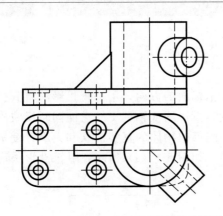

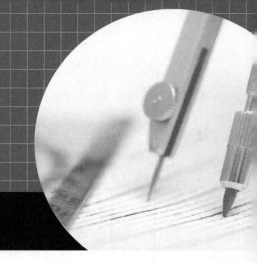

第 **5** 章

轴测图

工程上常用的图样是多面正投影图，它能确切地表达出零件的形状大小，且作图方便，度量性好。但这种图样立体感差，必须有一定读图基础才能看懂。而轴测投影图（简称轴测图）通常称为立体图，它是能在一个视图上同时表达立体的长、宽、高三方向的形状和尺度的投影图。与同一物体的三面投影图相比，轴测图的立体感强，直观性好，是工程上的一种辅助图样。

5.1

轴测图的基本知识

5.1.1 轴测图的形成

将物体连同其直角坐标系，沿着不平行于任一坐标面的方向，用平行投影法将其投影在单一投影面上所得到的具有立体感的图形称为轴测投影图或轴测图。它能同时反映出物体长、宽、高三个方向的尺度，富有立体感，但不能反映物体的真实形状和大小，度量性差。其中，用正投影法形成的轴测图称为正轴测图，如图 5-1（a）所示，用斜投影法形成的轴测图称为斜轴测图，如图 5-1（b）所示。

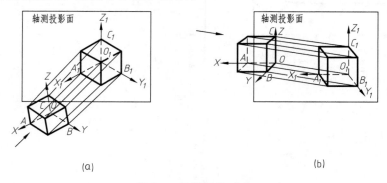

(a)   (b)

图 5-1 轴测图的形成

5.1.2 轴测轴、轴间角及轴向伸缩系数

如图 5-1 所示，如果我们将空间直角坐标系 OX、OY、OZ 固连在物体上，那么在形成

轴测图的过程中，三个坐标轴在轴测投影面上的投影 O_1X_1、O_1Y_1、O_1Z_1 则称为轴测轴。

每相邻两轴测轴之间的夹角 $\angle X_1O_1Y_1$、$\angle X_1O_1Z_1$、$\angle Y_1O_1Z_1$ 称为轴间角。

由于物体上三个坐标轴对轴测投影面的倾斜角度不同，所以在轴测图上各条轴线长度的变化程度也不一样，因此用轴向伸缩系数来衡量它们长度的变化情况。轴测轴上的线段与空间坐标轴上对应线段的长度比称为轴向伸缩系数，OX、OY、OZ 轴上的轴向伸缩系数分别用 p、q、r 表示。

5.1.3　轴测图的分类

根据投射方向对轴测投影面的相对位置不同，轴测图可分为正轴测图（投射方向垂直于轴测投影面）和斜轴测图（投射方向倾斜于轴测投影面）。

在正轴测图中，再根据三个轴的轴向伸缩系数是否相同，又分为下列三种。

① 当三个轴向伸缩系数相等（即 $p=q=r$）时，称为正等轴测图，简称正等测。

② 当二个轴向伸缩系数相等（如 $p=q\neq r$）时，称为正二等轴测图，简称正二测。

③ 当三个轴向伸缩系数均不等（即 $p\neq q\neq r$）时，称为正三等轴测图，简称正三测。

在斜轴测图中，对应上述三种情况，依次为斜等测、斜二测和斜三测。

5.1.4　轴测图的基本性质

由于轴测图采用的仍然是平行投影法，因此它具有下列两个基本性质。

① 物体上相互平行的直线段，在轴测图中也相互平行。

② 物体上平行于直角坐标轴的直线段，在轴测图中也平行于相应的轴测轴，且在作图时可以沿轴向测量，即物体上的长、宽、高三个方向的尺寸可沿其对应轴来量取。

5.2

正等轴测图的画法

5.2.1　轴间角

正等轴测图的轴间角 $\angle X_1O_1Y_1 = \angle X_1O_1Z_1 = \angle Y_1O_1Z_1 = 120°$。作图时，将 O_1Z_1 轴按规定画成铅垂方向，O_1X_1、O_1Z_1 轴分别画成与水平线成 $30°$ 夹角的斜线，如图 5-2 所示。

5.2.2　轴向伸缩系数

在正等轴测图中，O_1X_1、O_1Y_1、O_1Z_1 三轴的轴向伸缩系数均相等，即 $p=q=r=0.82$。为作图方便，常采用简化系数，即 $p=q=r=1$，如图 5-2 所示。

当采用简化系数作图时，凡是与各轴平行的线段都按实际尺寸量取。这样，所画出的图形沿各轴轴向的长度都被分别放大 $1/0.82 \approx 1.22$ 倍，此时，轴测图比实际物体大，但对物体形状没有影响。

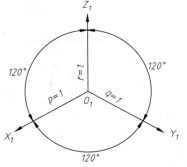

图 5-2　正等轴测图的轴间角和
轴向伸缩系数

5.2.3　平面立体正等轴测图的画法

画平面立体正等轴测图常用的方法有坐标法、切割法和叠加法。

(1) 坐标法

根据物体的特点，选定合适的坐标轴，然后按照物体上各顶点的坐标关系画出其轴测投影，并相连形成物体的轴测图的方法，称为坐标法。

根据正六棱柱的主、俯视图，画出它的正等轴测图，作图步骤如图 5-3 所示。

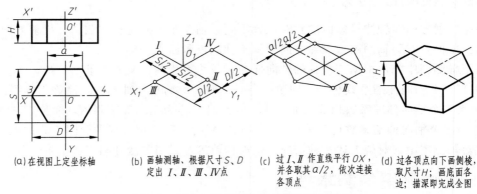

(a) 在视图上定坐标轴　　(b) 画轴测轴、根据尺寸S、D　　(c) 过I、II作直线平行OX，　　(d) 过各顶点向下画侧棱，
　　　　　　　　　　　　　　定出 I、II、III、IV点　　　　　并各取其a/2，依次连接　　　取尺寸H；画底面各
　　　　　　　　　　　　　　　　　　　　　　　　各顶点　　　　　　　　　边；描深即完成全图

图 5-3　用坐标法画正六棱柱的正等轴测图

在轴测图中，为了使画出的图形明显，通常不画出物体的不可见轮廓，图 5-3 中坐标系原点放在正六棱柱顶面有利于沿 Z 轴方向从上向下量取棱柱高度 H，避免画出多余作图线，使作图简化。

(2) 切割法

切割法用于画由基本体切割而成的形体的轴测图，它是以坐标法为基础，先用坐标法画出完整的基本体，然后按形体的形成过程逐一切去多余的部分而得到所求的轴测图。

画出如图 5-4（a）所示垫块的正等轴测图。首先根据尺寸画出完整的长方体；再用切割法分别切去左上角的四棱台、左中部的四棱柱；擦去作图线，描深可见部分即得垫块的正等轴测图，作图步骤如图 5-4（b）～（e）所示。

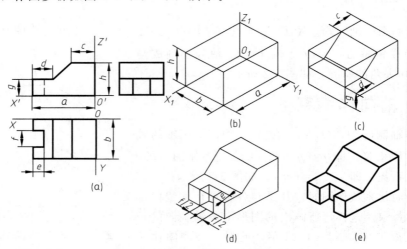

图 5-4　用切割法画垫块的正等轴测图

（3）叠加法

叠加法是先将物体分成几个简单的组成部分，再将各部分的轴测图按照它们之间的相对位置叠加起来，并画出各表面之间的连接关系，最终得到物体轴测图的方法。

画出如图 5-5（a）所示物体的正等轴测图。

先用形体分析法将物体分解为底板、竖板和肋板三个部分；分别画出各部分的轴测投影图，擦去作图线，描深后即得物体的正等轴测图，作图步骤如图 5-5（b）～（e）所示。

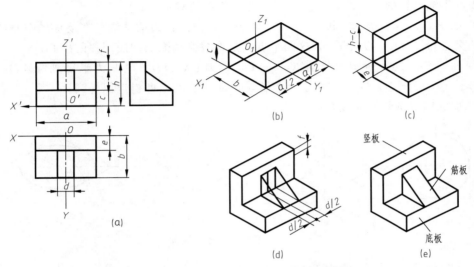

图 5-5　用叠加法画压块的正等轴测图

5.2.4　回转体正等轴测图的画法

在作回转体的轴测图时，首先要解决圆的轴测图画法问题。圆的正等轴测图是椭圆，三个坐标面或其平行面上的圆的正等轴测图是大小相等、形状相同的椭圆，只是长短轴方向不同，如图 5-6 所示。

椭圆长轴的方向是菱形的长对角线的方向，短轴的方向是菱形的短对角线的方向。它们与轴测投影轴的关系如下（此处保持 $X_1O_1Z_1$ 平面与 V 面平行）。

平行于 XOZ 面的圆：其轴测椭圆的长轴垂直于 O_1Y_1，短轴平行于 O_1Y_1。

平行于 YOZ 面的圆：其轴测椭圆的长轴垂直于 O_1X_1，短轴平行于 O_1X_1。

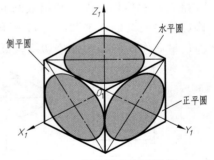

图 5-6　平行于坐标面圆的
正等轴测投影

平行于 XOY 面的圆：其轴测椭圆的长轴垂直于 O_1Z_1，短轴平行于 O_1Z_1。

在实际作图中，一般不要求准确地画出椭圆曲线，经常采用"菱形法"进行近似作图，将椭圆用四段圆弧连接而成。

（1）平行于坐标面圆的正等轴测图的画法

平行于各坐标面圆的正等轴测图都是椭圆，如图 5-6 所示。它们除了长短轴的方向不同外，其画法都是一样的。

下面以水平圆为例，介绍圆的正等轴测图的画法。正平圆和侧平圆的绘制方法与水平圆相同。

具体作图步骤如下：

① 如图 5-7 （a） 所示，通过圆心 O 作坐标轴 OX 和 OY，再作圆的外切正方形，切点为 1、2、3、4；

② 如图 5-7 （b） 所示，作轴测轴 OX_1、OY_1，从点 O 沿轴向量得切点 1、2、3、4，过这四点作轴测轴的平行线，得到菱形，并作菱形的对角线；

③ 如图 5-7 （c） 所示，过 1、2、3、4 各点作菱形各边的垂线，在菱形的对角线上得到四个交点 O_1、O_2、O_3、O_4，这四个点就是代替椭圆弧的四段圆弧的中心；

④ 如图 5-7 （d） 所示，分别以 O_1、O_2 为圆心，$O_1 1$、$O_2 3$ 为半径画圆弧 12、34；再以 O_3、O_4 为圆心，$O_3 1$、$O_4 2$ 为半径画圆弧 14、23，即得近似椭圆；

⑤ 加深四段圆弧，完成全图。

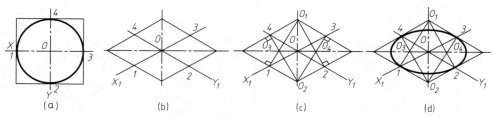

图 5-7　菱形法求近似椭圆

（2）回转体的正等轴测图的画法

在画回转体的正等轴测图时，只有明确圆所在的平面平行于哪个坐标面，才能保证画出方向正确的椭圆。

以圆柱为例，圆柱的画法如图 5-8 所示。先在给出的视图上定出坐标轴、原点的位置，并作圆的外切正方形；再画出轴测轴，并通过圆心 O_1 在轴测轴 X_1、Y_1 上量取圆的直径 D，然后作菱形，画出底圆的正等轴测图；然后采用"移心法"，将底圆的坐标面上移，可将底圆的四个圆心上移 h 高度，并采用相应的半径画出圆弧，便可得到顶面的椭圆；最后作两椭圆的外公切线，最后擦去多余作图线，描深后即完成全图。

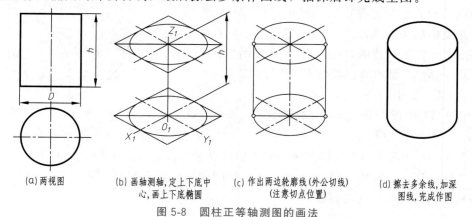

（a）两视图　　（b）画轴测轴,定上下底中　　（c）作出两边轮廓线(外公切线)　　（d）擦去多余线,加深
　　　　　　　心,画上下底椭圆　　　　　　(注意切点位置)　　　　　　　图线,完成作图

图 5-8　圆柱正等轴测图的画法

（3）圆角正等轴测图的画法

在产品设计上，经常会遇到由四分之一圆柱面形成的圆角轮廓，画图时就需画出由四

分之一圆周组成的圆弧，这些圆弧在轴测图上正好是近似椭圆的四段圆弧中的一段。

如图 5-9 所示，根据已知圆角半径 R，找出切点，过切点作边线的垂线，两垂线的交点即为圆心。以此圆心到切点的距离为半径画圆弧，即得圆角的正等轴测图。采用"移心法"将圆心向下移动板厚 h，即得下底面两圆弧的圆心，画弧即完成圆角的画法。

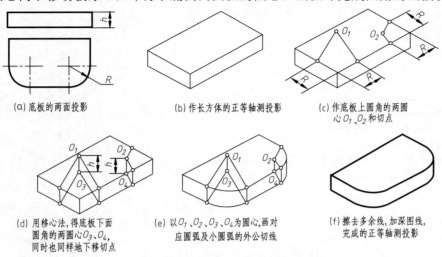

(a) 底板的两面投影 　　(b) 作长方体的正等轴测投影 　　(c) 作底板上圆角的两圆心 O_1、O_2 和切点

(d) 用移心法，得底板下面圆角的两圆心 O_3、O_4，同时也同样地下移切点 　　(e) 以 O_1、O_2、O_3、O_4 为圆心，画对应圆弧及小圆弧的外公切线 　　(f) 擦去多余线，加深图线，完成的正等轴测投影

图 5-9　圆角正等轴测图的画法

5.2.5　组合体正等轴测图的画法

画组合体正等轴测图之前，应先对其进行形体分析，根据其组合方式，综合运用坐标法、切割法和叠加法来完成作图。

【例 5-1】　绘制图 5-10（a）所示物体的正等轴测图。

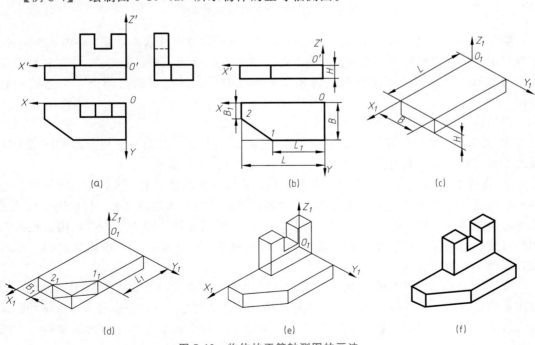

(a) 　　(b) 　　(c)

(d) 　　(e) 　　(f)

图 5-10　物体的正等轴测图的画法

解：按照形体分析法，图 5-10（a）所示的物体可以分解成两部分。按照它们的相对位置分别画出它们的轴测图，并擦去多余的线，即可得到物体的轴测图。

注意：在画后一个形体时，必须以坐标法先定准其与前一个形体的相对位置。如在画上面的槽形板时，必须使该板后端面右下方的角点与下板上的角点 O_1 重合。

【例 5-2】 绘制图 5-11（a）所示物体的正等轴测图。

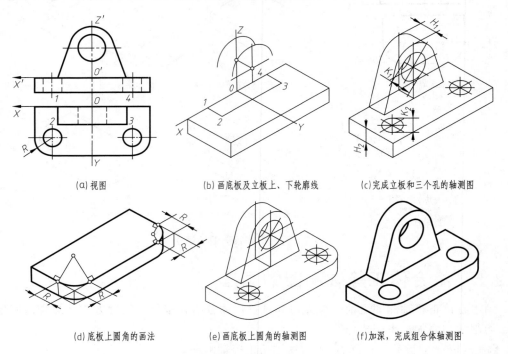

(a) 视图　　　　　(b) 画底板及立板上、下轮廓线　　　　(c) 完成立板和三个孔的轴测图

(d) 底板上圆角的画法　　　　(e) 画底板上圆角的轴测图　　　　(f) 加深，完成组合体轴测图

图 5-11　组合体的正等轴测图画法

解：分析图 5-11（a）所示的主、俯两视图，该形体左右对称，立板与底板后面平齐。根据形体分析选定坐标轴，取底板上表面的后棱线中点 O 为原点，确定 X、Y、Z 轴的方向。画轴测图时先用叠加法画出底板和立板的轴测图，再用切割法画出三个通孔的轴测图。

具体的作图方法和步骤如下。

① 根据选定的坐标轴画出轴测轴，完成底板的轴测图，并画出立板上部的两条椭圆弧及立板与底板上表面的交点 1、2、3、4，如图 5-11（b）所示。

② 分别由 1、2、3、4 点向椭圆弧作切线，完成立板的轴测图，再画出三个圆孔的轴测图。画通孔时应注意，立板圆孔后表面及底板下表面的底圆是否可见，将取决于孔径或孔深之间的关系。如立板上的孔深（即板厚）小于椭圆短轴，即 $H_1 < K_1$，则立板后面的圆可见；而底板上的圆孔，由于板厚大于椭圆短轴，即 $H_2 > K_2$，所以其底圆为不可见，如图 5-11（c）所示。

③ 画出底板上两圆角的轴测图。在作圆角的边上量取圆角半径 R［图 5-11（a）、（d）］，过测量的点（切点）作边线的垂线，然后以两垂线的交点为圆心，分别过切点所画的圆弧即为所求。然后再利用"移心法"确定底圆椭圆弧的圆心和切点，并画出椭圆弧。如图 5-11（e）所示。

④ 擦去多余图线，加深，完成的轴测图如图 5-11 （f）所示。

＊5.3

斜二等轴测图的画法

5.3.1 轴间角

斜二等轴测图的轴间角 $\angle X_1 O_1 Y_1 = \angle Y_1 O_1 Z_1 = 135°$，$\angle X_1 O_1 Z_1 = 90°$。作图时，将轴测轴 $O_1 X_1$ 和 $O_1 Z_1$ 分别画成水平线和垂直线，而将 $O_1 Y_1$ 轴画成与水平线成 45° 的斜线，如图 5-12 （a）所示。

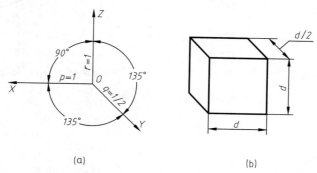

(a)   (b)

图 5-12　斜二等轴测图的轴间角和轴向伸缩系数

5.3.2 轴向伸缩系数

在斜二测图中，$O_1 X_1$ 与 $O_1 Z_1$ 的轴向伸缩系数相等，即 $p = r = 1$，而 $O_1 Y_1$ 轴的轴向伸缩系数 $q = 0.5$。作图时，凡是与 OX、OZ 轴平行的线段均按原尺寸量取，与 OY 轴平行的线段要缩短一半量取，如图 5-12 （b）所示。

5.3.3 斜二等轴测图的画法

斜二测图的特点：平行于 XOZ 坐标面的圆，其斜二测投影反映实形，而平行于 XOY、YOZ 两个坐标面圆的斜二测投影为椭圆，这些椭圆的短轴不与相应轴测轴平行，且作图较繁。因此在作带有圆的立体图时，应尽量使圆平面平行 XOZ 面，这样可避免画椭圆，使作图简单、快捷。

根据圆台的主、俯视图 [图 5-13 （a）]，画出其斜二等轴测图。

由于该圆台的两个底面都平行于 V 面，其圆的轴测投影分别为与该圆大小相等的圆，所以画斜二测较为方便。画图时，应注意轴测轴的画法，并使 OY 轴的尺寸取其一半。具体作图步骤如图 5-13 （b）、（c）、（d）。

【例 5-3】　绘制图 5-14 （a）所示支架的斜二等轴测图。

解：

① 选择坐标轴，见图 5-14 （a）；

② 画轴测轴，并且画出前端面的图形，该图形与主视图完全一样，见图 5-14 （b）；

③ 在 O_1Y_1 上，从 O_1 处向后移 $L/2$，得到 O_2，以 O_2 为圆心画出后端面的图形，见图 5-14 （c）；

④ 画出其他可见线及圆弧的公切线，并加深，见图 5-14 （d）。

注意：不要漏画孔、槽中可见的实线。

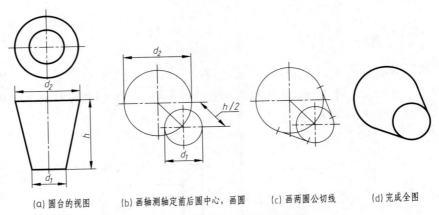

(a) 圆台的视图　　(b) 画轴测轴定前后圆中心，画圆　　(c) 画两圆公切线　　(d) 完成全图

图 5-13　斜二等轴测图的画法

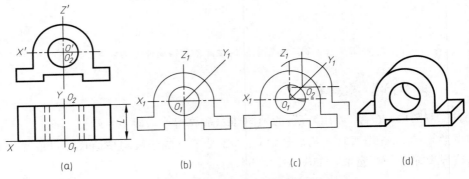

(a)　　　　　　(b)　　　　　　(c)　　　　　　(d)

图 5-14　支架的斜二等轴测图画法

5.4 徒手画轴测图的方法

正确而迅速地徒手画出轴测图是每个工程技术人员必须具备的一项重要技能。下面介绍徒手画轴测图的一些基本方法。

5.4.1　徒手画轴测轴

(1) 画正等轴测图的轴测轴

可先画出 O_1Z_1 轴，然后按 $\tan 30° \approx 3/5$ 的关系近似地画出 O_1X_1、O_1Y_1 轴，如图 5-15 所示。

（2）画斜二等轴测图的轴测轴

先画两条互相垂直的 O_1X_1、O_1Z_1 轴，然后按 $\tan 45°=1$ 的关系画出 O_1Y_1 轴，如图 5-16 所示。

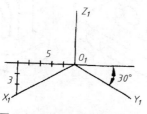

图 5-15　徒手画正等轴测轴

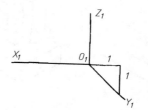

图 5-16　徒手画斜二等轴测轴

5.4.2　徒手画正等测圆

徒手画正等测圆时，应首先判断该圆平行于哪个坐标面，以便作出相应的轴测轴，见图 5-17（a）、（b）；其次根据圆的直径作出菱形（此时，菱形的四条边应平行于相应的轴测轴），见图 5-17（c）；最后徒手画出组成椭圆的四段圆弧（注意四段圆弧应与菱形的四条边相切），见图 5-17（d）。

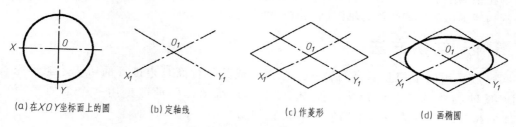

（a）在 XOY 坐标面上的圆　　　（b）定轴线　　　　（c）作菱形　　　　　（d）画椭圆

图 5-17　徒手画正等测圆

5.4.3　徒手画物体的正等轴测图

徒手画物体的正等轴测图时，除了掌握正等测的作图规则外，还应特别注意物体各部分的比例关系，若比例失调，就会使画出的图形与原物相差较大。

【例 5-4】　试徒手画出图 5-18 所示物体的正等轴测图。

分析：该组合体由圆形底板、立板和凸块三部分组成。目测各部分的比例，采用叠加法逐一画出各形体的轴测图。

作图步骤：

① 画出底板和立板的正等轴测图，先画大结构，局部小结构（圆角和开槽）暂时不画，如图 5-19（a）所示；

② 画前方凸块的正等轴测图，并画出前后的通孔，如图 5-19（b）所示；

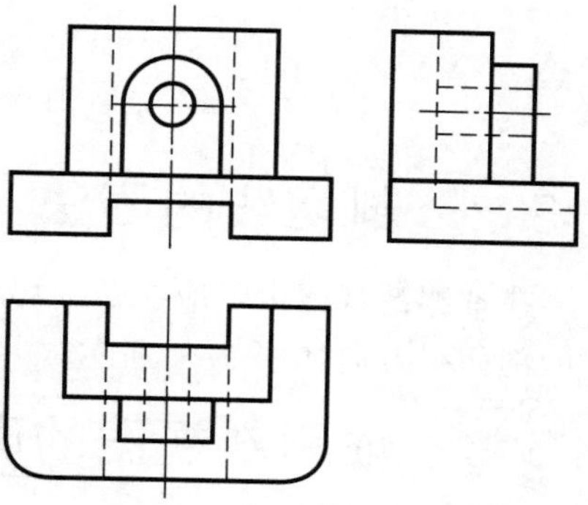

图 5-18　根据三视图画出物体的轴测图

③ 画出上下方向和前后方向的通槽，如图 5-19（c）所示；

④ 擦去多余图线，并描深，得到该组合体的正等轴测图，如图 5-19（d）所示。

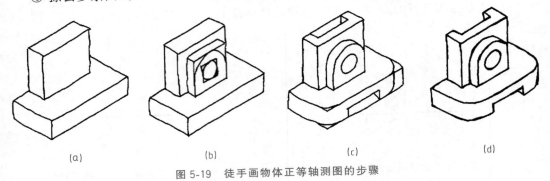

（a）   （b）   （c）   （d）

图 5-19 徒手画物体正等轴测图的步骤

*5.5 轴测剖视图的画法

在轴测图上，为了表达物体的内部结构，可假想用剖切平面切去物体的一部分，这种经剖切后画出的轴测图称为轴测剖视图。

5.5.1 剖切方法

一般采用两个相互垂直的轴测坐标面（或其平行面）来进行剖切，才能较完整地同时反映物体的内、外结构，如图 5-20（a）所示；尽量避免用一个剖切平面剖切 ［图 5-20（b）］或选择不正确的剖切位置剖切 ［图 5-20（c）］。

（a）推荐使用   （b）尽量少用   （c）避免使用

图 5-20 轴测剖视图的剖切方法

5.5.2 剖切线的画法

在轴测剖视图中，应在被剖切平面切出的断面上画出剖面线。平行于各坐标面的断面上的剖面线方向如图 5-21 所示。

5.5.3 轴测剖视图的画法

轴测剖视图的画法一般有两种。

方法一：先画出完整物体的轴测图，然后沿轴测轴方向将其切去左、前部分，如图 5-22 所示。

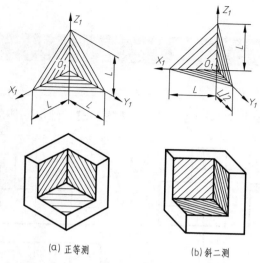

(a) 正等测　　　　　　　(b) 斜二测

图 5-21　轴测剖视图的剖面线画法

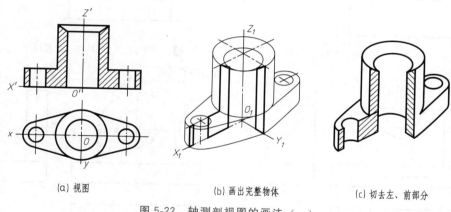

(a) 视图　　　　　(b) 画出完整物体　　　　　(c) 切去左、前部分

图 5-22　轴测剖视图的画法 (一)

方法二：先画出剖面区域的轴测图，再补全其可见的轮廓线，这样可减少不必要的作图线，如图 5-23 所示。当剖切平面通过物体上的肋板或薄壁等结构的纵向对称平面时，这些结构上均不画剖面符号，而用粗实线将其与邻接部分分开。

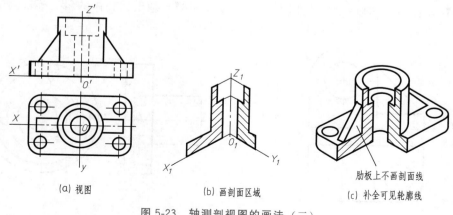

(a) 视图　　　　　(b) 画剖面区域　　　　　(c) 补全可见轮廓线

图 5-23　轴测剖视图的画法 (二)

5.6 训练与提高

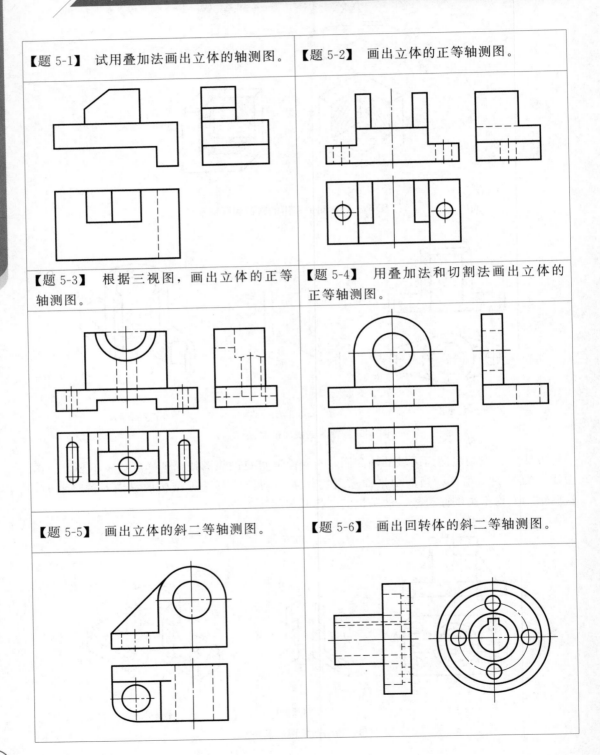

【题 5-1】 试用叠加法画出立体的轴测图。

【题 5-2】 画出立体的正等轴测图。

【题 5-3】 根据三视图，画出立体的正等轴测图。

【题 5-4】 用叠加法和切割法画出立体的正等轴测图。

【题 5-5】 画出立体的斜二等轴测图。

【题 5-6】 画出回转体的斜二等轴测图。

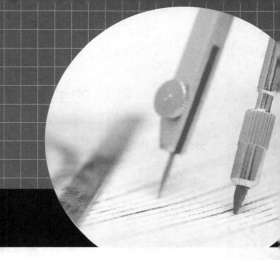

第 **6** 章

标准件和常用件

在机器设备中，除一般零件外，还广泛使用螺栓、螺母、垫圈、滚动轴承等零部件。这些零件在型式、结构、尺寸和技术要求方面，均执行统一的国家标准，统称为标准件。

另一类零件如齿轮、弹簧等，它们仅是部分结构和参数标准化，称其为常用件。

本章主要介绍上述标准件、常用件的基本知识和表示方法，以及有关国家标准的查阅方法。

6.1 螺纹的表示法

螺纹是零件上常见的一种结构，一般成对使用。根据螺纹的作用分两类：起连接作用的螺纹称为连接螺纹；起传动作用的螺纹称为传动螺纹。

螺纹是以平面图形（如三角形、梯形、锯齿形等）在圆柱或圆锥表面上沿着螺旋线运动形成的连续凸起和沟槽部分。在圆柱或圆锥外表面上形成的螺纹称外螺纹；在圆柱或圆锥内表面上形成的螺纹称内螺纹。螺纹的加工方法很多，如图 6-1 所示。

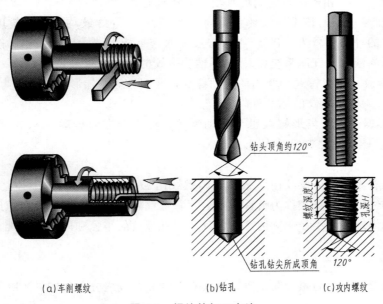

| (a)车削螺纹 | (b)钻孔 | (c)攻内螺纹 |

图 6-1　螺纹的加工方法

6.1.1 螺纹的要素

螺纹的基本要素主要是牙型、直径、螺距、导程和旋向。螺纹的种类很多，为了便于设计计算和加工制造，国家标准对螺纹的牙型、直径和螺距都作了规定，凡是这些要素都符合标准的称为标准螺纹。牙型符合标准，但公称直径或螺距不符合标准的称为特殊螺纹；牙型不符合标准的螺纹称为非标准螺纹，如方牙螺纹。下面介绍螺纹的主要基本要素。

(1) 牙型

螺纹的牙型是指在通过螺纹轴线的断面上的螺纹轮廓形状。常见的标准牙型、螺纹种类及标注见表 6-1。

按照牙型的不同，标准螺纹可分为以下几类。

① 普通螺纹　普通螺纹是常用的连接螺纹，牙型为三角形，牙型角为 60°，螺纹的种类代号为 M。普通螺纹又分为粗牙和细牙，当螺纹的大径相同时，细牙螺纹的螺距和牙型高度较粗牙的小。一般的连接都采用粗牙螺纹，细牙螺纹适用于薄壁零件和较精密零件的连接。普通螺纹的标准见附表 1。

② 管螺纹　管螺纹主要用于管道连接，其牙型均为三角形，它有以下几种。

a. 非密封管螺纹　该类螺纹牙型角为 55°，螺纹的种类代号为 G，其内、外螺纹均为圆柱螺纹，旋合后本身无密封能力。但加密封结构后，可具有很可靠的密封性。非螺纹密封管螺纹的外螺纹，根据制造精度不同又分为 A 级（精度较高）、B 级两种；而内螺纹无A、B 级之分。非螺纹密封管螺纹的标准见附表 2。

b. 密封管螺纹　该类螺纹牙型角也为 55°，其外螺纹均加工在锥度为 1：16 的外圆锥上，这种圆锥外螺纹的种类代号为 R_1 和 R_2。与其相旋合的内螺纹可以制造在同样锥度的内锥面上，称为圆锥内螺纹，其螺纹种类代号为 Rc；也可以制造在内圆柱上，称为圆柱内螺纹，螺纹的种类代号为 Rp。圆锥内螺纹 Rc 与圆锥外螺纹 R_2 相连接，圆柱内螺纹Rp 与圆锥外螺纹 R_1 相连接，它们均有较高的密封能力。

c. 60°圆锥管螺纹　该类螺纹牙型角为 60°，其内、外螺纹均加工在锥度为 1：16 的圆锥上，螺纹的种类代号为 NPT。它具有很高的密封能力，常用于汽车、航空、机床行业的中、高压的液压与气压系统中。60°圆锥管螺纹的标准见附表 3。

③ 梯形螺纹　梯形螺纹为常用的传动螺纹，牙型为等腰梯形，牙型角为 30°，螺纹的种类代号为 Tr。梯形螺纹的标准见附表 4。

④ 锯齿形螺纹　锯齿形螺纹也为传动螺纹，但只单方向传动，牙型为不等腰梯形，牙型角为 33°，螺纹的种类代号为 B。

(2) 直径

螺纹直径有大径（外螺纹用 d 表示，内螺纹用 D 表示）、中径和小径之分，如图 6-2所示。代表螺纹尺寸的直径称为公称直径。除管螺纹外，公称直径一般指螺纹的大径。外螺纹的大径和内螺纹的小径又称为螺纹的顶径，外螺纹的小径和内螺纹的大径又称螺纹的底径。

(3) 线数

线数是指形成螺纹的螺旋线条数，螺纹有单线和多线之分，如图 6-3 所示。螺纹的线数用 n 表示。

表 6-1 螺纹的种类代号与标注

螺纹类别	螺纹种类代号	外形图	标注形式	标记内容	标注要点说明
连接螺纹 粗牙普通螺纹	M	60°	M12-6h-S	$M12-6h-S$ 短旋合长度代号 外螺纹中径和顶径（大径）公差带代号 公称直径（大径） 螺纹特征号	①粗牙螺纹不注螺距 ②右旋省略不标，左旋以"LH"表示（各种螺纹皆如此） ③中径、顶径公差带相同时只注一个公差带代号 ④中等旋合长度不注 ⑤螺纹标记应直接注在大径的尺寸线上或延长线上
细牙普通螺纹	M	60°	M20×2-7H-LH	$M20×2-7H-LH$ 左旋 内螺纹中径和顶径（小径）公差带代号 螺距 公称直径（大径） 螺纹特征号	①细牙螺纹标注螺距 ②其他情况同上
非螺纹密封的管螺纹	G	55°	G1A G1	$G1A$ 外螺纹公差等级代号 尺寸代号 螺纹特征代号	①非螺纹密封的管螺纹，其内、外螺纹都是圆柱管螺纹 ②外螺纹的公差等级代号为 A，B 两级，内螺纹公差等级仅一种，不标记
螺纹密封的管螺纹	R_c R_p R_1 R_2	55° 1:16	$R_c1/2$ $R_21/2$	$R1/2$ 尺寸代号 螺纹特征代号	R_c——圆锥内螺纹 R_p——圆柱内螺纹 R_1——与 R_p 相配圆锥外螺纹 R_2——与 R_c 相配圆锥外螺纹

续表

螺纹类别	外形图	螺纹种类代号	标注形式	标记内容	标注要点说明
连接螺纹 60°螺纹密封的圆锥管螺纹	60° 1:16	NPT	NPT 3/4	*NPT3/4* └ 尺寸代号 └ 螺纹特征代号	
传动螺纹 梯形螺纹	30°	Tr	*Tr22×10(P5)-7e-L*	*Tr22×10(P5)-7e-L* 长旋合长度代号 外螺纹中径公差带代号 螺距 导程 公称直径(大径) 螺纹特征代号	①只标注中径公差带代号 ②旋合长度只有中等旋合长度(N)和长旋合长度(L)两组,中等旋合长度规定不标注 ③梯形螺纹的螺距或导程须标注
传动螺纹 锯齿形螺纹	3° 30°	B	B40×7-7g	*B40×7-7g* 中径公差带代号 螺距 公称直径 锯齿形螺纹	①只能传递单向力 ②其他情况同梯形螺纹

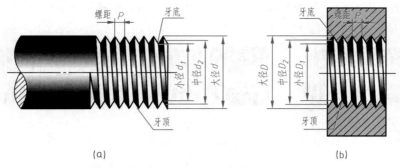

图 6-2　螺纹的直径

（4）螺距和导程

相邻两牙在中径线上对应点间的轴向距离，称为螺距 P，同一条螺旋线上相邻两牙在中径线上对应两点间的距离，称为导程 P_h，如图 6-3 所示。

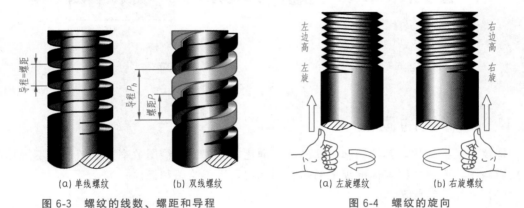

（a）单线螺纹　（b）双线螺纹	（a）左旋螺纹　（b）右旋螺纹
图 6-3　螺纹的线数、螺距和导程	图 6-4　螺纹的旋向

对于单线螺纹：$P_h = P$。

对于多线螺纹：$P_h = nP$。

（5）旋向

螺纹分左旋（LH）和右旋（RH）两种，如图 6-4 所示。顺时针方向旋入的螺纹为右旋螺纹（轴线竖立时右高左低）；逆时针方向旋入的螺纹为左旋螺纹（轴线竖立时左高右低）。工程上常用右旋螺纹，特殊场合才使用左旋螺纹。

内、外螺纹必须配对使用，只有当螺纹的五个要素均相同的内、外螺纹才能相互旋合。

6.1.2　螺纹的结构

（1）螺纹端部

为了便于安装和防止螺纹端部损坏，通常将螺纹端部做成规定的形状，常见型式如图 6-5 所示。

（2）螺尾和螺纹退刀槽

当车削螺纹的车刀逐渐离开工件的螺纹终了处时，出现一段牙型不完整的螺纹，称为螺纹收尾，简称螺尾，如图 6-6（a）所示。为了便于退刀，并避免出现螺尾，可在螺纹终了处预先车出一个小槽，称为螺纹退刀槽，如图 6-6（b）所示。

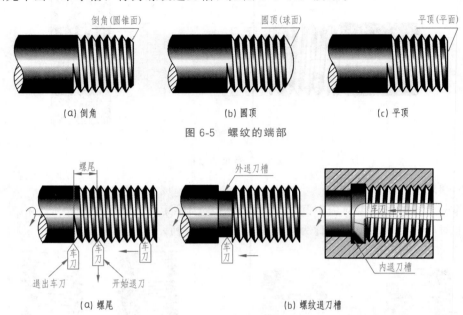

（a）倒角　　　　　　　　　（b）圆顶　　　　　　　　　（c）平顶

图 6-5　螺纹的端部

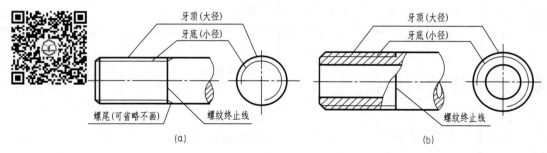

（a）螺尾　　　　　　　　　　　　　　（b）螺纹退刀槽

图 6-6　螺尾和螺纹退刀槽

6.1.3　螺纹的画法

螺纹是标准结构，其结构和尺寸已经标准化，为了提高绘图效率，在图样上不按其真实投影画图，而根据国家标准规定的画法和标记，进行绘图和标注。

（1）外螺纹的画法

如图 6-7（a）所示，在反映螺纹轴线的视图上，外螺纹牙顶轮廓（大径）的投影用粗实线表示，牙底轮廓（小径）的投影用细实线表示（通常按大径的 0.85 倍绘制），螺纹终止线用粗实线绘制，螺纹端部的倒角或倒圆也应画出，螺尾一般省略不画；在垂直于螺纹轴线的视图中，牙顶（大径）的投影用粗实线表示，牙底（小径）用约 3/4 细实线圆表示，此时倒角圆不应画出。

在剖视图中，剖面线必须画到粗实线处，如图 6-7（b）所示绘制。

牙顶（大径）
牙底（小径）

牙顶（大径）
牙底（小径）

螺尾（可省略不画）　　　螺纹终止线

螺纹终止线

（a）　　　　　　　　　　　　　　（b）

图 6-7　外螺纹的画法

（2）内螺纹的画法

如图 6-8（a）所示，在剖视图中，内螺纹牙顶轮廓（小径）的投影用粗实线表示，牙底轮廓（大径）的投影用细实线表示，螺纹终止线用粗实线绘制，剖面线应画到表示小径的粗实线为止；在垂直于螺纹轴线的视图中，小径用粗实线圆绘制，表示大径的细实线圆只画约 3/4 圈，表示倒角的投影圆不应画出。绘制不穿通螺纹孔时，一般应将钻孔深度和螺孔深度分别画出，由于钻头的顶角接近 120°，其钻孔的底部锥角按 120°绘出，如图 6-8（b）所示。

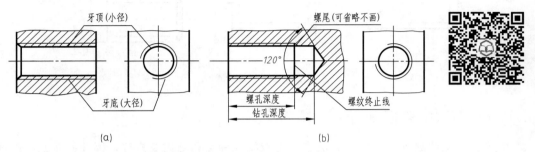

图 6-8　内螺纹的画法

当内螺纹不作剖视时，螺纹不可见部分均按虚线绘制，如图 6-9 所示。

（3）内外螺纹的旋合画法

用剖视表示内、外螺纹连接时，内外螺纹旋合的部分应按外螺纹的画法绘制，其余部分按各自的画法画图，如图 6-10 所示。

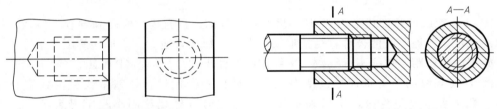

图 6-9　内螺纹未剖时的画法　　　图 6-10　内外螺纹旋合画法

应注意：表示内、外螺纹大径的细实线和粗实线，以及表示小径的粗实线和细实线必须分别对齐。在内、外螺纹连接图中，同一零件在各个剖视图中，剖面线的方向和间距应一致；在同一剖视图中，相邻两零件剖面线的方向和间隔应不同。

（4）圆锥螺纹的画法

画圆锥内、外螺纹时，在反映螺纹轴线的视图上，画法与上述的内、外螺纹相同；在垂直于螺纹轴线的视图中，可见的牙顶圆的投影用粗实线圆表示，可见端的牙底圆用约 3/4 细实线圆画出，不可见端牙底圆的投影省略不画；当牙顶圆的投影为虚线时，可省略不画，如图 6-11 所示。

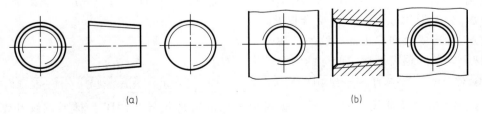

图 6-11　圆锥螺纹的画法

(5) 螺纹牙型的画法

当需要表示螺纹的牙型时，可按如图 6-12 所示的画法。

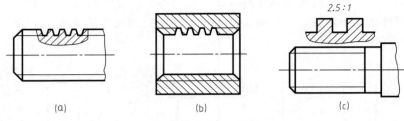

图 6-12　螺纹牙型的画法

6.1.4　常用螺纹的种类和标注

由于各种螺纹的画法相同，无法表示出螺纹的种类和结构要素等，因此绘制螺纹图样时，必须通过标注予以明确，各种常用螺纹的标注方法如表 6-1 所示。

(1) 普通螺纹的标注

由表 6-1 可知，普通螺纹、梯形螺纹和锯齿形螺纹都是从大径引出尺寸界线，按照标注尺寸的形式进行标注。

普通螺纹的标注内容及格式如下。

| 螺纹特征代号 | 尺寸代号 | —公差带代号 | —旋合长度代号 | —旋向 |

① 普通螺纹的特征代号为"M"。尺寸代号包括公称直径、螺距和导程、线数。按国家标准规定：普通螺纹的公称直径指螺纹的大径；粗牙普通螺纹不标注螺距，细牙普通螺纹，必须注出螺距；单线不标线数，多线需同时注出"P_h 导程（P 螺距）"。

② 普通螺纹的公差带代号包括中径和顶径公差带代号。公差带代号由数字和字母组成，数字表示公差等级，字母表示基本偏差代号（外螺纹用小写字母表示，内螺纹用大写字母表示），如 5g、7H 等。若中径和顶径公差带代号相同，则只写一组；若螺纹的直径大于或等于 1.6mm，中等公差精度，公差带代号为 6H、6g 时，可省略不标注；若螺纹的直径小于或等于 1.4mm，中等公差精度，公差带代号为 5H、6h 时，可省略不标注。

③ 普通螺纹的旋合长度代号分短、中、长三种，其代号分别为 S、N、L。一般情况采用中等旋合长度，"N"可省略标注。采用长旋合或短旋合时，必须标注"L""S"。

④ 螺纹的旋向分左旋和右旋。当螺纹为左旋时，需注明代号"LH"，右旋省略标注。

【例 6-1】　M10-5H　M 表示普通螺纹、公称直径为 10mm、粗牙螺距、内螺纹、公差带代号为 5H。无其他标注内容，表示该螺纹为右旋、中等旋合长度。

【例 6-2】　M10×1-5g-S　M 表示细牙普通螺纹、公称直径为 10mm、螺距为 1mm、外螺纹、公差带代号为 5g、短旋合长度。

(2) 梯形螺纹和锯齿形螺纹的标注

梯形螺纹和锯齿形螺纹的标注内容及格式如下。

| 螺纹特征代号 | 公称直径 | ×螺距 |　或　| 导程（P 螺距） | 旋向 | —公差带代号 | —旋合长度代号 |

① 梯形螺纹特征代号为"Tr"，锯齿形螺纹的特征代号为"B"。梯形螺纹和锯齿形螺纹的公称直径均指螺纹的大径。

单线的梯形螺纹和锯齿形螺纹，必须注出螺距；多线的梯形螺纹和锯齿形螺纹应注出"导程（P 螺距）"。

螺纹旋向为左旋时，需注明代号"LH"，右旋省略标注。

② 梯形螺纹和锯齿形螺纹的公差带代号只标注中径公差带代号。

③ 梯形螺纹和锯齿形螺纹的旋合长度代号分中（N）、长（L）两种。中等旋合长度可省略标注。

【例 6-3】　Tr40×14（P7）LH-8e-L　Tr 表示梯形螺纹、公称直径为 40mm、双线螺纹、螺距为 7mm、导程为 14mm、左旋、外螺纹、公差带代号为 8e、长旋合长度。

（3）管螺纹的标注

由表 6-1 可知，管螺纹标注必须采用由大径或对称中心处引出标注，标注内容及格式如下。

| 螺纹的特征代号 | 尺寸代号 | 公差等级代号 |—| 旋向 |

① 55°非螺纹密封的特征代号为"G"。

55°密封的管螺纹包括圆锥内螺纹、圆柱内螺纹和圆锥外螺纹，它们的特征代号分别为 Rc、Rp 和 R_1、R_2。圆锥内螺纹 Rc 与圆锥外螺纹 R_2 连接，圆柱内螺纹 Rp 和圆锥外螺纹 R_1 连接，这两种连接方式都具有一定的密封能力。

60°圆锥管螺纹的特征代号为"NPT"。

② 螺纹的尺寸代号不是指螺纹的大径尺寸，其数值与管子的孔径相近，尺寸代号的数值单位是英寸。

③ 公差等级代号：55°非螺纹密封的管螺纹的外螺纹分 A、B 两级，需要标注，而其余的管螺纹公差等级只有一种，省略标注。

④ 当螺纹为左旋时，需注明代号"LH"，右旋省略标注。

（4）非标准螺纹的标注

非标准螺纹必须画出牙型并标注全部尺寸，如图 6-13 所示。

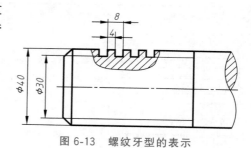

图 6-13　螺纹牙型的表示

6.2

螺纹紧固件

6.2.1　常用螺纹紧固件的种类和标记

螺纹紧固件属于标准件，其种类很多，常用的有螺栓、双头螺柱、螺钉、螺母、垫圈等，如图 6-14 所示。

螺纹紧固件均属于标准件，一般无须画出它们的零件图，只须按规定进行标记，根据标记从有关标准中可查到它们的结构形式和尺寸。

螺纹紧固件的规定标记为：

| 名称 | 标准编号 | 螺纹规格尺寸 |—| 性能等级及表面热处理 |

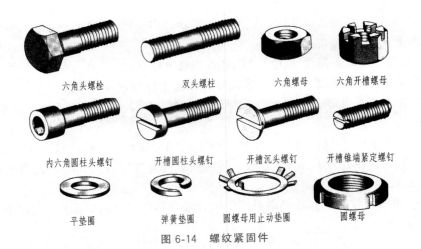

图 6-14　螺纹紧固件

标记的简化原则：

① 采用现行标准规定的各螺纹紧固件时，国家标准编号中的年代号允许省略；

② 当性能等级或硬度是标准规定的常用等级时，可以省略不注明，在其他情况下应注明；

③ 当写出了螺纹紧固件的国家标准编号后，不仅可以省略年号，还可省略螺纹紧固件的名称。

常见螺纹紧固件及标记见表 6-2。

表 6-2　常见螺纹紧固件及标记示例

名称及视图	标准编号及标记示例	名称及视图	标准编号及标记示例
六角头螺栓 A 级和 B 级	GB/T 5782—2016 螺栓　GB/T 5782　M12×50	开槽锥端紧定螺钉	GB/T 71—2018 螺钉　GB/T 71　M10×50
双头螺柱（$b_m = 1.25d$）	GB/T 897～900—1988 螺柱　GB/T 898　M12×50	1 型六角螺母	GB/T 6170—2015 螺母　GB/T 6170　M16
圆柱头内六角螺钉	GB/T 70.1—2008 螺钉　GB/T 70.1　M10×40	1 型六角开槽螺母	GB/T 6179—1986 螺母　GB/T 6179　M16
圆柱头开槽螺钉	GB/T 65—2016 螺钉　GB/T 65　M10×50	平垫圈 A 级	GB/T 97.1—2002 垫圈　GB/T 97.1 16-140HV
沉头开槽螺钉	GB/T 68—2016 螺钉　GB/T 68　M10×40	弹簧垫圈	GB/T 93—1987 垫圈　GB/T 93　12

6.2.2　螺栓连接的画法

　　螺栓连接用于连接两个不太厚，但连接力较大的零件。连接时，被连接的两零件上要钻出光孔，通常光孔直径略大于螺纹的公称直径，一般约等于 $1.1d$，将螺栓穿入两零件的通孔，在螺杆的一端套上垫圈，再拧紧螺母使之紧固，如图 6-15（a）所示。

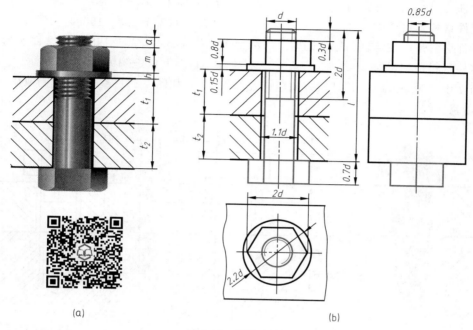

图 6-15　螺栓连接

　　画螺栓连接图时，应根据紧固件的标记，按其相应标准的各部分尺寸绘制。但为了方便作图，通常将各部分的尺寸按螺栓大径 d 的比例关系近似地画出，如图 6-15（b）所示。

　　但应注意：按比例关系计算出的画图尺寸，不能作为螺栓的尺寸进行标注，应查表确定。

　　螺栓的公称长度 l 的确定，则应根据被连接两零件的厚度 t_1、t_2 和查出螺母厚度 m、垫圈厚度 h 等值来确定，即：$l=t_1+t_2+h+m+a$（一般取 $a=0.2d\sim0.4d$）。计算出 l 后，再从螺栓的标准长度系列中选取与 l 相近的标准值，即为螺栓的公称长度。

6.2.3　双头螺柱连接的画法

　　如图 6-16（a）所示，双头螺柱连接适用于被连接的两个零件中有一件较厚，或由于结构上的限制不宜采用螺栓连接的情况。通常在较厚的零件上制成螺纹孔，在另一较薄的零件上作出通孔，连接时先将双头螺柱的旋入端（b_m 端）全部旋入被连接零件的螺孔中，然后将另一个零件的通孔套在双头螺柱上，再套上垫圈，旋紧螺母，即可将两零件连接起来。

　　双头螺柱连接和螺栓连接一样，常采用近似比例画法［各部分尺寸的比例关系可参照图 6-16（b）所示］。

　　应注意，双头螺柱的旋入端应画成全部旋入螺孔内，即旋入端的螺纹终止线与两个被连接件的接触面画成一条线。螺孔的深度应大于旋入端的螺纹长度 b_m，一般螺孔的深度可取$=b_m+0.5d$，而钻孔深度则可取$\approx b_m+d$。

双头螺柱的公称长度 l 按下列公式计算，然后选用近似的标准长度。

$$l=t+h+m+a$$

双头螺柱旋入端 b_m 由被旋入零件材料的强度确定，因此有相应的国家标准规定：

零件材料是钢或青铜时	$b_m=1d$ （GB/T 897—1988）
零件材料是铸铁时	$b_m=1.25d$ （GB/T 898—1988）
零件材料强度在铸铁与铝之间时	$b_m=1.5d$ （GB/T 899—1988）
零件材料是纯铝时	$b_m=2d$ （GB/T 900—1988）

当使用弹簧垫圈时，其开口方向应向左倾斜75°，如图6-16（c）所示绘制或用一粗线（约2倍粗实线）表示。

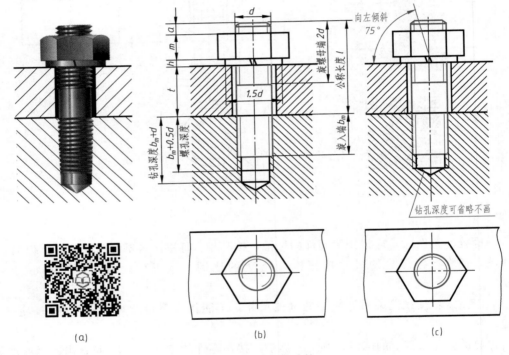

图 6-16　双头螺柱连接

6.2.4　螺钉连接的画法

螺钉连接（图6-17）常用于受力不大且又常拆卸的场合。将螺钉穿过被连接零件的通孔，再旋入到另一被连接零件的螺纹孔内，即可将两零件连接起来。

螺钉的公称长度也是按螺栓、双头螺柱相类似的方式计算出，再选用相近的标准系列长度。

画螺钉连接图时，可按图6-17所示的比例关系近似地画出。在俯视图中，螺钉槽画成向右倾斜45°方向。当槽宽不大于2mm时可涂黑，在主、左视图中开槽位置对称地画在轴线处。

用紧定螺钉连接时，其画法如图6-18所示。

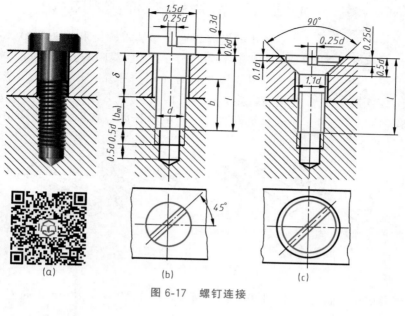

图 6-17　螺钉连接

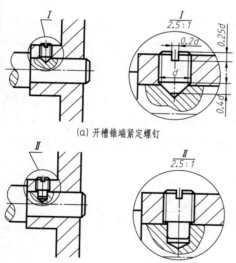

(a) 开槽锥端紧定螺钉

(b) 开槽长圆柱端紧定螺钉

图 6-18　紧定螺钉连接

6.3

键连接

　　键是标准件，键是用来连接轴和装在轴上的传动零件（如齿轮、带轮等），起传递扭矩的作用，是一种可拆卸连接，如图 6-19 所示。

　　键的种类很多，根据键的形状，可分为平键、半圆键、楔键、切向键和花键。

图 6-19 键连接

6.3.1 常用键的种类和标记

常用的键有普通平键、半圆键和钩头楔键等，如图 6-20 所示。普通平键型式有：A（双圆头）、B（方头）、C（单圆头）三种。A 型键标记时可省略"A"字。其结构型式、尺寸均有规定，可参见附表 15。下面标记示例中，b、h、L 分别表示键的宽度、高度和长度，其尺寸都是从相应标准中查出的。

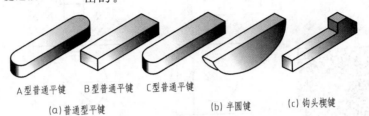

A型普通平键	B型普通平键	C型普通平键		
(a)普通型平键			(b) 半圆键	(c) 钩头楔键

图 6-20 常用的几种键

① GB/T 1096 键 18×11×100 表示圆头普通平键，$b=18$mm，高 $h=11$mm，长 $L=100$mm。

② GB/T 1099.1 键 6×10×25 表示半圆键，$b=6$mm，高 $h=10$mm，长 $L=25$mm。

③ GB/T 1565 键 18×100 表示钩头楔键，$b=18$mm，高 $h=11$mm，长 $L=100$mm。

6.3.2 常用键的连接画法

键是标准件，不必画出其零件图，但需画出与键相配的零件上的键槽和键连接的装配图。普通平键的键连接及轴、轮毂上键槽的画法和尺寸注法，如图 6-21（a）、（b）所示。图中的 b、t_1、t_2 可按轴的直径从附表 16 中查出，L 由设计确定。

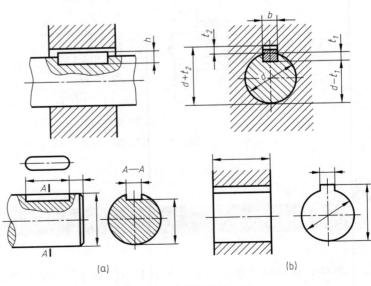

图 6-21 普通平键的连接

如图 6-21 和图 6-22 所示，普通平键和半圆键都是以两侧面为工作面，键的两个侧面与轴和轮毂上的键槽两侧面接触，键的底面与轴上键槽的底面接触，故均画一条线；键的顶面为非工作面，与轮毂有间隙，故应画成两条线；当沿着键的纵向剖切时，键按不剖绘制；当沿着键的横向剖切时，则要画上剖面线。

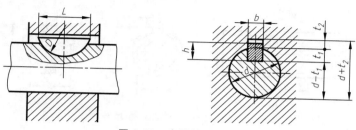

图 6-22　半圆键的连接

如图 6-23 所示，钩头楔键的顶面有 1：100 的斜度，装配时将键打入键槽中，靠键与键槽上下两面的摩擦力连接。其上下面为工作面，各画一条线。

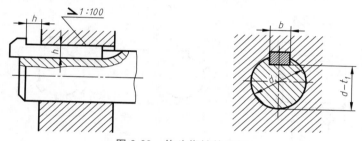

图 6-23　钩头楔键的连接

6.3.3　花键的连接画法

如图 6-24 所示，花键常与轴制成一体，称为花键轴。它与齿轮上的花键孔连接，其连接较可靠，对中性好，且能传递较大的动力。

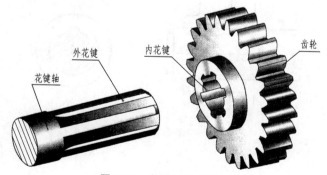

图 6-24　花键轴和花键孔

花键的齿形有矩形、三角形、渐开线形等，其中矩形花键应用最广，它的结构和尺寸都已标准化，可查阅相关的国际标准。矩形花键的画法与标注如下。

（1）外花键的画法

如图 6-25 所示，在与花键轴线平行的视图上，大径用粗实线，小径用细实线绘制；

在断面图中画出部分或全部齿形。外花键工作长度的终止端和尾部长度的末端均用细实线绘制，并与轴线垂直，尾部则画成斜线，倾斜角度一般与轴线成 30°，必要时按实际情况画出。

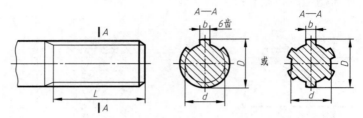

图 6-25　矩形外花键的画法和尺寸标注

（2）内花键的画法

如图 6-26 所示，在与花键轴线平行的剖视图上，大径和小径均用粗实线绘制，并用局部视图画出部分或全部齿形。

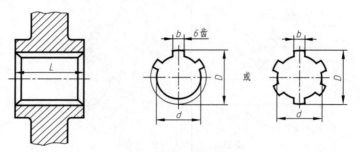

图 6-26　矩形内花键的画法和尺寸标注

（3）内、外花键连接的画法

矩形内、外花键连接的剖视图中，其连接部分按外花键绘制，画法如图 6-27 所示。

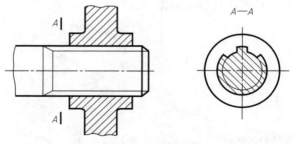

图 6-27　矩形花键连接的画法

（4）花键的标注

花键的标注方法有以下两种。

方法一　分别标出 z、d、D、b，分别为花键的齿数、小径、大径和齿宽，如图 6-25、图 6-26 所示。

方法二　用指引线引出标注，其标记形式：型号 $z \times d \times D \times b$　国家标准代号。矩形花键的图形符号为⊓，渐开线花键的图形符号为⋀。以下以矩形花键为例。

外花键：$\sqcap$ 6×23H7×26H10×6H11 GB/T 1144—2001。
内花键：$\sqcap$ 6×23f7×26a11×6d10 GB/T 1144—2001。
花键连接：$\sqcap$ 6×23H7/f7×26H10/a11×6H11d10 GB/T 1144—2001。

6.4

销连接

6.4.1 销的种类和标记

（1）销的种类

销在机械传动中时主要起定位连接作用。常用的有圆柱销、圆锥销、开口销等，如图 6-28 所示。

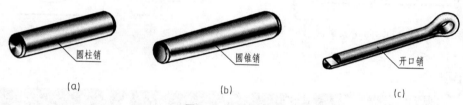

（a）　　　　　　　　　　　（b）　　　　　　　　　　　（c）

图 6-28　常用的销

圆柱销用于不常拆卸的定位情况，而圆锥销多用于经常拆卸的定位情况。

（2）销的标记

销也是标准件，其结构和尺寸可查阅附表 17、18。

现以圆柱销为例说明销的标记形式。如一圆柱销公称直径 $d=8$mm，长度 $L=30$mm，材料为 35 钢，热处理硬度 28～38HRC，经表面氧化处理的 A 型圆柱销的标记为：

$$销\ GB/T\ 119.1—2000 \quad A8×30$$

圆锥销的公称直径指其小端直径，其锥度为 1:50。

6.4.2 圆柱销和圆锥销的连接画法

圆柱销和圆锥销在零件定位时，为了保证精度，应将两零件的位置调整准确后，同时加工，用钻头先钻孔，再铰孔，故在零件图中，除了用指引线标注销孔的尺寸外，还要注"配作"，说明其加工情况，锥销孔的直径前要加注"锥销孔"。如图 6-29、图 6-30 所示。

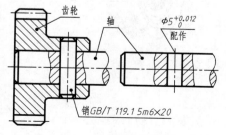

图 6-29　圆柱销连接

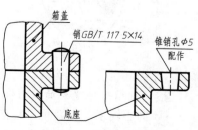

图 6-30　圆锥销连接

如图 6-29、图 6-30 所示，销作为实心件，当剖切平面通过销的轴线时，仍按外形画出；垂直于轴线剖切时，应画上剖面符号。画轴上的销连接时，轴常采用局部剖，以表示销和轴之间的配合关系。

6.4.3　开口销的连接画法

开口销为一段半圆形断面的低碳钢丝弯转折合而成，如图 6-28（c）所示。

在螺栓连接中，为防止螺母松动，可采用一种带孔螺栓，如图 6-31 所示，并配六角开槽螺母，然后用开口销穿过螺母的槽和螺栓的销孔，最后将开口销的长、短两尾扳开固定，使螺母和螺栓不能相对转动，从而起到防松的作用。图 6-32 为开口销的连接图。

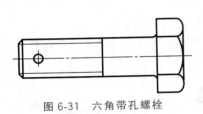

图 6-31　六角带孔螺栓

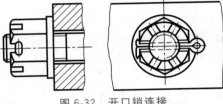

图 6-32　开口销连接

6.5

滚动轴承

支承轴的零件称为轴承。轴承分为滑动轴承和滚动轴承。滚动轴承是用以支撑旋转轴并承受轴上载荷的标准组件，由于摩擦力小、结构紧凑等优点，被广泛应用于机械、仪表等设备。

6.5.1　滚动轴承的结构和分类

滚动轴承的种类很多，但结构大体相同，一般是由外圈、内圈、滚动体和保持架（也叫隔离罩）组成，如图 6-33 所示。

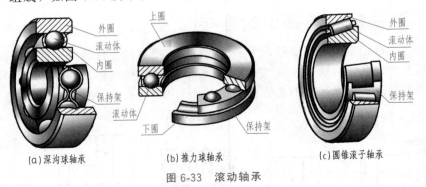

（a）深沟球轴承　　　　（b）推力球轴承　　　　（c）圆锥滚子轴承

图 6-33　滚动轴承

滚动轴承按承受载荷的方向可分为以下三类。

① 向心轴承　主要承受径向载荷，如深沟球轴承 [图 6-33（a）]。

② 推力轴承　仅能承受轴向载荷，如推力球轴承 [图 6-33（b）]。

③ 向心推力轴承　能同时承受径向载荷和轴向载荷，如圆锥滚子轴承 ［图 6-33（c）］。

6.5.2　滚动轴承的代号

滚动轴承是标准组件，其种类繁多，为了方便选用，常用代号表示。滚动轴承的代号由基本代号、前置代号和后置代号构成。前置代号和后置代号是在轴承的结构形状、尺寸、公差、技术要求等有改变时，用来补充基本代号的。若无特别要求，只标记基本代号。

基本代号由一组数字表示轴承类型代号、尺寸系列代号和内径代号。

① 内径代号　基本代号中右起第一、二位数字为内径代号。代号数字为 00、01、02、03 时，表示轴承内径 $d＝10、12、15、17$，mm；代号数字为 04 以上时，一般轴承内径为代号数字乘以 5 所得数字。

② 尺寸系列代号　基本代号中右起第三位数字为直径系列代号，以区分结构、内径相同而外径不同的轴承。右起第四位数字为宽度系列代号，以区分内、外径相同而宽度（高度）不同的轴承。直径系列代号和宽度系列代号统称为尺寸系列代号。对深沟球轴承，当宽度系列代号为 0 时，可省略 0。

③ 类型代号　基本代号中右起第五位数字为类型代号，深沟球轴承的类型代号为 6，推力球轴承的类型代号为 5，圆锥滚子轴承的类型代号为 3。详见附表 20、21、22。

【例 6-4】　轴承代号为 6210　6 表示其类型为深沟球轴承，内径 $d＝10×5＝50$（mm），尺寸系列代号为 02，其中宽度系列代号 0 省略。

【例 6-5】　轴承代号为 51203　5 表示其类型为推力球轴承，内径代号 03 应查附表 21 得到 $d＝17mm$，尺寸系列代号为 12。

【例 6-6】　轴承代号为 32214　3 表示其类型为圆锥滚子轴承，内径 $d＝14×5＝70$（mm），尺寸系列代号为 22。

6.5.3　滚动轴承的画法

为了在图样中清晰、简便地表示它们，国家标准中规定了滚动轴承的三种画法，即通用画法、特征画法和规定画法。滚动轴承的常用画法见表 6-3，其各部尺寸可根据轴承代号查阅相关标准。

表 6-3　滚动轴承的常用画法

名称和标准号	查表主要数据	画法		
		规定画法和通用画法	特征画法	装配画法
深沟球轴承 GB/T 276—2013	D d B			

机械制图与识图从入门到精通

名称和标准号	查表主要数据	画法		
		规定画法和通用画法	特征画法	装配画法
圆锥滚子轴承 GB/T 297—2015	D d B T C			
推力球轴承 GB/T 301—2015	D d T			

① 通用画法　在剖视图中，当不需要确切表示滚动轴承的外形轮廓、载荷特征、结构特征时，可用矩形线框及其中央的十字形符号表示滚动轴承。

② 特征画法　在剖视图中，当需要较形象表示滚动轴承的结构特征时，可用矩形线框及其结构要素符号表示滚动轴承。

通用画法和特征画法应绘制在轴的两侧。矩形线框、符号和轮廓线均用粗实线绘制。

③ 规定画法　必要时，在滚动轴承的产品图样、样本及其标准中，采用规定画法表示滚动轴承。在剖视图中，轴承滚动体不画剖面线，其内外圈可画成方向和间隔相同的剖面线；在不会引起误解时，也允许省略不画。

规定画法一般绘制在轴的一侧，另一侧按通用画法绘制。

6.6 齿轮和链轮

6.6.1　齿轮的作用与分类

齿轮是机械设备中常用的传动零件，它不仅能传递运动和动力，而且能改变转速和旋转方向。

常见的齿轮传动形式有三种：

圆柱齿轮传动——通常用于平行轴之间的传动［图 6-34（a）］；

圆锥齿轮传动——用于相交两轴之间的传动［图 6-34（b）］；

蜗轮蜗杆传动——用于交叉两轴之间的传动［图 6-34（c）］；

(a)圆柱齿轮传动　　　(b)圆锥齿轮传动　　　(c)蜗轮蜗杆传动

图 6-34　常见的齿轮传动

6.6.2　圆柱齿轮各部分名称及几何尺寸计算

圆柱齿轮的轮齿有直齿、斜齿和人字齿等，如图 6-35 所示。本节主要介绍直齿圆柱齿轮的有关知识与规定画法。

(a)直齿轮　　　　　(b)斜齿轮　　　　　(c)人字齿轮

图 6-35　圆柱齿轮

直齿圆柱齿轮各部分的名称及代号（图 6-36）如下。

① 齿数 z　齿轮上轮齿的个数。

② 齿顶圆 d_a　通过齿轮各齿顶端的圆。

齿根圆 d_f　通过齿轮各齿槽底部的圆。

分度圆 d　齿顶圆和齿根圆之间的假想圆，它是设计、制造齿轮的依据。标准齿轮在该圆上齿厚 s 和槽宽 e 相等。

③ 齿距 p　分度圆上相邻两齿廓上对应点之间的弧长，齿距由齿厚 s 和槽宽 e 组成。在标准齿轮中，$s=e=p/2$，$p=s+e$。

④ 模数 m　当齿轮的齿数为 z 时，齿轮的分度圆周长 $\pi d=zp$，则 $d=zp/\pi$，为方便计算，设 $m=p/\pi$，称 m 为模数，单位为 mm，则 $d=mz$。模数的数值已标准化，见表 6-4。

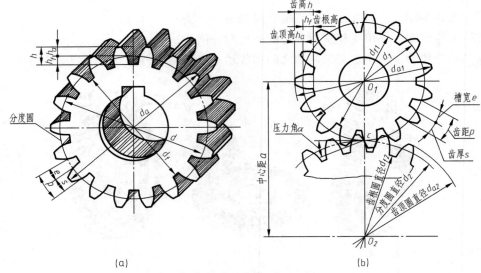

图 6-36　直齿圆柱齿轮各部分名称及代号

表 6-4　圆柱齿轮模数

第一系列	1,1.25,1.5,2,2.5,3,4,5,6,8,10,12,16,20,25,32,40,50
第二系列	1.75,2.25,2.75,(3.25),3.5,(3.75),4.5,5,(6.5),7,9,(11),14,18,22,28,36,45

注：优先采用第一系列，其次是第二系列，括号内的模数尽量不用。

模数是设计、制造齿轮的重要参数。由于 $m=p/\pi$，若 m 越大，则齿距 p 大，齿厚 s 也大，能传递的力矩也大。齿轮的模数不同，其轮齿的大小也不同，则选用对应模数的刀具进行加工。

⑤ 齿高 h　齿顶圆与齿根圆之间的径向距离称为全齿高。它被分度圆分成两部分，齿顶圆与分度圆之间的径向距离，称为齿顶高，以 h_a 表示；齿根圆与分度圆之间的径向距离，称为齿根高，以 h_f 表示。对于标准齿轮，$h=h_a+h_f$。

⑥ 中心距 a　两啮合齿轮轴线之间的距离，$a=(d_1+d_2)/2$。

⑦ 节圆 d'　一对啮合齿轮的齿廓在两中心线 O_1O_2 上的啮合接触点 C 处称为节点，过节点 C 的两个圆称为节圆。对于一对安装准确的标准齿轮，$d'=d$。

⑧ 压力角 α　一对啮合齿轮的齿廓受力方向与齿轮瞬时运动方向的夹角，称为压力角。标准齿轮的压力角为 20°。

齿轮的基本参数 z、m 确定之后，标准直齿圆柱齿轮各部分的尺寸计算，如表 6-5 所示。

表 6-5　直齿圆柱齿轮各部分尺寸的计算公式

名称及代号	公式	名称及代号	公式
模数 m	$m=p/\pi=d/z$	齿顶圆直径 d_a	$d_a=d+2h_a=m(z+2)$
分度圆直径 d	$d=mz$	齿根圆直径 d_f	$d_f=d-2h_f=m(z-2.5)$
齿顶高 h_a	$h_a=m$	齿距 p	$p=\pi m$
齿根高 h_f	$h_f=1.25m$	齿厚 s、齿间 e	$s=e=p/2$
齿高 h	$h=h_a+h_f=2.25m$	中心距 a	$a=(d_1+d_2)/2=m(z_1+z_2)/2$

6.6.3 圆柱齿轮的规定画法

(1) 单个齿轮的规定画法（图 6-37）

① 在投影为圆的视图中，齿顶圆用粗实线，齿根圆用细实线或省略不画，分度圆用细点画线画出；在剖视图中，用粗实线表示齿顶线和齿根线，用细点画线表示分度线，而轮齿按不剖处理，如图 6-37（a）所示。若不画成剖视图，则齿根线可省略不画，如图 6-37（b）所示。

② 当齿轮为斜齿、人字齿时，应画成半剖视或局部剖视图，在外形视图部分用三条与齿线方向一致的细实线表示齿线的特征，如图 6-37（b）所示。

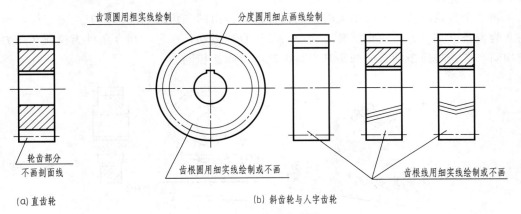

图 6-37 单个齿轮的规定画法

(2) 两齿轮啮合的规定画法（图 6-38）

画啮合图时，啮合区外按单个齿轮的画法绘制，啮合区内按以下规定绘制。

① 在剖视图中，啮合区两轮齿的节线重合，用点画线绘制；两轮齿的齿根线均画成粗实线，一条齿顶线画成粗实线，另一条齿顶线被遮挡，画成虚线［图 6-38（a）］或省略不画。

② 在投影为圆的视图中，啮合区内两轮齿的齿顶圆均用粗实线绘制［图 6-38（a）］，两节圆投影相切，用点画线圆表示。啮合区的齿顶圆粗实线也可省略不画［图 6-38（b）］。

③ 若不作剖视，啮合区内齿顶线省略，仅画一条粗实线表示节线［图 6-38（c）］。

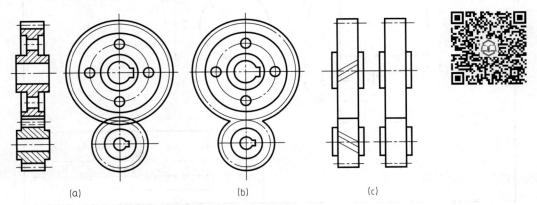

图 6-38 齿轮啮合的规定画法

注意：齿顶和齿根之间有 $0.25m$ 的间隙，如图 6-39 所示。

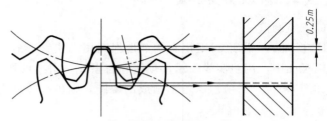

图 6-39　两个齿轮啮合的间隙

（3）齿轮与齿条啮合的画法（图 6-40）

当某个齿轮的直径无限增大时，其齿顶圆、齿根圆和齿廓曲线都近似成为直线，即齿轮变为齿条。其中，齿轮作旋转运动，齿条作直线运动，二者的啮合条件为模数和压力角应相同。齿轮与齿条啮合的画法基本与齿轮啮合画法相同。

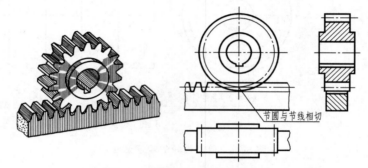

节圆与节线相切

图 6-40　齿轮与齿条啮合的画法

（4）圆柱齿轮的零件图

如图 6-41 所示为直齿轮零件图。

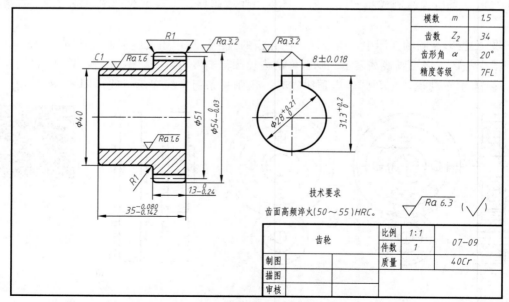

模数	m	1.5
齿数	Z_2	34
齿形角	α	20°
精度等级		7FL

技术要求

齿面高频淬火(50～55)HRC。

$\sqrt{Ra\,6.3}$ （ $\sqrt{}$ ）

齿轮	比例	1:1	07-09
	件数	1	
制图		质量	40Cr
描图			
审核			

图 6-41　直齿轮零件图

*6.6.4 圆锥齿轮的规定画法

（1）圆锥齿轮各部分的名称及尺寸计算

圆锥齿轮的各部分尺寸名称及代号如图 6-42 所示。由于圆锥齿轮的轮齿加工在圆锥面上进行，轮齿沿圆锥素线方向的大小不同，其模数、齿高、齿厚也随之变化，因此，通常以大端的模数作为标准模数来进行各部分的尺寸计算，如表 6-6 所示。

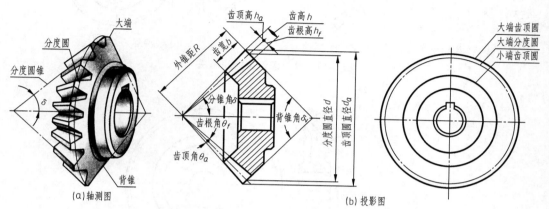

图 6-42　圆锥齿轮各部分尺寸名称及代号

表 6-6　圆锥齿轮各部分尺寸的计算公式

名称及代号	公式	名称及代号	公式
分度圆直径 d	$d = mz$	分度圆锥角 δ_1	$\tan\delta_1 = z_1/z_2$
齿顶高 h_a	$h_a = m$	分度圆锥角 δ_2	$\tan\delta_2 = z_2/z_1$
齿根高 h_f	$h_f = 1.2m$	外锥距 R	$R = mz/\sin\delta$
齿高 h	$h = h_a + h_f = 2.2m$	齿顶角 θ_a	$\tan\theta_a = 2\sin\delta/z$
齿顶圆直径 d_a	$d_a = d + 2h_a = m(z + 2\cos\delta)$	齿顶角 θ_f	$\tan\theta_f = 2.4\sin\delta/z$
齿根圆直径 d_f	$d_f = d - 2h_f = m(z - 2.4\cos\delta)$	齿宽 b	$b = (0.2 \sim 0.35)R$

（2）圆锥齿轮的规定画法

① 单个圆锥齿轮的画法（图 6-43）　在投影为圆的视图中，用粗实线画出大端和小端的齿顶圆，用点画线画出大端分度圆，大、小端齿根圆及小端分度圆均省略不画；在剖视图中，用粗实线表示齿顶线和齿根线，用细点画线表示分度线，而轮齿按不剖处理。若不画成剖视图，则齿根线可省略不画。除轮齿按上述规定画法绘制外，其余部分按投影规律绘制，如图 6-43 所示。

② 圆锥齿轮啮合的画法（图 6-44）　画啮合图时，啮合区外按单个圆锥齿轮的画法绘制，啮合区内按以下规定绘制。

a. 在剖视图中，啮合区的画法与圆柱齿轮相同。若不作剖视，啮合区内用粗实线绘制节锥线即可，如图 6-44（a）所示。

b. 在投影为圆的视图中，两齿轮的节圆投影相切，被遮挡部分省略不画，如图 6-44（b）所示。

（3）圆锥齿轮的零件图

圆锥齿轮的零件图如图 6-45 所示。

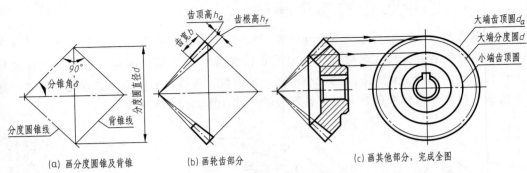

(a) 画分度圆锥及背锥　　(b) 画轮齿部分　　(c) 画其他部分，完成全图

图 6-43　单个圆锥齿轮的画法

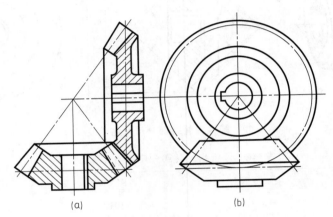

(a)　　　　　　(b)

图 6-44　圆锥齿轮啮合的画法

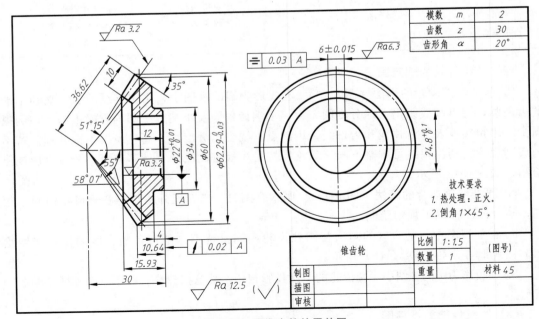

模数	m	2
齿数	z	30
齿形角	α	20°

技术要求
1. 热处理：正火。
2. 倒角 1×45°。

锥齿轮		比例	1:1.5	（图号）
		数量	1	
制图		重量		材料 45
描图				
审核				

图 6-45　圆锥齿轮的零件图

*6.6.5　蜗轮蜗杆的规定画法

　　蜗杆、蜗轮具有结构紧凑、传动平稳、传动比大等优点，但传动效率低。一般情况下，蜗杆为主动，蜗轮为从动，用于减速运动。

　　蜗杆的头数相当于螺杆螺纹的线数，常用单头和双头。蜗轮可看成一斜齿轮，为了增加传动时的接触面积，常将蜗轮的外圆柱面加工为凹形环面。

　　(1) 蜗轮、蜗杆的画法

　　① 蜗杆的画法　蜗杆一般选用一个视图，其画法与圆柱齿轮相同。蜗杆齿形可用局部剖视图或局部放大图表示，如图6-46所示。

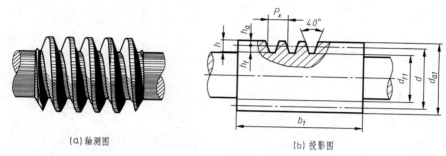

(a) 轴测图　　　　　　　　(b) 投影图

图6-46　蜗杆的画法

　　② 蜗轮的画法　在投影为圆的视图中，用粗实线画齿顶外圆，用点画线画出分度圆即可，喉圆与齿根圆均省略不画；在剖视图中，轮齿画法与圆柱齿轮相同，如图6-47所示。

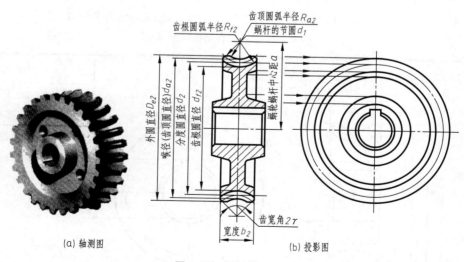

(a) 轴测图　　　　　　　　(b) 投影图

图6-47　蜗轮的画法

　　(2) 蜗轮蜗杆啮合的画法

　　在剖视图中，蜗杆和蜗轮的重合部分，只画蜗杆。在蜗轮投影为圆的视图中，蜗杆和蜗轮按各自的规定画法绘制，啮合区的蜗杆的分度线与蜗轮的分度圆投影相切，蜗杆的齿根线可省略不画，如图6-48所示。

(3) 蜗轮、蜗杆的零件图

蜗轮、蜗杆的零件图如图 6-49、图 6-50 所示。

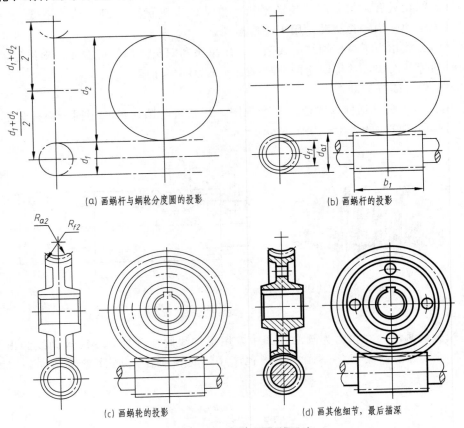

(a) 画蜗杆与蜗轮分度圆的投影

(b) 画蜗杆的投影

(c) 画蜗轮的投影

(d) 画其他细节,最后描深

图 6-48　蜗轮蜗杆啮合的画法

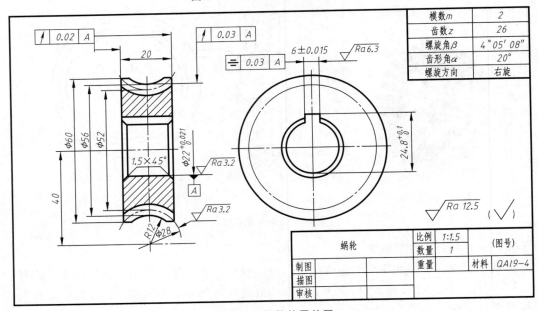

模数 m	2
齿数 z	26
螺旋角 β	4°05′08″
齿形角 α	20°
螺旋方向	右旋

蜗轮	比例	1:1.5	(图号)
	数量	1	
制图	重量		材料　QA19-4
描图			
审核			

图 6-49　蜗轮的零件图

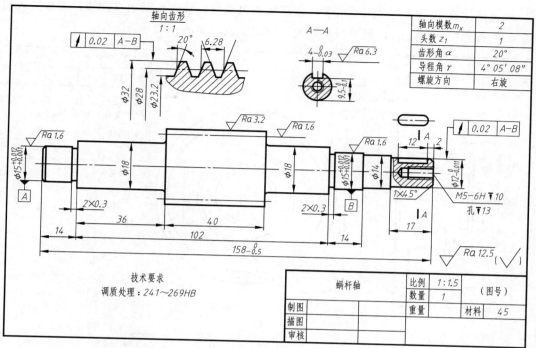

图 6-50 蜗杆的零件图

*6.6.6 链轮的规定画法

链轮轮齿与齿条的链节啮合，如图 6-51 所示，细点画线表示链条。在水平投影上，细点画线与轮齿的中心线连成一体，如图 6-51（a）、（c）所示；在垂直投影上，点画线与分度圆如图 6-51（b）所示。

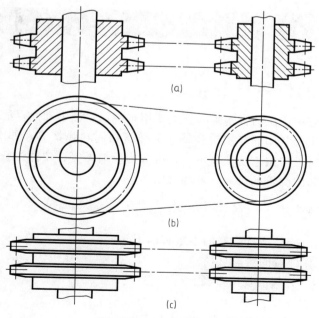

(a)

(b)

(c)

图 6-51 链轮啮合画法

机械制图规定，链轮在剖视图中，齿顶线画粗实线，分度线画细点画线，齿根线画粗实线。机械制图还规定，在剖视图中轮齿不画剖面线，如图 6-52 所示。

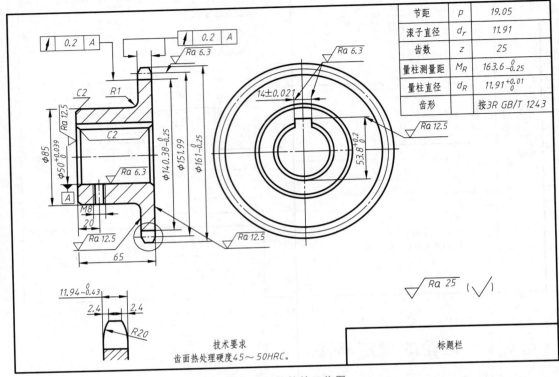

节距	p	19.05
滚子直径	d_r	11.91
齿数	z	25
量柱测量距	M_R	$163.6_{-0.25}^{0}$
量柱直径	d_R	$11.91_{0}^{+0.01}$
齿形		按3R GB/T 1243

技术要求
齿面热处理硬度45～50HRC。

标题栏

图 6-52　链轮的工作图

6.7

弹簧

6.7.1　弹簧的作用与分类

弹簧是工程上应用广泛的常用零件，主要用来减振、测力和储存能量等。

弹簧的种类很多，常用的有螺旋弹簧、板弹簧和涡卷弹簧等，如图 6-53 所示。其中圆柱螺旋弹簧更为常见，按承受载荷不同，可分为压缩弹簧、拉伸弹簧、扭转弹簧等，本节仅介绍圆柱螺旋压缩弹簧的尺寸计算和规定画法。

6.7.2　圆柱螺旋压缩弹簧的参数

如图 6-54 所示，圆柱螺旋弹簧的参数有以下几项。

① 线径 d　制作弹簧的簧丝直径。

② 弹簧中径 D　弹簧的规格直径。

弹簧内径 D_1：弹簧的最小直径，$D_1 = D - d$。

弹簧外径 D_2：弹簧的最大直径，$D_2 = D + d$。

(a)圆柱螺旋弹簧　　　　　　(b)涡卷弹簧

图 6-53　常用的弹簧

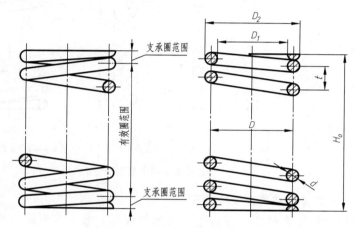

图 6-54　圆柱螺旋弹簧的参数名称

③ 节距 t　除支承圈外，相邻两圈沿中心线的轴向距离。一般 $t=(D/3)\sim(D/2)$。

④ 支承圈数 n_2　为使弹簧受力均匀，放置平稳，将弹簧两端并紧磨平，起支承作用，这部分圈数称为支承圈数。支承圈有 1.5 圈、2 圈、2.5 圈三种，2.5 圈较为常见。

有效圈数 n　弹簧上保持相同节距的圈数。除支承圈外，中间各圈受力变形时，均保持节距相等，它是计算弹簧受力与位移的主要依据。

总圈数 n_1　弹簧的有效圈与支撑圈的圈数之和，即：$n_1=n+n_2$。

⑤ 自由高度（或自由长度）H_0　弹簧在不受外力时的高度（或长度），即：$H_0=nt+(n_2-0.5)d$。

⑥ 弹簧的展开长度 L　制造弹簧的簧丝长度，即：$L\approx\pi D_2 n_1$。

6.7.3　圆柱螺旋压缩弹簧的规定画法

（1）圆柱螺旋压缩弹簧的画法

圆柱螺旋压缩弹簧可画成视图、剖视图或示意图。

① 圆柱螺旋压缩弹簧的规定画法如下。

a. 圆柱螺旋弹簧在平行于轴线的投影面上的投影，其各圈的轮廓线应画成直线。

b. 无论是左旋或右旋，螺旋弹簧均可画成右旋，但左旋要加注 "LH"。

c. 螺旋压缩弹簧两端的支承圈不论多少圈，均按 2.5 圈绘制。当有效圈数 $n>4$ 时，只需画出有效圈 1~2 圈，中间部分可省略不画，而用通过中径的两条细点画线连接即可。当中间部分省略后，允许适当地缩短图形的长度。

② 圆柱螺旋压缩弹簧的画图步骤　如图 6-55 所示，已知弹簧的中径 D、簧丝直径 d、节距 t 和圈数，先计算出自由高度 H_0，剖视图按下列步骤作图。

a. 根据 D 和 H_0 画矩形。

b. 根据簧丝直径 d，画支撑圈的圆和半圆。

c. 根据节距画有效圈部分的圆。

d. 按右旋方向作相应圆的公切线及剖面线，加深，完成作图。

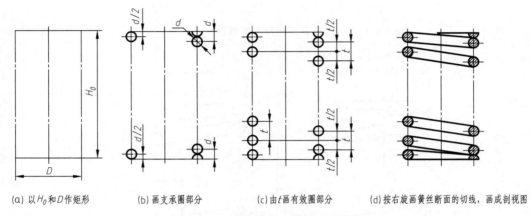

（a）以 H_0 和 D 作矩形　　（b）画支承圈部分　　（c）由 t 画有效圈部分　　（d）按右旋画簧丝断面的切线，画成剖视图

图 6-55　圆柱螺旋压缩弹簧的画法

（2）圆柱螺旋压缩弹簧在装配图中的画法

① 在装配图中，被弹簧挡住的结构按不可见处理，一般不画出，可见部分的轮廓线只画到弹簧钢丝的断面轮廓线或中心线处，如图 6-56（a）所示。

② 当簧丝直径 $d \leq 2mm$ 时，断面可以涂黑表示，而且不画各圈的轮廓线，如图 6-56（b）所示。

③ 当簧丝直径 $d \leq 1mm$ 时，允许采用示意画法，如图 6-56（c）所示。

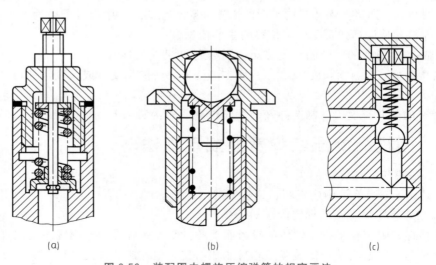

（a）　　　　　　　　（b）　　　　　　　　（c）

图 6-56　装配图中螺旋压缩弹簧的规定画法

(3) 圆柱螺旋压缩弹簧的零件图（图 6-57）

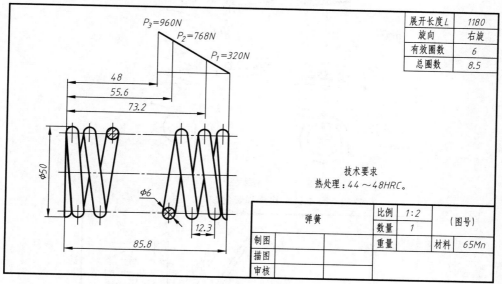

展开长度 L	1180		
旋向	右旋		
有效圈数	6		
总圈数	8.5		

技术要求
热处理：44～48HRC。

弹簧		比例	1:2	（图号）
		数量	1	
制图		重量		材料	65Mn
描图					
审核					

图 6-57 圆柱螺旋压缩弹簧的零件图

*6.7.4 其他弹簧的画法

(1) 拉伸弹簧

拉伸弹簧可画成视图、剖视图或示意图（图 6-58）。其簧丝直径 d、中径 D_2 与压缩弹簧相同。

拉伸弹簧的工作图如图 6-59 所示。

(2) 扭转弹簧

扭转弹簧的视图、剖视图和示意图画法如图 6-60 所示。

扭转弹簧的工作图如图 6-61 所示。

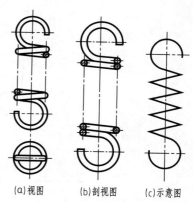

(a)视图　(b)剖视图　(c)示意图

图 6-58 拉伸弹簧的规定画法

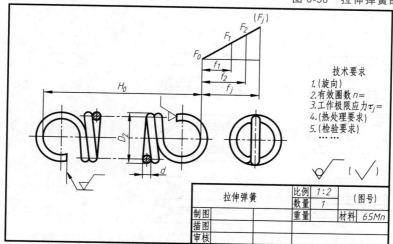

技术要求
1.(旋向)
2.有效圈数 $n=$
3.工作极限应力 $\tau_j=$
4.(热处理要求)
5.(检验要求)
……

拉伸弹簧		比例	1:2	（图号）
		数量	1	
制图		重量		材料	65Mn
描图					
审核					

图 6-59 拉伸弹簧的工作图

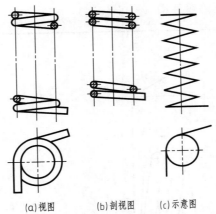

(a)视图　　　(b)剖视图　　(c)示意图

图 6-60　扭转弹簧的规定画法

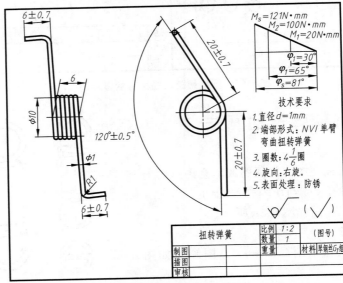

图 6-61　扭转弹簧的工作图

(3) 蝶形弹簧

蝶形弹簧的视图、剖视图和示意图画法如图 6-62 所示。

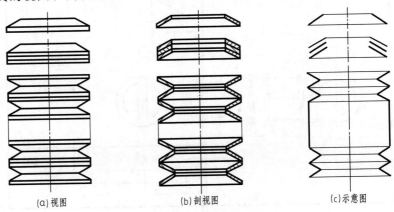

(a)视图　　　　　　(b)剖视图　　　　　　(c)示意图

图 6-62　蝶形弹簧的规定画法

蝶形弹簧的工作图如图 6-63 所示。

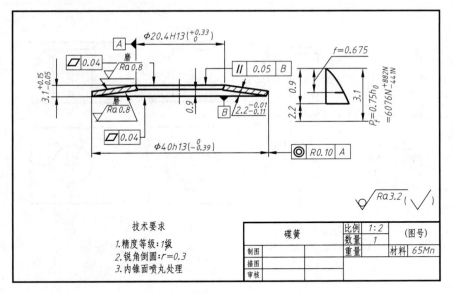

图 6-63 蝶形弹簧的工作图

6.8

6.8.1 基础训练

【题 6-1】 分析下列图中螺纹画法的错误，并画出正确的图形。

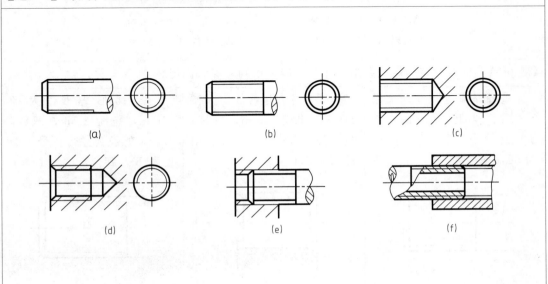

【题 6-2】 选择正确的答案。

①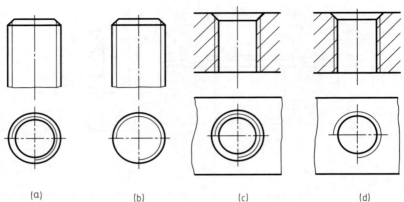

(a)　　　　　　　(b)　　　　　　　(c)　　　　　　　(d)

A. （a）、（b）正确　　　　B. （b）、（d）正确

C. （a）、（c）正确　　　　D. 只有（d）正确

②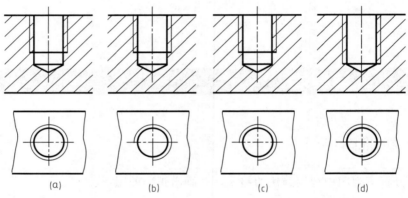

(a)　　　　　　　(b)　　　　　　　(c)　　　　　　　(d)

A. （a）、（b）正确　　　　B. （b）、（d）正确

C. 只有（b）正确　　　　D. 只有（c）正确

【题 6-3】 根据给定的螺纹数据，在图上作出正确的螺纹标记。

①细牙普通螺纹，大径24mm，螺距 1.5mm，右旋，螺纹公差带代号：中径为 5g，顶径为 6g。	②粗牙普通螺纹，大径24mm，螺距 3mm，右旋，螺纹公差带代号：中径、顶径均为 6H。	③梯形螺纹，大径26mm，螺距 5mm，双线，右旋，螺纹公差带代号：中径为 7e。旋合长度为 L。
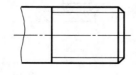	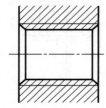	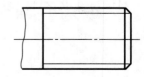

④非螺纹密封的管螺纹，尺寸代号 3/4，公差等级 A。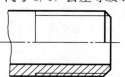	⑤用螺纹密封的管螺纹，尺寸代号 3/4。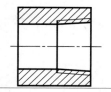	⑥用螺纹密封的管螺纹，尺寸代号 3/4。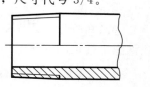

【题 6-4】 根据螺纹的标注，查表填空。

① 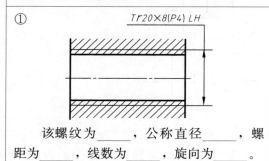 该螺纹为_____，公称直径_____，螺距为_____，线数为_____，旋向为_____。	② 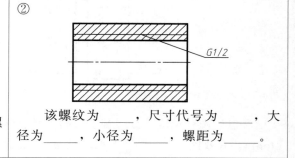 该螺纹为_____，尺寸代号为_____，大径为_____，小径为_____，螺距为_____。

【题 6-5】 分析下列图中画法的错误，画出正确的视图，并按给定的螺纹要素进行尺寸标注。

①粗牙普通螺纹，大径 16mm，螺距 2mm，中径、顶径公差带代号均为 6g。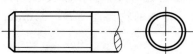	②细牙普通螺纹，大径 16mm，螺距 1mm，中径、顶径公差带代号均为 7H。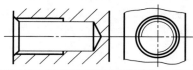
③内、外螺纹连接画法。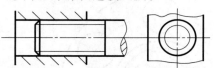	④外螺纹全部旋入时连接画法。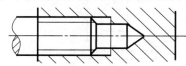

【题 6-6】 指出下列螺纹连接画法中的错误，并分析错误的原因。

（1）螺栓连接　　　　（2）螺柱连接　　　　（3）螺钉连接

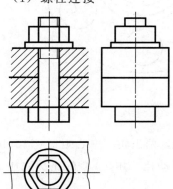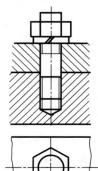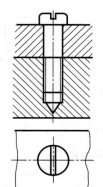

【题 6-7】 根据要求，用 1：1 的比例画出轴承和弹簧。

①已知阶梯轴，支承轴肩处直径为 25mm，分别用规定画法和示意画法按 1：1 的比例画出轴承的下半部分。

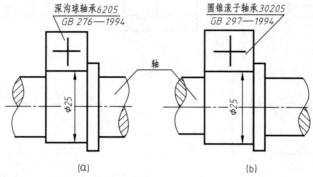

②已知圆柱螺旋压缩弹簧簧丝的直径 $d=6$mm，弹簧外径为 $D=56$mm，节距 $t=10$mm，有效圈数 $n=7$，支承圈数 $n_2=2.5$，左旋。用 1：1 的比例画出弹簧的全剖视图。

【题 6-8】 补全直齿圆柱齿轮的主、左视图，并查表标注键槽尺寸。其主要参数为：模数 $m=3$mm，齿数 $z=33$，齿宽 $b=20$mm，加工有平键槽的轮孔直径 $D=24$mm。

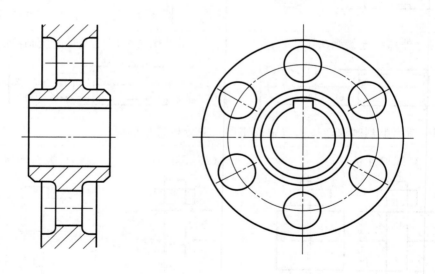

【题 6-9】 已知大齿轮的模数 $m=4$mm，齿数 $z_2=38$，两齿轮的中心矩 $a=110$mm，试计算大小两齿轮分度圆、齿顶圆和齿根圆的直径及传动比。用 1：2 的比例完成下列直齿圆柱齿轮的啮合图。

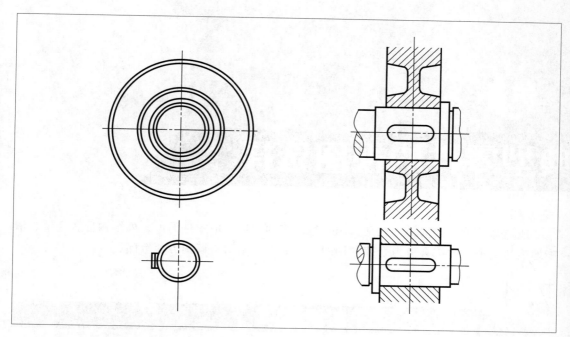

6.8.2 提高训练

【题 6-10】 选择一组合适的标准件，完成联轴器的连接与紧定。

要求：（1）查表确定标准件的规格；（2）完成在装配图上的连接画法；（3）在指引线上对标准件进行简化标注。

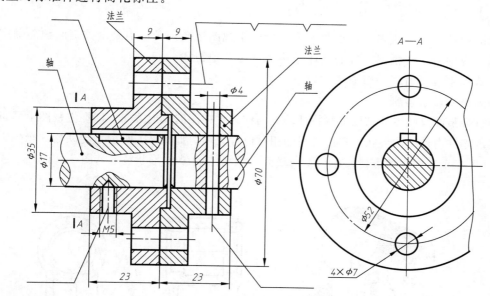

第 **7** 章

典型零件的视图选择

所谓零件的视图选择，就是选用一组恰当的图形，把零件的内、外结构形状完整、清晰地表达出来，并综合考虑合理利用图纸幅面以及画图与读图方便等问题。

7.1 视图选择的一般原则

表达一个零件所选用的一组图形，应在深入分析零件形状结构特点的基础上，能完整、正确、清晰、简明地表达各组成部分的内外形状和结构，便于标注尺寸和技术要求，且绘图简便。首先选好主视图，再选择其他视图和表达方法。

7.1.1 主视图的选择原则

绘图和读图时一般多从主视图入手，所以主视图选择是否恰当是个关键问题。确定了零件的主视图后，再根据零件的具体结构来选定其他视图。

在选择主视图时，一般应考虑以下原则。

(1) 结构特征原则

应选择最能反映零件结构形状特征的方向作为主视图的投射方向，即在主视图上尽可能多地展现零件内外结构形状及它们之间的相对位置关系。如图 7-1 所示是传动器的箱体，对 A、B、C 三个方向投影进行比较，A 向最能显示箱体的结构形状特征 [图 7-1 (b)]。选择

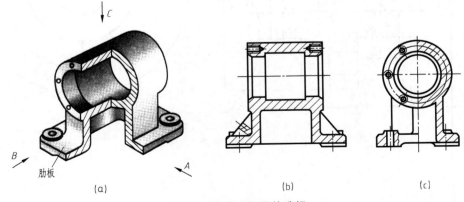

图 7-1 箱体主视图的选择

好主视图方向后，还要考虑安放位置。

（2）加工位置原则

主视图的安放位置与零件在机械加工时的装夹位置保持一致，加工时看图方便。如轴、套类零件的加工，大部分工序是在车床或磨床上进行，因此一般将其轴线水平放置画出主视图，如图7-2所示。这样，在加工时可以直接进行图物对照，既便于看图，又可减少差错。

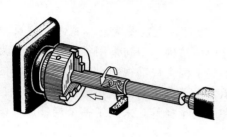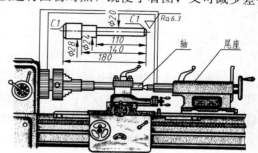

图7-2 轴类零件的加工位置

（3）工作位置原则

主视图应尽量表示零件在机器（或部件）中的安装和工作位置，如图7-3所示的吊钩。由于主视图按照零件的实际工作位置或安装位置绘制，看图者很容易通过头脑中已有的形象储备将其与整台机器或部件联系起来，从而获取某些信息；同时，也便于与其装配图直接对照（装配图通常按其工作位置或安装位置绘制），以便于看图。

7.1.2 其他视图的选择

对于结构形状较复杂的零件，只画出主视图不能完全反映其结构形状，对主视图中没有表达清楚的结构形状特征和相对位置，必须选择其他视图，采用合适的表达方法来补充表达。

图7-3 吊钩的工作位置

具体选用时，应注意以下两点。

① 所选视图应有明确的表达重点，各个视图所表达的内容应彼此互补，注意避免不必要的重复。在完整表达零件结构形状的前提下，使视图的数量为最少。

② 应根据零件的复杂程度、结构特点及表达需要，将视图、剖视、断面、简化画法等各种表达方法加以综合应用，恰当地重组，尽量少画或不画虚线。

7.2
轴套类零件

由于每个零件在机器（或部件）中的作用各不相同，所以其结构形状也就千变万化。为了便于分析和掌握，根据零件的作用和结构特点，大致可以将其分为轴套类、盘盖类、叉架类、箱体类四种类型。

7.2.1 结构特点

轴套类零件包括各种转轴、销轴、衬套、轴套等。这类零件在机器或部件中起着支承和传递动力的作用。其主体结构由直径不同的同轴回转体组成，构成阶梯状。轴上加工有键槽、轴肩、倒角、销孔、螺纹退刀槽、砂轮越程槽、中心孔等。它们的毛坯一般采用棒料，主要在车床和磨床上加工。

图 7-4 所示的传动轴是铣刀头部件上的一个主要零件，主视图为基本视图，它反映出轴的主体结构形状。左、右两端的局部剖视表达键槽的结构，中间采用了断开画法；为了表示键槽的形状，在键槽的正上方按第三角画法配置了两个局部视图；为了表示键槽的深度和便于标注键槽尺寸，用两个移出断面图来表示，由于移出断面画在剖切平面的延长线上，故未标注；为了反映出退刀槽的宽度、深度和圆角半径等，采用了一个局部放大图来表达。这样该轴及其上面的结构就表达清楚了。

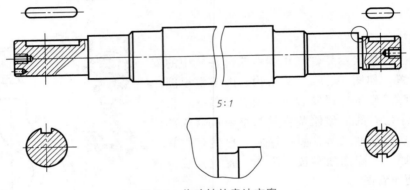

5:1

图 7-4　传动轴的表达方案

根据轴套类零件的特点，其常用的表达方法可归纳如下。

① 轴套类零件一般在车床和磨床上加工，画图时应按加工位置将轴线水平放置，键槽和孔结构尽量朝前。通常采用垂直于轴线的方向作为主视图的投影方向。

② 轴套类零件主要结构形状是回转体，一般只画一个主视图。实心轴不必剖，对于轴上的键槽、孔等，可以作移出断面。砂轮越程槽、退刀槽等小结构可用局部放大图表达，过长的轴可采用断开画法。对空心轴或套，则用全剖或局部剖表示。

7.2.2　典型零件的表达

【例 7-1】　根据图 7-5（a）所示轴的立体图，选择适当的表达方案进行表达。

图 7-5（a）所示的零件属于轴类零件，一般用来支承传动件、传递动力和起轴向定位作用。该零件由若干段回转体组合而成，轴上有轴肩、键槽、螺纹、螺纹退刀槽、倒角等结构。

该零件一般在车床上加工，主视图按加工位置（轴线水平）放置，以垂直轴线方向作为主视图的投影方向，它不仅表达了轴的结构特点，还使其符合车削、磨削加工位置，便于加工看图，如图 7-5（b）所示。

该轴为实心轴，当轴上键槽放在前方，主视图不用剖视，如图 7-5（b）中方案 I 所示，用 A—A 移出断面表示键槽的深度，用局部放大图表示轴上的螺纹退刀槽的结构。

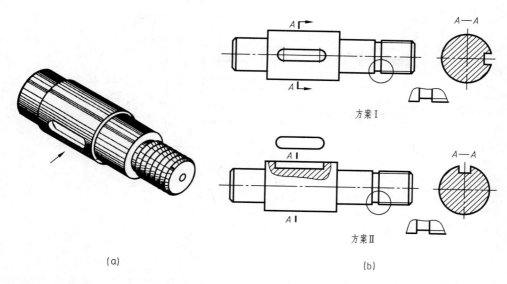

图 7-5　轴的视图表达

也可以将键槽向上放置，如图 7-5（b）中方案Ⅱ所示，主视图用局部剖表示键槽深度，并在主视图上方画出键槽的局部视图表示键槽实形，同时画出 $A—A$ 移出断面，主要用来标注键槽的尺寸和技术要求。

　　根据上述分析，方案Ⅰ和方案Ⅱ均清楚表达了零件的结构形状，但方案Ⅰ更简练，故确定按方案Ⅰ表达该零件。

　　【例 7-2】　根据图 7-6 所示轴套的立体图，选择适当的表达方案进行表达。

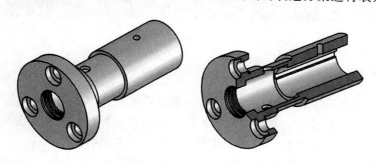

图 7-6　轴套的立体图

　　图 7-6 所示的零件属于轴套类零件，该零件由若干段回转体组合而成，轴上有轴肩、键槽、螺纹、孔等结构。

　　该零件主要在车床上加工，因此主视图轴线水平放置，以垂直轴线方向作为主视图的投影方向，便于加工看图，如图 7-7 主视图所示。

　　该轴为空心轴，主视图采用全剖视表达内部结构，同时表达左端面上的阶梯孔、中间和右侧上下方向上的小孔；为表达左端面上阶梯孔的分布情况，可用局部视图表达，右侧内孔孔壁上键槽的深度及分布情况，可用移出断面表达。

　　① 画主视图。主视图采用全剖视，由于左端面上的阶梯孔绕回转轴线均匀分布，因此直接将阶梯孔旋转到剖切平面上进行剖切。

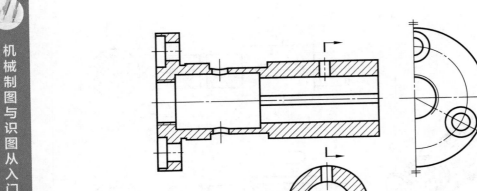

图 7-7　空心轴的表达方案

　　② 画左端面局部视图。该局部视图前后对称，考虑到图纸大小，可采用简化画法，仅画出对称的一半，并在对称的点画线两端画两段平行的细实线，表示对称关系。由于按照投影关系配置，中间又没其他图形隔开，因此省略标注。

　　③ 画移出断面。为表达右侧内孔孔壁上键槽的深度及分布情况，增加一个移出断面，放在其默认位置，省略字母，但图形前后不对称，剖切符号和投影方向不能省略。

7.3　盘盖类零件

7.3.1　结构特点

　　盘盖类零件有各种手轮、齿轮、法兰盘、端盖及压盖等。这类零件在机器或部件中主要起传动、支承或密封作用。其结构形状比较复杂，它主要是由同一轴线不同直径的若干回转体组成，零件上常有凸台、凹坑、键槽、螺孔、销孔和肋板等结构。

　　图 7-8 所示的轴承盖，在装配体中起连接、轴向定位和密封作用。该零件主要以车削为主，主视图按加工位置将轴线水平放置，全剖来表达轴承盖的主要结构，左视图反映轴承盖的端面形状和孔的分布。选择方案时可选 A 和 B 作为主视图投影方向。取 A 向主视图并全剖，符合加工位置，注上尺寸后看图方便。如果取 B 向主视图，显然形状特征明显，但不如选 A 向看图方便。

　　根据盘盖类零件的特点，其常用的表达方法可归纳如下。

　　① 这类零件毛坯有铸件或锻件，主要为回转体，主要在车床上加工，选择主视图时一般按加工位置将轴线水平放置，对于加工时并不以车削为主的箱盖，可按工作位置放置。

　　② 通常采用两个视图。主视图常用剖视图表达孔、槽等内部结构，另一视图则表达外形轮廓和各组成部分如孔、肋、轮辐等的相对位置。

　　③ 也常采用一些局部放大图、断面图和简化画法表达结构。

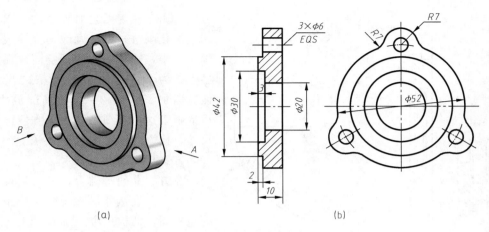

图 7-8　轴承盖的表达方案

7.3.2　典型零件的表达

【例 7-3】　根据图 7-9 所示端盖的立体图，选择适当的表达方案进行表达。

如图 7-9 所示，该零件属于盘盖类零件，此类零件的结构特点是其基本形状是扁平的盘状，主体部分多为回转体，上面设计有沉孔、凸台、凸缘等结构，它们主要也是在车床上进行加工，零件的径向尺寸远大于其轴向尺寸。

该零件的主视图要按加工位置选择，轴线水平放置，常用全剖视图或半剖视图表达内部的孔、槽等结构。此外，还需用左（或右）视图表示外形和阶梯孔在圆周上的分布情况，必要时用局部放大图表达 V 形槽的结构。

根据上述分析，这里选用了三种方案进行比较。

方案Ⅰ：如图 7-10 所示。

图 7-9　端盖的立体图

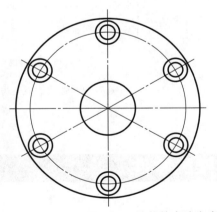
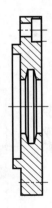

图 7-10　端盖的表达方案Ⅰ

主视图主要表达阶梯孔分布情况和机件的外形，左视图全剖用来表示内部的孔和槽的结构。此表达方案的缺点是主视图不符合加工位置，没有按照加工位置原则来选用主视图，而是采用结构特征原则来选用的。

方案Ⅱ：如图 7-11 所示。

该方案在方案Ⅰ的基础上，按照加工位置原则来选用主视图，比较合理，加工时看图

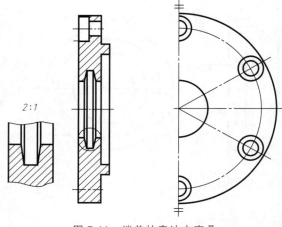

图 7-11　端盖的表达方案Ⅱ

方便。由于左视图是对称结构，因此采用了简化画法，以点画线为分界线，只画了一半，这样节省图纸空间。在此基础上，为了便于内部 V 形槽的尺寸标注，增加了一个 2：1 的局部放大图，可清晰表达内部细小结构并方便标注其尺寸，比方案Ⅰ更加合理。

方案Ⅲ：如图 7-12 所示。

在方案Ⅱ的基础上，考虑到尺寸标注，舍去了表达外形和阶梯孔分布情况的左视图，结构也唯一确定，表达更加简单，六个阶梯孔的分布情况由尺寸即可确定。

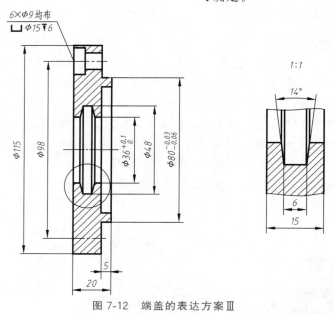

图 7-12　端盖的表达方案Ⅲ

7.4　叉架类零件

7.4.1　结构特点

叉架类零件包括各种连杆、拨叉、支架、支座等。这类零件大都起支承其他零件的作用，其结构比较复杂，通常由支承、安装、连接三部分组成。支承部分一般为圆筒、半圆筒或带圆弧的叉；安装部分为方形或圆形底板，其上多有光孔、沉孔、凹槽等结构；连接部分常为各种形状的肋板。由于它们的形状比较复杂，且不规则，因此常有不完整和倾斜的形体。

如图 7-13 所示，支架的左上方圆筒部分为轴承，是其工作部分，用来支承轴。圆筒左边凸缘的中间开槽，并带有圆柱孔及螺孔［图 7-13（b）］，以便装入螺钉后可以将轴夹紧在轴承孔内。托架右下方的"┌"形安装板是安装部分，板的右下方相互垂直的加工面为其安装面，垂直板上的两个孔为安装孔，左边锪平部分用来支承螺钉头部或螺母。由于轴承处在安装板的左上方，因此用倾斜的连接板连接，并加上一个与它垂直的肋板以增强连接部分的强度。

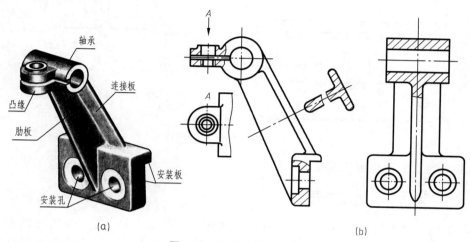

图 7-13 支架的表达方案

图 7-13（b）所示为支架的表达方案。主视图能反映支架三个组成部分的形状特征和相对位置，并用局部剖视图以表达左上方的圆柱孔与螺孔以及下部安装孔的结构。左视图主要表达安装板的形状和安装孔的位置以及连接板、肋板和轴承的宽度，在上部画成局部剖视图以表达轴承孔。为了表达凸缘的外形，另画出 A 局部视图。连接板和肋板的断面形状，用移出断面表达。

图 7-14 所示座体为铣刀头部件上的一个主要零件，该座体在铣刀头部件中起支承作用，其上部设计成圆筒状，两端的轴孔支承轴承，其轴孔直径与轴承外径一致。两侧外端面设计有与端盖连接的螺纹孔。中间部分孔的直径大于两端孔的直径，可以直接铸造出，不必加工。座体的底板是一带圆角的方形板，有四个安装孔，以便于将铣刀头安装在铣床的适当位置。为了安装平稳并减少加工面，底板下面的中间部分是一个通槽。座体的上下两部分用支承板和肋板连接。主视图按照座体的工作位置和特征位置确定，为了表达座体的内部结构，主视图采用全剖视。左视图表达了座体各部分的相对位置关系，并表达座体左右两端面螺纹孔的分布情况、底板与圆柱体之间的连接关系以及底板上安装孔的情况；为了表达底板的实形以及安装孔的位置，采用了局部视图表示。

根据叉架类零件的特点，其常用的表达方法可归纳如下。

① 常以工作位置放置，主视图常根据结构特征选择，以表达它的形状特征、主要结构和各组成部分之间的关系。

② 根据零件的具体结构形状，常选用两个以上基本视图来表达主要结构形状，并在基本视图上作适当剖视来表达内部形状。用局部视图、斜视图或局部剖视等方法表达倾斜

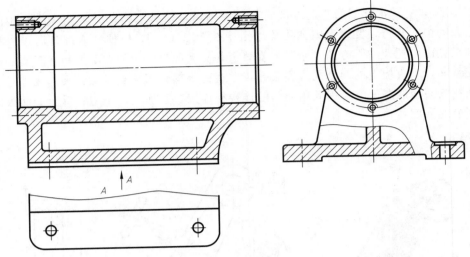

图 7-14　座体的表达方案

部分形状，复杂的肋板则用断面图表示。

7.4.2　典型零件的表达

【例 7-4】　根据图 7-15 所示凸轮支架的立体图，选择适当的表达方案进行表达。

如图 7-15 所示，该零件属于叉架类零件，主要起支承其他零件的作用，其结构比较复杂，主要由支承、安装、连接三部分组成。

该零件需经多道工序加工，主视图一般按工作位置来确定，并采用多个基本视图表达主要结构形状，在基本视图上作适当剖视表达内部形状。用局部视图表达部分形状，复杂的肋板则可用断面图表示。

方案 I：如图 7-16 所示。

用主、俯、左三个基本视图表达外形结构，增加 *A—A* 和 *C—C* 剖视图表达其上三个光孔和两个螺纹孔的内部结构以及下部肋板的厚度，并用 *B—B* 断面图表示底板上的通孔。

图 7-15　凸轮支架的立体图

虽然这 6 个图形已把该零件的内、外结构表达出来了，但每个图形的表达侧重点单一，且有重复，从整体上看显得繁杂而不清晰。

方案 II：如图 7-17 所示。

该方案在上述方案I的基础上进行了整合、改进，用了 5 个图形来表达。主视图画成 *A—A* 的全剖视图，主要表达零件的内部结构以及各部分间的相对位置关系。俯视图为 *B—B* 剖视图，主要表达中部凸缘的厚度及其上的螺孔深度和底板的形状。采用一个局部视图 *C* 表达中部凸缘的形状。还有两个移出断面图来表达上、下部肋板的断面实形和厚度。

此方案完整地表达了零件的内、外结构，且视图简练，每一图形的表达重点突出，整体效果突出，所以优于图 7-16 所示的表达方案。

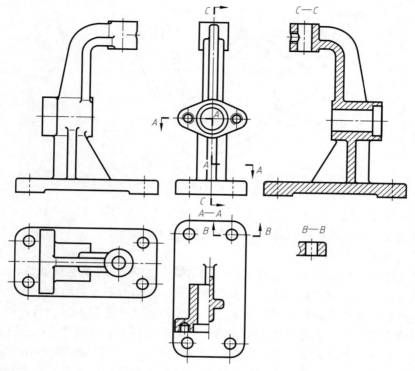

图 7-16 支架的表达方案 I

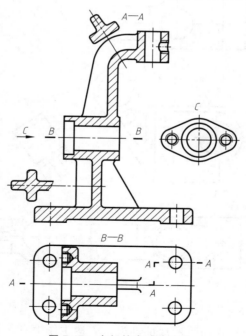

图 7-17 支架的表达方案 II

【例 7-5】 根据图 7-18 所示摇臂座的立体图，分析比较图 7-19、图 7-20、图 7-21 三种表达方案。

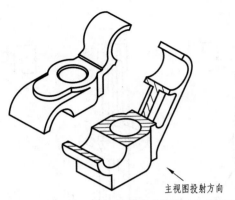

主视图投射方向

图 7-18 摇臂座的立体图

对于某一零件来说，表达方案往往不是唯一的，因此，在绘制零件图时，应尽可能多地考虑几种表达方案，从中进行比较，以选定最佳的表达方案。

方案 I ：如图 7-19 所示。

首先确定零件的放置位置及主视图的投影方向，如图 7-18 箭头所指方向。采用主视图表达前后方向上形体的外形结构，主视图表达后，主体及其连带的左右两个回转形体的宽度、上方凸台的实形及相对位置需要表达，可采用俯视图进行表达。为表示主体下端的实形，采用仰视图表达。在此基础上增加 $B—B$ 全剖左视图表达主体中间上下方向上的通孔结构，$A—A$ 全剖视图表示左侧前后方向的通孔结构，$C—C$ 局部剖视图表达右侧的圆柱孔、肋板厚度及前后的位置关系。$D—D$ 局部剖视图表示肋板和中间主体的连接关系。

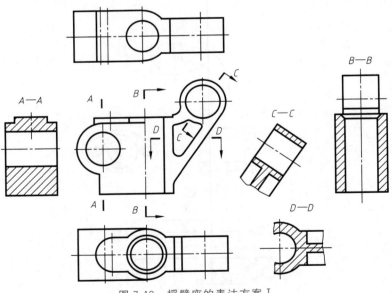

图 7-19 摇臂座的表达方案 I

方案 II ：如图 7-20 所示。

在方案 I 的基础上，主视图采用局部剖视，表达主体中有一个上下方向的通孔，可省去方案 I 中的 $B—B$ 全剖视图。俯视图左侧采用局部剖，表达左侧前后方向通孔的结构，可省去方案 I 中的 $A—A$ 全剖视图。俯视图右侧采用局部剖，表示肋板的厚度及前后方

向的相对位置，可省去 D—D 局部剖
视图。为表示主体下端的实形，将仰视
图换成 B 向局部视图表达，简单明了。
主体右侧的圆柱孔依然采用 C—C 局部
剖视图表达，同时将肋板与右侧圆柱体
的相对位置表达清楚。

方案Ⅲ：如图 7-21 所示。

该表达方案在方案Ⅱ的基础上，将
俯视图与 B 向局部视图合并，俯视图
中增加表达主体下端实形的虚线，从而
省略 B 向局部视图。而左侧的圆柱孔
则采用 B—B 全剖视图表达，其余与表
达方案Ⅱ相同。

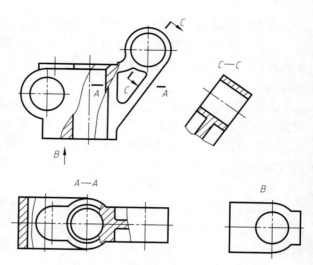

图 7-20　摇臂座的表达方案Ⅱ

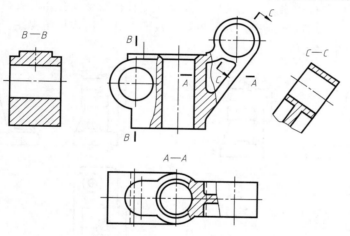

图 7-21　摇臂座的表达方案Ⅲ

上述方案中，方案Ⅰ采用了主、俯、仰和左视图来表达该零件的外形，又用了 A—
A、B—B、C—C 和 D—D 四个剖视图来表达零件的内部结构形状，虽然这个方案把零
件表达清楚了，且做到了正确、完整和清晰，但有的图形重复、多余。

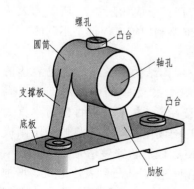

图 7-22　轴承座的立体图

方案Ⅱ采用了主、俯两个基本视图，在主、俯视图
上分别采用了局部剖视。又用了一个 B 向局部视图和
C—C 剖视图。这样零件的内外部结构形状都表达清楚
了。和方案Ⅰ相比较，除做到正确、完整、清晰外，还
做到了简练，是一个较好的表达方案。

方案Ⅲ采用了主、俯两个基本视图，在主、俯视图
上分别采用了局部剖视。但为了在俯视图中保留虚线以
表达下端实形，又增加了一个 B—B 全剖视图，反而没
有方案Ⅱ好。

【例 7-6】　根据轴承座的立体图（图 7-22），选用合
理的表达方案进行表达。

该零件的功能是用来支撑轴类零件的，主要包括五个形体：圆筒、支撑板、肋板、底板、凸台。圆筒为轴承座的工作部分；支撑板连接圆筒和底板；肋板连接圆筒和底板，起加强作用；底板为整个零件的基础，起固定和安装作用；凸台及其上的螺孔是装油杯用来加油润滑的。

该零件一般要经多种工序加工而成，先铸造成毛坯，再经切削加工。轴孔及两端面、底板的底面及各凸台顶面、螺孔、光孔均需切削加工。要求最高的表面为轴孔表面，在车床或镗床上加工。因而主视图主要按工作位置和形状特征确定。由于零件结构较复杂，需三个以上的基本图形，常采用视图、剖视图、断面图等方法来表达内外结构。

方案Ⅰ：如图 7-23 所示。

首先按工作位置和形状特征选择主视图。如图 7-23 主视图所示。该方向反映了轴承座的工作位置，还对各主、次结构的形状、相对位置和连接关系，表达得更多、更清楚。从主体结构考虑，主视图画外形图即可，底板上的两个通孔用虚线表示。

为了表达轴承座各部分的前后位置关系、支撑板厚度、肋板的形状及圆柱筒长度和轴孔是否相通，可用左视图表达。左视图主要反映主轴孔与螺纹孔相对关系和连接情况，考虑到内外形兼顾，画成局部剖视。为了表达底板的形状，需增加俯视图。

方案Ⅱ：如图 7-24 所示。

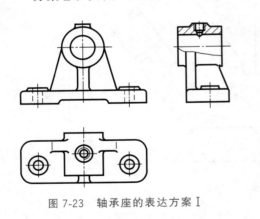

图 7-23　轴承座的表达方案Ⅰ

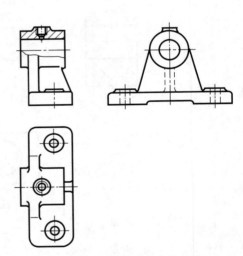

图 7-24　轴承座的表达方案Ⅱ

若以图 7-23 的左视图为主视图，也能反映形体的结构特征，形成如图 7-24 所示的表达方案。显然，这一方案在俯视图的视图平衡、稳定和图纸、屏幕利用等方面都是不利的。

方案Ⅲ：如图 7-25 所示。

经分析，发现 3 个凸台、1 个螺纹孔的形状、位置、与主体结构的关系等都已表达清楚。底板上的两个光孔是通孔，在图中用虚线表达，可在图 7-25 主视图中取局部剖视表示（虽然可以用尺寸标注表明通孔，但不如用图表达利于读图）。支撑板与肋板的垂直关系虽然可以从三个视图中分析出来，但不明显、清晰，不利于读图。可考虑将俯视图画成全剖视图，同时去掉了对圆筒的重复表达，简便了画图，使底板形状完整清楚。

在方案Ⅰ和方案Ⅱ中，左视图画成局部剖视虽然可内外兼顾，但下部凸台表达重复，增加画图量，不如改为全剖视清晰、鲜明、画图量小，且对底面凹槽表达有利，如图 7-25 左视图所示。

方案Ⅳ：如图 7-26 所示。

在图 7-25 中，支撑板与肋板的垂直关系可考虑用移出断面图表示，这样 A—A 全剖的俯视图可换成底板的局部视图表达，形成图 7-26 所示的方案。

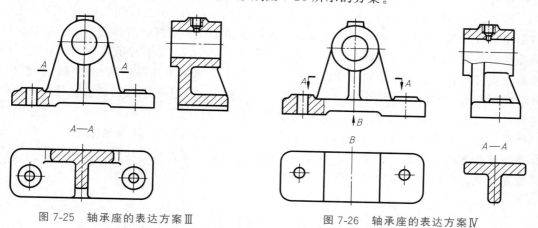

图 7-25　轴承座的表达方案Ⅲ　　　　　　　图 7-26　轴承座的表达方案Ⅳ

7.5

箱体类零件

7.5.1　结构特点

箱体类零件包括各种阀体、泵体、箱体、机壳等。这类零件在机器或部件中一般用来支承和包容其他零件，因此结构较为复杂。

图 7-27 是减速箱体的轴测图，这类零件的结构特点是：

① 根据其作用常有内腔、轴承孔、凸台和肋等结构；

② 为了安装零件和箱体再安装在机座上，常有安装板、安装孔和螺纹孔等结构；

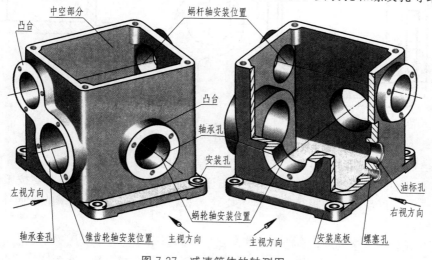

图 7-27　减速箱体的轴测图

③ 为了防尘，通常要使箱体密封，此外又为了使箱体内的运动零件得到润滑，箱体内要注入润滑油，因此箱壁部分常有安装箱盖、轴承盖、油标、油塞等零件的凸台、凹坑、螺孔等结构。

图 7-28 为图 7-27 所示箱体的表达方案。沿蜗轮轴线方向作主视图的投影方向。主视图采用平行面剖切的局部剖视图，主要表示锥齿轮轴轴孔和蜗杆轴右轴孔的大小以及蜗轮轴孔前后凸台上螺孔的分布情况。左视图采用全剖，主要表达蜗杆轴孔和蜗轮轴孔之间的相对位置与安装油标和螺塞的内凸台形状。俯视图主要用来表达箱体顶部和底板的形状，并用局部剖表示蜗杆轴左轴孔的大小。采用 $B—B$ 局部剖视图表达锥齿轮轴轴孔内部凸台的形状。用 $E—E$ 局部剖视图表示油标孔和螺塞孔的结构形状。C 向局部视图表达左面箱壁凸台的形状和螺孔位置，其他凸台和附着的螺孔可结合尺寸标注清晰表达。D 向视图表达底板底部凸台的形状。至此，箱体顶部端面和箱盖连接螺孔及底板上的四个安装孔虽没有剖切到，但可结合标注尺寸确定其深度。

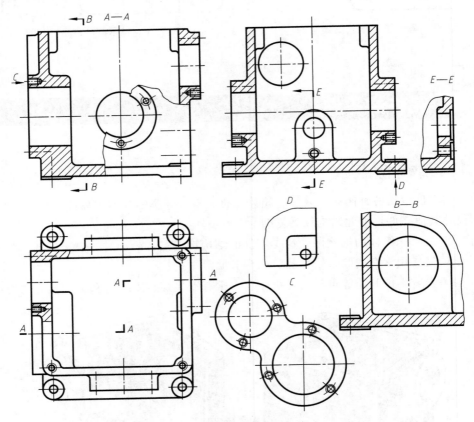

图 7-28 箱体的表达方案

根据上述特点，箱体类零件的表达方案可归纳如下。

① 这类零件多为铸件，一般要经多种工序加工而成，因而主视图主要按工作位置和形状特征确定，以最能反映形体特征、主要结构和各组成部分相互关系的方向作为主视图的投影方向。

② 根据结构的复杂程度，在选用视图数量最少的原则下，通常采用三个或三个以上的视图，并适当选用剖视图、局部视图、断面图等表达方式，每个视图都应有表达的重点内容。

7.5.2 典型零件的表达

【例7-7】 根据阀座的立体图（图7-29），选用恰当的表达方案进行表达。

图7-29所示阀座由四部分组成，属于箱体类零件，这类零件由于加工工艺复杂，主视图的选择主要考虑工作位置原则和结构特征原则。多用基本视图加适当剖视表达。对于某些局部结构可用局部视图表示。

方案Ⅰ：如图7-30所示。

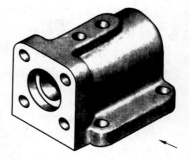

图7-29 阀座的立体图

主视图按箭头所指方向投影，选择单一剖切平面剖切的全剖视图，同时，选择了俯、左、右三个基本视图表达。

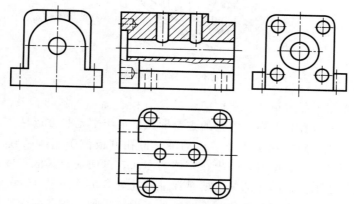

图7-30 阀座的表达方案Ⅰ

方案Ⅱ：如图7-31所示。

在方案Ⅰ的基础上，把左、右视图改为局部视图表达，与方案Ⅰ采用的基本视图相比，基本视图表达的完整性略强，用局部视图则更突出表达重点。

方案Ⅲ：如图7-32所示。

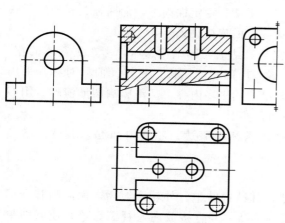

图7-31 阀座的表达方案Ⅱ

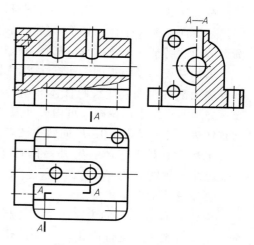

图7-32 阀座的表达方案Ⅲ

该方案将左右两个视图进行结合，左视图采用两个平行剖切面剖切的半剖视图表达，代替了方案Ⅱ中的两个局部视图，采用了三个视图表达，更为简练清楚。

三种表达方案相比较，方案Ⅲ优于方案Ⅰ和方案Ⅱ。

【例 7-8】 根据汽车转向器壳体的立体图（图 7-33），选用合理的表达方案进行表达。

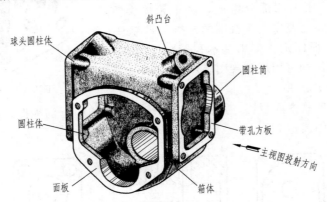

图 7-33 壳体的立体图

汽车转向器壳体主要由箱体、圆柱筒、带孔方板、面板、斜凸台及凸起等部分组成，箱体是中空的，用来包容其他零件，它的主要形状是上半部是长方形柱体，下半部是轮廓为直线与圆弧的柱体；圆柱筒里主要装传动轴，带孔方板位于箱体两侧，上有安装用螺孔；面板轮廓由圆弧及直线组成，凸出在箱体的左面，以便安装其他零件；斜凸台在箱体上侧，上有螺孔便于加油；凸起部分主要是保证螺孔处有足够的强度。

该零件先经铸造成为毛坯再经切削加工。加工面多，加工状态多变。局部工艺结构主要是铸造圆角。

该零件结构复杂，除采用基本视图外还应增加局部视图来表达局部结构，由于该壳体功能为以内腔包容其他零件，故所用的基本视图应以反映内腔形状为主，也要反映外形结构，因此多采用剖视画法。

方案Ⅰ：如图 7-34 所示。

按工作状态选择主视图。主视图投影方向与其工作状态一致。取图中箭头方向为主视图投射方向，表示主体结构形状特征信息量多，平衡、稳定性尚可，能明显、充分地反映圆筒的形状特征、箱体的部分形状特征以及此二者的连接关系。

增加左视图及俯视图，表达主视图未能完全表达的箱体结构形状，考虑到箱体的左、顶外表面上有面板、球头圆柱体和斜凸台等诸多局部功能结构，壳体又前后对称，采用 A—A 和 B—B 半剖视图，可内、外兼顾，附带表达更多内容，又不影响图形清晰。用 C 向视图表达带孔方板，用 E 向斜视图表达斜凸台实形。

上述方案对于箱体右壁外表的球头圆柱体未清晰表达，左壁内凸起未表达。增加 D—D 半剖视图表达。

方案Ⅱ：如图 7-35 所示。

由于 C 向视图目的为表达带孔方板形状，其结构完整，外轮廓封闭，无需画其余部分，对比方案Ⅰ，进行简化，只画带孔方板的形状，并直接放在左视图旁边，使看图更方便。

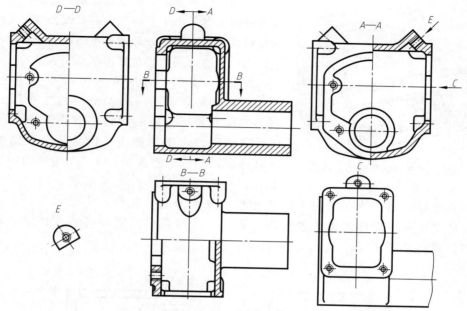

图 7-34 壳体的表达方案Ⅰ

分析方案Ⅰ，$D—D$ 半剖视图所表达的内形，从左、俯、主三视图中很容易分析出来，不致引起误解，可以省去。于是，将 $D—D$ 半视图改为 D 向视图且仅画一半，形成图 7-35 所示的表达方案。

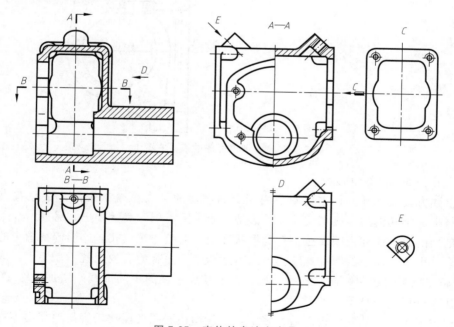

图 7-35 壳体的表达方案Ⅱ

【例 7-9】 根据汽车调温器座的立体图（图 7-36），选用合理的表达方案进行表达。

如图 7-36 所示的汽车调温器座，由左侧连接板、上侧连接板以及连接二者的腔体组成。

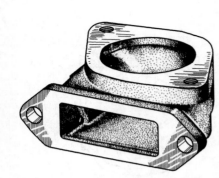

图 7-36　汽车调温器座的立体图

主视图应该按照工作位置原则来选取，可考虑用基本视图表达，由于有内腔，需要做剖视，连接板的形状可以考虑用表达外形的基本视图或局部视图来表达，也可以考虑用适当位置的剖视图表达。

方案Ⅰ：如图 7-37 所示。

该表达方案采用 $A—A$ 全剖的主视图、局部剖的俯视图和平行面剖切的右视图来表达零件的内外结构。该方案视图少，但是每个视图的表达内容过多，图形不够清晰；$A—A$ 主视图中的虚线太多；右视图方孔处的线条很密，层次不清，剖切面位置选择不当，使顶面的大圆柱孔和主空腔形状不完整，不反映直径；俯视图中的局部剖视过于破碎，虚线也太多；等等。这些都会给看图者造成困难，不便于想出零件的完整形状。

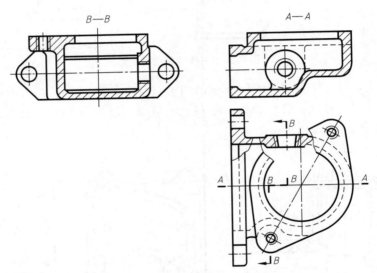

图 7-37　汽车调温器座的表达方案Ⅰ

方案Ⅱ：如图 7-38 所示。

在上述方案的基础上，主视图采用相交面剖切的 $A—A$ 全剖视图，在原有表达的基础上，将上连接板上的连接螺纹孔表达清楚，俯视图不剖，表达外形。另外增加采用一个平行面剖切的 $B—B$ 仰视图表达主空腔形状和腔体后壁的螺纹孔，这样俯视图中的虚线就少了很多。由于形体中的两种螺纹孔已经表达清楚，原有的右视图就不需要了，取而代之用 C 向局部视图表达左侧连接板的形状。为了减少主视图中的虚线，增加一个 D 向局部视图表达形体后侧部分凸台实形。

相比方案Ⅰ，虽然它的视图数目多了，但是却使看图者能比较容易地想出零件的空间形状，因为各个视图表示了各个方向的形状特征。

在选择视图方案时，应该首先考虑看图方便，"在完整、清晰地表示零件形状的前提下，力求制图简便"，而不应只考虑画图省事。这是每一个设计人员应当具有的正确态度。

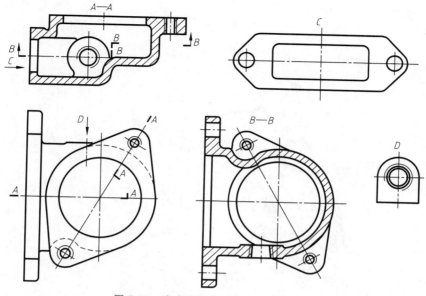

图 7-38 汽车调温器座的表达方案 II

7.6

训练与提高

7.6.1 基本训练

【题 7-1】 根据轴的立体图绘制其零件图。

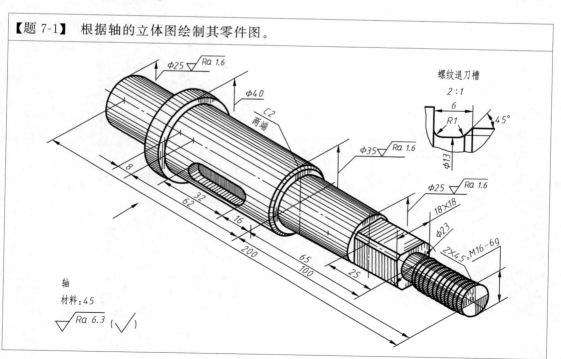

【题 7-2】 根据阀盖的立体图绘制其零件图。

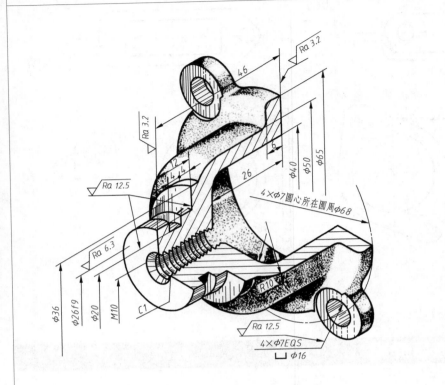

阀盖
材料：ZL101
未注明圆角R2

【题 7-3】 根据踏架的立体图绘制其零件图。

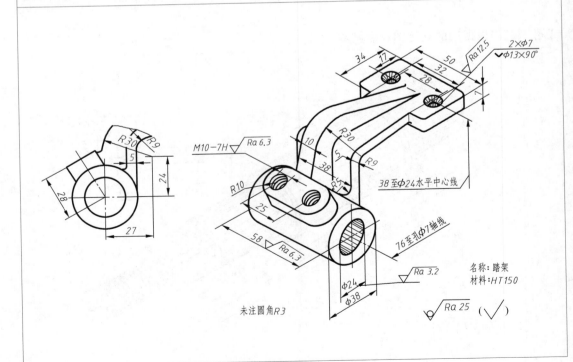

名称：踏架
材料：HT150

未注圆角R3

7.6.2 提高训练

【题 7-4】 根据阀体的立体图绘制其零件图。

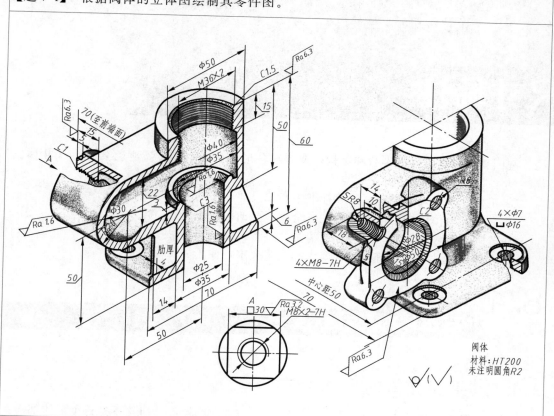

阀体
材料：HT200
未注明圆角R2

第 **8** 章

尺寸标注

视图只能表达机件的形状和结构，要表示各形体的大小和位置则需要进行尺寸标注。标注尺寸时，应注意如下几个要点。

① 正确：所注尺寸应符合国家标准中有关尺寸注法的基本规定（详见第 1 章）。

② 完整：形体结构的尺寸要标注齐全，不要遗漏或重复。

③ 清晰：尺寸标注要布置匀称、清楚、整齐，便于阅读。

④ 合理：尺寸标注要符合设计要求和工艺要求，便于加工和测量。

8.1 基本体的尺寸标注

8.1.1 平面立体的尺寸标注

对于一般的基本形体，应注出长、宽、高三个方向的尺寸，但并不是每个形体都需在形式上注出三个尺寸，对不同的基本形体所标注的尺寸数量和标注形式是不相同的。例如图 8-1 中，四棱柱需注出长、宽、高三个尺寸；正六棱柱可标注正六边形的外接圆直径和高 [图 8-1（c）]，也可标注正六边形的宽度（两棱面距离）和高 [图 8-1（d）]，根据实际情况，可以将正六边形长度尺寸作为参考尺寸注出，并把尺寸数字用括号括起来。

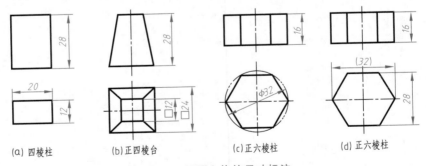

(a) 四棱柱   (b) 正四棱台   (c) 正六棱柱   (d) 正六棱柱

图 8-1 平面立体的尺寸标注

8.1.2 回转体的尺寸标注

如图 8-2 所示，标注圆柱、圆台、圆环等回转体时，通常情况下，在其投影为非圆的视图上注出直径尺寸，且在数字前加注"ϕ"，这样标尺寸还可以省略一个视图；圆球可画一个视图，标注尺寸时，需在直径或半径符号前加注球面符号"S"，即在尺寸数字前加注"$S\phi$"或"SR"。

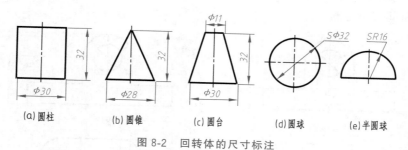

(a)圆柱　　(b)圆锥　　(c)圆台　　(d)圆球　　(e)半圆球

图 8-2　回转体的尺寸标注

8.2 组合体的尺寸标注

8.2.1　尺寸种类

组合体的尺寸有三类：

① 定形尺寸　确定各形体形状和大小的尺寸，如图 8-3（a）中底板的定形尺寸有 70、40、12、2×ϕ10、R10；立板的定形尺寸有 32、12、38、ϕ16；

② 定位尺寸　确定各形体间相对位置的尺寸，如图 8-3（b）中 50、30、8、34；

③ 总体尺寸　确定组合体外形的总长、总宽、总高尺寸。

由于组合体的尺寸总数是所有定形尺寸和定位尺寸之和，因此若加注总体尺寸就会出现多余尺寸。为了保持尺寸的完整性，在加注一个总体尺寸的同时，应去掉一个同方向的定形尺寸［图 8-3（c）中已经标注总高尺寸 50，则需要去掉尺寸 38］。有时，定形尺寸也反映了组合体的总体尺寸，如图 8-3（a）中底板的长 70 和宽 40，它们既是底板的定形尺

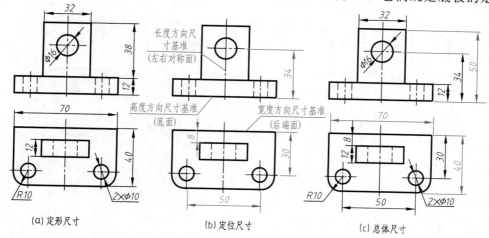

(a) 定形尺寸　　　(b) 定位尺寸　　　(c) 总体尺寸

图 8-3　组合体的尺寸标注（一）

寸，也是组合体的总长和总宽尺寸。

注意：当组合体的一端或两端为回转体时，总体尺寸是不能直接注出的，否则就会出现重复尺寸。如图8-4所示组合体，其总长尺寸（$76=52+2×R12$）和总高尺寸（$42=28+R14$）是间接确定的。

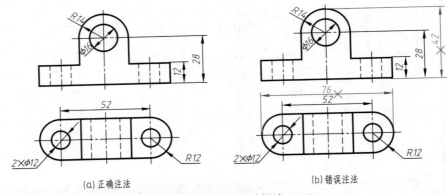

图 8-4　组合体的尺寸标注（二）

8.2.2　尺寸基准

标注和度量尺寸的起点，称为尺寸基准。标注定位尺寸时，必须在长、宽、高三个方向分别至少选定一个尺寸基准，以便确定各形体间的相对位置。通常选择组合体的对称平面、底面、重要端面以及回转体轴线等作为尺寸基准，如图8-3（b）所示的组合体，选择组合体的长度方向对称面、底面、后端面分别作为长度、高度及宽度方向的尺寸基准。

8.2.3　切割体的尺寸标注

对于截切后的形体，除了标注出基本形体的尺寸外，还需要注出确定截平面位置的尺寸，如图8-5（a）～（d）所示。当立体的大小和截平面的位置确定后，截交线是自然形成的，因此截交线上不需要注尺寸，图中画"×"的尺寸不能标注。另外，同一形体的尺寸应尽量集中标注，如图8-5（c）、（d）中圆柱体的尺寸集中标注在主视图中比较好。

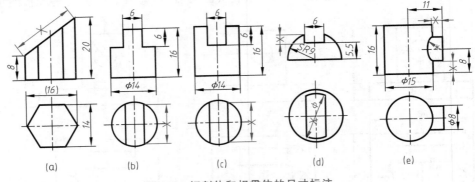

图 8-5　切割体和相贯体的尺寸标注

8.2.4　相贯体的尺寸标注

相贯体的尺寸，除了标注两相交基本体的定形尺寸外，还需注出它们之间的相对位置尺寸，如图 8-5（e）所示。相贯线上不需标注尺寸。

8.2.5　组合体的尺寸标注

标注组合体尺寸，大致有如下几个步骤：

① 按照形体分析法，将组合体分解为若干基本形体；

② 选定尺寸基准，标注各基本形体之间相对位置的定位尺寸；

③ 注出各基本形体的定形尺寸；

④ 检查组合体的总体尺寸。

下面以图 8-6 所示的轴承座为例，说明标注组合体尺寸的方法和步骤。

① 按照形体分析法，轴承座可以看作是由四个基本部分组成，如图 8-6（b）所示。

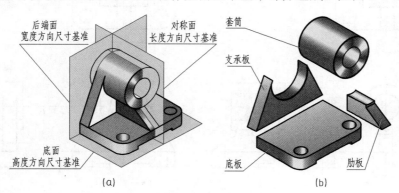

图 8-6　轴承座的形体分析

② 选定尺寸基准，标注定位尺寸。

由轴承座的结构特点可知，底板的下底面是轴承座的安装面，下底面可作为高度方向的尺寸基准；轴承座是左右对称的，对称平面可作为长度方向的尺寸基准；底板和支承板的后端面可作为宽度方向的尺寸基准，如图 8-6（a）、8-7（a）所示。

尺寸基准选定后，按各部分的相对位置标注它们的定位尺寸，如图 8-7（b）所示。

③ 标注出各部分的定形尺寸，如图 8-7（c）～（f）所示。

④ 考虑总体尺寸，轴承座的总长尺寸为 90，总宽是由底板宽 60 和套筒在支承板后面突出部分的长度 6 所决定，总高是由套筒高度位置尺寸 56 和套筒半径 21 所决定。所以不再另注总体尺寸。

最后，还要按形体逐个检查有无遗漏或重复，然后修正和调整。

8.2.6　组合体尺寸标注时应注意的几个问题

为了便于读图，尺寸标注还要布置整齐、清晰。所以在布局尺寸时应注意下列几点。

① 尺寸尽可能标注在反映形体特征的视图上。如图 8-7（c）所示，底板两孔的定位尺寸 66、46 标注在俯视图上，套筒的定位尺寸 6 注在左视图上，则看起来比较明显。

② 同一形体的尺寸应尽量集中标注。如图 8-7（c）中底板上的尺寸 90、60、66、46、$R12$、$2 \times \phi12$ 注在俯视图为好，这样便于看图时查找尺寸。又如图 8-8 所示，（b）图的注法较好，（a）图的注法不好。

③ 直径尺寸尽量注在投影为非圆的视图上，圆弧半径只能注在投影为圆弧的视图上，

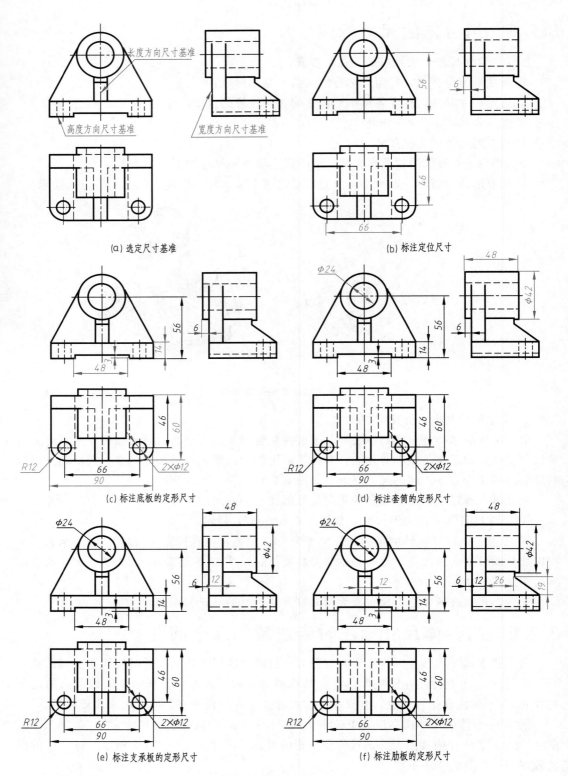

（a）选定尺寸基准

（b）标注定位尺寸

（c）标注底板的定形尺寸

（d）标注套筒的定形尺寸

（e）标注支承板的定形尺寸

（f）标注肋板的定形尺寸

图 8-7 轴承座的尺寸标注

如图 8-7（d）中套筒的外径ϕ42 注在左视图上，图 8-7（c）中底板上的圆角半径 R12 则只能注在俯视图上。又如图 8-9 所示的直径尺寸，（b）图的注法较好，（a）图的注法不好。

④ 尽量避免在虚线上注尺寸。如图 8-7（d）中套筒的孔径ϕ24，注在主视图上是为了避免在虚线上注尺寸。

⑤ 标注同一方向的尺寸时，应将小尺寸放在里边，大尺寸注在外边，以避免尺寸线与尺寸界线相交。如图 8-7（f）主视图中的尺寸 14 与 56、俯视图中的尺寸 46 与 60 及 66 与 90。又如图 8-10 所示，（b）图的注法清晰，（a）图的注法错误。

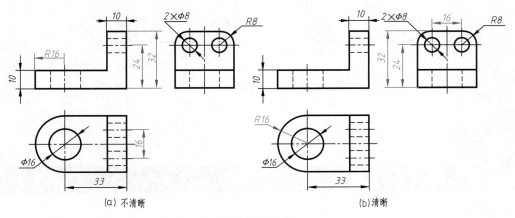

图 8-8　尺寸的清晰布置（一）

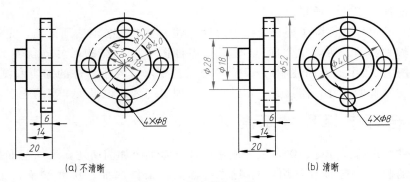

图 8-9　尺寸的清晰布置（二）

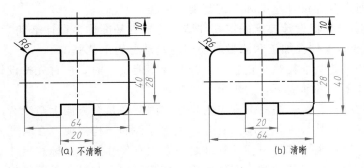

图 8-10　尺寸的清晰布置（三）

⑥ 同一方向上连续标注几个尺寸时，应尽量配置在同一条尺寸线上。如图 8-7（f）左视图中的尺寸 6、12、26。

⑦ 为保持图形清晰，尺寸应注在视图的外部，当图形简单清晰或注在外部不方便时，也可注在视图内部 [图 8-7（f）左视图中的尺寸 12、26]。与两个视图有关的尺寸，尽量注在两视图中间，如图 8-7（f）主视图中的尺寸 14、56 注在主、左视图之间。又如图 8-11 所示，（b）的注法清晰，（a）的注法不好。

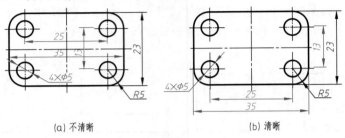

图 8-11　尺寸的清晰布置（四）

8.3 零件尺寸标注的合理性

零件的加工和检验是根据零件图上标注的尺寸来进行的。尺寸标注的正确与否，会直接影响零件的加工工艺和质量。

零件图上的尺寸标注除了要符合组合尺寸标注的要求，必须达到正确、完整、清晰以外，还需要做到合理。所谓"合理"，是指在零件图上所标注的尺寸既能符合设计要求（能保证零件在机器中的使用性能），又能符合工艺要求（便于零件的加工和测量）。要做到合理的标注零件的尺寸，需具有一定的设计、加工工艺知识以及丰富的生产实践经验。

8.3.1　合理选择尺寸基准

在对零件图进行尺寸标注时，首先应选好尺寸基准。如前所述，尺寸基准是标注尺寸和度量尺寸的起点，它通常选用零件上的对称面、工作底面、接触端面、主要回转面轴线。

尺寸基准通常分为设计基准和工艺基准两大类。

① 设计基准　根据设计要求确定零件结构位置的基准称为设计基准。

② 工艺基准　零件在加工和测量时使用的基准称为工艺基准。

设计基准和工艺基准往往是重合的，当两者不能统一时，应首先按设计要求来标注尺寸，在满足设计要求的前提下，力求满足工艺要求。

每个零件均有长、宽、高三个方向的尺寸，因此在每个方向上至少有一个标注尺寸或度量尺寸的起点，称其为主要基准。有时，根据零件的结构需要，在某方向上还可增设若干个辅助基准，但在主要基准与辅助基准之间必须有尺寸关联。标注尺寸时，通常选择零件的对称面、主要孔的回转轴线、安装底面、装配定位面和重要端面等作为某个方向上的尺寸基准。

如图 8-12 所示，轴承座的底面为高度方向的主要基准，也是设计基准，由此出发标注轴承孔中心高度 30 和总高 57；顶面为高度方向的辅助基准，也是工艺基准，由此标注顶面上螺孔的深度尺寸 10。

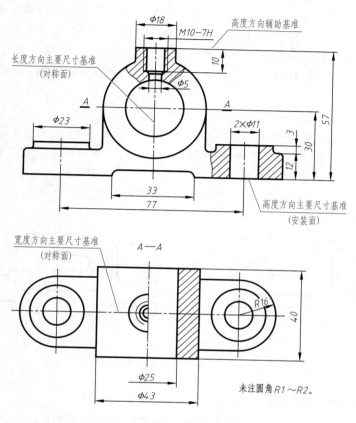

图 8-12　轴承座的尺寸基准选择

图 8-13 所示为一轴，其直径方向的尺寸基准（也称径向基准）为轴线，它既是设计基准，又是工艺基准，长度方向尺寸基准一般根据零件的设计要求，选轴的左端面作为长度方向尺寸基准（也称为轴向基准），从图 8-13（b）该轴的加工状态可以看出，在车床上加工该轴时，车刀每一次车削的最终位置，都是以右端面为基准来定位的。因此，右端面即为轴向尺寸的工艺基准。

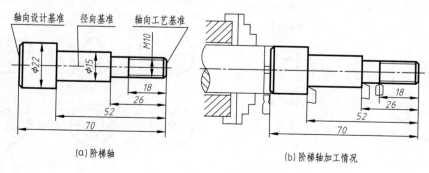

(a) 阶梯轴　　　　　　　　　　(b) 阶梯轴加工情况

图 8-13　阶梯轴的设计基准与工艺基准

8.3.2 合理标注尺寸的一般原则

(1) 重要的尺寸直接标注

零件的重要尺寸应从设计基准直接注出，使其在加工过程中能得到保证，以达到其设计要求。所谓重要尺寸，是指会影响零件工作性能的尺寸，如有配合关系表面的尺寸、零件中各结构间的重要相对位置尺寸及零件的安装位置尺寸等，如图 8-12 中轴承孔中心高 30。重要尺寸若需经过换算而得出，它就会受到其他尺寸加工误差积累的影响，而难以达到设计要求。

(2) 不要将尺寸标注成封闭的尺寸链

在图 8-7 (a) 中，既注出了每段长度尺寸 A、B、C，又注出了总长 L，这样的尺寸首尾相接形成了封闭的尺寸链，此时尺寸链中任一环的尺寸误差等于其他各环尺寸的加工误差之和，无法同时满足各环的加工精度，将给加工造成困难。在标注尺寸时，常在 A、B、C、L 各段中把次要的一个尺寸空着不注，以便将加工误差集中到这个尺寸段中，如图 8-14 (b) 所示。

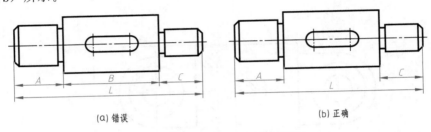

(a) 错误　　　　　　　　　　　　　　(b) 正确

图 8-14　不要标注成封闭的尺寸链

(3) 尺寸标注要便于零件的加工和测量

标注尺寸时，在满足设计要求的前提下，应尽量考虑零件加工和测量的方便，避免或者减少专用量具的使用。图 8-15 (b) 中未注长度方向尺寸 A，在加工和检验时测量困难，如果采用图 8-15 (a) 所示的形式标注测量较方便。

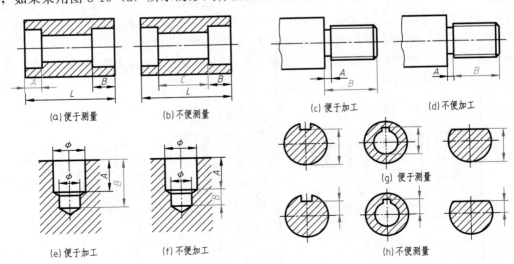

(a) 便于测量　　　(b) 不便测量　　　　　　(c) 便于加工　　　(d) 不便加工

(g) 便于测量

(e) 便于加工　　　(f) 不便加工　　　　　　(h) 不便测量

图 8-15　尺寸标注要便于加工和测量

除了有设计要求外，尽量不从轴线、对称线出发标注尺寸。如图 8-15（h）中所示键槽和截平面的尺寸标注形式，测量较困难且尺寸也不易控制，如果按照 8-15（g）的形式标注就比较好，便于测量。

8.3.3 常见孔的尺寸标注

零件上常见孔的尺寸注法详见表 8-1。可采用旁注与符号相结合的方法标注。

表 8-1 零件上常见孔的尺寸注法

类型		普通注法	旁注法		说　明
螺孔	通孔	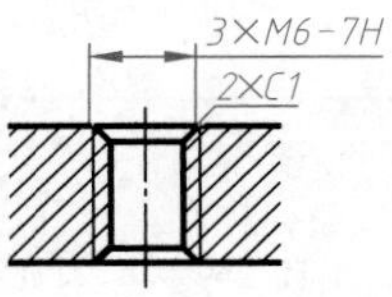 3×M6−7H 2×C1	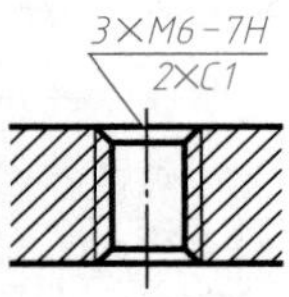 3×M6−7H 2×C1 	3×M6−7H 2×C1	表示 3 个公称直径为 6 的螺孔，"2×C1"表示两端倒角均为 C1
	不通孔	3×M6 EQS	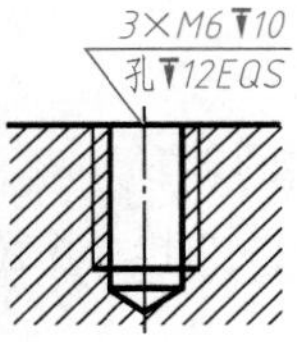 3×M6▼10 孔▼12EQS 	3×M6▼10 孔▼12EQS	表示 3 个公称直径为 6，螺纹孔深为 10，光孔深为 12，均匀分布的螺孔
光孔	一般孔	4×φ4	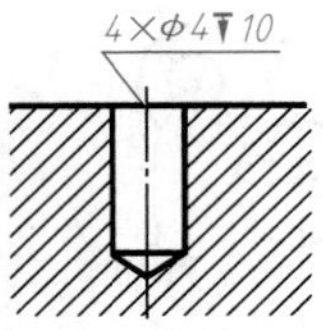 4×φ4▼10 	4×φ4▼10	表示 4 个公称直径为 4，深度为 10 的光孔
	锥销孔	该孔无普通注法	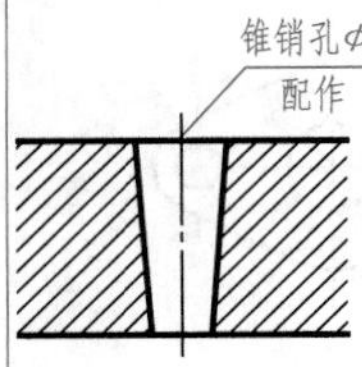 锥销孔φ4 配作 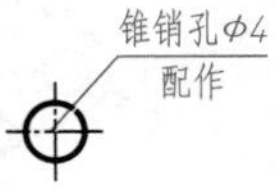	锥销孔φ4 配作	φ4 为与锥销孔相配的圆锥销小头直径。"配作"是指该孔与相邻零件的同位锥销孔一起加工

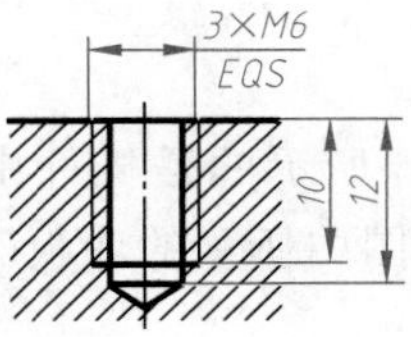

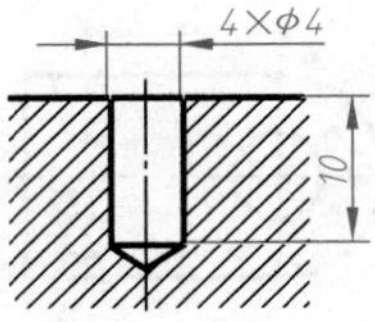

类型		普通注法	旁注法		说　明
沉孔	锪平面	$\phi 13$　　$4×\phi 6.6$	$4×\phi 6.6$　$\sqcup\phi 13$	$4×\phi 6.6$　$\sqcup\phi 13$	锪平面$\phi 13$的深度不需要标注，一般锪平到不出现毛面为止
	锥形沉孔	$90°$　$\phi 13$　$6×\phi 6.6$	$6×\phi 6.6$　$\vee\phi 13×90°$	$6×\phi 6.6$　$\vee\phi 13×90°$	表示直径为6.6的6个锥形沉孔
	柱形沉孔	$\phi 11$　6.8　$4×\phi 6.6$	$4×\phi 6.6$　$\sqcup\phi 11\,\overline{\underline{\vee}}\,6.8$	$4×\phi 6.6$　$\sqcup\phi 11\,\overline{\underline{\vee}}\,6.8$	表示小直径为6.6，大直径为11，深度为6.8的4个柱形沉孔

8.3.4　常见形体的尺寸标注

　　常见形体的尺寸标注有其一定的标注形式和规律。图 8-16 所示的是机件中常见的一些底板的形状及其尺寸标注形式。标注组合体尺寸时，当遇到图中所示的底板时，应按图例中的尺寸标注形式进行标注。

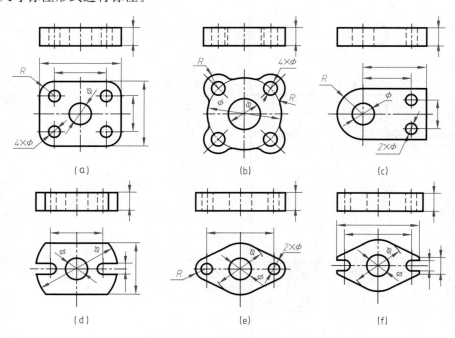

图 8-16　常见形体的尺寸标注

8.3.5 常见工艺结构的尺寸标注

见表 8-2。

表 8-2 零件上常见工艺结构的尺寸注法

零件结构类型		标注方法	说 明
键槽	平键键槽	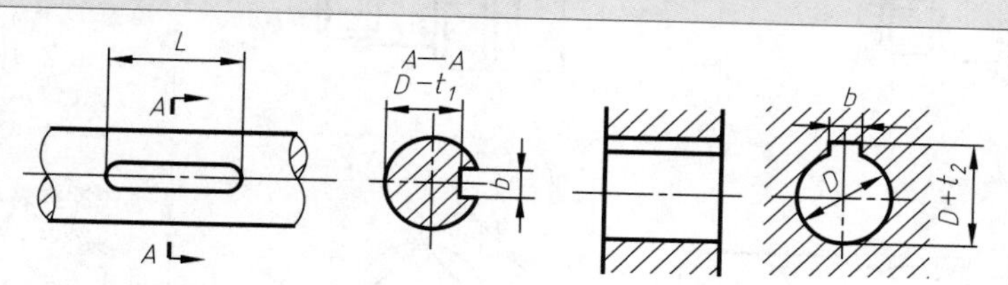	标注 $D-t_1$（或 $D+t_2$）便于测量，D 为轴径或孔径，t_1（或 t_2）为键槽深度
	半圆键键槽	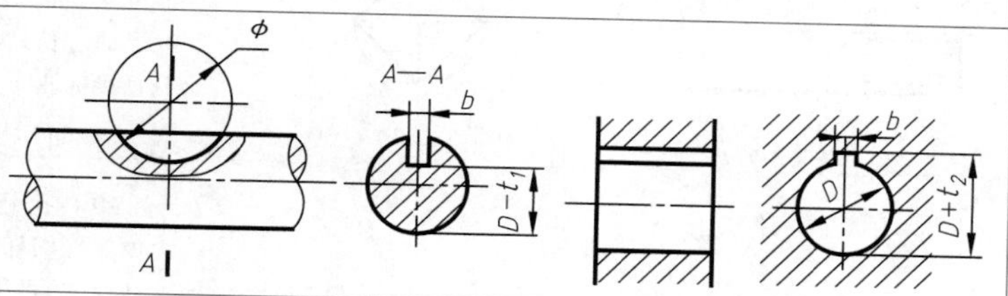	标注直径 ϕ，便于选择铣刀
锥轴锥孔		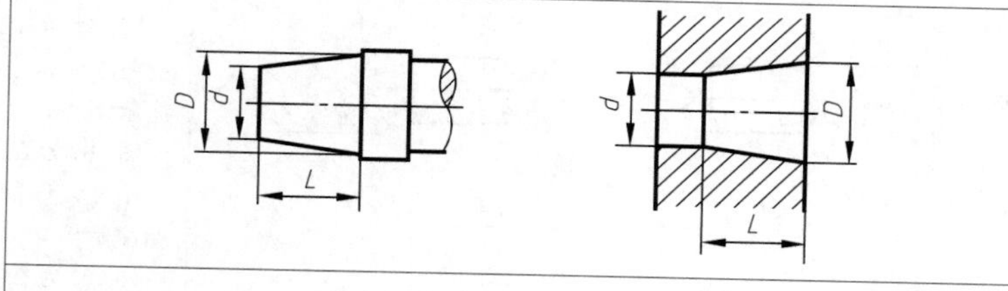	当锥度要求不高时，这样标注便于制造木模
		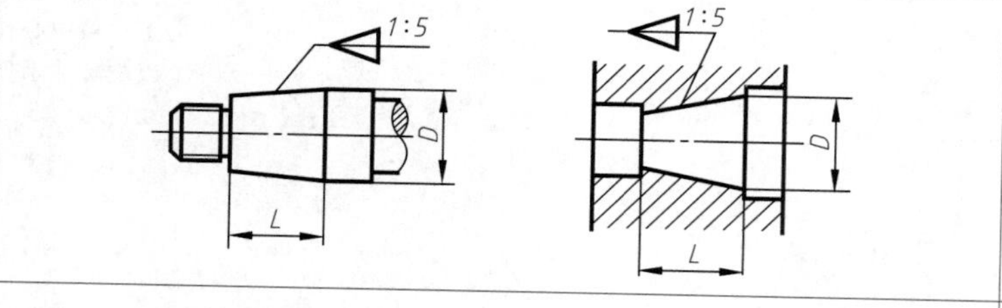	当锥度要求准确并为保证一端直径尺寸时的标注形式
退刀槽砂轮越程槽		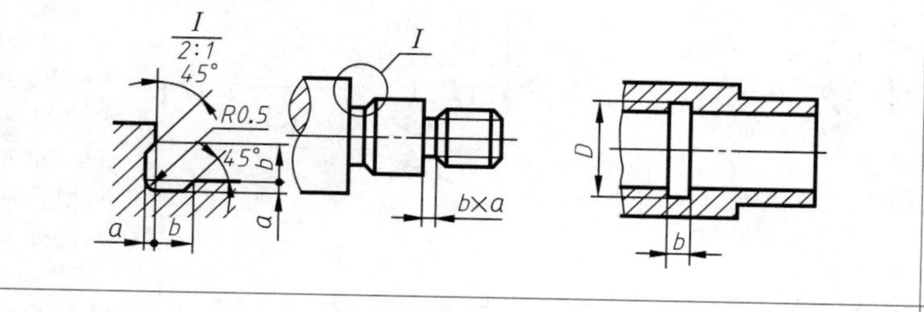	为便于选择割槽刀，退刀槽宽度应直接注出。直径 D 也可直接注出，也可注出切入深度 a
倒角		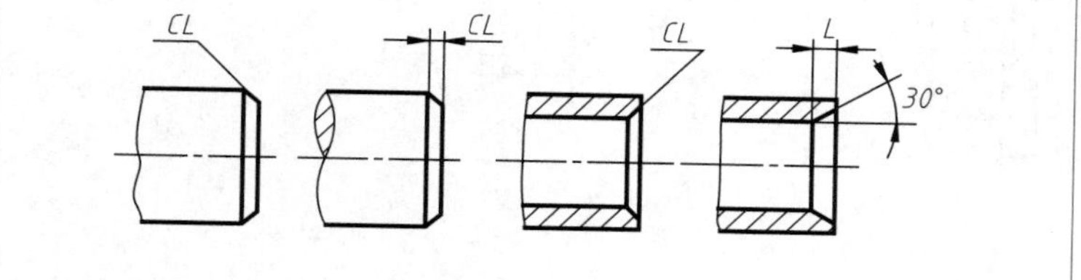	倒角为 45°时，在倒角的轴向尺寸 L 前面加注符号"C"；倒角不是 45°时，要分开标注

257

零件 结构类型	标注方法	说　明
滚花	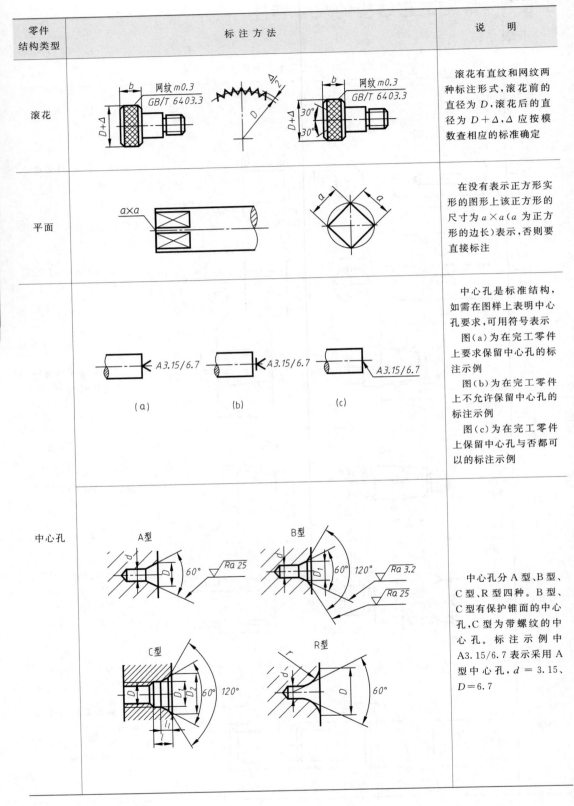	滚花有直纹和网纹两种标注形式；滚花前的直径为 D，滚花后的直径为 $D+\Delta$，Δ 应按模数查相应的标准确定
平面		在没有表示正方形实形的图形上该正方形的尺寸为 $a\times a$（a 为正方形的边长）表示，否则要直接标注
中心孔		中心孔是标准结构，如需在图样上表明中心孔要求，可用符号表示 图（a）为在完工零件上要求保留中心孔的标注示例 图（b）为在完工零件上不允许保留中心孔的标注示例 图（c）为在完工零件上保留中心孔与否都可以的标注示例
中心孔		中心孔分 A 型、B 型、C 型、R 型四种。B 型、C 型有保护锥面的中心孔，C 型为带螺纹的中心孔。标注示例中 A3.15/6.7 表示采用 A 型中心孔，$d=3.15$、$D=6.7$

8.3.6　尺寸的简化注法

见表8-3。

表 8-3　常用尺寸的简化标注

示　例	说　明
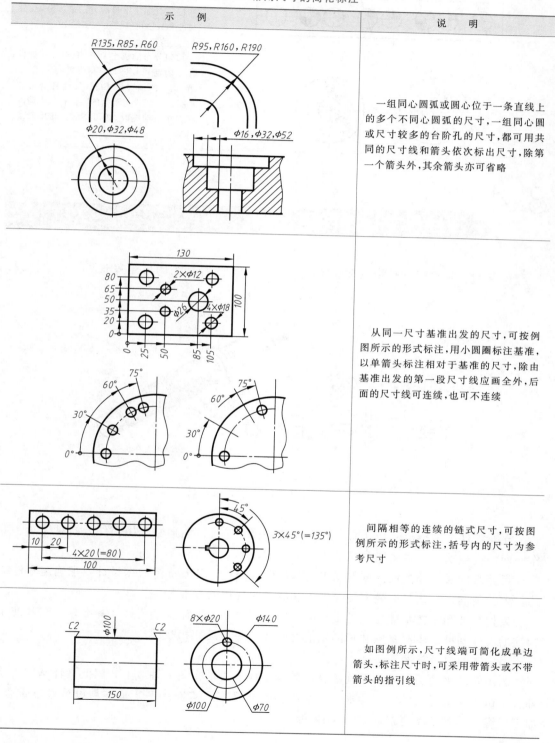	一组同心圆弧或圆心位于一条直线上的多个不同心圆弧的尺寸,一组同心圆或尺寸较多的台阶孔的尺寸,都可用共同的尺寸线和箭头依次标出尺寸,除第一个箭头外,其余箭头亦可省略
	从同一尺寸基准出发的尺寸,可按例图所示的形式标注,用小圆圈标注基准,以单箭头标注相对于基准的尺寸,除由基准出发的第一段尺寸线应画全外,后面的尺寸线可连续,也可不连续
	间隔相等的连续的链式尺寸,可按图例所示的形式标注,括号内的尺寸为参考尺寸
	如图例所示,尺寸线端可简化成单边箭头,标注尺寸时,可采用带箭头或不带箭头的指引线

示　例	说　明
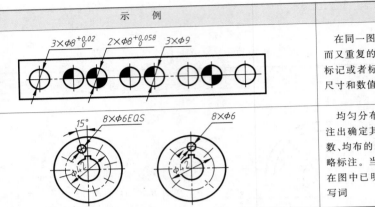	在同一图形中具有几种尺寸数值相近而又重复的要素（如孔等），可采用涂色标记或者标注字母的方法来区分，孔的尺寸和数值可直接注在图形上
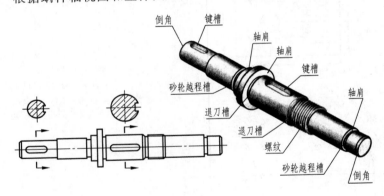	均匀分布的成组要素，只要在一处标注出确定其形状大小和位置的尺寸、个数、均布的缩写词 EQS，其他各处可省略标注。当成组要素的定位和分布情况在图中已明确时，还可不标注角度和缩写词

8.4 零件尺寸标注实例

【例 8-1】 根据蜗杆轴视图和立体图（图 8-17），选择适当的尺寸基准。

图 8-17　蜗杆轴的视图和立体图

在对零件图进行尺寸标注时，首先应选好尺寸基准。它通常选用零件上的对称面、工作底面、接触端面、主要回转面轴线。

尺寸基准通常分为设计基准和工艺基准两大类。设计基准是根据设计要求确定零件结构位置的基准，工艺基准是零件在加工和测量时使用的基准。

设计基准和工艺基准往往是重合的，应选择设计基准作为主要尺寸基准，工艺基准作为辅助尺寸基准。主要基准和辅助基准之间要有一个尺寸相联系。

(1) 径向尺寸基准

为了转动平稳、齿轮的正确啮合，各段圆柱均要求在同一轴线上，因此设计基准就是轴线。由于加工时两端用顶尖支承，因此轴线亦是工艺基准。工艺基准与设计基准重合，加工后容易达到精度要求，如图 8-18 所示。

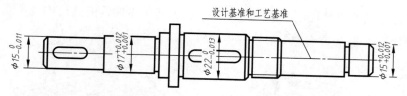

图 8-18 蜗杆轴的径向尺寸基准

（2）轴向尺寸基准

蜗轮轴上装有蜗轮、锥齿轮和滚动轴承等，为了保证齿轮以及蜗杆、蜗轮的正确啮合，齿轮和蜗轮在轴上的轴向定位十分重要。蜗轮的轴向位置由蜗轮轴的定位轴肩来确定，因此选用这一定位轴肩作为轴向尺寸的主要设计基准，如图 8-19 所示。

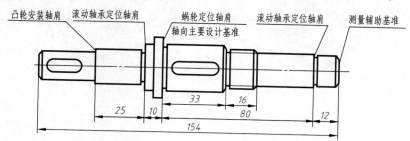

图 8-19 蜗杆轴的轴向尺寸基准

【例 8-2】 根据箱体的视图和立体图（图 8-20 和图 8-21），选择适当的尺寸基准。

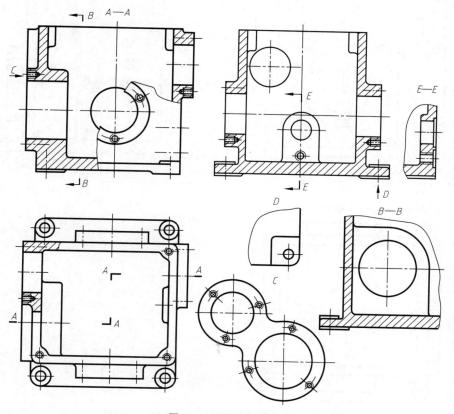

图 8-20 箱体的视图

箱体零件在机器或部件中一般用来支承和包容其他零件，因此结构较为复杂。根据图8-20 所示箱体的表达方案，想象箱体的空间结构如图 8-21 所示。

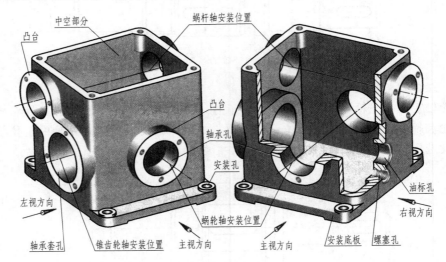

图 8-21　箱体的立体图

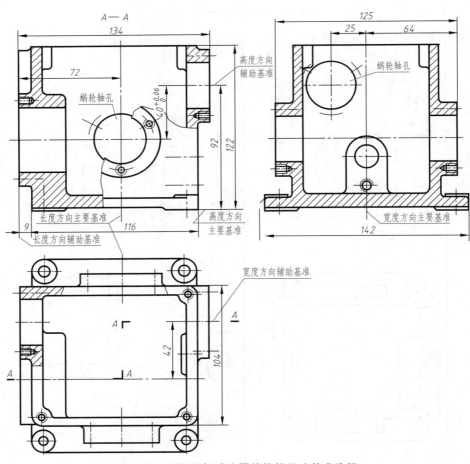

图 8-22　蜗轮蜗杆减速器箱体的尺寸基准选择

如图 8-22 所示的箱体，长度方向以蜗轮轴孔回转轴线为主要基准，以尺寸 72 确定箱体左端凸台的位置，然后以此为辅助基准，再以尺寸 134 来确定箱体右端凸台的位置；以尺寸 9 确定安装底板长度方向的位置。宽度方向的基准选用前后基本对称面作为基准，以尺寸 104，142 确定箱体宽度和底板宽度，以尺寸 64 确定前凸台的端面位置，再以 125 确定后凸台端面。以尺寸 25 确定蜗杆轴孔在宽度方向的位置，并以此为辅助基准，以尺寸 42 确定圆锥齿轮轴孔的轴线位置。减速箱的底面是安装面，以此作为高度方向的设计基准。加工时亦以底面为基准来加工各轴孔和其他平面，因此底面又是工艺基准。由底面注出尺寸 92 确定蜗杆轴孔的位置；为了确保蜗杆和蜗轮的中心距，以蜗杆轴孔的轴线作为辅助基准来标注尺寸 $40^{+0.06}_{0}$，以确定蜗轮轴孔在高度方向的位置。

【例 8-3】　完成第 7 章图 7-25 中轴承座的尺寸标注。

（1）选择尺寸基准

对于轴承座，在进行尺寸标注前首先要选定尺寸基准。

如图 8-23 所示，轴承座长、宽、高三个方向的主要尺寸基准分别选对称平面 B、圆筒后端面 C、安装底面 E。因为，一根轴通常要用两个轴承座支撑，两者的轴孔应在同一轴线上。两个轴承座都以底面与机座贴合，确定高度方向位置；以对称平面 B 确定左右位置，以 B 为基准确定底板上两个螺栓孔的孔中心距及其对于轴承孔的对称关系；以圆筒的后端面来确定立板、底板的前后位置。

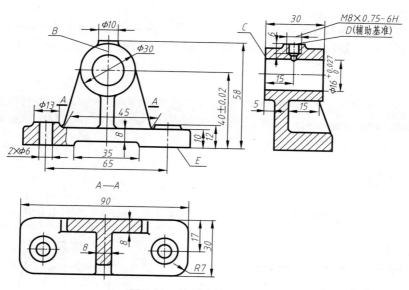

图 8-23　轴承座的尺寸标注

（2）标注各基本体的定位尺寸

① 底板的定位尺寸分析与标注　底板的底面和对称平面分别为高度、长度方向的尺寸基准，所以底板的长度、高度定位尺寸不需标注，底板的前后位置必须由宽度基准 C 标注定位尺寸 5（如图 8-23 左视图所示）；对底板上的两个圆柱凸台及圆柱孔，应标注左右定位尺寸 65 和前后定位尺寸 17（如图 8-23 俯视图所示）。

② 圆筒的定位尺寸分析与标注　圆筒的左右对称轴线为长度方向基准，后端面为宽度方向的基准，故圆筒的定位尺寸只需标注出中心轴线距高度基准 E 的高度定位尺寸

40±0.02 即可；对于圆筒上的圆柱凸台，由于在圆筒的正上方，左右位置与圆筒对称，故只需标注前后定位尺寸 15 即可（如图 8-23 左视图所示）。

③ 立板定位尺寸分析　立板在零件中左右对称，位于底板之上，后端面与底板后端面共面，故不需再标注定位尺寸。

④ 肋板定位尺寸分析　肋板在零件中左右对称，位于底板之上，后端面与立板贴合，故不需再标注定位尺寸。

（3）标注各基本体的定形尺寸

① 底板　如图 8-23 所示，标注出底板长度 90、宽度 30、高度 10、圆角半径 $R7$、凹槽长度 35、凹槽深度 8 及凸台直径 $\phi13$、两圆柱通孔 $2\times\phi6$。

② 圆筒　如图 8-23 所示，标注圆柱外径 $\phi30$、圆柱轴线方向长度 30、圆柱通孔直径 $\phi16^{+0.021}_{0}$；为了方便测量螺纹孔的尺寸，选择凸台顶面 D 作为高度方向的辅助基准，由底面到顶面标注出零件的总高尺寸 58，由此确定了凸台的高度尺寸，再注出凸台直径 $\phi10$、螺纹孔规格尺寸 $M8\times0.75\text{-}6H$ 及螺孔深度 6。

③ 立板　根据立板的形状和各部分的位置关系及表面关系，仅注出长度尺寸 45、立板厚度 8 即可，如图 8-23 所示。

④ 肋板　肋板的定形尺寸只需标注厚度 8 和顶部宽度 15 即可，肋板底部宽度尺寸由底板宽度尺寸 30 减去立板厚度 8 确定，不再重复标注，肋板两侧面与圆柱筒的截交线由作图决定，不应标注高度尺寸。

（4）检查、调整

最后，对已标注的尺寸，按正确、完整、清晰、合理的要求进行检查，如有不妥，则作适当调整或修改，最终完成的轴承座零件工作图的尺寸标注如图 8-23 所示。

8.5 训练与提高

8.5.1 基本训练

【题 8-1】 标注下列各组合体的尺寸（尺寸数值按 1：1 的比例在图中量取）。

① ②

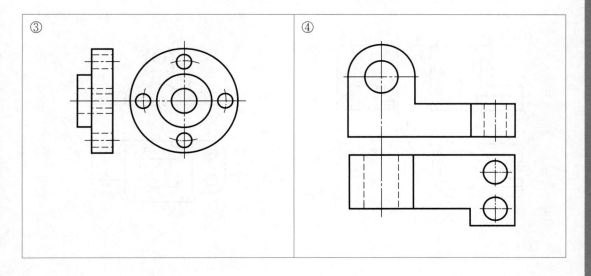

8.5.2 提高训练

【题 8-2】 分析视图，读懂组合体的空间形体，标注尺寸。

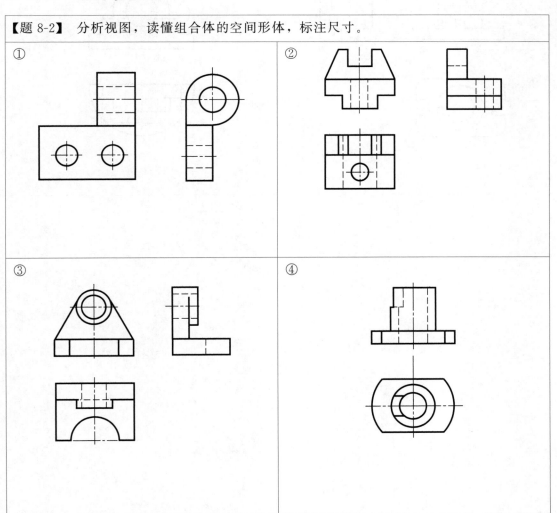

⑤　　　　　　　　　⑥

⑦　　　　　　　　　⑧

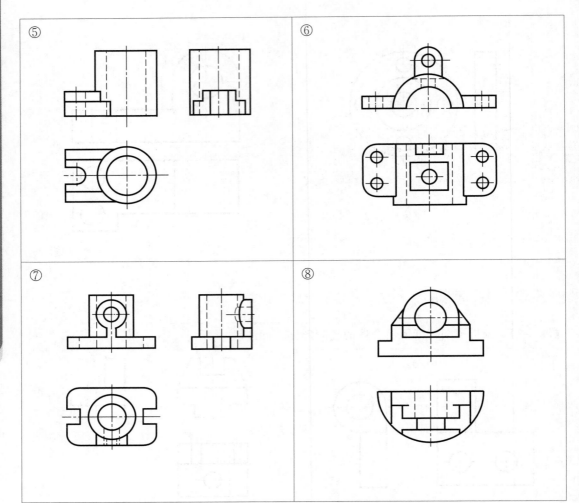

第 **9** 章

零件的技术要求

零件图是制造和检验零件的重要依据，零件图除了表达零件的形状和标注尺寸外，还必须标注和说明制造零件时应达到的一些技术要求。零件图中的技术要求涉及的范围很广，主要包括表面结构、极限与配合、几何公差、材料表面处理和热处理以及零件在加工、检验和试验时的要求等内容。

零件图上的技术要求，如表面粗糙度、尺寸公差和几何公差应按国家标准规定的符号、代号、文字标注在图形上；对于一些无法在图上标注的内容，如特殊加工要求、检验和试验、表面处理和修饰等，一般用文字的形式分别注写在图样的空白处；零件材料应标在标题栏内。

9.1 表面结构

9.1.1 表面结构的概念

表面结构是表面粗糙度、表面波纹度、表面缺陷、表面纹理和表面几何形状的总称。表面粗糙度、表面波纹度和表面几何形状总是同时生成并存在于同一表面，其在图样上的表示法在 GB/T 131—2006 中均有较详细的规定。

（1）表面粗糙度

零件经过机械加工后的表面会留有许多高低不平的凸峰和凹谷，零件加工表面上具有较小间距的峰谷所组成的微观几何形状特性称为表面粗糙度，如图 9-1 所示。表面粗糙度与加工方法、切削刀具和工件材料等各种因素都有密切关系。表面粗糙度对于零件的配合、摩擦、抗腐蚀及密封性等都有显著影响。

（2）表面波纹度

在机械加工过程中，由于机床、工件和刀具系统的振动，在工件表面所形成的间距比粗糙度大得多的表面不平度称为表面波纹度。零件表面的波纹度是影响零件使用寿命和引起振动的重要因素。

（3）表面几何形状

一般是由于机器或工件的挠曲或导轨误差引起的。表面

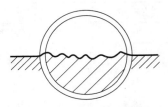

图 9-1　表面粗糙度的概念

结构的特性直接影响机械零件的功能，如耐磨性、疲劳强度、接触刚度、密封性、振动和噪声、外观质量等。一般地，在图样上应该根据零件的功能全部或部分注出零件的表面结构要求。

9.1.2 评定表面结构的常用参数

对零件表面结构进行评定涉及的参数有轮廓参数、图形参数和支撑率曲线参数。轮廓参数包括 R 轮廓（粗糙度参数）、W 轮廓（波纹度参数）和 P 轮廓（原始轮廓参数），图形参数包括粗糙度图形和波纹度图形。

目前，在生产中用来评定零件表面粗糙度的主要高度参数是轮廓的算术平均偏差（Ra）和轮廓最大高度（Rz）。其中，轮廓算术平均偏差 Ra 是目前生产中评定零件表面质量的主要参数，它是指在取样长度 lr 内，轮廓偏距 Y（被测表面轮廓上各点到基准线 OX 轴的距离）绝对值的算术平均值，如图 9-2 所示。

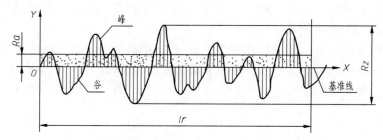

图 9-2 轮廓算术平均偏差 Ra 和轮廓最大高度 Rz

轮廓算术平均偏差 Ra 的数值详见表 9-1。

表 9-1 轮廓算术平均偏差 Ra 的数值（GB/T 1031—2009）　　　　　　　μm

Ra	0.012	0.2	3.2	50
	0.025	0.4	6.3	100
	0.05	0.8	12.5	
	0.1	1.6	25	

Ra 值越小，表示对该零件表面的质量要求越高，零件表面越光滑平整，则加工越复杂，反之亦然。所以，在不影响产品使用性能的前提下，应尽量选用较大的表面粗糙度参数值，以降低生产成本。表 9-2 给出了不同数值范围内的零件表面状况、所对应的加工方法及应用举例。

有时，评定零件表面质量的参数也采用轮廓最大高度 Rz，它是在取样长度 lr 内，最大轮廓峰高和最大轮廓谷深之和的高度。

表 9-2 Ra 数值与应用举例

$Ra/\mu m$	表面特征	主要加工方法	应　用
50	明显可见刀痕	粗车、粗铣、粗刨、钻、粗纹锉刀和粗砂轮加工	表面质量低，一般很少应用
25	可见刀痕		不重要的加工部位，如油孔、穿螺栓用的光孔及不重要的底面和倒角等
12.5	微见刀痕	粗车、刨、立铣、平铣、钻	常用于尺寸精度要求不高且没有相对运动的表面，如不重要的端面、侧面和底面等

$Ra/\mu m$	表面特征	主要加工方法	应　用
6.3	可见加工痕迹	精车、精铣、精刨、铰、镗、粗磨等	常用于不十分重要,但有相对运动的部位或较重要的接触面,如低速轴的表面,相对速度较高的侧面,重要的安装基面和齿轮、链轮的齿廓表面等
3.2	微见加工痕迹		常用于传动零件的轴、孔配合部分以及中低速轴承孔,齿轮的齿廓表面等
1.6	不可见加工痕迹		
0.8	可辨加工痕迹方向	精车、精铰、精拉、精镗、精磨等	常用于较重要的配合面,如安装滚动轴承的轴和孔、有导向要求的滑槽等
0.4	微辨加工痕迹方向		常用于重要的平衡面,如高速回转的轴和轴承孔等

9.1.3　表面结构的符号和代号

表面结构的符号详见表9-3。

表 9-3　表面结构的符号

符号名称	符　号	意义及说明
基本图形符号		基本图形符号,未指定表面加工方法的表面,当通过一个注释解释时可单独使用
扩展图形符号		扩展图形符号,用去除材料方法获得的表面,例如:车、铣、钻、磨、剪切、抛光、腐蚀、电火花加工、气割等
		扩展图形符号,表示不去除材料的表面。例如:铸、锻、冲压变形、热轧、冷轧、粉末冶金等
完整图形符号		在上述三个符号上均可加一横线,用于注写对表面结构的各种要求
		在上述三个符号上均可加一小圈,表示投影图中封闭的轮廓所表示的所有表面具有相同的表面结构要求 (a)　　(b) 注:图(a)中的表面结构符号是指对图(b)中封闭轮廓的6个面的共同要求(不包括前、后表面)

表面结构符号的画法以及尺寸如图9-3所示。

在表面结构符号的基础上,标注表面结构参数值及其他表面结构要求,如加工方法、加工余量、表面纹理方向等,即组成了表面结构代号。

9.1.4　表面结构的标注

图样上所给定的表面结构代号(符号)是指零件上该表面完工后的要求。表面结构参数单位为 μm(微

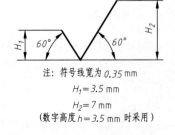

注: 符号线宽为 0.35 mm
　　H_1=3.5 mm
　　H_2=7 mm
(数字高度 h=3.5 mm 时采用)

图 9-3　表面结构符号的画法及尺寸

米），数值只能在相应的参数代号中注出。表面结构参数值的标注方法如表 9-4 所示。

表 9-4　表面结构要求的标注

代号	意义及说明	代号	意义及说明
$Ra\ 3.2$	用任何方法获得的表面粗糙度，Ra 的单向上限值为 $3.2\mu m$	$Ra\ max\ 3.2$	用任何方法获得的表面粗糙度，Ra 的最大值为 $3.2\mu m$
$Ra\ 3.2$	用去除材料方法获得的表面粗糙度，Ra 的单向上限值为 $3.2\mu m$	$Ra\ max\ 3.2$	用去除材料方法获得的表面粗糙度，Ra 的最大值为 $3.2\mu m$
$Ra\ 3.2$	用不去除材料方法获得的表面粗糙度，Ra 的单向上限值为 $3.2\mu m$	$Ra\ max\ 3.2$	用不去除材料方法获得的表面粗糙度，Ra 的最大值为 $3.2\mu m$
$U\ Ra\ 3.2$ $L\ Ra\ 1.6$	用去除材料方法获得的表面粗糙度，Ra 的上限值为 $3.2\mu m$、下限值为 $1.6\mu m$；U—上限值；L—下限值（本例为双向极限要求）	$U\ Ra\ max\ 3.2$ $L\ Ra\ min\ 1.6$	用去除材料方法获得的表面粗糙度，Ra 的最大值为 $3.2\mu m$、最小值为 $1.6\mu m$（双向极限要求）
$Rz\ 3.2$	用去除材料方法获得的表面粗糙度，Rz 的单向上限值为 $3.2\mu m$	$Ra\ max\ 3.2$ $Rz\ max\ 12.5$	用去除材料方法获得的表面粗糙度，Ra 的最大值为 $3.2\mu m$，Rz 的最大值为 $12.5\mu m$

注：1. 16％规则——被测表面测得的全部参数值中超过极限值的个数不多于总个数的 16％；

　　2. 最大规则——被测表面测得的全部参数值均不得超过给定值；

　　3. 单向极限要求均指单向上限值，可免注 "U"；若为单向下限值，则应加上 "L"。

在图样上标注表面结构要求时应遵守以下原则。

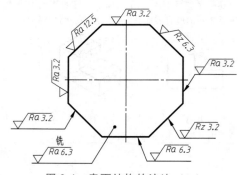

图 9-4　表面结构的注法（一）

① 表面结构代号（符号）一般注在可见轮廓线、尺寸界线、引出线或它们的延长线上。

② 在同一图样上，每一表面一般只标注一次代（符）号，并尽可能靠近有关的尺寸线。

③ 表面结构代号（符号）的尖端必须从材料外指向标注的表面，并与该表面相接触。代号的注写和读取方向与尺寸的注写和读取方向一致。必要时，表面结构代（符）号也可用带箭头或黑点的指引线引出标注，如图 9-4 所示。

④ 当零件所有表面结构要求相同时，可统一注在图样的标题栏附近，如图 9-5（a）所示。

⑤ 零件中使用最多的一种表面结构代（符）号可以统一标注在图样的标题栏附近，并加圆括号，括号内给出无任何其他标注的基本符号或标出不同的表面结构要求，如图 9-5（b）或（c）所示。

⑥ 当地方狭小或不便于标注时，可以标注简化代（符）号。但必须在标题栏附近说明这些简化代（符）号的意义；表面结构代（符）号也可注在形位公差框格的上方，如图

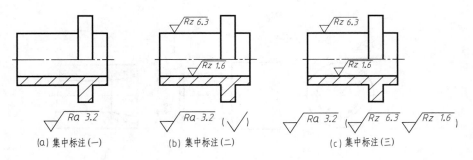

图9-5　表面结构的注法（二）

9-6（a）所示。在不引起误解时，表面结构的要求也可标在给定的尺寸线上，如图9-6
（b）所示。

⑦ 对零件上不连续的同一表面，可用细实线连接起来，其表面结构代（符）号只注
一次［图9-6（b）］。而同一表面如具有不同的表面结构要求时，可用细实线作为分界线
分别标出其表面结构代（符）号，如图9-6（c）所示。

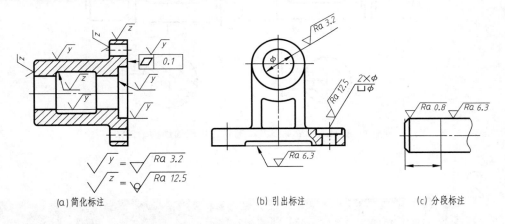

图9-6　表面结构的注法（三）

⑧ 齿轮、花键、螺纹、中心孔、键槽工作表面、倒角和圆角等常用结构要素的表面
结构要求的标注详见图9-7、图9-8和图9-9。

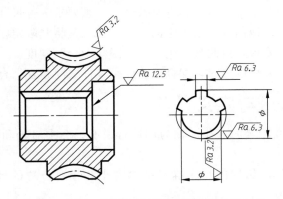

图9-7　齿轮、花键等重复要素表面结构的注法

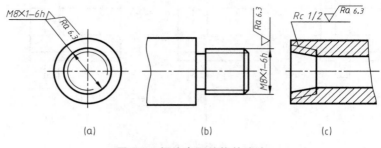

图 9-8　螺纹表面结构的注法

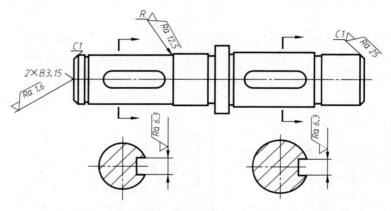

图 9-9　键槽工作表面以及工艺结构中表面结构的注法

9.2 极限与配合

在成批或大量生产的零件或部件中，为了便于装配和维修，要求在按同一图样加工的零件中，不经任何挑选和修配就能顺利地装配使用，并能达到规定的技术性能要求，零件所具有的这种性质称为互换性。零件具有互换性，必须要求零件尺寸的精确度，但并不是要求将零件的尺寸都准确地制成一个指定的尺寸，而只是将其限定在一个合理的范围内变动，以满足不同的使用要求，由此就产生了"极限与配合"制度。

极限反映的是零件的精度要求，配合反映的是零件之间相互结合的松紧程度。

9.2.1　基本术语与定义

以图 9-10 所示相互配合的一孔一轴为例进行说明。图中对轴和孔的尺寸变动部分进行了夸大。

① 公称尺寸　设计时给定的用于确定结构大小和相对位置的理想形状要素的尺寸，如图 9-10（a）中的ϕ80。

② 局部尺寸　零件实际组成要素上两对应点之间测得的距离，称为局部尺寸。

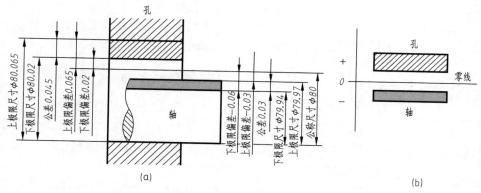

图 9-10　术语图解

③ 极限尺寸　允许尺寸变化的两个界限值，它以公称尺寸为基数来确定。两个极限尺寸中较大的称为上极限尺寸，较小的称为下极限尺寸。局部尺寸在两个极限尺寸区间算合格。

如图 9-10 所示中，孔、轴的极限尺寸分别如下。

孔：上极限尺寸为ϕ80.065，下极限尺寸为ϕ80.020。

轴：上极限尺寸为ϕ79.970，下极限尺寸为ϕ79.940。

④ 极限偏差　极限尺寸减其公称尺寸所得的代数差，称为极限偏差。

上极限尺寸减其公称尺寸所得的代数差，称为上极限偏差；下极限尺寸减其公称尺寸所得的代数差，称为下极限偏差。极限偏差可以是正值、负值或零。

如图 9-10 中，孔、轴的极限偏差分别如下。

孔：上极限偏差（ES）＝80.065－80＝＋0.065，下极限偏差（EI）＝80.020－80＝＋0.020。

轴：上极限偏差（es）＝79.970－80＝－0.030，下极限偏差（ei）＝79.940－80＝－0.060。

⑤ 尺寸公差（简称公差）　允许的尺寸变动量。

从数值上分析，公差等于上极限尺寸与下极限尺寸的代数差或上极限偏差与下极限偏差的代数差。公差总是正值。

如图 9-10 所示中，孔、轴的尺寸公差分别如下。

孔：公差＝上极限尺寸－下极限尺寸＝80.065－80.020＝0.045

公差＝上极限偏差－下极限偏差＝0.065－0.020＝0.045

轴：公差＝上极限尺寸－下极限尺寸＝79.970－79.940＝0.030

公差＝上极限偏差－下极限偏差＝－0.030－（－0.060）＝0.030

由此可知，公差用于限制尺寸误差，是尺寸精度的一种度量。同一公称尺寸，公差越小，尺寸精度越高，局部尺寸的允许变动量越小；反之，公差越大，尺寸的精度越低。

⑥ 零线　在公差带图中，用来表示公称尺寸的水平线，称为零线。

正的极限偏差值画在零线的上方，负的极限偏差值画在零线的下方，如图 9-11 所示。

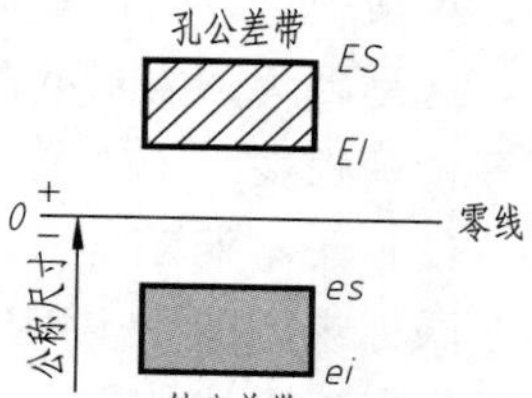

⑦ 公差带　由代表上、下极限偏差的两条直线所限定的一

图 9-11　公差带示意图

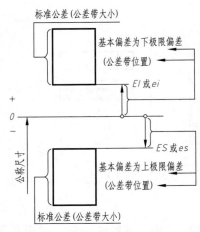

图 9-12　标准公差和基本偏差

个区域，称为公差带。

为了便于区别，一般用斜线表示孔的公差带，用阴影或加点表示轴的公差带，如图 9-11 所示。

9.2.2　标准公差与基本偏差

公差带由"公差带大小"和"公差带位置"这两个要素组成。公差带的大小由标准公差确定，公差带的位置由基本偏差确定，如图 9-12 所示。

（1）标准公差

标准公差是国家标准规定的用于确定公差带大小的任一公差，如表 9-5 所示。"IT"是标准公差的代号，阿拉伯数字表示其公差等级。

国家标准将公差等级分为 18 级，即 IT1、IT2、IT3、…、IT18。从 IT1 至 IT18，尺寸的精度依次降低，而相应的标准公差数值依次增大。

表 9-5　标准公差数值（GB/T 1800.2—2009）

公称尺寸 /mm		标准公差等级																
大于	至	IT1	IT2	IT3	IT4	IT5	IT6	IT7	IT8	IT9	IT10	IT11	IT12	IT13	IT14	IT15	IT16	IT17	IT18
		μm											mm						
—	3	0.8	1.2	2	3	4	6	10	14	25	40	60	0.1	0.14	0.25	0.4	0.6	1	1.4
3	6	1	1.5	2.5	4	5	8	12	18	30	48	75	0.12	0.18	0.3	0.48	0.75	1.2	1.8
6	10	1	1.5	2.5	4	6	9	15	22	36	58	90	0.15	0.22	0.36	0.58	0.9	1.5	2.2
10	18	1.2	2	3	5	8	11	18	27	43	70	110	0.18	0.27	0.43	0.7	1.1	1.8	2.7
18	30	1.5	2.5	4	6	9	13	21	33	52	84	130	0.21	0.33	0.52	0.84	1.3	2.1	3.3
30	50	1.5	2.5	4	7	11	16	25	39	62	100	160	0.25	0.39	0.62	1	1.6	2.5	3.9
50	80	2	3	5	8	13	19	30	46	74	120	190	0.3	0.46	0.74	1.2	1.9	3	4.6
80	120	2.5	4	6	10	15	22	35	54	87	140	220	0.35	0.54	0.87	1.4	2.2	3.5	5.4
120	180	3.5	5	8	12	18	25	40	63	100	160	250	0.4	0.63	1	1.6	2.5	4	6.3
180	250	4.5	7	10	14	20	29	46	72	115	185	290	0.46	0.72	1.15	1.85	2.9	4.6	7.2
250	315	6	8	12	16	23	32	52	81	130	210	320	0.52	0.81	1.3	2.1	3.2	5.2	8.1
315	400	7	9	13	18	25	36	57	89	140	230	360	0.57	0.89	1.4	2.3	3.6	5.7	8.9
400	500	8	10	15	20	27	40	63	97	155	250	400	0.63	0.97	1.55	2.5	4	6.3	9.7

从表中可以看出，同一公差等级（例如 IT7）对所有公称尺寸的一组公差值由小到大，这是因为随着尺寸的增大，其零件的加工误差也随之增大。因此，它们都应视为具有同等精确程度。

（2）基本偏差

国标规定的用于确定公差带相对于零线位置的上极限偏差或下极限偏差为基本偏差，一般指靠近零线的那个极限偏差，如图 9-13 所示。当公差带在零线上方时，基本偏差为下极限偏差；当公差带在零线下方时，基本偏差为上极限偏差。在国家标准中，对孔和轴各设定了 28 个不同的基本偏差,并构成了孔和轴的基本偏差系列。基本偏差的代号用拉丁字母表示,大写字母表示孔,小写字母表示轴。其中 A~H(a~h)用于间隙配合;J~ZC(j~zc)用于过渡配合或过盈配合。

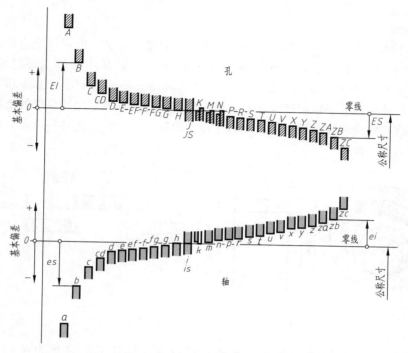

图 9-13　基本偏差系列示意图

从图中可以看出,孔的基本偏差 A~H 为下极限偏差,J~ZC 为上极限偏差;轴的基本偏差 a~h 为上极限偏差,j~zc 为下极限偏差;JS 和 js 的公差带对称地分布于零线两边,孔和轴的上、下极限偏差都分别是 $+\dfrac{IT}{2}$、$-\dfrac{IT}{2}$。基本偏差系列图只表示公差带的位置,不表示公差带的大小,因此,公差带只画出属于基本偏差的一端,另一端是开口的,即公差带的另一端由标准公差来限定。

(3) 公差带代号

孔、轴的公差带代号由基本偏差代号与公差等级代号组成。书写时要两者同高,例如 $\phi50H8$、$\phi50f7$ 均表示公称尺寸为 $\phi50$ 的孔、轴公差带代号,例如:

孔的公差带代号
孔的基本偏差代号 —— ϕ 50 H 8 —— 公差等级代号

轴的公差带代号
轴的基本偏差代号 —— ϕ 50 f 7 —— 公差等级代号

9.2.3　配合

公称尺寸相同的、相互结合的孔与轴公差带之间的关系称为配合。

配合代号用孔、轴公差带代号组成的分数式表示，分子表示孔的公差带代号，分母表示轴的公差带代号。例如 $\phi50H8$ 的孔和 $\phi50f7$ 的轴配合时，其代号可写成 $\phi50\dfrac{H8}{f7}$ 或 $\phi50H8/f7$。

（1）配合种类

根据使用的要求不同，孔和轴之间的配合有松有紧，国家标准规定配合分三类。

① 间隙配合　孔与轴装配在一起时具有间隙（包括最小间隙为零）的配合，如图 9-14（a）、（b）所示。此时孔的公差带完全在轴的公差带之上，如图 9-14（c）所示。孔的上极限尺寸减轴的下极限尺寸之差为最大间隙，孔的下极限尺寸减轴的上极限尺寸之差为最小间隙，实际间隙必须在二者之间才符合要求。间隙配合主要用于轴、孔间需产生相对运动的活动连接。

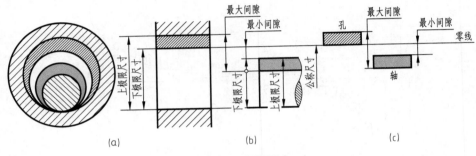

图 9-14　间隙配合

② 过盈配合　孔与轴装配在一起时具有过盈（包括最小过盈为零）的配合，如图 9-15（a）、（b）所示。此时孔的公差带完全在轴的公差带之下，如图 9-15（c）所示。孔的下极限尺寸减轴的上极限尺寸之差为最大过盈，孔的上极限尺寸减轴的下极限尺寸之差为最小过盈，实际过盈超过最小、最大过盈即为不合格。过盈配合主要用于轴、孔间不允许产生相对运动的紧固连接。

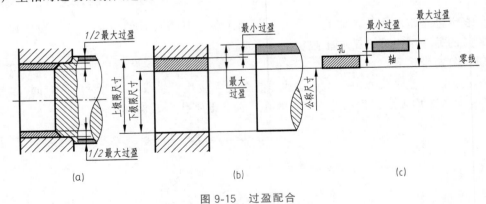

图 9-15　过盈配合

③ 过渡配合　孔与轴装配在一起时可能具有的间隙或过盈的配合。此时孔的公差带与轴的公差带相互交叠，如图 9-16、图 9-17 所示。在过渡配合中，间隙或过盈的极限为最大间隙和最大过盈。其配合究竟是出现间隙还是过盈，只有通过孔、轴局部尺寸的比较或试装才能知道，分析图 9-17 可弄清这个道理。过渡配合主要用于孔、轴间的定位连接。

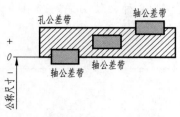

图 9-16 过渡配合公差带图解

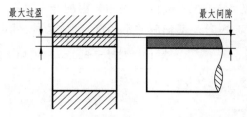

图 9-17 过渡配合的最大间隙和过盈

（2）配合制度

当公称尺寸确定后，为了得到孔与轴之间各种不同性质的配合，需要确定其公差带。如果孔和轴两者都可以任意变动，则配合情况变化极多，不便于零件的设计和制造。为此国家标准规定了两种制度——基孔制和基轴制。

① 基孔制配合　将孔的公差带位置固定不变，即只取基本偏差为 H 的这一种公差带，称为基准孔，其下极限偏差为零。通过变动轴的公差带位置，即选取不同基本偏差的轴的公差带而形成各种配合的制度，称为基孔制，如图 9-18 所示。

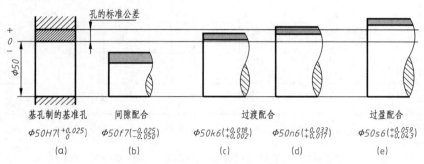

图 9-18 基孔制配合

② 基轴制配合　将轴的公差带位置固定不变，即只取基本偏差为 h 的这一种公差带，称为基准轴，其上极限偏差为零。通过变动孔的公差带位置，即选取不同基本偏差的孔的公差带而形成各种配合的制度，称为基轴制，如图 9-19 所示。

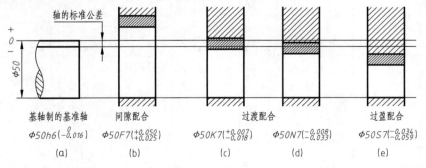

图 9-19 基轴制配合

按照配合的定义，只要公称尺寸相同的孔和轴公差带结合起来，就可组成配合。由于标准公差有 18 个等级，基本偏差有 28 种，因此，可以组成大量的配合，即使采用基孔制和基轴制，配合的种类仍太多，而且这样不能发挥标准化的作用，对生产极为不利。为此，国家标准《极限与配合　公差带和配合的选择》（GB/T 1801—2009）中规定了公称尺寸至 500mm 的优先和常用配合。基孔制的常用配合有 59 种，其中优先选用的有 13 种（表 9-6）；基轴制的常用配合有 47 种，其中优先选用的也是 13 种（表 9-7）。

表 9-6　尺寸至 500mm 基孔制优先和常用配合（摘自 GB/T 1801—2009）

基准孔	轴																				
	a	b	c	d	e	f	g	h	js	k	m	n	p	r	s	t	u	v	x	y	z
	间隙配合								过渡配合				过盈配合								
H6						$\frac{H6}{f5}$	$\frac{H6}{g5}$	$\frac{H6}{h5}$	$\frac{H6}{js5}$	$\frac{H6}{k5}$	$\frac{H6}{m5}$	$\frac{H6}{n5}$	$\frac{H6}{p5}$	$\frac{H6}{r5}$	$\frac{H6}{s5}$	$\frac{H6}{t5}$					
H7						$\frac{H7}{f6}$	$\frac{H7}{g6}$▲	$\frac{H7}{h6}$▲	$\frac{H7}{js6}$	$\frac{H7}{k6}$▲	$\frac{H7}{m6}$	$\frac{H7}{n6}$▲	$\frac{H7}{p6}$▲	$\frac{H7}{r6}$	$\frac{H7}{s6}$▲	$\frac{H7}{t6}$	$\frac{H7}{u6}$▲	$\frac{H7}{v6}$	$\frac{H7}{x6}$	$\frac{H7}{y6}$	$\frac{H7}{z6}$
H8					$\frac{H8}{e7}$	$\frac{H8}{f7}$▲	$\frac{H8}{g7}$	$\frac{H8}{h7}$▲	$\frac{H8}{js7}$	$\frac{H8}{k7}$	$\frac{H8}{m7}$	$\frac{H8}{n7}$	$\frac{H8}{p7}$	$\frac{H8}{r7}$	$\frac{H8}{s7}$	$\frac{H8}{t7}$	$\frac{H8}{u7}$				
				$\frac{H8}{d8}$	$\frac{H8}{e8}$	$\frac{H8}{f8}$		$\frac{H8}{h8}$													
H9			$\frac{H9}{c9}$	$\frac{H9}{d9}$▲	$\frac{H9}{e9}$	$\frac{H9}{f9}$		$\frac{H9}{h9}$▲													
H10			$\frac{H10}{c10}$	$\frac{H10}{d10}$				$\frac{H10}{h10}$													
H11	$\frac{H11}{a11}$	$\frac{H11}{b11}$	$\frac{H11}{c11}$▲	$\frac{H11}{d11}$				$\frac{H11}{h11}$													
H12		$\frac{H12}{b12}$						$\frac{H12}{h12}$					标▲者为优先配合								

注：$\frac{H6}{n5}$，$\frac{H7}{p6}$ 在基本尺寸小于或等于 3mm 和 $\frac{H8}{r7}$ 在小于或等于 100mm 时，为过渡配合。

表 9-7　尺寸至 500mm 基轴制优先和常用配合（摘自 GB/T 1801—2009）

基准轴	孔																				
	A	B	C	D	E	F	G	H	JS	K	M	N	P	R	S	T	U	V	X	Y	Z
	间隙配合								过渡配合				过盈配合								
h5						$\frac{F5}{h5}$	$\frac{G6}{h5}$	$\frac{H6}{h5}$	$\frac{JS6}{h5}$	$\frac{K6}{h5}$	$\frac{M6}{h5}$	$\frac{N6}{h5}$	$\frac{P6}{h5}$	$\frac{R6}{h5}$	$\frac{S6}{h5}$	$\frac{T6}{h5}$					
h6						$\frac{F7}{h6}$	$\frac{G7}{h6}$▲	$\frac{H7}{h6}$▲	$\frac{JS7}{h6}$	$\frac{K7}{h6}$▲	$\frac{M7}{h6}$	$\frac{N7}{h6}$▲	$\frac{P7}{h6}$▲	$\frac{R7}{h6}$	$\frac{S7}{h6}$▲	$\frac{T7}{h6}$	$\frac{U7}{h6}$▲				
h7					$\frac{E8}{h7}$	$\frac{F8}{h7}$▲		$\frac{H8}{h7}$▲	$\frac{JS8}{h7}$	$\frac{K8}{h7}$	$\frac{M8}{h7}$	$\frac{N8}{h7}$									
h8				$\frac{D8}{h8}$	$\frac{E8}{h8}$	$\frac{F8}{h8}$		$\frac{H8}{h8}$													
h9				$\frac{D9}{h9}$	$\frac{E9}{h9}$	$\frac{F9}{h9}$		$\frac{H9}{h9}$▲													
h10				$\frac{D10}{h10}$				$\frac{H10}{h10}$													
h11	$\frac{A11}{h11}$	$\frac{B11}{h11}$	$\frac{C11}{h11}$▲	$\frac{D11}{h11}$				$\frac{H11}{h11}$▲													
h12		$\frac{B12}{h12}$						$\frac{H12}{h12}$					标▲者为优先配合								

9.2.4　极限与配合的标注

（1）在装配图上的注法

在装配图上标注尺寸的配合代号时，在公称尺寸右边采用分数形式标注，分子为孔的公差带代号，分母为轴的公差带代号，如图 9-20（a）、（b）所示。

标注滚动轴承等标准件与零件（轴或孔）的配合代号时，可以仅标出相配零件的公差带代号，如图 9-20（c）所示。

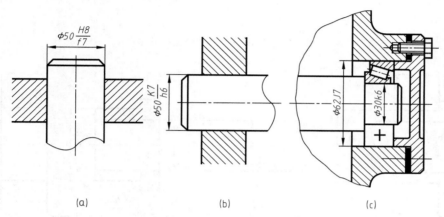

图 9-20　装配图上配合代号的注法

（2）在零件图上的注法

在零件图上标注孔和轴的公差有三种形式，如图 9-21 所示。

① 在公称尺寸后面标注公差带代号，如图 9-21（a）所示。主要用于大批量生产的零件图。

② 在公称尺寸后面标注极限偏差，如图 9-21（b）所示。主要用于小批量生产或单件生产的零件图，以便加工和检验时减少辅助时间。此时，极限偏差数值的数字比公称尺寸数字小一号，上极限偏差应注在公称尺寸的右上方，下极限偏差应与公称尺寸注在同一底线上，并保持上、下极限偏差的小数点必须对齐，小数点后的位数必须相同。当上、下两个极限偏差相同时，极限偏差数值只注写一次，并应在极限偏差与公称尺寸之间注出符号"±"，极限偏差数值与公称尺寸数字高度相同，如 $\phi 50 \pm 0.012$。若一个极限偏差数值为零，仍应注出零，零前无正、负号，并与下极限偏差或上极限偏差小数点前的个位数对齐。

③ 在公称尺寸后面同时标注公差带代号和相应的极限偏差。此时后者应加上圆括号，如图 9-21（c）所示。主要用于产品不定型，试制产品阶段。

【例 9-1】　图 9-22（a）所示为轴、轴套和底座三个零件装配在一起的局部装配图，图中有两处配合代号。

轴与轴套内孔配合处注有尺寸 $\phi 18H7/g6$，它表示采用基孔制，孔为公差等级 7 级的基准孔 H，轴的基本偏差代号为 g，公差等级为 6 级，这是一种间隙配合。轴的直径 $\phi 18g6$ 应查轴的极限偏差表（附表 27），在公称尺寸大于 14 至 18 行中查公差带 g6 得 $^{-6}_{-17}$，此即为轴的极限偏差，在这里必须注意，附表 27、28 中所列的极限偏差数值，单位均为

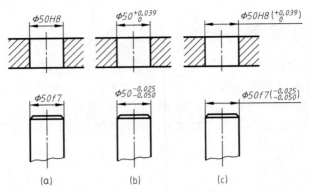

图 9-21　零件图上尺寸公差的注法

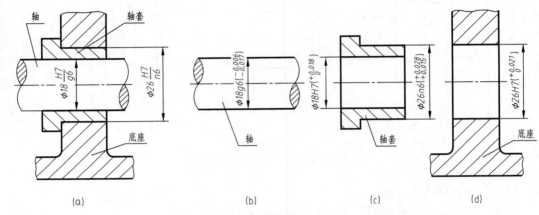

图 9-22　极限与配合标注示例

微米（μm），标注时必须换算成毫米（mm），标注为$\phi 18g6\left(_{-0.017}^{-0.006}\right)$［图 9-22（b）］。轴套内孔$\phi 18H7$应查孔的极限偏差表（附表 28），在公称尺寸大于 14 至 18 行中查公差带 H7 得$_{0}^{+18}$，此即孔的极限偏差，标注为$\phi 18H7\left(_{0}^{+0.018}\right)$［图 9-22（c）］。

　　轴套外径与底座孔配合处注有尺寸$\phi 26H7/n6$，在此配合中，轴套的外径即相当于"轴"。该配合也是采用基孔制，底座中孔为公差等级 7 级的基准孔 H，轴套外径的基本偏差代号为 n，公差等级为 6 级。与上述方法相同，孔$\phi 26H7$的极限偏差值从附表 28 中查得为$_{0}^{+21}$，标注为$\phi 26H7\left(_{0}^{+0.021}\right)$［图 9-22（d）］；轴套外径$\phi 26n6$的极限偏差值从附表 28 中查得为$_{+15}^{+28}$，标注为$\phi 26n6\left(_{+0.015}^{+0.028}\right)$［图 9-22（c）］。由该孔和轴尺寸的极限偏差值，可知该配合为过盈配合。

9.3 几何公差

9.3.1　几何公差的概念

　　在生产实际中，经过加工的零件，不但会产生尺寸误差，同时也会产生几何误差。

例如，图 9-23（a）所示为一理想形状的销轴，而加工后的实际形状则是轴线变弯了［见图 9-23（b）］，因而产生了直线度误差。

又如图 9-24（a）所示为一要求严格的四棱柱，加工后的实际位置却是上表面斜了［见图 9-24（b）］，因而产生了平行度误差。

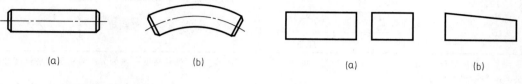

图 9-23　形状误差　　　　　　　　　　　　　图 9-24　位置误差

如果零件存在的几何误差较大，将造成装配困难，影响机器的质量，因此，对于精度要求较高的零件，除给出尺寸公差外，还应根据设计要求，合理地确定出几何误差的最大允许值，如图 9-25（a）中的 $\phi0.08$［即销轴轴线必须位于直径为公差值 $\phi0.08$ 的圆柱面内，如图 9-25（b）所示］、图 9-26（a）中的 0.01［即上表面必须位于距离为公差值 0.01 且平行于基准表面 A 的两平行平面之间，如图 9-26（b）所示］。

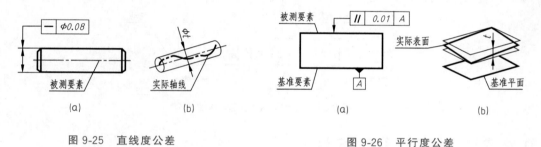

图 9-25　直线度公差　　　　　　　　　　　　　图 9-26　平行度公差

只有这样，才能将其误差控制在一个合理的范围之内。为此，国家标准规定了一项保证零件加工质量的技术指标——几何公差。

几何公差包括形状公差、方向公差、位置公差和跳动公差。

9.3.2　几何公差的项目与符号

（1）几何公差项目、符号的形式

几何公差特征项目符号的形式如表 9-8 所示。

表 9-8　几何公差项目、符号

公差类型	几何特征	符号	公差类型	几何特征	符号
形状公差	直线度	—	位置公差	位置度	⊕
	平面度	▱		同心度	◎
	圆度	○		同轴度	◎
	圆柱度	⌀		对称度	=
	线轮廓度	⌒		线轮廓度	⌒
	面轮廓度	◠		面轮廓度	◠

公差类型	几何特征	符号	公差类型	几何特征	符号
方向公差	平行度	//	跳动公差	圆跳动	/
	垂直度	⊥			
	倾斜度	∠		全跳动	//
	线轮廓度	⌒			
	面轮廓度	⌒			

注：特征项目符号的线宽为 $h/10$（h 为图样中所注尺寸数字的高度），符号高度一般为 h；圆柱度、平行度和跳动公差的符号倾斜约为 $75°$。

（2）几何公差的代号

在技术图样中，几何公差应采用代号标注。几何公差的代号包括带箭头的指引线、几何公差特征项目的符号、公差数值、表示基准要素或基准体系的字母及其他附加符号等。

在图样中，几何公差应以公差框格的形式进行标注，其标注内容及框格等的绘图规定如图 9-27 所示。该框格由两格或多格组成，框格内的内容从左到右按下列次序填写：特征项目符号、公差值（用线性值表示，如其公差带为圆形或圆柱形时，则在公差值前加注"ϕ"）、表示基准符号的字母（一个或多个）。

图 9-27　几何公差框格与基准代号

9.3.3　几何公差的标注

（1）被测要素的标注

被测要素与公差框格之间用一带箭头的指引线相连。

当被测要素为轮廓线或表面时，箭头应指向该要素的轮廓线或轮廓线的延长线上，并明显地与尺寸线错开，如图 9-28（a）、（b）所示。

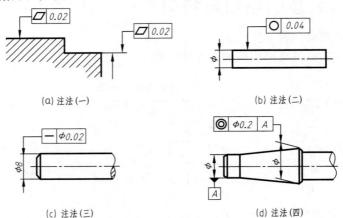

(a) 注法（一）　　　　　　(b) 注法（二）

(c) 注法（三）　　　　　　(d) 注法（四）

图 9-28　被测要素的标注方法

当被测要素为轴线、中心平面、球心时，箭头应与该要素的尺寸线对齐，如图 9-28（c）、（d）所示。

（2）基准要素的标注

相对于被测要素的基准用一个大写字母表示。字母标注在基准方格内，与一个涂黑的或空白的三角形相连以表示基准［图 9-29（b）］；表示基准的字母还应标注在公差框格内。基准字母的高度应与图样中尺寸数字的高度相同，且一律水平书写。

当基准要素为轮廓线或表面时，粗短线应靠近该要素的轮廓线或其延长线，并明显地与尺寸线错开，如图 9-29（a）所示。

当基准要素为轴线、中心平面、球心时，粗短线的中点应与该要素的尺寸线对齐，如图 9-29（b）、（c）所示。

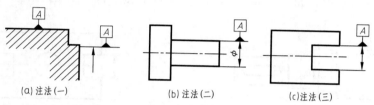

图 9-29　基准要素的标注方法

（3）几何公差的简化标注

为了减少绘图工作，在保证看图方便的条件下，可采用以下简化的标注方法。

① 对于同一个被测要素有多项几何公差要求时，可以在一个指引线上画出多个公差框格，如图 9-30 所示。

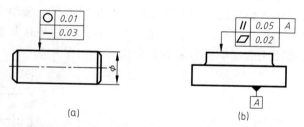

图 9-30　同一个被测要素有多项几何公差要求时的注法

② 对于多个被测要素有相同几何公差要求时，可以从一个框格的同一端或两端引出多个指示箭头，如图 9-31 所示。

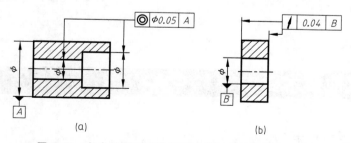

图 9-31　多个被测要素有相同几何公差要求时的注法

③ 重复出现的要素，几何公差要求相同时，只需在其中某个要素上进行标注，并在公差框格上附加文字说明，如图 9-32 所示。

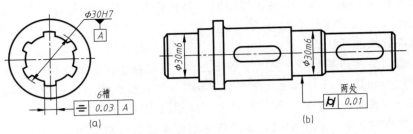

图 9-32　重复出现的要素，几何公差要求相同时的注法

④ 对于由两个或两个以上的要素组成的公共基准，其字母应用横线连接起来，写在公差框格的同一格子内，如图 9-33 所示的公共轴线和图 9-34 所示的公共中心平面。

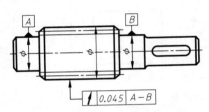

图 9-33　公共轴线为基准的注法

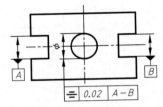

图 9-34　公共中心平面为基准的注法

⑤ 中心孔是标准结构，图样上常不画出它的投影，而用代号标注，此时若以中心孔轴线为基准，基准代（符）号可按图 9-35 标注。

⑥ 零件上常会产生两面相同，不可辨认，使用中两面亦可替换的情况。例如某些滚动轴承内、外圈的两端面，他们的平行度要求就不能指定以哪一端作为基准，而这种任选其一为基准的面必须达到设计时确定的平行度要求，显然采用任选基准的要求更高。任选基准的标注方法只要将原来的基准符号改画箭头即可，如图 9-36 所示。

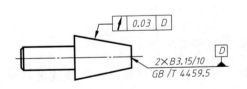

图 9-35　中心孔为基准的注法

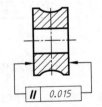

图 9-36　任选基准的注法

9.4 其他技术要求

(1) 零件毛坯的要求

有相当部分的零件是先用铸、锻或焊接形成毛坯后再进行切削加工最后成形的，此时，对毛坯应有技术要求。常见的有铸造圆角的尺寸要求，对气孔、缩孔、裂纹等的限制，锻件去除氧化皮要求，焊缝的质量要求等。

(2) 热处理要求

热处理是将金属零件毛坯或半成品加热到一定温度以后，保持一段时间。再以不同方式、不同速度冷却以改变金属材料内部组织，从而改善材料机械性能（强度、硬度、韧性等）和切削性能的方法。对热处理的技术要求主要是处理方法和指标（如硬度值）等内容。

(3) 表面处理

表面处理一般是在零件表面加镀（涂）层，以提高零件表面抗腐蚀性、耐磨性或使表面美观。常用方法有涂漆、电镀（锌、铬、银等）和发黑（发蓝）等。

(4) 对检测、试验条件与方法的要求

以上技术要求注写在图样空白处（一般为标题栏上方）。第一行是"技术要求"字样，字号大于下边各行正文字号。注写文字要准确和简明扼要，所用代号和表示方法要符合国家标准规定。

9.5 零件常用的材料及热处理

附表 29～31 列举了常用材料的名称、牌号及应用场合等。

附表 32 列举了常用的热处理与表面处理的名词解释及应用场合等。

9.6 技术要求标注实例

【例 9-2】 按文字要求在图 9-37（a）中标注轴承座的表面粗糙度。

① 2×φ5 沉孔φ10 所示台阶孔的表面粗糙度 Ra 值为 12.5μm；

② φ12 孔表面粗糙度 Ra 值为 3.2μm；

③ 轴承座底面的表面粗糙度 Ra 值为 6.3μm；

④ 其余均为铸造表面。

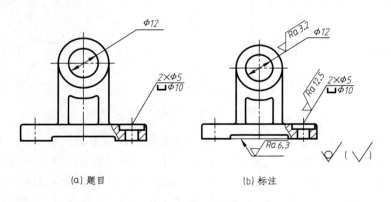

(a) 题目　　　　　　(b) 标注

图 9-37　轴承座的表面粗糙度标注

表面粗糙度标注是零件技术要求中非常重要的一项指标，首先标注要正确，符合国家标准规定，其次是标注合理的问题，某一表面粗糙度要求多高，需要根据实际需求来确定。标注结果如图 9-37（b）所示。

① 因为 $2×\phi5$ 沉孔 $\phi10$ 所示台阶孔的表面粗糙度 Ra 值为 $12.5\mu m$，因此在其尺寸线上标注表面粗糙度；

② 同理在 $\phi12$ 孔尺寸线上标注表面粗糙度；

③ 由于轴承座底面的表面粗糙度 Ra 值为 $6.3\mu m$，中间有凹槽，因此用细实线相连，然后标注表面粗糙度；

④ 其余表面粗糙度采用统一标注。如图 9-37（b）所示。

【例 9-3】 按表中给出的 Ra 值，在图中标注轴的尺寸及表面粗糙度（图 9-38）。

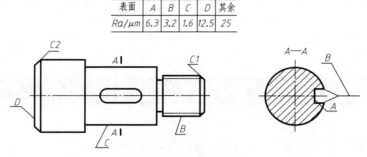

表面	A	B	C	D	其余
Ra/μm	6.3	3.2	1.6	12.5	25

图 9-38 按要求标注轴

因为表面粗糙度可以标注在尺寸线或尺寸界线上，因此在标注表面粗糙度前，根据题目要求先选择尺寸基准，再标注尺寸，最后标注表面粗糙度。选轴的右端面为尺寸基准，这样设计基准和工艺基准重合，然后按照零件图尺寸标注的基本方法标注尺寸。

最后标注表面粗糙度。如图 9-39 所示。在这里强调一下，螺纹的粗糙度 $Ra3.2$ 要标注在螺纹的尺寸线上，而不能标注在螺纹的大径或者小径上。键槽底面的尺寸直接标注在底面上，而两个侧面的粗糙度 $Ra3.2$ 一般标注在反映键槽槽宽的尺寸线（尺寸 6）上。

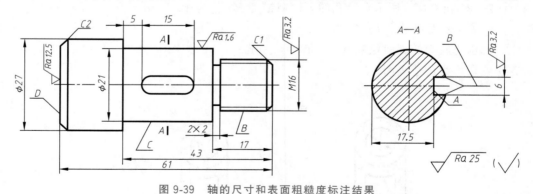

图 9-39 轴的尺寸和表面粗糙度标注结果

【例 9-4】 按表中给出的 Ra 值，在图中标注齿轮的尺寸及表面粗糙度（图 9-40）。

本题的尺寸标注和粗糙度标注方法与上题相同，这里主要强调的是齿轮的标注，按照国家标准的要求，齿轮标注时，应将表示齿廓曲面的表面粗糙度数值标注在齿轮的分度圆或分度线上，而不要将粗糙度数值标注在齿顶圆或齿顶线上，如图 9-41 所示。

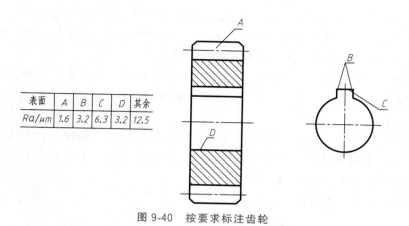

表面	A	B	C	D	其余
Ra/μm	1.6	3.2	6.3	3.2	12.5

图 9-40　按要求标注齿轮

　　另外在标注时，零件不同方向的表面上的标注方法是不同的，在下表面，左下表面、右下表面和右表面的标注中，不能直接标注，必须用箭头指引进行标注。如图 9-41 中齿轮内孔上键槽的槽底 C 属于下表面，只能用指引线向下侧引出标注。

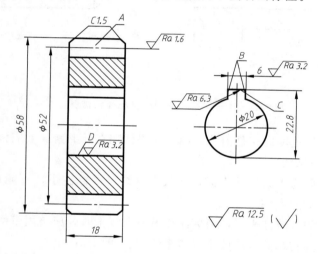

图 9-41　齿轮的尺寸和表面粗糙度标注结果

【例 9-5】　找出图 9-42 中表面粗糙度标注的错误，并改正。

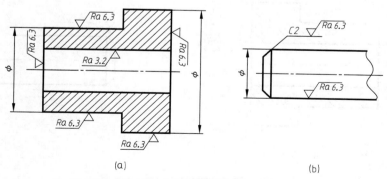

(a)　　　　　　　　　　　(b)

图 9-42　改正图中表面粗糙度标注的错误（一）

287

判断表面粗糙度标注是否正确，首先要掌握表面粗糙度的标注要求。

① 标注位置。表面粗糙度符（代）号应注在可见轮廓线、尺寸线、尺寸界线或者它们的延长线上；符号的尖端必须从材料外指向表面。

② 标注次数。表面粗糙度要求对每一表面一般只标注一次，为了读图方便，并尽可能注在相应的尺寸和公差的同一视图上。除非另有说明，所标注的表面结构要求是对完工零件表面的要求。

③ 标注符号、方向、内容。表面粗糙度的标注符号、内容等要符合 GB/T 4458.4—2003 的规定，使表面粗糙度注写和读取方向与尺寸的注写和读取方向一致，在粗糙度数值前要加评定参数代号（如 Ra 或 Rz）。

改正：图中共有 5 处错误，如图 9-43 所示。

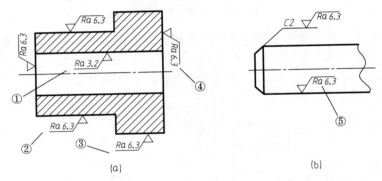

图 9-43　改正图中表面粗糙度标注的错误（二）

① 处所指表面粗糙度应该是内孔表面，如果标注在最上素线上应该用箭头指引标注，或者直接标注在最下素线上。

② 处所指圆柱面为小圆柱外表面，在最上素线已经标注了，不能重复标注，而且标注方法是错误的，这里应去掉。

③ 处所指表面为大圆柱表面，当标注在最下素线上时，应该用带箭头的指引线标注。

④ 处所指表面为右端面，应该用带箭头的指引线标注。

⑤ 处所指表面为圆柱面的最下素线，不能从材料内指向表面，标注时应该用带箭头的指引线标注。

改正后如图 9-44 所示。

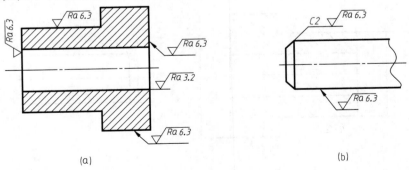

图 9-44　改正图中表面粗糙度标注的错误（三）

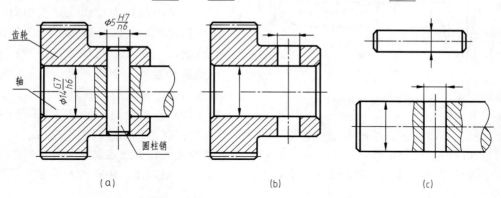

【例 9-6】 根据装配图的配合尺寸，在各零件图上进行尺寸标注，并填空［图 9-45（a）］。

① 齿轮和轴的配合采用基____制，____配合，齿轮的公差带代号为____。

② 销和轴的配合采用基____制，____配合，销的公差带代号为____。

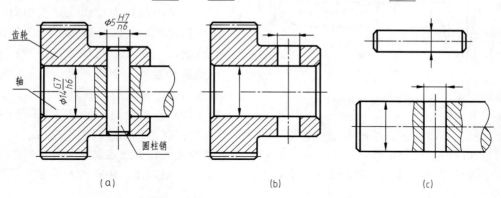

图 9-45 按照装配图的配合尺寸标注零件图（一）

该装配体由三个零件组成，轴与齿轮内孔配合处注有尺寸 $\phi14G7/h6$，它表示采用基轴制配合，齿轮的公差带代号为 G7，轴的公差带为 h6，这是一种间隙配合。

轴上销孔与销配合尺寸为 $\phi5H7/n6$，该配合也是采用基孔制，轴上销孔的公差带代号为 H7，销的公差带代号为 n6。查表可知该配合为过渡配合。

结果如下（图 9-46）：

① 齿轮和轴的配合采用基_轴_制，间隙配合，齿轮的公差带代号为G7；

② 销和轴的配合采用基_孔_制，过渡配合，销的公差带代号为n6。

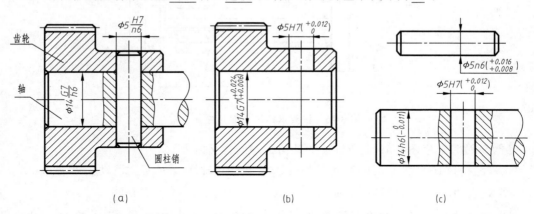

图 9-46 按照装配图的配合尺寸标注零件图（二）

【例 9-7】 按下列要求在阀杆零件中标注其几何公差（图 9-47）。

① $\phi16f7$ 圆柱面的圆柱度公差值为 0.005mm。

② M8×1▼20-7H 螺纹孔的轴线相对于 $\phi16f7$ 圆柱面的轴线的同轴度公差值为 $\phi0.1$mm。

③ 左端面 $SR750$ 球面相对于 $\phi16f7$ 圆柱面的轴线的圆跳动公差值为 0.33mm。

在生产实际中，经过加工的零件，不但会产生尺寸误差，同时也会产生几何误差。在技术图样中，几何公差一般采用代号标注。几何公差的代号包括带箭头的指引线、几何公

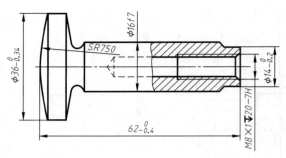

图 9-47　按要求标注几何公差（一）

差特征项目的符号、公差数值、表示基准要素或基准体系的字母及其他附加符号等。

当被测要素为轮廓线或表面时，箭头应指向该要素的轮廓线或轮廓线的延长线上，并明显地与尺寸线错开；当被测要素为轴线、中心平面、球心时，箭头应与该要素的尺寸线对齐。

相对于被测要素的基准用一个大写字母表示。字母标注在基准方格内，与一个涂黑的或空白三角形相连以表示基准。

当基准要素为轮廓线或表面时，粗短线应靠近该要素的轮廓线或其延长线，并明显地与尺寸线错开；当基准要素为轴线、中心平面、球心时，粗短线的中点应与该要素的尺寸线对齐。

标注如图 9-48 所示。

① 标注 ϕ16f7 圆柱面的圆柱度 $\boxed{\cancel{H}\,|\,0.005}$。

② 标注 M8×1 螺纹孔的轴线相对于 ϕ16f7 圆柱面的轴线的同轴度 $\boxed{\odot\,|\,\phi 0.1\,|\,A}$。

③ 标注左端面 SR750 球面相对于 ϕ16f7 圆柱面的轴线的圆跳动公差 $\boxed{\swarrow\,|\,0.33\,|\,A}$。

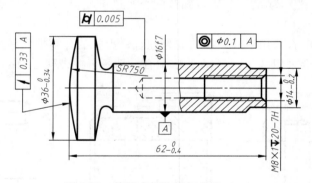

图 9-48　按要求标注几何公差（二）

【例 9-8】　解释图 9-49 上所标注的几何公差的含义。

① 处表明 $\phi 160_{-0.068}^{-0.043}$ 圆柱表面对 $\phi 85_{-0.025}^{+0.010}$ 圆柱孔轴线 A 的径向跳动公差为 0.03。

② 处表明 $\phi 150_{-0.068}^{-0.043}$ 圆柱表面对轴线 A 的径向跳动公差为 0.02。

③ 处表明厚度为 20 的安装板左端面对 $\phi 150_{-0.068}^{-0.043}$ 圆柱面轴线 B 的垂直度公差为 0.03。

④ 处表明安装板右端面对 $\phi 160_{-0.068}^{-0.043}$ 圆柱面轴线 C 的垂直度公差为 0.03。

⑤ 处表明 $\phi 125_{0}^{+0.025}$ 圆柱孔的轴线与轴线 A 的同轴度公差为 ϕ0.05。

⑥ 处表明 5×ϕ21 孔对由与基准 C 同轴、直径为 ϕ210 确定并均匀分布的理想位置的位置度公差为 ϕ0.125。

【例 9-9】　分析下列图形（图 9-50）几何公差标注的错误，并改正。

分析：在几何公差的标注中，基准要素的标注是有严格要求的。

① 图 9-51（a）中①处用 E 作为基准代号，是错误的。为了避免混淆和误解，基准所

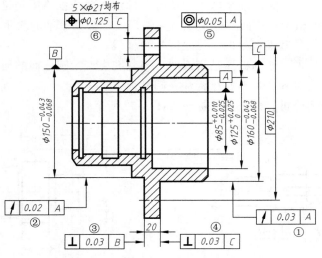

图 9-49 解释图中几何公差的含义

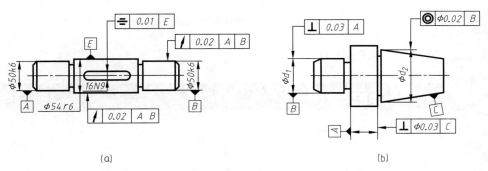

图 9-50 分析几何公差标注的错误并改正（一）

使用的字母不得采用"E、F、I、J、L、M、O、P、R"九个字母。

② 图 9-51（b）中⑥处 A 基准字母字头向左，是错误的。基准符号引向基准要素时，无论基准符号在图面上的方向如何，其小方框中的字母均应水平书写。

③ 图 9-51（a）图中④、⑤处基准未与尺寸线对齐，是错误的。当基准要素为中心要素时，应把基准符号的三角形与该中心要素对应的尺寸线对齐。

④ 图 9-51（b）中⑥处，基准 A 标注错误，应与尺寸线错开。当基准要素为轮廓要素时，应把基准符号的三角形直接标注在轮廓要素或其延长线上，不宜与尺寸线对齐。

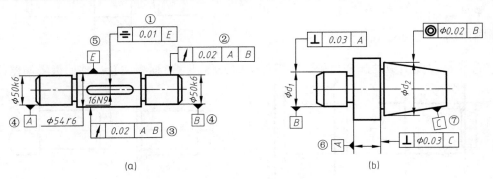

图 9-51 分析几何公差标注的错误并改正（二）

⑤ 图 9-51（a）中②处，将字母 A、B 分开标注在两个框格中是错误的，③处将字母 A、B 标注在一个框格中，中间无短横线，是错误的。公共基准的表示是在组成公共基准的两个或两个以上同类基准代号的字母之间加短横线。

⑥ 图 9-51（b）中⑦处的标注是错误的。当基准要素为圆柱面的回转轴线时，应与表示圆锥直径的尺寸线对齐，不要直接标注在圆柱面上。

改正：根据上述分析，改正后的标注如图 9-52 所示。

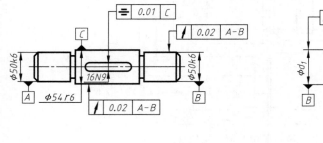
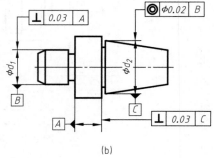

(a)   (b)

图 9-52　分析几何公差标注的错误并改正（三）

9.7 训练与提高

9.7.1　基本训练

【题 9-1】　极限与配合的标注及填空。

① 说明下列零件尺寸中的字母和数字的意义。

$\phi26m6$：其中 m6 是___的_____代号，m 是_____符号，6 是_____等级。

$\phi26H7$：其中 H7 是___的_____代号，H 是_____符号，7 是_____等级。

$\phi26_{-0.013}^{\ 0}$：其中$\phi26$ 是轴的____尺寸，上极限偏差是____，下极限偏差是____。

②已知孔和轴的公称尺寸为 40mm，孔的公差带代号为 N7，轴的公差带代号为 h6，试在下图中作出相应的标注。

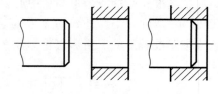

③根据装配图中的配合代号，在零件图的公称尺寸后面标注孔、轴的极限偏差值。

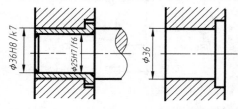
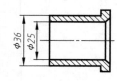
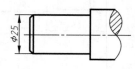

【题 9-2】 解释图中几何公差的含义。

①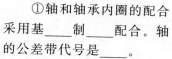

被测____外圆的轴线，对____基准轴线____的同轴度公差为_____；被测_____外圆的_____公差为_____。

②

被测_____外圆的_____公差为_____；被测____外圆的_____对圆锥段的轴线的_____公差为_____。

*9.7.2 提高训练

【题 9-3】 根据装配图的配合尺寸，在各零件图上注出公称尺寸和上下极限偏差数值，并填空。

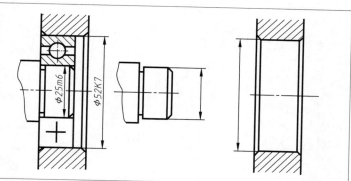

①轴和轴承内圈的配合采用基____制____配合。轴的公差带代号是____。

②轴承外圈和壳体圆孔的配合采用基____制____配合。壳体上圆孔的公差带代号为____。

【题 9-4】 将轴测图上所给出的粗糙度符号正确地标注在零件图上。

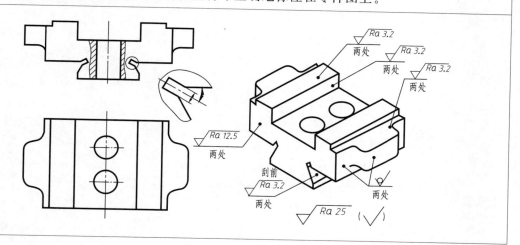

【题 9-5】　用几何公差代号将下列技术要求标注在图中。

技术要求

①ϕ25h6 圆柱面对 2×ϕ17k5 公共轴线的径向全跳动公差为 0.025。

②左端ϕ17k5 轴线对右端ϕ17k5 轴线的同轴度公差为 0.02。

③端面 A 对ϕ25h6 轴线的垂直度公差为 0.04。

④键槽 8P9 对ϕ25h6 轴线的对称度公差为 0.03。

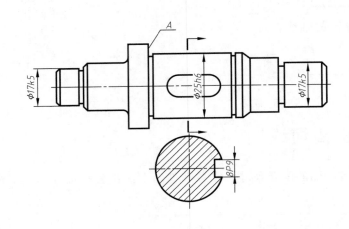

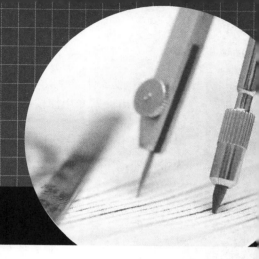

第 **10** 章

零件图

任何机器或部件都是由若干个零件按照一定的装配关系和技术要求装配而成的。表示零件结构、大小及技术要求的图样称为零件图。如图 10-1 所示的 V 带轮零件图，它是表达图 10-2 所示的铣刀头装配体中 V 带轮零件的工程图样。

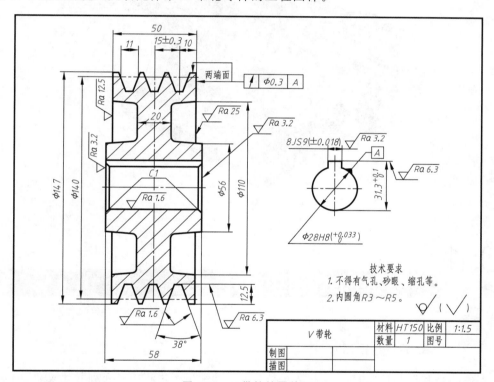

图 10-1 V 带轮的零件图

按同种零件在不同机器设备中互换性程度不同，常将零件分为标准件、常用件、一般零件三类。除标准件不需绘制零件图外，其余两类零件都应绘制其零件图。

① 标准件 标准件是按国家标准化机构批准、发布、实施的标准，进行加工生产，具有完全互换性的零件。这类零件不需绘制工程图样，如标准螺栓、螺母、垫圈、滚动轴承等。

② 常用件 按标准加工生产，具有通用性，但不具有完全互换性的零件，如齿轮、弹簧、三角带轮、密封件等。

③ 一般零件 一般零件是机器设备中既不具有互换性又不具有通用性的零件，也可以称为专用件。专用件按结构形状和功用不同，常分为轴套类、叉架类、轮盘类和箱壳类四种。

如图 10-2 所示铣刀头的轴测图中，螺钉、销、键、螺母、垫圈等为标准件，V 带轮为常用件，座体、端盖、轴等为一般零件，也就是我们所说的专用件。

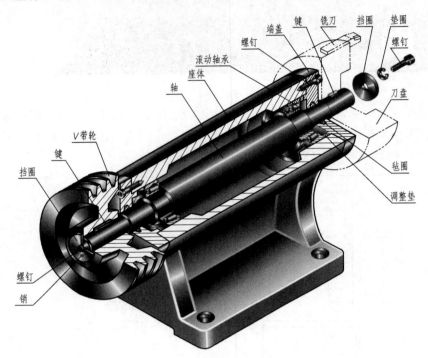

图 10-2 铣刀头轴测图

10.1 零件图的作用和内容

10.1.1 零件图的作用

零件图是制造和检验零件的主要依据，是设计和生产过程中的重要技术文件，也是使用、维修、技术交流中的主要技术资料。

10.1.2 零件图的内容

由图 10-1 所示的"V 带轮"零件图可以看出，一张满足生产要求的完整零件图，必须具备下列内容：

① 一组视图 综合运用机件的各种表达方法，如基本视图、剖视、断面及其他画法，准确、完整、清晰、简洁地表达出零件的内、外结构形状的一组图形。

② 完整的尺寸 正确、完整、清晰、合理地标出制造和检验零件时所必须的全部尺寸。

③ 技术要求　用规定的代号、符号、数字、字母或文字说明等注写出制造和检验零件时在技术指标上应达到的要求，如表面粗糙度、尺寸公差、形状和位置公差、材料热处理等要求。

④ 标题栏　在标题栏中填写零件的名称、材料、数量、比例、图号及有关人员的姓名、出图日期等内容。

10.2 零件常见的工艺结构

零件的结构形状主要取决于零件在机器中所起的作用。设计零件时，首先必须满足零件的工作性能要求，同时还应考虑零件的制造工艺对零件结构的要求。如在铸造工艺中的起模斜度、铸造圆角、均匀壁厚等；在机械加工工艺中的倒角、倒圆、螺纹退刀槽、砂轮越程槽和钻孔结构等。

10.2.1　铸造工艺结构

(1) 起模斜度

造型时，为了能将木模顺利地从砂型中取出来，一般常在铸件的内外壁上沿着起模方向设计出斜度，这个斜度（一般为 3°～7°或按 1：20 选取）称为起模斜度（或拔模斜度），如图 10-3（a）所示。起模斜度若无特殊要求时，在零件图上可不画出起模斜度，也不作标注，必要时可在技术要求中注明。

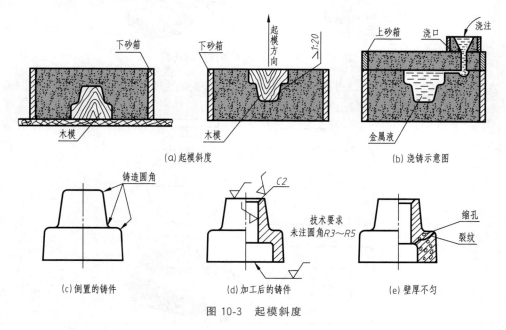

图 10-3　起模斜度

(2) 铸造圆角

为了便于脱模和避免砂型尖角在浇注时［图 10-3（a）、（b）］发生落砂，避免铸件冷却收缩不均匀时在尖角处产生裂纹，往往将铸件转角处做成圆角，该圆角称为铸造圆角，如图 10-3（c）所示。在零件图上，该圆角一般应画出并标注尺寸，若不画出，则必须注明尺寸或在技术要求中加以说明。若相交表面之一是加工面，则铸件经切削后圆角被切去，零件图上应画成尖角，如图 10-3（d）所示。

（3）铸件壁厚

为避免铸件冷却时产生内应力而造成裂纹或缩孔，应尽量使铸件壁厚均匀或逐渐变化 [图 10-3（d）]。否则，在壁厚处极易形成缩孔或在壁厚突变处产生裂纹，如图 10-3（e）所示。

（4）过渡线

由于受到铸造圆角的影响，铸件表面的交线变得不够明显，若不画出这些线，零件的结构则显得含糊不清，如图 10-4（a）、（c）所示。

为了便于看图及区分不同表面，图样中仍须按没有圆角时交线的位置，画出这些不太明显的线，此线称为过渡线，其投影用细实线表示，且不宜与轮廓线相连，如图 10-4（b）、（d）所示。

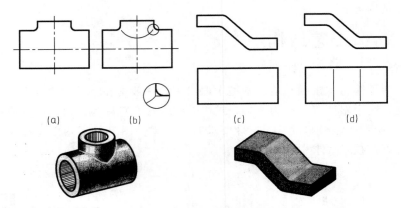

图 10-4　图形中画与不画交线的比较

在铸件的内、外表面上，过渡线随处可见，看图和画图时经常遇到，如图 10-5 所示。

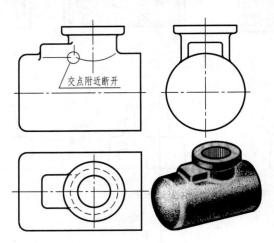

图 10-5　三条过渡线汇交时的画法

在画肋板与圆柱相交或相切的过渡线时，其过渡线的形状与肋板的断面形状、肋板与圆柱的组合形式有关,如图 10-6 中的主、俯视图所示。图中第一行的主视图为简化画法,省略了铸造圆角,实际上是相贯线的投影。

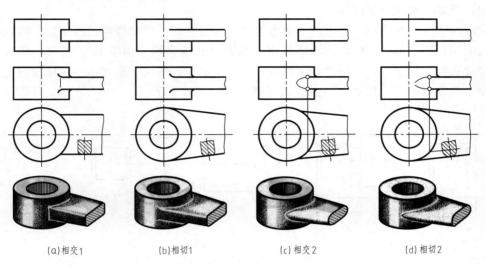

(a) 相交1　　　　(b) 相切1　　　　(c) 相交2　　　　(d) 相切2

图 10-6　过渡线的简化画法

10.2.2　机械加工工艺结构

(1) 倒角和倒圆

为了去除毛刺、锐边和便于装配,在轴、孔的端部(或零件的面与面相交处),一般都加工成锥面,这种结构称倒角。另外,为避免应力集中而引起裂纹,在阶梯轴的轴肩处往往加工成圆角的过渡形式,称为倒圆。倒角、倒圆的尺寸标注如图 10-7(a)所示,它们的大小可查阅相关手册。

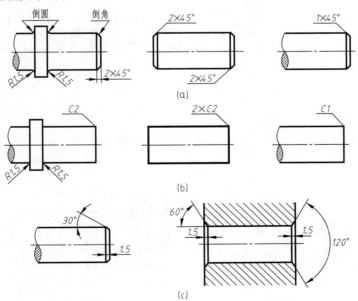

图 10-7　倒角和倒圆

在不引起误解时，零件图中的倒角（45°）可以省略不画，其尺寸也可简化标注，如图 10-7（b）所示（倒圆也采用了简化）。30°、60°倒角的画法，如图 10-7（c）所示。

（2）退刀槽和砂轮越程槽

在车削或磨削加工时，为了便于退出刀具，或使砂轮可以稍微越过加工面，常在被加工面的末端预先车出一个槽，称为螺纹退刀槽或砂轮越程槽。如图 10-8 所示，其结构形式和尺寸有相应标准，尺寸以"槽宽×直径"或"槽宽×槽深"形式标注。标注槽宽 b 是为了便于选择割槽刀，槽深 h 应由最接近槽底的一个面算起。

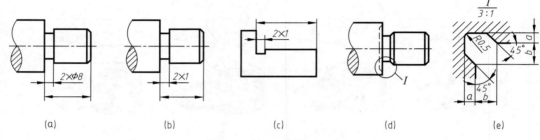

图 10-8 退刀槽与越程槽

（3）凸台和凹坑

零件与其他零件接触的表面都要进行加工。为降低成本，尽量减少加工面，适当减少接触面积并增加接触的稳定性，常在零件上设计出凸台和凹坑，如图 10-9 所示。

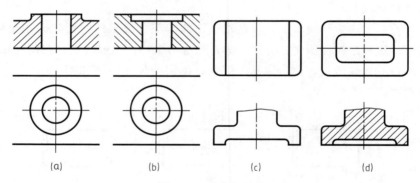

图 10-9 凸台和凹坑

（4）钻孔结构

钻孔时，因钻头端部的锥角为 118°，画图时锥顶角画为 120°，如图 10-10（a）、（b）所示。

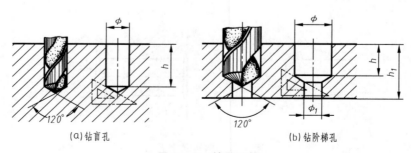

(a)钻盲孔　　　　　　　(b)钻阶梯孔

图 10-10 钻孔结构

钻孔时，钻头的轴线应与孔端表面相垂直，否则只是单边切削，钻头易歪斜、折断，如图 10-11 （a）所示。若必须在斜面或曲面上钻孔时，则应先把该表面铣平或预先铸出凸台或凹坑，然后再钻孔，如图 10-11 （b）、（c）所示。对于钻头钻透处的结构，也要设置凸台以使孔完整，如图 10-11 （d）、（e）所示。

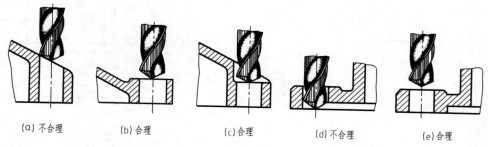

(a) 不合理　　　　(b) 合理　　　　(c) 合理　　　　(d) 不合理　　　　(e) 合理

图 10-11　钻孔的表面结构

10.3　读零件图的方法

在设计和制造零件时，都需要阅读零件图。所以，作为一名工程技术人员，必须具备较强的读图能力。通过读图，可以了解零件的结构形状、尺寸大小及加工时所需达到的各项技术要求，以便根据零件的特点在制造时采用适当的加工方法和检验手段来达到产品的质量要求；或进一步研究零件结构是否合理，求得改进和创新。现以图 10-12 所示的壳体为例，介绍读零件图的一般方法和步骤。

（1）读标题栏，概括了解

首先从标题栏中了解零件的名称、材料、比例等。从名称有时可判断出该零件属于哪一类零件，从材料可大致了解其加工方法。然后由装配图或其他资料了解该零件在机器部件上的作用，以及和其他零件的关系。

从图 10-12 的标题栏可以看出，零件的名称是壳体，属于箱体类零件，其作用是包容支承其他零件，该类零件结构较为复杂。由材料栏的 ZL102，参阅附表 31 常用有色金属牌号可知，该零件的材料是铸造铝合金，这个零件是铸件。若有装配图，还可由零件图的图号参阅装配图，进一步了解该零件各结构的具体作用。

（2）分析视图，想象零件形状

该壳体较为复杂，采用了三个基本视图（都按需采取了适当的剖视）和一个局部视图表达它的内外形状。主视图采用单一的正平面剖切后所得到的 A—A 全剖视图，主要表达内部形状。俯视图采用了 B—B 阶梯剖的全剖视图，同时表达了内部和底板的形状。局部剖的左视图以及 C 向局部视图主要表达外形及顶面形状。

由形体分析可知：壳体主要由中上部的本体、下部的安装底板、左面的凸块、前方的圆筒和上部的顶板组成。

再看细部的结构：顶部有 $\phi30H7$ 的通孔、$\phi12$ 的盲孔和 M6 的螺孔；底部有 $\phi48H7$ 与主体上 $\phi30H7$ 通孔相连接的阶梯孔，底板上还有锪平 $\phi16$ 的 4 个安装孔 $\phi6$。结合主、

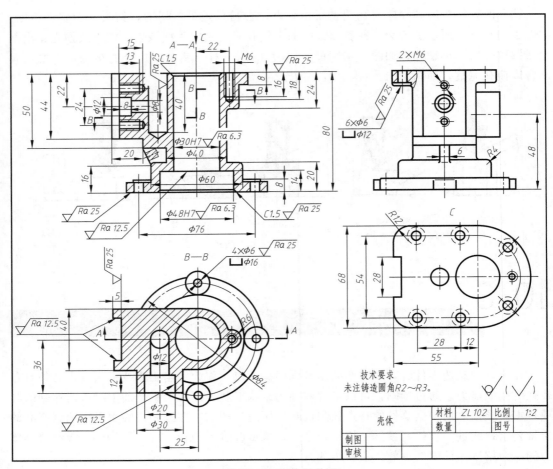

图 10-12　壳体零件图

俯、左三视图看，左侧为带有凹槽 T 形凸块，在凹槽的左端面上有 $\phi12$、$\phi8$ 的阶梯孔，与顶部 $\phi12$ 的圆柱孔相通；在这个台阶孔的上方和下方，分别有一个螺孔 M6。在凸块前方的圆筒（从外径 $\phi30$ 可以看出）上，有 $\phi20$、$\phi12$ 的阶梯孔，向后也与顶部 $\phi12$ 的圆柱孔相通。从采用局部剖视的左视图和 C 向视图可看出：顶部有六个安装孔 $\phi6$，并在它们下端分别锪平成 $\phi12$ 的平面。

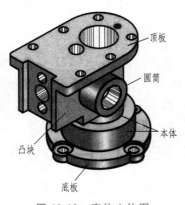

图 10-13　壳体立体图

通过以上分析读图，就可以想清壳体的内、外形状，如图 10-13 所示。

（3）分析尺寸和技术要求

通过形体分析和视图上所注尺寸可以看出：长度基准、宽度基准分别是通过壳体的主体轴线的侧平面和正平面；高度基准是底板的底面。从这三个尺寸基准出发，再进一步看懂各部分的定位尺寸和定形尺寸，就可以完全读懂这个壳体的形状和大小。

在图 10-12 中可以看到：在这个壳体的顶板和安装底板中相连接贯通的台阶孔 $\phi48H7$、$\phi30H7$ 都有公差要求，其极限偏差数值可由公差带代号 H7 查附表 28

获得。

再看表面粗糙度，除主要圆柱孔 $\phi 30H7$、$\phi 48H7$ 为 6.3 外，加工面大部分为 25，少数是 12.5，其余仍为铸件表面（毛面）。由此可见：该零件对表面粗糙度要求不高。

用文字叙述的技术要求是：图中未注尺寸的铸造圆角都是 $R2\sim R3$。

（4）综合考虑

把上述各项内容综合起来，就能对这个壳体零件有一个全面的了解。

10.4

零件图读图实例

【例 10-1】 读懂下列传动轴的零件图（图 10-14），并填空。

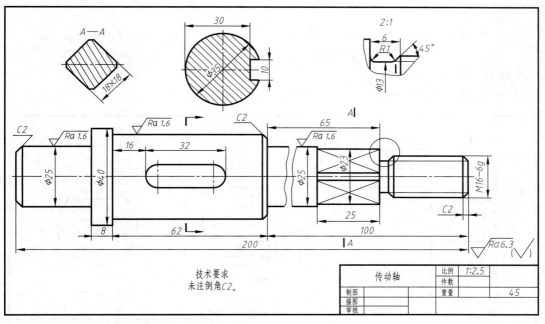

图 10-14　传动轴零件图

① 该零件的名称是(1)，属于(2) 类零件，该图采用的比例为(3)，属于(4) 比例。

② 该零件共用了(5) 个图形表达，主视图靠右侧的两处斜交细实线是 (6) 符号。

③ 主轴上键槽的长度是(7)，宽度是(8)，深度是(9)，其定位尺寸是(10)。

④ 说明尺寸 $C2$ 中的 C 表示(11)，2 表示 (12) 。

⑤ M16-6g 中，M 表示 (13) ，16 表示 (14) ，6g 表示 (15) 。

分析：该零件名称是传动轴，属于轴套类零件，材料为 45 钢，该零件用四个图形表达，主视图选择符合加工位置原则，表达了轴的整体结构；用移出断面图表示键槽的深度，用 $A—A$ 移出断面表达轴上方形结构，用局部放大图表示退刀槽的具体结构和尺寸，立体图如图 10-15 所示。

轴的回转轴线为径向尺寸基准，轴向尺寸基准为 $\phi 40$ 圆柱的右端面，图中表面粗糙度要求最高的表面为两段ϕ25和ϕ35的圆柱面，这三段圆柱面在装配时与其他零件配合，其中ϕ25的圆柱面上安装轴承，ϕ35的圆柱面上安装传动零件（齿轮或带轮等）。

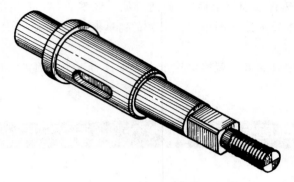

图 10-15　传动轴立体图

填空答案：

（1）传动轴，（2）轴套，（3）1：2.5，（4）缩小，（5）4，（6）平面，（7）32，（8）10，（9）5，（10）16，（11）45°倒角，（12）倒角尺寸，（13）普通螺纹，（14）大径，（15）中径和顶径的公差带代号。

【例 10-2】　读懂下列滑柱零件图（图 10-16），并填空。

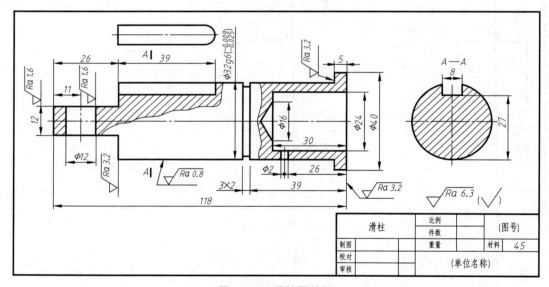

图 10-16　滑柱零件图

① 标题栏中材料代号为 45，其含义是 (1)。

② ϕ32g6 圆柱面的上极限尺寸是(2)，下极限尺寸是(3)。

③ 图中密封槽的尺寸 3×2 的含义：3 是 (4)，2 是 (5)。

④ 该零件左端小孔的直径尺寸是 (6)，其定位尺寸是 (7)。

⑤ 图中表面粗糙度要求最高的 Ra 值为 (8)。

分析：滑柱零件是以圆柱为主体的同轴回转体，左端被两个水平面和侧平面切掉两个长 26mm 的缺口，其上有一个距左端面 11mm 的 ϕ12mm 的通孔，ϕ32mm 圆柱左端有一个长 39mm 的键槽。其立体图如图 10-17 所示。

填空答案：

（1）滑柱零件材料为 45 钢，（2）ϕ31.991mm，
（3）ϕ31.975mm，（4）槽宽，（5）槽深，（6）
ϕ12mm，（7）11mm，（8）0.8μm。

【例 10-3】 读轴承盖零件图（图 10-18），在
指定位置画出 B—B 剖视图（采用对称画法，画
出前方的一半），并完成填空。

图 10-17 滑柱立体图

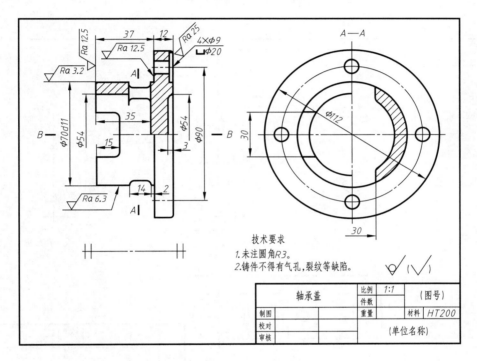

图 10-18 轴承盖零件图

① ϕ70d11 写成有上、下极限偏差的注法为 ___(1)___。

② 主视图的右端面有 ϕ54mm 深 3mm 的凹槽，这样的结构是考虑 ___(2)___ 零件的重量和 ___(3)___ 加工面积而设计的。

③ 说明 $\dfrac{4\times\phi9}{\sqcup\phi20}$ 的含义，___(4)___；4 个 ϕ9mm 的孔是用于穿过公称直径为 (5) 的螺栓。

分析：该零件为盘类零件，主体仍为同轴回转体。该零件左边为外径 ϕ70，内径 ϕ54 的圆柱筒，其左端前后各开了一个方槽（30mm×15mm）；中间上、下各加工了一个方槽（30mm×14mm）；右端面上均匀分布了四个 ϕ9mm 的小孔。立体图如图 10-19 所示。

补图：B—B 为简化画法，答案如图 10-19 所示。由于图形对称，只画出一半。

填空答案：

（1）$\phi70^{-0.100}_{-0.290}$，（2）减轻，（3）减少，（4）4 个 ϕ9 的沉孔，锪平孔的直径为 ϕ20，
（5）M8。

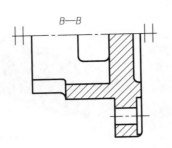

图 10-19　轴承盖立体图

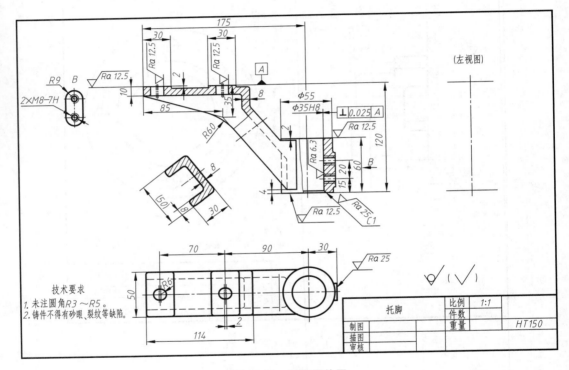

图 10-20　托脚零件图

【例 10-4】　读懂托脚零件图（图 10-20），想象空间形状，补画左视图并完成填空。

① 零件的主视图采用了 (1) 视图，中间连接板处采用了 (2) 来表达，下方的图形是 (3) 视图。

② 零件右侧有 (4) 螺孔，其公称直径为 (5) ，孔间距为 (6) 。

分析：该零件为叉架类零件，主视图采用了局部剖视图，俯视图为外形图，两图保留少数虚线，以显示连接板的厚度，另外还有 B 向局部视图表达凸台形状，移出断面图表示连接板截面形状。其立体图如图 10-21（a）所示。

补图：补画左视图，如图 10-21（b）所示。可清楚看出各板的厚度，中部的截交线为椭圆弧。

填空答案：

(1) 局部剖，(2) 移出断面，(3) 俯，(4) 2个，(5) 8，(6) 20。

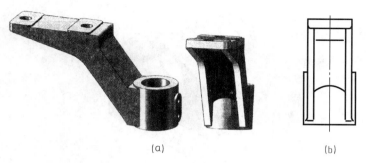

图 10-21　托脚立体图和左视图

【例 10-5】 读懂柱塞泵泵体的零件图（图 10-22），并填空。

① 该零件的主视图画成 (1) 剖视图，左视图和俯视图为 (2) 剖视图。

② 零件上 2×φ16 孔的定位尺寸为 (3)、(4)；2×M8 螺孔的定位尺寸为 (5)、(6)。

③ 零件左端螺孔 M16×1 的含义为：M 表示 (7) 螺纹；16 表示 (8)，1 表示 (9)。

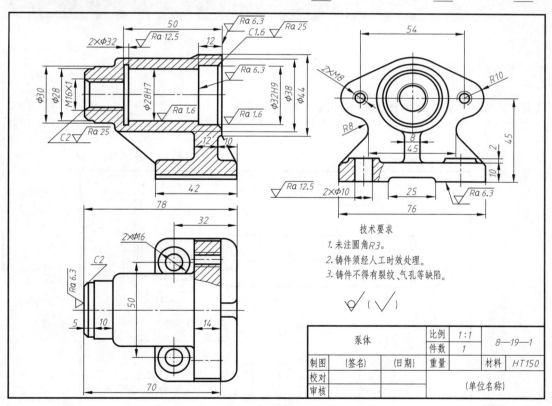

图 10-22　泵体零件图

分析：该零件为箱体类零件，是柱塞泵的主要零件，结构复杂，主视图采用全剖是为了表达阶梯孔的内部结构，左视图既表达管接头的外形，又用局部剖表达了底板上的安装孔结构，俯视图采用局部剖主要表达螺孔和底板的形状。立体图如图 10-23 所示。

填空答案：

(1) 全，(2) 局部 ，(3) 　 32 　，(4) 　 50 　，(5) 　 54 　，(6) 　 45 　，(7) 细

图 10-23　泵体立体图

牙普通，（8）　公称直径　，（9）　螺距。

10.5

训练与提高

10.5.1　基本训练

【题 10-1】　读懂下列搅拌轴的零件图，并回答问题。

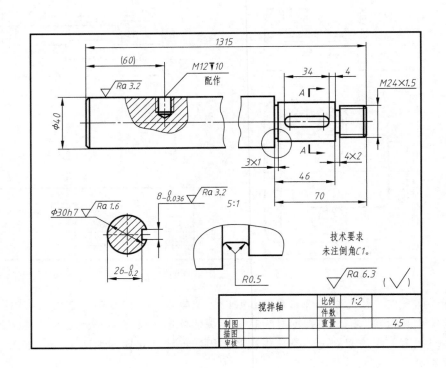

①零件的名称是_____，材料是_____，比例是_____。

②该零件共用了____个图形表达，其主视图采用_____剖视图，主视图下方有____个图，分别称为_____图和_____图，它们分别反映_____和_____的结构和尺寸。

③轴右端的螺纹为_____螺纹，大径为_____，其有效长度为_____；轴左上方的螺孔为_____螺纹，其有效深度为_____。

④键槽宽度是_____，长度是_____，定位尺寸是_____。

⑤图中尺寸 3×1 的含义是：_____。

⑥零件表面粗糙度要求最高的部位是_____，Ra 值为_____。

【题 10-2】 读懂下列轴套的零件图，并回答问题。

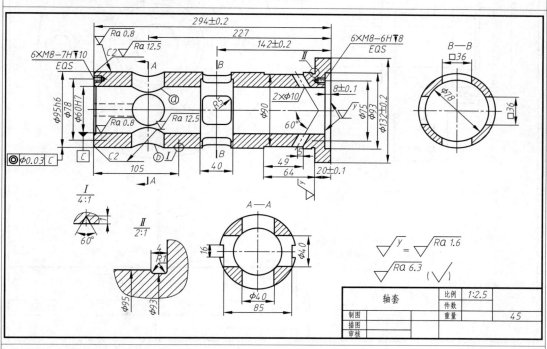

①该零件的名称是_____，材料是_____，比例是_____，属于_____比例。

②该零件共用了_____个图形来表达，其中主视图作了_____，A—A 是_____图，B—B 是_____图，I 处和 II 处是_____。

③在主视图中，左边两条虚线的距离是_____，与两条虚线右边相连圆的直径是_____。中间正方形的边长是_____。中间 40 长的圆柱孔的直径是_____。

④该零件长度方向的尺寸基准是_____，宽度方向和高度方向的尺寸基准是_____。

⑤主视图中，227 和 142±0.2 属于_____尺寸，40 和 49 属于_____尺寸；ⓐ所指的曲线是_____与____的相贯线，ⓑ所指的曲线是_____与_____的相贯线。

⑥尺寸 φ132±0.2 上极限尺寸是_____，下极限尺寸是_____，公差是_____。

⑦◎ φ0.03 C 表示：_____圆柱的_____对_____圆柱孔轴线的_____公差值为_____。

【题 10-3】 读懂下列托脚盖的零件图，并回答问题。

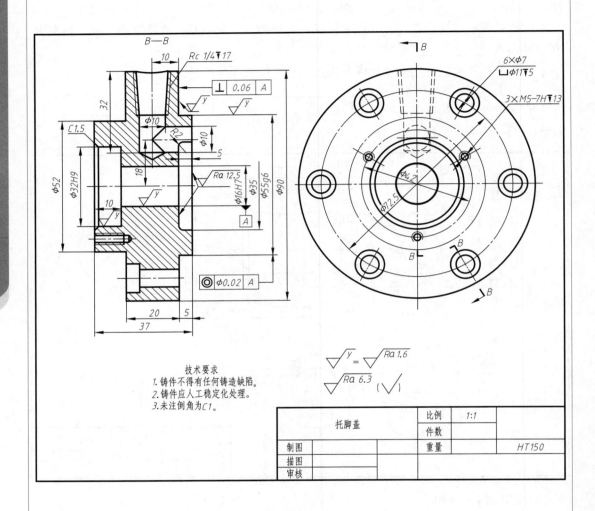

技术要求
1. 铸件不得有任何铸造缺陷。
2. 铸件应人工稳定化处理。
3. 未注倒角为C1。

	托脚盖		比例	1:1
			件数	
制图			重量	HT150
描图				
审核				

①该零件的主视图是____剖视图，是采用____剖切面剖切的。

②零件长度方向的尺寸基准是φ90 的_____端面；径向尺寸基准为_____。

③解释图中 Rc1/4▼17 的含义：_____
__。其定位尺寸为_____。

④解释φ55g6 的含义：φ55 为_____，g6 为_____代号，g 表示_____代号，6 表示_____代号，查表得到其上极限偏差为_____，下极限偏差为_____，公差为_____，该圆柱表面粗糙度数值为_____。

⑤零件上有两处几何公差的要求，它们的特征名称项目为_____和_____，其基准部位为_____。

【题 10-4】 读懂下列弯臂的零件图，并回答问题。

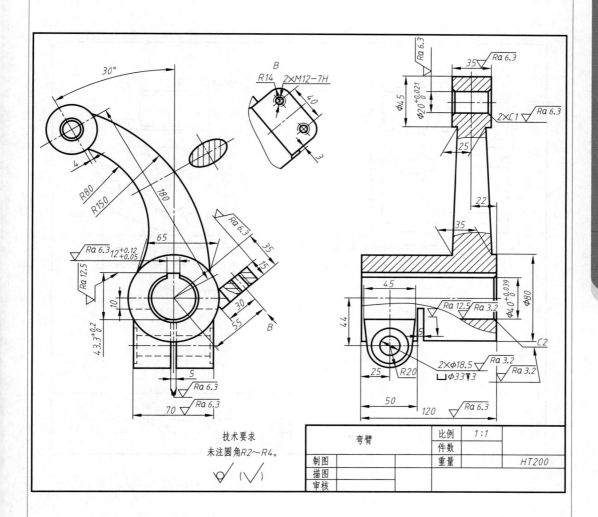

技术要求

未注圆角R2～R4。

弯臂	比例	1:1
	件数	
制图	重量	
描图		HT200
审核		

①该零件采用的表达方法有_____。

② 图中 2×M12-7H 表示的是____（粗、细）牙普通螺纹，公称直径为_____，螺距为_____。

③尺寸 C2 中的 C 表示_____，2 表示_____。

④尺寸$\phi20^{+0.021}_{0}$ 的公称尺寸是_____，上极限尺寸是_____，下极限尺寸是_____，上极限偏差是_____，下极限偏差是_____，公差值是_____。

【题 10-5】 读懂下列阀座的零件图，并回答问题。

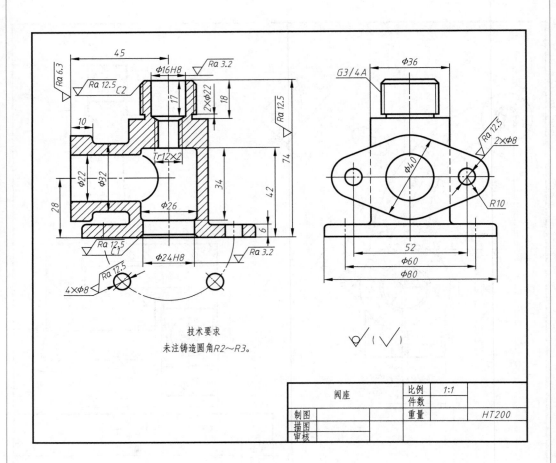

技术要求
未注铸造圆角R2～R3。

阀座		比例	1:1	
		件数		
制图		重量		HT200
描图				
审核				

①该零件采用了_____视图，主视图采用_____剖视图。

②图中"Tr12×2"表示_____螺纹，公称直径是_____，螺距是_____，该螺纹为____线螺纹（单、多）。

③螺纹退刀槽的槽宽是_____，槽底直径为_____。该零件底板上φ8的孔有_____个，其定位尺寸为_____。

④孔φ16H8的公称尺寸是_____，公差等级为____级，基本偏差代号为_____，上极限偏差是_____，下极限偏差是_____，公差值是_____。

【题 10-6】 看懂底座的零件图，并回答问题。

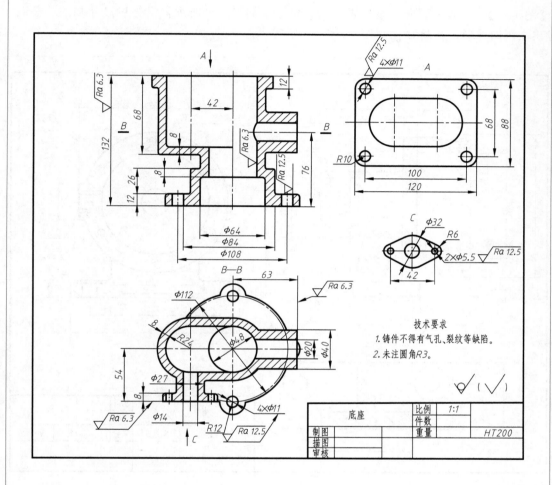

①该零件采用_____个视图，视图名为"A"的视图是_____视图。其中主视图为_____剖视图。

②零件上端边缘有____个小孔，小孔直径为_____。

③零件底板边缘有____个小孔，小孔直径为_____。

④零件前侧法兰上安装孔有_____个，定位尺寸为_____。

*10.5.2 提高训练

【题10-7】 读懂下图所示泵体零件图，想象空间形状。要求：①分析尺寸基准；②画出主视图外形，补画 C 向视图。

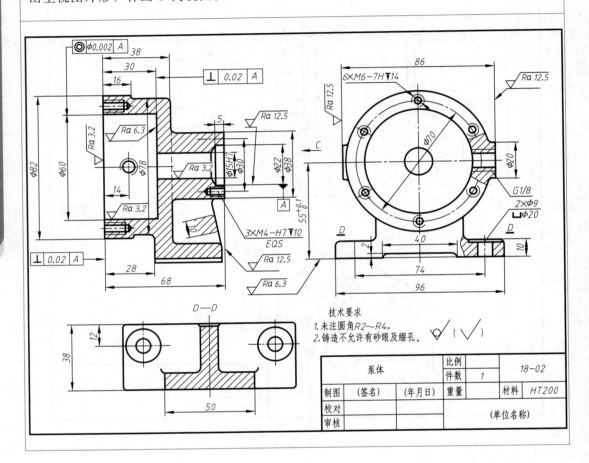

第 ⑪ 章

装配图

机器或部件是由若干零件按照一定的技术要求装配而成的。表示机器或部件及其连接、装配关系、工作原理的图样称为装配图。表示一台完整机器的装配图称为总装配图，表示机器中某个部件或组件的装配图称为部件装配图。

11.1 装配图的作用和内容

11.1.1 装配图的作用

在机器或部件的设计、仿造或改装时，一般先画出装配图，再根据装配图拆画零件图。制造时，先根据零件图生产零件，再根据装配图将零件装配成机器或部件。因此，装配图是进行零件设计的依据，也是装配、检验、安装与维修机器或部件的技术依据。装配图是表达设计思想、指导机器生产及进行技术交流的重要技术文件。

11.1.2 装配图的内容

图 11-1 所示是铣刀头的装配图。从图中可看出，一张完整的装配图应包括下列内容。

① 一组视图　用来表达机器或部件的工作原理，零件间的装配、连接关系及主要零件的结构形状等。

② 必要的尺寸　表示机器或部件的性能（规格）尺寸、装配尺寸、安装尺寸、外形尺寸以及影响机器或部件性能的其他重要尺寸等。

③ 技术要求　用文字或符号来说明机器或部件在安装、调试、校验、使用和维修等方面的要求。

④ 零件序号、明细栏和标题栏　在装配图中，需对每种零件编写序号，并在明细栏中依次对应列出每种零件的序号、名称、数量、材料等内容。标题栏中应填写机器或部件的名称、图号、绘图比例、有关人员的签名、日期等。

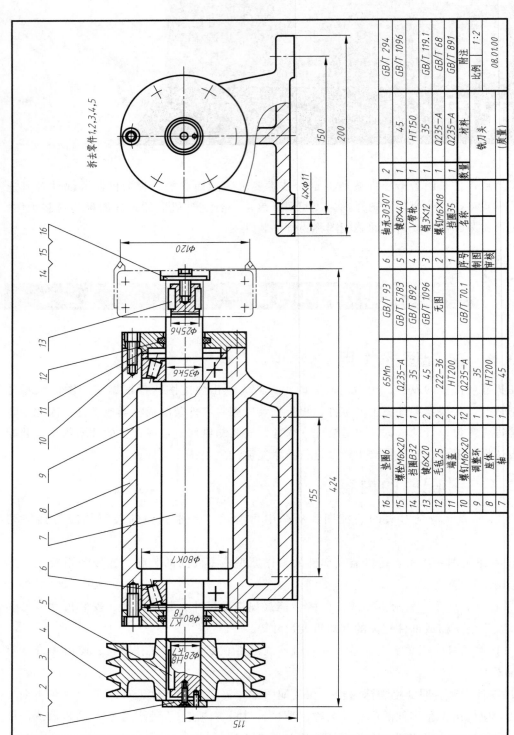

图 11-1 铣刀头的装配图

11.2 装配图的表达方法

由于装配图表达的内容与零件图不同，所以，装配图的表达方法，除了零件图所用的表达方法（视图、剖视图、断面图）外，还有一些规定画法和特殊画法。

11.2.1 装配图的规定画法

① 相邻两零件的接触面和配合面，只画一条共有线；不接触面和不配合面，不管间隙多小，也应画出两条线。图 11-2 中的轴肩与齿轮端面为接触面，轴与齿轮孔为配合面，键的两侧面与轴及齿轮孔的键槽两侧面是配合面，它们均画一条线。而键与齿轮孔内键槽的底面为非接触面，因此画两条线。

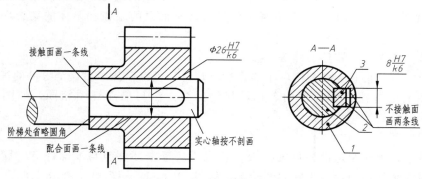

图 11-2　装配图的规定画法

② 为区分零件，在剖视图中两个相邻零件剖面线的倾斜方向应相反，或方向一致间隔不同，如图 11-2 的 A—A 剖视图中的齿轮 1 与轴 2 的剖面线倾斜方向相反，而齿轮 1 与键 3 的剖面线方向相同，但间隔不同。同一零件在各个视图上剖面线的倾斜方向和间隔必须一致。当零件厚度小于 2mm 时，剖切后允许用涂黑代替剖面符号，如图 11-3 中的垫

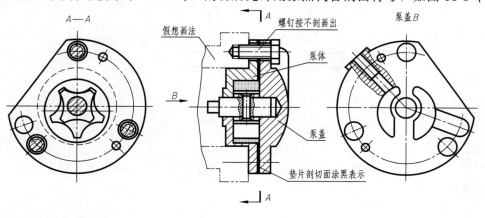

(a)沿接合面剖切画法　　　　(b)转子油泵假想画法　　　　(c)零件单独表示法

图 11-3　沿结合剖切画法

片，由于垫片较薄剖切面以涂黑表示。

③ 当剖切平面通过标准件（如螺钉、螺母、垫圈等）和实心件（如轴、手柄、销等）的轴线时，这些零件都按不剖画出，如图 11-2 中的实心轴和图 11-3 中的螺钉所示。当剖切平面垂直于这些零件的轴线时，则应画出剖面线。

11.2.2 装配图的特殊表达方法

(1) 拆卸画法

在装配图的某个视图中，当某些可拆零件遮挡了所需表达的结构时，可假想地先将这些零件拆去后再投影画图，该方法通常要在其视图的上方加注"拆去××等"字样，如图 11-1 铣刀头的左视图所示。

(2) 沿零件的结合面剖切法

为了能清楚地表达出机器或部件的内部情况，可采用假想沿某些零件的结合面进行剖切的画法。此时，在结合面上不必画出剖面线，但被剖切到的其他零件的剖面上应画出剖面线，如图 11-3（a）所示的 A—A 剖视图就是沿转子油泵的泵盖和泵体的结合面剖切后画出的。

(3) 单独表达某个零件的画法

当某个零件的形状在装配图中不能表达清楚时，可以单独画出这个零件的视图，但必须在该视图的上方注出该零件的名称，其他标注方法与局部视图相同，如图 11-3（c）所示。

(4) 假想画法

为了表达装配体中运动零件的极限位置或不属于本部件但与本部件有关联的相邻零件，可用双点画线假想地画出它们的轮廓，如图 11-3（b）、图 11-4 所示。

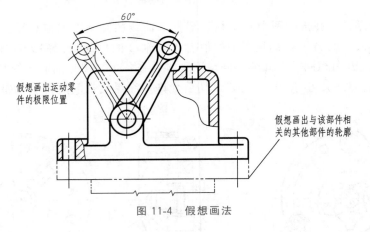

图 11-4 假想画法

(5) 夸大画法

在装配图中，为了清楚表达薄的垫片或较小的间隙，允许将其夸大画出，如图 11-5 中的间隙夸大画法。

(6) 简化画法（图 11-5）

① 在装配图中，零件的工艺结构（如倒角、倒圆、退刀槽、越程槽等）允许不画；螺栓头部与螺母中因倒角产生的曲线允许简化。

② 对于装配图中结构相同、重复出现的零件组如螺栓连接等，可详细地画出一组，

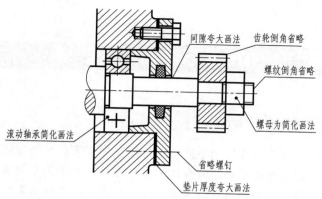

图 11-5　简化画法

其余只需用点画线标明其装配位置，但需在明细栏中注明数量。在装配图中也可省略螺栓、螺母、销等紧固件的投影，而用点画线和指引线指明它们的位置。

③ 滚动轴承允许详细地画出一半，另一半采用通用画法。

（7）展开画法

为了清晰地表达出传动机构中的传动线路和装配关系，可假想地按传动顺序沿各轴线剖切后，将空间轴系依次展开在同一平面上，此时应在剖视图的上方加注"×—×展开"字样，如图 11-6 中的"A—A 展开"。

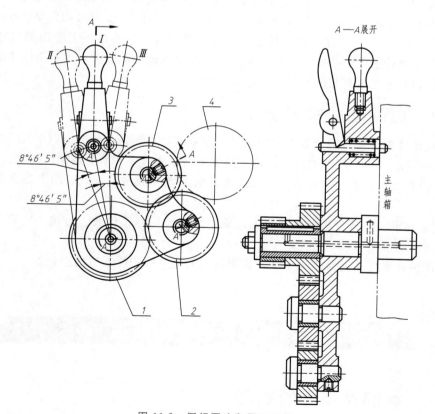

图 11-6　假想画法和展开画法

11.3

装配图的尺寸标注和技术要求

11.3.1　装配图的尺寸标注

装配图的尺寸标注要求与零件图不同。零件图是加工零件的重要依据，必须标注出零件结构的全部尺寸；而装配图是表达装配体的工作原理、装配关系及各零件间的相互位置的图样，所以没有必要标注每个零件的全部尺寸，只需标出一些必要的尺寸，这些尺寸按其作用的不同，可分为以下几类。

① 性能（规格）尺寸　表示机器（部件）的性能或规格的尺寸，它是设计和选用机器（部件）时的主要依据。如图 11-1 中 $\phi 120$、115。

② 装配尺寸　装配尺寸由两部分组成，一部分是零件之间的配合尺寸，如图 11-1 中的 $\phi 80K8/f7$、$\phi 28H8/k7$、$\phi 80K7$、$\phi 35k6$、$\phi 25h6$；另一部分是与装配有关的零件之间的重要相对位置尺寸，如图 11-1 中的 115。

③ 安装尺寸　表示机器（部件）安装到基座或其他工作位置时所需的尺寸，如图 11-1 中的 $4\times\phi 11$、155、150 等。

④ 外形尺寸　表示机器（部件）的外形轮廓尺寸，即总长、总宽和总高尺寸，它是机器（部件）在包装、运输、安装和厂房设计时需参考的尺寸，如图 11-1 中的 424、200 等。

⑤ 其他重要尺寸　指在设计时经过计算确定的尺寸，又不属于上述四类尺寸的重要尺寸，它们在设计过程中会影响机器（部件）的性能或运动状态。上述五类尺寸要根据具体情况分析，并不是所有装配图都具备这五类尺寸。

11.3.2　装配图的技术要求

机器或部件的性能、要求各不相同，其技术要求也不同，一般考虑以下几个方面。

① 装配要求　指装配时的说明，装配过程中的注意事项和所要达到的要求。

② 试验和检验要求　它包括对机器或部件的基本性能检验，试验的方法和技术指标等说明。

③ 使用要求　它是对机器或部件的性能、维护、保养、包装、运输、安装及操作和使用注意事项的说明。

装配图的技术要求通常用文字注写在明细栏的上方或图样下方的空白处。

11.4

装配图的零部件序号及明细栏

11.4.1　零部件序号的编写

为了便于看图和图样管理，装配图中所有的零部件都必须编写序号。相同的零部件编一个序号，一般只标注一次，序号应注写在视图外明显的位置上。序号的注写形式如图 11-7 所示，其注写规则如下。

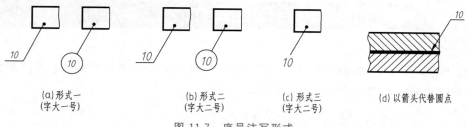

图 11-7　序号注写形式

①　在所指零部件的可见轮廓内画一圆点，然后从圆点开始画指引线（细实线），在指引线的另一端画一水平线或圆（细实线），在水平线上或圆内注写序号，序号的字高比该装配图中所注尺寸数字的高度大一号或两号，如图 11-7 （a）、（b）所示。

②　在指引线的另一端附近直接注写序号，序号字高比该装配图中所注尺寸数字高度大两号，如图 11-7 （c）所示。

③　若所指部分（很薄的零件或涂黑的剖面）内不便画圆点时，可在指引线的末端画出箭头，并指向该部分的轮廓，如图 11-7 （d）所示。在同一装配图中，编写序号的形式应一致。

④　指引线相互不能交叉，当通过有剖面线的区域时，指引线不应与剖面线平行，必要时，指引线可以画成折线，但只可曲折一次，如图 11-8 （a）所示。

⑤　一组紧固件以及装配关系清楚的零件组，可以采用公共指引线，如图 11-8 （b）所示。

⑥　序号应按顺时针（或逆时针）方向整齐地顺次排列。如在整个图上无法连续时，可只在每个水平或垂直方向顺次排列。

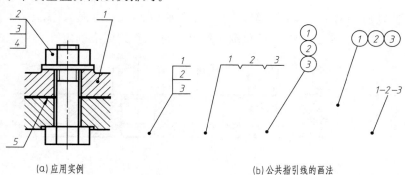

图 11-8　指引线及公共指引线的画法

11.4.2　明细栏

明细栏是装配图中全部零件的详细目录，明细栏中零件的序号应与装配图中所编写的序号一致。

明细栏的位置在标题栏的上方，如果位置不够，也可继续画在标题栏的左方。填写序号时应自下而上填写，以便添加零件。

生产图样的明细栏应采用 GB/T 10609.2—2009《技术制图　明细栏》中的规定，其格式、尺寸见第 1 章图 1-8。

11.5

装配图结构合理性简介

为了保证装配质量和装拆方便，达到机器或部件规定的性能精度要求，在绘制装配图时，要考虑装配结构的合理性，常见装配结构如下。

11.5.1 接触面与配合面的结构

(1) 相邻两零件在同一方向只能有一对接触面

如图 11-9 所示，$a_1 > a_2$，这样既保证了零件接触良好，又降低了加工要求。若要求两对平行平面接触，即 $a_1 = a_2$，会造成加工困难，实际上也达不到，在使用上也没有必要。

① 轴颈与孔的配合　对于轴颈与孔的配合，如图 11-10 所示，由于 ϕA 已经形成配合，ϕB 和 ϕC 就不应再形成配合关系，即必须保证 $\phi C > \phi B$。

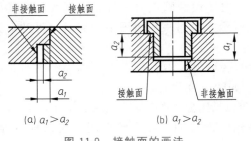

(a) $a_1 > a_2$　　　(b) $a_1 > a_2$

图 11-9　接触面的画法

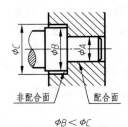

$\phi B < \phi C$

图 11-10　圆柱面配合

② 为保证轴肩端面和孔端面接触良好，可在轴肩处加工出退刀槽，或在孔的端面加工出倒角，如图 11-11 所示。退刀槽和倒角的尺寸可查有关标准确定。

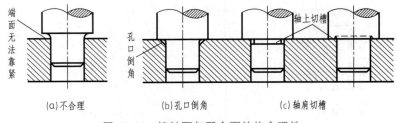

(a)不合理　　　(b)孔口倒角　　　(c)轴肩切槽

图 11-11　接触面与配合面结构合理性

(2) 尽量减少加工面积

为保证两零件接触良好、降低加工费用及节省材料，应尽量减少加工面积，如图 11-12 箭头所指。

11.5.2 螺纹连接结构

(1) 沉孔和凸台

为了保证螺纹紧固件与被连接工件表面接触良好，常在被加工件上作

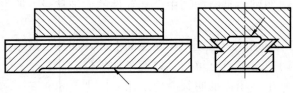

图 11-12　减少加工面积

出沉孔和凸台，如图 11-13 所示。

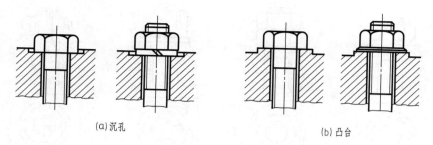

(a)沉孔 　　　　(b)凸台

图 11-13　沉孔和凸台

（2）通孔直径应大于螺纹直径

为了安装和拆装方便，通孔直径要大于螺纹大径，如图 11-14 所示。

（3）螺纹连接合理结构

为了保证拧紧，要适当加长螺纹尾部，在螺杆上加工出退刀槽，在沉孔上作出凹坑或倒角，如图 11-15 所示。

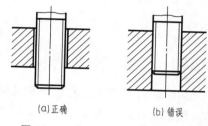

(a)正确 　　　　(b)错误

图 11-14　通孔直径大于螺纹大径

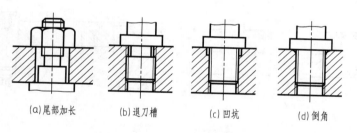

(a)尾部加长 　(b)退刀槽 　(c)凹坑 　(d)倒角

图 11-15　螺纹连接合理结构

（4）要留出装拆空间

为了便于拆装，要留出扳手活动空间和安装螺钉所需要的空间，如图 11-16 所示。

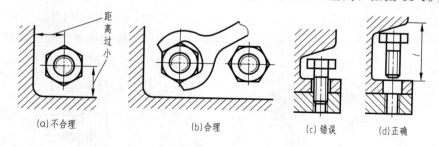

(a)不合理 　　(b)合理 　　(c)错误 　(d)正确

图 11-16　要留出装拆空间

（5）螺纹防松结构装置

机器在工作时，由于冲击、振动等原因，往往会使螺纹松动，甚至造成事故。为了防止松动，常采用图 11-17 所示的螺纹防松结构。

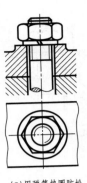 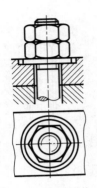 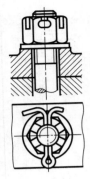 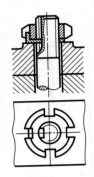

(a)用弹簧垫圈防松　　　(b)用两个螺母防松　　　(c)用开口销防松　　　(d)用止退垫圈防松

图 11-17　螺纹防松结构装置

11.5.3　销定位结构

为保证机器或部件在检修重装时相对位置的精度，常采用圆柱销或圆锥销定位，所以对销孔要求较高。为了方便加工销孔和拆卸销子，应尽量将销孔做成通孔，若只能做盲孔时，应设有逸气口及起销装置，如图 11-18 所示。

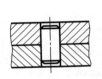

(a) 通孔　　　　　　　　　　　　　　　　(b) 盲孔

图 11-18　销定位结构

11.5.4　滚动轴承装置结构

(1)　滚动轴承的固定

为了防止滚动轴承产生轴向窜动，必须采用一定的结构来固定其内外圈。常用的轴向固定结构形式有：轴肩、台肩、弹性挡圈、轴端凸缘、圆螺母和止动垫圈、轴端挡圈等，如图 11-19 所示。

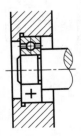 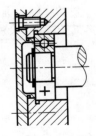 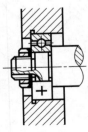 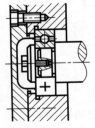

(a)轴肩固定　　　(b)弹性挡圈固定　　　(c)圆螺母锁紧固定　　　(d)轴端挡圈固定

图 11-19　滚动轴承内外圈的轴向固定

（2）滚动轴承的调整

因为轴装置在高速旋转时会发生膨胀，所以轴承与端盖之间要有间隙，且此间隙可以随时调整，常用的调整方法有：调整垫片的厚度或改变垫片的数量〔如图 11-21（b）、（c）所示〕、用螺钉调整止推盘等方法。

（3）防漏和密封

机器运转时，要防止外界的灰尘及水分进入机器内，同时又要防止内部的工作介质（液体或气体）外泄，在机器或部件的旋转轴或滑动杆的伸出处，应有防漏装置。常用的有：填料密封、垫片密封、橡胶圈密封等，如图 11-20 所示。

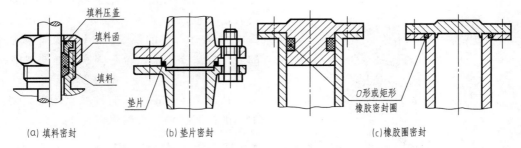

（a）填料密封　　　　　　（b）垫片密封　　　　　　（c）橡胶圈密封

图 11-20　防漏密封装置

滚动轴承装置的常用密封方法有接触式密封和非接触式密封。图 11-21 所示为几种常见密封方式。

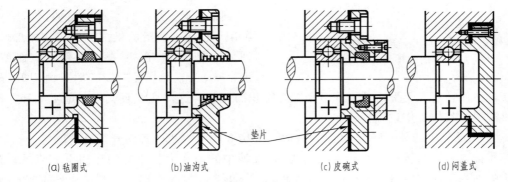

（a）毡圈式　　　　（b）油沟式　　　　（c）皮碗式　　　　（d）闷盖式

图 11-21　滚动轴承的密封方式

（4）滚动轴承的拆卸

为了便于滚动轴承的拆卸，轴肩或孔肩的高度应小于轴承内圈或外圈的厚度，如图 11-22 所示。

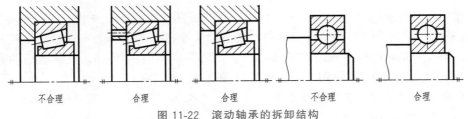

不合理　　　　合理　　　　　合理　　　　不合理　　　　合理

图 11-22　滚动轴承的拆卸结构

11.6

装配图的画法

绘制部件或机器的装配图时，要从有利于生产、便于读图出发，恰当地选择视图，在实际生产过程中，要求装配图的视图表达要完整、正确、清楚，即：

① 部件的功用、工作原理、主要结构和零件之间的装配关系及主要零件的结构形状要表达完整；

② 表达部件的视图、剖视、规定画法等的表达方法要正确，合乎国家标准的规定；

③ 图样清楚易懂，便于读图。

现以图 11-23 所示的柱塞泵为例，对装配图的视图选择、绘制作以说明。

11.6.1 分析部件

画装配图之前，首先对部件的功用、工作原理进行分析，了解各零件在部件中的作用及零件之间的装配关系、连接等情况。

图 11-23 及图 11-24 所示的柱塞泵是一种用于机床中润滑的供油装置。它的工作原理是：当凸轮（在 A 视图上用双点画线画出，$cm-cf=$升程）旋转时，由于升程的改变，迫使柱塞 6 上下运动，并引起泵腔容积的变化，这样柱塞泵就不断地吸油和排油，以供润滑，具体工作过程如下。

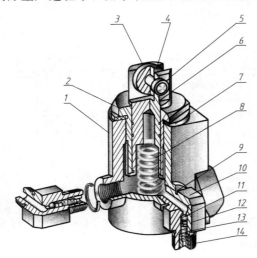

图 11-23　柱塞泵轴测图
1—泵体；2—柱塞套；3—开口销；4—滚轮；5—小轴；6—柱塞；7—垫片；8—弹簧；9—衬垫；10—单向阀体；11—钢珠；12—球托；13—弹簧；14—螺塞

① 当凸轮上的 m 点转至图示位置时，弹簧 8 的弹力使柱塞 6 升至最高位置，此时泵腔容积增大，压力减小（小于大气压力），油池中的油在大气压力的作用下，流进管道，顶开吸油嘴单向阀体（见俯视图）内的钢珠进入泵腔。在这段时间内，排油嘴的单向阀门是关闭的（钢珠 11 在弹簧 13 的作用下顶住阀门）。

② 在凸轮再转半圈的过程中，柱塞往下压直至最低位置，泵腔容积逐步减小为最小，而压力随之增至最大，高压油冲出排油嘴的单向阀门，经管道送至使用部位。在此过程中，吸油嘴的单向阀门是关闭的，以防油逆流。

③ 凸轮不断旋转，柱塞就不断的作往复运动，从而实现了吸、排润滑油的目的。

工作原理及运动情况弄清楚之后，再进一步分析其装配及连接关系。柱塞 6 与柱塞套 2 装配在一起，柱塞套 2 则用螺纹与泵体 1 相连接。在柱塞 6 上部装有小轴、滚轮及开口销等。柱塞 6 下部靠弹簧 8 顶着。吸油及排油处均装有单向阀体 10，控制阀门的开启与关闭。单向阀体由钢珠 11、球托 12、弹簧 13 和螺塞 14 组成。

在柱塞套 2 与泵体 1 连接处以及单向阀体 10 与泵体 1 连接处，装有垫片 7 和 9，使接触面之间密封而防止油泄出。

通过以上细致分析，可以把柱塞泵的结构和装配关系分为四个部分：柱塞与柱塞套部分、小轮与小轴部分、吸油嘴部分、排油嘴部分，这四部分也称为四条装配线。柱塞泵装配图的视图选择主要就是要把这四条装配线的结构、装配关系和相互位置表达清楚。

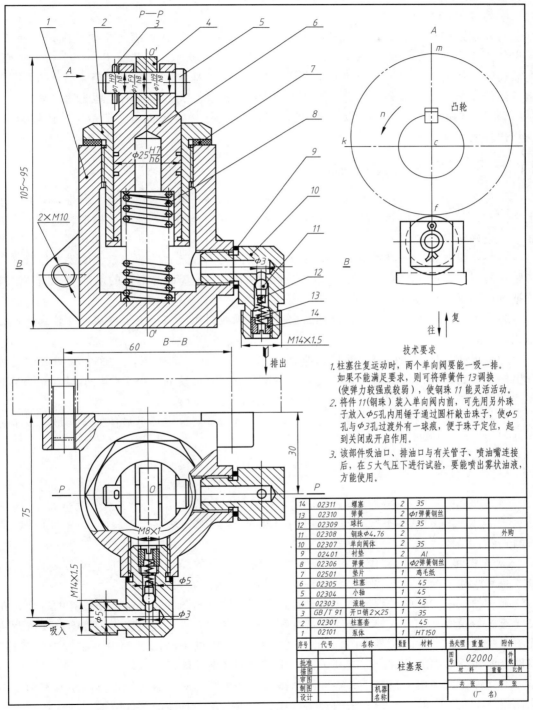

技术要求

1. 柱塞往复运动时，两个单向阀要能一吸一排。如果不能满足要求，则将弹簧件 13 调换（使弹力较强或较弱），使钢珠件 11 能灵活活动。

2. 将件 11(钢珠) 装入单向阀内前，可先用另外珠子放入 φ5 孔内用锤子通过圆杆敲击珠子，使 φ5 孔与 φ3 孔过渡外有一球痕，便于珠子定位，起到关闭或开启作用。

3. 该部件吸油口、排油口与有关管子、喷油嘴连接后，在 5 大气压下进行试验，要能喷出雾状油液，方能使用。

序号	代号	名称	数量	材料	热处理	重量	附件
14	02311	螺塞	2	35			
13	02310	弹簧	2	φ1弹簧钢丝			
12	02309	球托	2	35			
11	02308	钢珠φ4.76	2				外购
10	02307	单向阀体	2	35			
9	02401	衬垫	2	Al			
8	02306	弹簧	1	φ2弹簧钢丝			
7	02501	垫片	1	鸡毛纸			
6	02305	柱塞	1	45			
5	02304	小轴	1	45			
4	02303	滚轮	1	45			
3	GB/T 91	开口销2×25	1	35			
2	02301	柱塞套	1	45			
1	02101	泵体	1	HT150			

图号 02000

柱塞泵

（厂名）

图 11-24　柱塞泵的装配图

11.6.2　确定主视图

主视图是首先要考虑的一个视图，选择的原则如下：

① 能清楚地表达部件的工作原理和主要装配关系；

② 符合部件的工作位置。

对柱塞泵来说，柱塞 6 和柱塞套 2 部分是表明柱塞泵工作原理的主要装配线。所以，可以如图 11-24 所示选择主视图，即按工作位置，将泵竖放，使基面 $P—P$ 平行于正面。然后通过泵体的轴线假想用剖切平面将泵全部剖开，这样柱塞 6 与柱塞套 2 部分的装配关系、滚轮 4 与小轴 5 部分的装配关系及排油嘴部分的装配关系都能清楚地表达出来，而且柱塞套 2 与泵体 1 的连接关系以及排油嘴与泵体 1 的连接关系也表达清楚了。比较起来，这样选择的主视图较好。

11.6.3　确定其他视图

主视图确定之后，部件的主要装配关系和工作原理一般能表达清楚。但是，只有一个主视图，往往还不能把部件的所有装配关系和工作原理全部表示出来。根据表达要完全的要求，应确定其他视图。

对柱塞泵来说，可以看出：吸油嘴部分的装配关系以及有关油路系统的来龙去脉还不清楚，所以，在图 11-24 所示的俯视图上应有一个沿 $B—B$ 部分剖开的局部剖视图，这样就把上述两部分内容表达清楚了。

为了给出泵的安装位置，在俯视图上用双点画线假想地表示出了连接板的轮廓和连接方式。

为了更明确地表明柱塞泵的运动原理，增加了一个 A 向视图，由这个视图可清楚地看出柱塞 6 是怎样通过凸轮的旋转运动而实现上下往复运动的。由于凸轮不属于柱塞泵的零件，所以，在 A 向视图中用双点画线假想地画出它的轮廓。

至此，柱塞泵的视图选择就算完成了，但有时为了能选定一个最佳方案，最好多考虑几种表达方案，以供比较，择优选用。

11.6.4　画装配图的方法和步骤

画装配图时，从画图顺序区分有以下两种方法。

① 从装配线的核心零件开始，"由内向外"，按装配关系逐层扩展画出各个零件，最后画壳体、箱体等支撑、包容零件。

② 先将起支撑、包容作用的体量较大、结构复杂的箱体、壳体或支架等零件画出，再按装配线和装配关系逐次画出各零件。此种画法常称为"由外向内"。

第一种方法的画图过程与大多数设计过程相一致，画图的过程也就是设计的过程，在设计新机器绘制装配图（特别是绘制装配草图）时多被采用（此时尚无零件图，要待此装配图画好后再去"拆画"零件图）。此种方法的另一特点是画图过程中不必"先画后擦"零件上那些被遮挡的轮廓线，有利于提高作图效率和清洁图面。

第二种方法多用于根据已有零件图"拼画"装配图（对已有机器进行测绘或整理新设计机器技术文件）时，此种方法的画图过程常与较形象、具体的部件装配过程一致，利于空间想象。当需要首先设计出起支撑、包容作用的箱体、支架时，也宜使用此种方法进行设计绘图。

现以图 11-24 所示的柱塞泵为例，以第一种方法来说明画装配图的方法和步骤。

确定了表达方案，即可开始画装配图，一般作图步骤如下。

① 确定图幅。根据部件大小、视图数量，决定绘图的比例以及图纸的幅面。注意要将标注尺寸、零（组）件序号编注及标题栏和明细栏所用的位置考虑在内。

② 固定图纸、布图。将图纸固定，画图框、标题栏和明细栏边界线，并画各视图的主要基准线，例如主要的中心线、对称线或主要端面的轮廓线等 [图 11-25 (a)]。

③ 画主要装配线。对柱塞来说，先画柱塞。画时一般从主视图开始，以主视图为主。能做到几个视图按投影关系相互配合一起画时则一起画 [图 11-25 (a)]。以柱塞为基础，按装配关系画出柱塞套、垫片、泵体等 [图 11-25 (b)]。

④ 依次画出其他装配线，如小轴、滚轮等及进、出口单向阀，并画出 A 向视图，如图 11-25 (c) 所示。

⑤ 画细节结构，如弹簧、螺钉、销钉、螺钉孔以及各零件的螺纹等，必要时画出倒角、退刀槽、圆角等 [图 11-25 (d)]。

⑥ 经检查后，按规定的图线描深、画剖面线、标注尺寸及公差配合等。

⑦ 对零件进行编号、填写标题栏、明细栏及技术要求，经过最后校核以后，在设计、绘图栏内签署姓名和日期。

⑧ 画图注意事项：

a. 当部件中某些零件位置可变，具有不同状态时，在装配图中应画成工作状态或有调整余地的中间状态，例如，阀门应画成关闭节流状态，弹簧应画成受力压缩（或拉伸）状态；

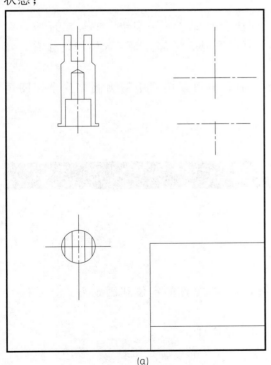

(a)

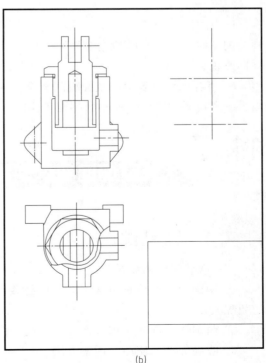

(b)

图 11-25

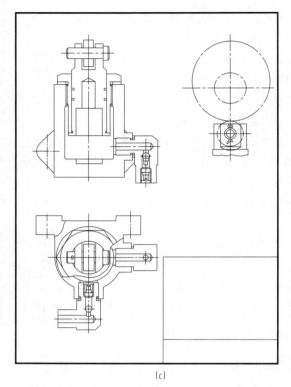

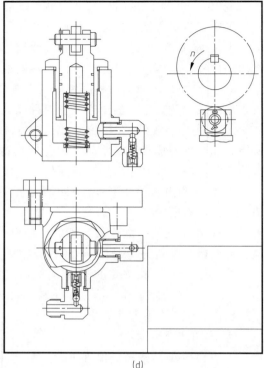

(c)　　　　　　　　　　　　　　　　　　　　(d)

图 11-25　装配图的画图步骤

　　b. 装配线上零件较多，互相关联、影响，往往会出现"一错都错"的连锁反应，在画装配图时，要随画随检查在装配关系、投影关系和图样画法等方面有无错误，如有，要立即改正；

　　c. 当各视图所表示的装配线间相互关系不大时，也可采用集中精力画完一个视图再画另一个视图的方法，而不必拘泥于同时进行。

11.7 读装配图和拆画零件图

11.7.1　读装配图

　　(1) 读装配图的要求

　　① 明确部件结构，包括：部件由哪些零件组成，各零件的定位和固定方式，零件间的装配关系。

　　② 明确各零件的作用，部件的功用、性能和工作原理。

　　③ 明确部件的使用、调整方法。

　　④ 明确各零件的结构、形状和装、拆次序及方法。

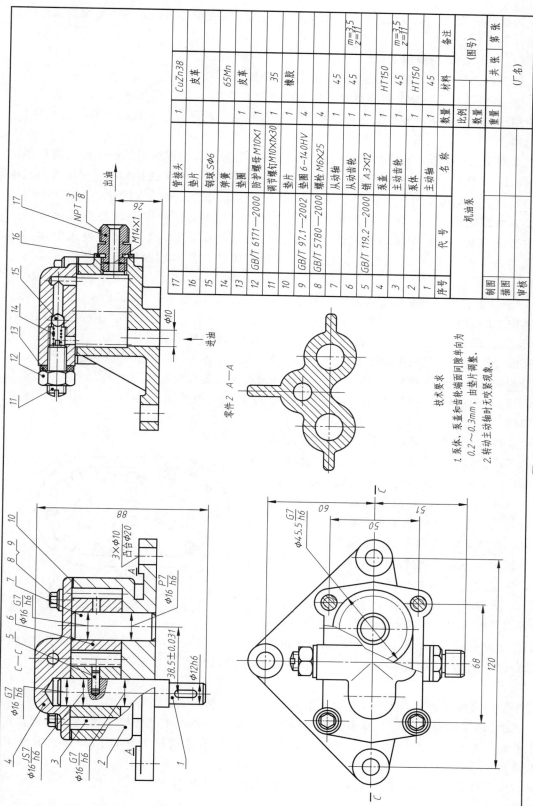

序号	代号	名称	数量	材料	备注
17		管接头	1	CuZn38	
16		垫片	1	皮革	
15		钢球 SΦ6	1		
14		弹簧	1	65Mn	
13		垫圈	1	皮革	
12	GB/T 6171—2000	防护螺母 M10×1	1		
11		调节螺钉 M10×30	1	35	
10		垫片	4	橡胶	
9	GB/T 97.1—2002	垫圈 6—140HV	4		
8	GB/T 5780—2000	螺栓 M6×25	1		
7		从动轴	1	45	
6		从动齿轮	1	45	m=3.5 z=11
5	GB/T 119.2—2000	销 A3×12	1		
4		泵盖	1	HT150	
3		主动齿轮	1	45	m=3.5 z=11
2		泵体	1	HT150	
1		主动轴	1	45	

			机油泵	比例	共张 第张
制图				数量	(图号)
描图				重量	(厂名)
审核					

零件2 A—A

技术要求
1. 泵体、泵盖和齿轮端面间隙单向为 0.2~0.3mm，由垫片调整。
2. 转动主动轴时无咬紧现象。

图 11-26 机油泵装配图

需要说明的是：要想达到以上要求，有时仅阅读装配图即可，有时还需阅读零件图和其他技术文件。

(2) 读装配图的步骤

下面以油泵为例，说明读装配图的方法和步骤。

① 概括了解　看装配图时可先从标题栏和有关资料了解它的名称和用途。从明细栏和所编序号中，了解各零件的名称、数量、材料和它们的所在位置，以及标准件的规格、标记等。

如图 11-26 所示，部件名称是机油泵，可知它是液压传动或润滑系统中输送液压油或润滑油的一个部件，是产生一定工作压力和流量的装置。对照明细栏和序号可以看出机油泵由泵体、主动齿轮、从动齿轮、轴、泵盖等零件组成，另外还有螺栓、销等标准件。机油泵装配图用四个视图表达。主视图采用局部剖，表达了机油泵的外形及两齿轮轴系的装配关系。左视图采用全剖表达机油泵的进出油路及溢流装置。俯视图中用局部剖视图表示机油泵的泵体、泵盖外形。另外还用单独零件单独画法表达泵体连接部分的断面形状。

② 分析工作原理和装配关系　从图 11-26 中看出，机油泵有两条装配干线。可从主视图中看出，主动轴 1 的下端伸出泵体外，通过销 5 与主动齿轮相接。主动轴在泵体孔中，其配合为间隙配合，故齿轮轴可在孔中转动。从动齿轮 6 装在从动轴 7 上，其配合为间隙配合，故齿轮可在从动轴上转动。从动轴 7 装在泵体轴孔中，其配合为过盈配合，从动轴 7 与泵体轴孔之间没有相对运动。另一条装配干线是安装在泵盖上的安全装置，它是由钢球 15、弹簧 14、调节螺钉 11 和防护螺母 12 组成，该装配干线中的运动件是钢球 15 和弹簧 14。

通过以上装配关系的分析，可以描绘出机油泵的工作原理，如图 11-27 所示。在泵体内装有一对啮合的直齿圆柱齿轮，主动轴下端伸出泵体外，以连接动力。齿轮油泵右侧是从动齿轮，滑装在从动轴上。泵体底端后侧 ϕ10mm 通孔为进油孔，泵体前侧带锥螺纹的通孔为出油孔。当主动齿轮带动从动齿轮转动时，齿轮后边形成真空，油在大气压的作用下进入进油管，填满齿槽，然后被带到出油孔处，把油压入出油管，送往各润滑管路中。泵盖上的装配干线是一套安全

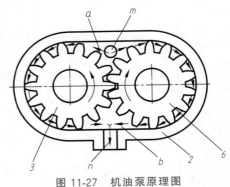

图 11-27　机油泵原理图

装置。当出油孔处油压过高时，油就沿油道进入泵盖，顶开钢球，再沿通向进油孔的油道回到进油孔处，从而保持油路中油压稳定。油压的高低可以通过弹簧和调节螺钉进行调节。

③ 分离零件　分离零件一般从主要零件开始，再扩大到其他零件。

泵体的形状可以从三个基本视图中得出其轮廓，可利用主视图、左视图和俯视图中的剖面线方向、密度一致来分离泵体的投影。其他零件通过分析可同样得出其形状结构。

④ 尺寸分析　通过装配图上的配合尺寸分析，并为所拆画的零件图的尺寸标注、技术要求的注写提供依据。

⑤ **总结归纳** 在以上分析的基础上，还需从装拆顺序、安装方法、技术要求等方面进行分析考虑，以加深对整个部件的进一步认识，从而获得对整台机器或部件的完整概念。

上述看装配图的方法和步骤仅是概括地介绍，实际上看图的步骤往往交替进行。而要提高看图的能力，必须不断地看图实践。

11.7.2 拆画零件图

图 11-28 是从机油泵装配图中拆画出来的泵体零件图。由装配图拆画零件图是设计工作中的一个重要环节，应在全面看懂装配图的基础上进行，一般可按以下步骤。

① **构思零件形状** 装配图主要表达零件间的装配关系，至于每个零件的某些个别部分的形状和详细结构并不一定都已表达清楚，这些结构可在拆画零件图时根据零件的作用要求进行设计。如机油泵泵盖顶部的外形，这些结构要根据零件该部分的作用、工作情况和工艺要求进行合理的补充设计。

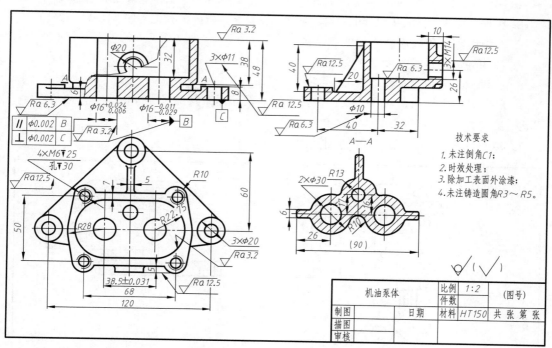

图 11-28 泵体零件图

此外在拆画零件图时还要补充装配图上可能省略的工艺结构，如铸造圆角、斜度、退刀槽、倒角等，这样才能使零件的结构形状表达得更为完整。

② **确定视图方案** 在拆画零件图时，一般不能简单地抄袭装配图中零件的表达方法，应根据零件的结构形状，重新考虑合适的表达方案。

泵体主视图采用局部剖，以表示内腔、泵轴孔及外形。左视图采用全剖表达进出油孔的形状及肋板等结构。俯视图则采用视图表达肋板、内腔外形以及泵轴孔等相对位置。另外采用 *A—A* 剖表示底板与内腔联接部分的断面形状。

③ **确定并标注零件的尺寸** 装配图上注出尺寸大多是重要尺寸。有些尺寸本身就是

为了画零件图时用的，这些尺寸可以从装配图上直接移到零件图上。凡注有配合代号的尺寸，应该根据配合类别、公差等级注出上、下偏差。有些标准结构如沉孔、螺栓通孔的直径、键槽宽度和深度、螺纹直径、与滚动轴承内圈相配的轴径、外圈相配的孔径等应查阅有关标准。还有一些尺寸可以通过计算确定，如齿轮的分度圆、齿轮传动的中心距，应根据模数、齿数等计算而定。在装配图上没有标注出的零件其余的各部分尺寸，可以按装配图的比例量得。

在标注零件图上尺寸时，对有装配关系的尺寸要注意相互协调，不要造成矛盾。

④ 注写技术要求和标题栏　画零件工作图时，零件的各表面都应注写表面结构要求，表面结构参数值应根据零件表面的作用和要求来确定。配合表面要选择恰当的公差等级和基本偏差。根据零件的作用还要加注必要的技术要求和几何公差要求。

标题栏应填写完整，零件名称、材料、图号等要与装配图中明细栏所注内容一致。

具体作图过程如下（图 11-29）。

a. 阅读装配图，并去除与泵体无关的信息，考虑选择零件的表达方案［图 11-29（a）］。

b. 根据剖面线方向找出泵体的轮廓，或者是抽掉泵体以外的其他零件［图 11-29（b）］。

c. 补画因零件遮挡而缺漏的线条［图 11-29（c）］。

d. 读图并修改描深［图 11-29（d）］。

e. 注写装配图中已标注的尺寸［图 11-29（e）］。

f. 根据图形比例和相关零件及工艺要求等，设计标注其他尺寸［图 11-29（f）］。

g. 确定并注写技术要求［图 11-29（g）］。

h. 填写标题栏，完成零件工作图［图 11-29（h）］。

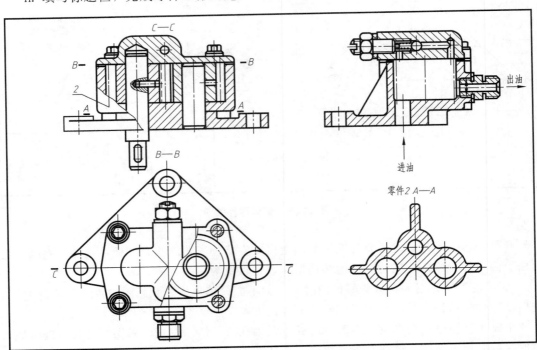

(a)

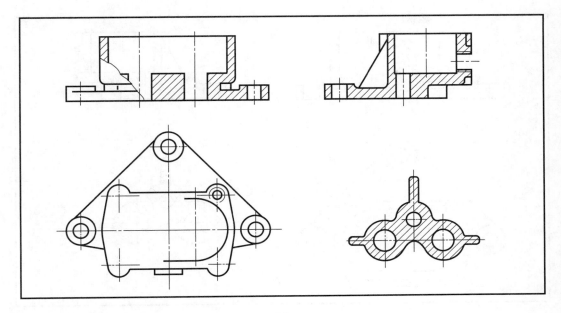

(b)

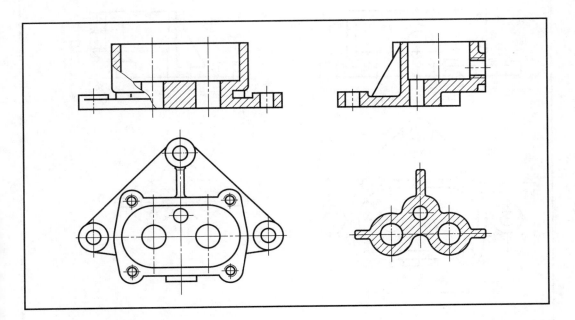

(c)

图 11-29

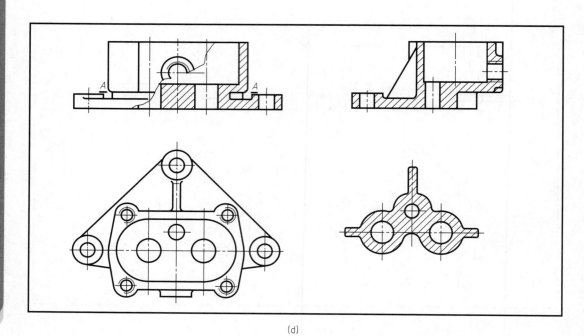

(d)

(e)

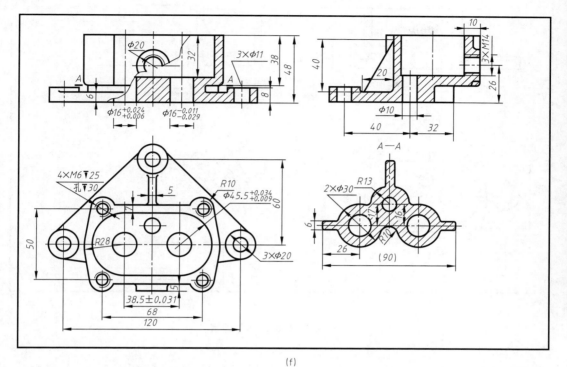

(f)

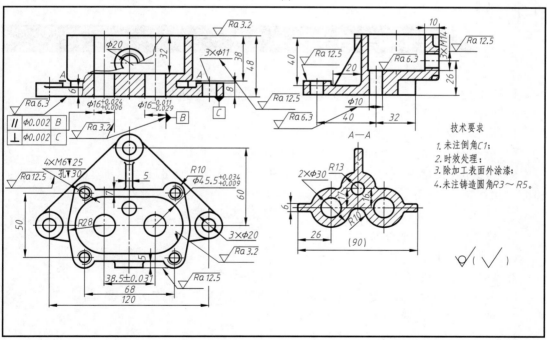

(g)

图 11-29

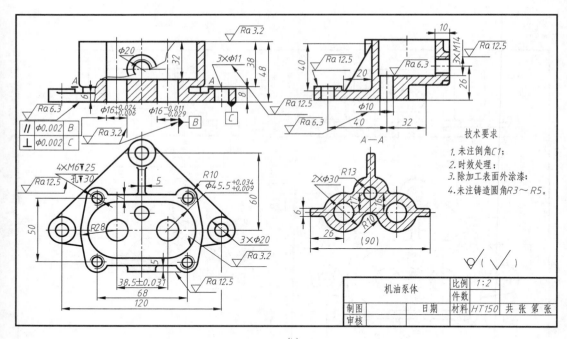

(h)

图 11-29　拆画泵体零件图

11.8

装配图综合举例

【例 11-1】　读图 11-30 所示的机用虎钳装配图，回答问题。

问题：

1）该装配体共有　①　种零件组成。

2）该装配图共有　②　个图形。它们分别是　③　，　④　，　⑤　，　⑥　，　⑦　，　⑧　。

3）按装配图的尺寸分类，尺寸 0～100 属于　⑨　尺寸，尺寸 116 属于　⑩　尺寸，尺寸210、136、60 属于　⑪　尺寸。

4）件 2 与件 1 为　⑫　连接，件 6 与件 9 是由　⑬　连接的。

5）断面图 C-C 的表达意图是　⑭　？

6）局部放大图的表达意图是　⑮　？

7）螺杆 9 旋转时，件 8 作　⑯　运动，其作用是　⑰　。

8）件 9 螺杆与件 1 固定钳身左右两端的配合代号是　⑱　，它们是表示　⑲　制，　⑳　配合。

9）件 4 与件 8 是通过　㉑　来固定的。

10）件 3 上的两个小孔有　㉒　用途？

11）简述装配体的装、拆顺序　㉓　。

12）简述机用虎钳的工作原理　㉔　。

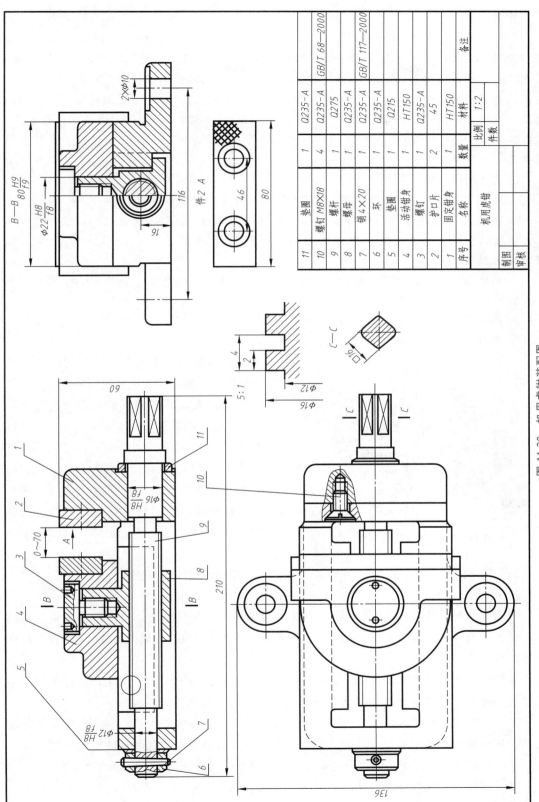

图 11-30 机用虎钳装配图

序号	名称	数量	材料	备注
11	垫圈	1	Q235-A	
10	螺钉 M8×18	4	Q235-A	GB/T 68—2000
9	螺杆	1	Q275	
8	螺母	1	Q235-A	
7	销 4×20	1	Q235-A	GB/T 117—2000
6	环	1	Q235-A	
5	垫圈	1	Q215	
4	活动钳身	1	HT150	
3	护口片	2	Q235-A	
2	螺钉	2	45	
1	固定钳身	1	HT150	

机用虎钳   比例 1:2   件数

制图

审核

339

答案：

① 11；②6；③全剖的主视图；④半剖的左视图；⑤局部剖的俯视图；⑥移出断面图；⑦局部放大图；⑧单独表达件 2 的局部视图；⑨规格（性能）；⑩安装；⑪外形；⑫螺钉；⑬圆锥销；⑭断面图 C—C 是为了表达件 9 的右端断面形状为正方形；⑮局部放大图是为了表示螺纹牙型（方牙）及其尺寸等；⑯左右直线；⑰为了使活动钳身 4 作轴向移动，钳口张开或闭合，松开或夹紧工件；⑱ϕ12H8/f8 和ϕ16H8/f8；⑲基孔；⑳间隙；㉑件 3；㉒件 3 上的两个小孔的用途是：当需要旋入或旋出螺钉 3 时，要借助于工具上的两个销插入两小孔内，才能转动螺钉。

㉓该装配体的拆、装顺序为：

a. 先将护口片 2，各用两个螺钉 10 装在固定钳身 1 和活动钳身 4 上；

b. 将螺母 8 先放入固定钳身 1 的槽中，然后将螺杆 9（装上垫圈 11），旋入螺母 8 中；再将其左端装上垫圈 5、环 6，同时钻铰加工销孔，然后打入圆锥销 7，将环 6 和螺杆 9 连接起来；

c. 将活动钳身 4 跨在固定钳身 1 上，同时要对准并装入螺母 8 上端的圆柱部分，再拧上螺钉 3，即装配完毕。

该装配图的拆卸顺序与装配顺序相反。

㉔ 机用虎钳的工作原理如下：

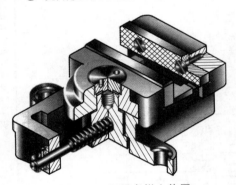

图 11-31　机用虎钳立体图

机用虎钳是装在机床上夹持工件用的。螺杆 9 由固定钳身 1 支撑，在其尾部用圆锥销 7 把环 6 和螺杆 9 连接起来，使螺杆只能在固定钳身上转动。将螺母 8 的上部装在活动钳身 4 的孔中，依靠螺钉 3 把活动钳身 4 和螺母 8 固定在一起。当螺杆转动时，螺母便带动活动钳身 4 作轴向移动，使钳口张开或闭合，把工件松开或夹紧。为了避免螺杆在旋转时，其台肩和环同钳身的左右端面直接摩擦，又设置了垫圈 5 和 11。立体图如图 11-31 所示。

【例 11-2】 读图 11-32 所示的蝴蝶阀装配图，并拆画阀体零件图。

读图：

由图 11-32 蝴蝶阀名称可知，它是用来在管道中通断气或液流，或控制其流量，由阀体、阀盖、阀杆、齿轮、垫片、螺钉等 13 种共 16 个零件组成，结构简单。其中有 4 种标准件，其余为自制件。

蝴蝶阀共用了三个基本视图，左上角为主视图，以画外形为主，取了两处局部剖，主要表达部件的工作状态和整体形状特征，也附带表示了局部装配关系。

A—A 视图为左视图，画成全剖视图，表示了一条竖直装配线的装配关系和螺钉装配关系，从序号密集和配合尺寸较多等情况可知，该竖直装配线为此部件的主装配线。

B—B 视图为俯视图，画成全剖视图，表示了一条水平装配线的装配关系。

蝴蝶阀有两条轴线垂直交叉的装配线，有两处螺钉装配关系。

对照三视图可看出，俯视图主要用来表示一条水平装配线的装配关系。齿杆左端大直

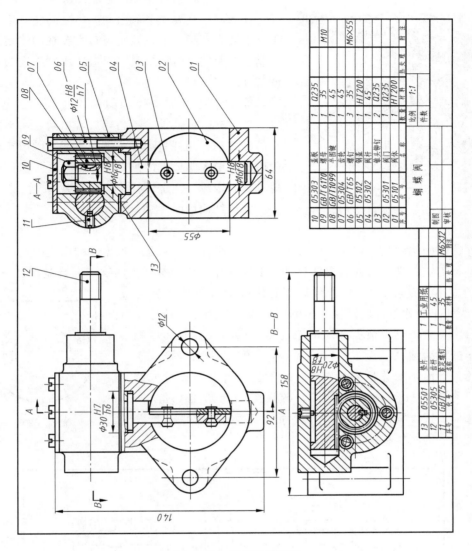

图 11-32　蝴蝶阀装配图

径段装在阀盖的孔中，与阀盖孔采用 $\phi 20\mathrm{H}8/\mathrm{f}8$ 的间隙配合，左端大直径段上加工有齿及一段不通槽，右端小直径段上加工有螺纹，齿杆上的齿与装在阀杆上的齿轮啮合。阀盖后端装有紧定螺钉，紧定螺钉的圆柱头卡在齿杆的不通槽中，保证齿杆上的齿与齿轮的正常啮合并限制其工作时的位置。

左视图主要来表示另一条竖直装配线的装配关系。竖直装配线有阀体、阀盖、阀门、阀杆、锥头铆钉、齿轮、半圆键和螺母等 8 个零件。阀杆是核心零件，是一根五段的轴，在其下部第一段圆柱上挖去一块以装圆片状阀门，阀门和阀杆之间用锥头铆钉铆合在一起，应在阀杆装入阀体后铆合。阀杆下端与阀体孔采用 $\phi 16\mathrm{H}8/\mathrm{f}8$ 间隙配合，可轻松自如地转动。阀杆上部装在阀盖中，与阀盖孔之间也采用 $\phi 16\mathrm{H}8/\mathrm{f}8$ 的间隙配合，保证阀杆轻松自如转动。齿轮装在阀杆顶部，通过半圆键传递扭矩，并用螺母锁紧在阀杆上。阀盖和

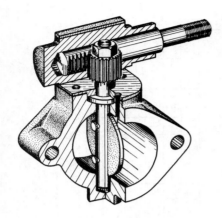

图 11-33　蝴蝶阀轴测图

阀体之间采用 $\phi30H7/h6$ 的配合关系，保证阀体和阀杆上孔的同轴度要求。阀盖和阀体之间装有垫片，阀盖上端装有盖板，通过紧定螺钉安装在阀体上。通过控制 3 个紧定螺钉的旋紧，对垫片压紧程度的不同来调整轴向间隙。

综上所述可知蝴蝶阀的动作过程和工作原理：推、拉齿杆时齿杆推、拉齿轮旋转，齿轮用半圆键带动阀杆转动，阀杆带动与其铆在一起的阀门转动，阀门堵小和增大阀体上的 $\phi55$ 孔道的流通面积就可以实现节流和增流，孔道口径 $\phi55$ 为蝴蝶阀的性能尺寸。

整体结构如图 11-33 所示。

拆画：

在读懂的基础上，将阀体的结构、形状完全确定。先是将根据装配图能确定的部分想象清楚，确定下来，对未确定部分进行结构设计分析。阀体上的下端凸台是保证下部 $\phi16$ 孔壁的厚度，从主、左视图上未确定其形状（圆柱或正方形），为便于制作设计成圆柱。阀体顶部为了与阀盖连接也做成凸台，形状未定。根据装配图俯视图提供的阀盖断面可知其前半部分为圆柱。为了使阀体和阀盖连接处表面光滑，所以阀体顶部前半部分也应为圆柱。它的后半部分可设计成四棱柱，使整个凸台"前圆后方"，俯视图形状如图 11-34 所示。选择表达方案，标注完整的尺寸，填写技术要求和标题栏，完成后的阀体零件图如图 11-35 所示。

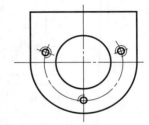

图 11-34　阀体上部凸台形状

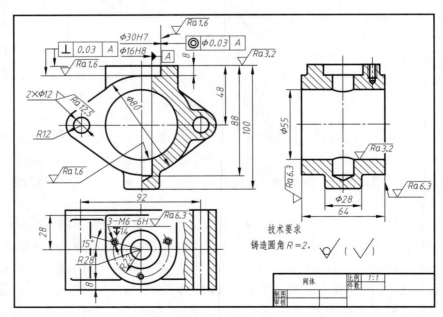

图 11-35　阀体的零件图

11.9

训练与提高

11.9.1 基本训练

【题 11-1】 读懂推杆阀的装配图，并拆画阀体 4 零件图。

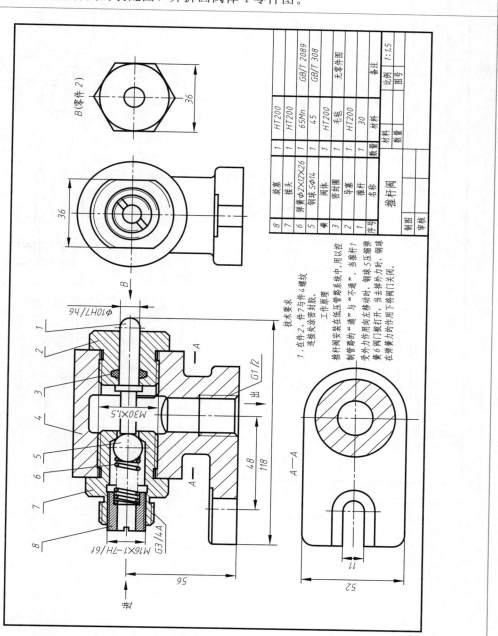

技术要求

1. 在件 2、件 7 与件 4 螺纹
连接处涂密封胶。

工作原理

推杆阀安装在低压管路系统中，用以控
制管路的"通"与"不通"。当推杆 1
受外力作用而向左移动时，钢球 5 压缩弹
簧 6 阀门被打开，当去掉外力时，钢球
在弹簧力的作用下将阀门关闭。

8	旋塞		1	HT200		
7	装头		1	HT200		
6	弹簧 φ2×12×26		1	65Mn	GB/T 2089	
5	钢珠 Sφ14		1	45	GB/T 308	
4	阀体		1	HT200		无零件图
3	密封圈		1	毛毡		
2	推杆		1	HT200		
1	导套		1	30		
序号	名称		数量	材料		备注
				数量	材料	
	推杆阀				比例 1:1.5	
					图号	
制图						
审核						

＊ 11.9.2 提高训练

【题 11-2】 读懂手压阀的装配图，并拆画手柄 3 和阀体 8 的零件图。

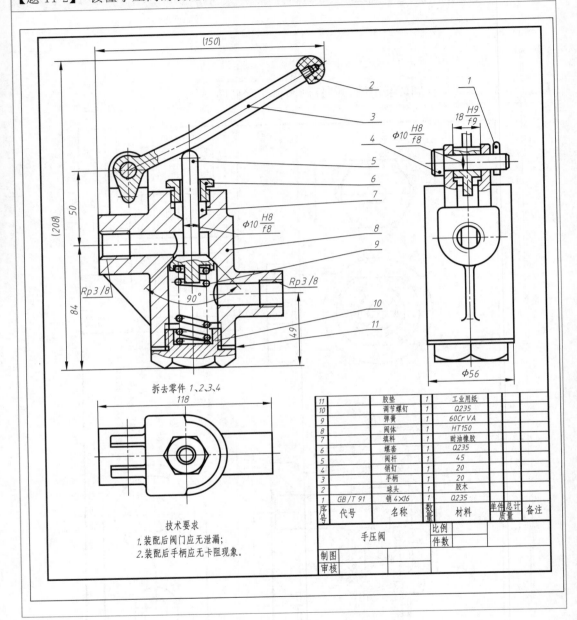

拆去零件 1、2、3、4

技术要求
1. 装配后阀门应无泄漏；
2. 装配后手柄应无卡阻现象。

序号	代号	名称	数量	材料	单件	总计	备注
					质量		
11		胶垫	1	工业用纸			
10		调节螺钉	1	Q235			
9		弹簧	1	60Cr VA			
8		阀体	1	HT150			
7		填料	1	耐油橡胶			
6		螺套	1	Q235			
5		阀杆	1	45			
4		销钉	1	20			
3		手柄	1	20			
2		球头	1	胶木			
1	GB/T 91	销 4×16	1	Q235			

手压阀　　比例　　件数

制图
审核

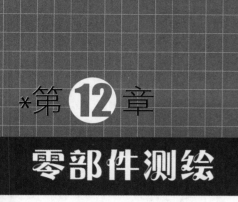

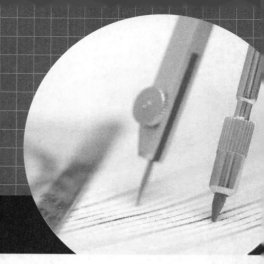

第 **12** 章

零部件测绘

　　根据现有的部件或机器，通过测量绘制出全部非标准件的草图，经修改与整理后绘制成装配图和零件图的过程，称为零部件测绘。零部件测绘一方面是为设计新产品提供参考图样，另一方面是为现有产品的维修、改造补充图样，以便加工和制造，它是工程技术人员必须掌握的基本技能。

12.1 部件测绘

12.1.1 测绘前准备工作

　　测绘部件时，应根据其复杂程度编制测绘计划，准备必要的拆卸工具（扳手、手钳、螺钉旋具等）、测量工具（钢板直尺、外卡钳、内卡钳、游标卡尺、千分尺、螺纹规等），还应准备好标签、绘图用品和参考资料等。

12.1.2 分析测绘对象

　　测绘前，要对被测绘的部件进行必要的分析。通过分析该装配体的结构和工作情况，查阅有关该装配体的说明书及资料，搞清该装配体的用途、性能、工作原理、结构及零件间的装配关系等。现以图 12-1（a）所示的齿轮油泵为例，说明部件的测绘方法和步骤。

　　齿轮油泵是机器中用来输入润滑油的一个部件。由泵体、泵盖、齿轮、轴、密封零件以及标准件等主要零件组成。

　　在泵体的内腔装有一对相互啮合的圆柱齿轮，两侧各有一个泵盖，支承这一对齿轮的转动；用圆柱销将泵盖与泵体定位，用螺钉连接成整体；传动齿轮的轴端伸出泵体外，以连接动力；为了防止泵体与泵盖结合面处以及传动轴伸出端泄漏油，分别用垫片、填料、压紧套、压紧螺母进行密封。

　　齿轮油泵的工作原理如图 12-1（b）所示。当传动齿轮逆时针转动时，通过键，将扭矩传递给传动齿轮轴，使主动轮逆时针转动，带动从动轮顺时针转动。当一对齿轮在泵体内作啮合传动时，啮合区右侧压力降低，产生局部真空，油池内的油在大气压力作用下被压入油泵的吸油口，随着齿轮的转动，齿槽中的油不断地沿箭头方向被带到啮合区左侧，通过压油口传送至机器各润滑管路中。

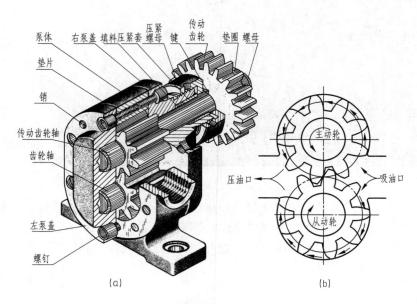

泵体 右泵盖 填料 压紧套 压紧螺母 传动齿轮 垫圈 螺母

垫片

销

传动齿轮轴

齿轮轴

左泵盖

螺钉

(a)

主动轮

压油口 吸油口

从动轮

(b)

图 12-1　齿轮油泵装配体轴测图和工作原理图

12.1.3　画装配示意图和拆卸零件

在了解和分析部件的基础上，为了便于部件被拆后仍能顺利装配复原，通常要绘制出装配示意图，用以记录各种零件的名称、数量及其在装配体中的相对位置、工作原理及装配连接关系，同时也为绘制正式的装配图作好准备。

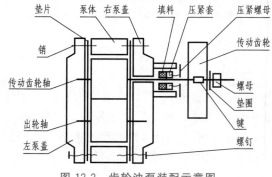

垫片 泵体 右泵盖 填料 压紧套 压紧螺母

销

传动齿轮轴

出轮轴

左泵盖

传动齿轮

螺母

垫圈

键

螺钉

图 12-2　齿轮油泵装配示意图

装配示意图是将装配体看作透明体来画的，在画出外形轮廓的同时，又画出其内部结构。它采用简单线条或采用 GB 4460—1984 中所规定的机构运动简图符号来徒手画出零件的大致轮廓、相对位置和装配关系，并将各零件编写序号或写出名称，然后拆卸零件，画出零件草图。如图 12-2 所示为齿轮油泵的装配示意图。

拆卸零件时，要把拆卸顺序搞清楚，并选用适当的工具。拆卸时注意不要破坏零件间原有的配合精度，严禁乱敲乱打，对不可拆连接或过盈配合的零件尽量不拆，以免损坏零件。为了避免被拆下零件的丢失，应事先对它们进行编号，并系上标签，标签上注明与示意图相对应的序号及名称，并妥善保管。

拆卸顺序是：

① 拧下传动齿轮的定位螺母和垫圈，拆下传动齿轮；

② 拧下压紧螺母，拆下轴套和密封圈；

③ 用螺丝刀拆下 12 个螺钉，分离泵体与两侧泵盖，圆柱销可留在泵体上，不必拆；

④ 取出纸垫，然后依次取出齿轮轴、传动齿轮，此时齿轮油泵已完全解体。

12.2 / 零件测绘

根据现有的零件，徒手目测画出零件的视图，测量并注上尺寸及技术要求，得到零件草图，然后参考有关资料整理绘制出供生产使用的零件工作图，这个过程称为零件测绘。它对推广先进技术、改造现有设备、进行技术革新、修配零件等都有重要作用。

12.2.1 零件测绘的方法和步骤

组成装配体的零件，除去标准件，其余非标准件均应画出零件草图及工作图。

（1）分析零件

为了把被测零件准确完整地表达出来，应先对被测零件进行认真地分析，了解零件的类型、在机器中的作用、所使用的材料及大致的加工方法。

齿轮油泵中的泵体属于箱体类零件，材料为铸铁，故应具有铸造圆角和起模斜度等结构。泵体的主体是长圆形加长方形底座，内部有两个轴线平行的孔系。两侧壁上有螺纹孔，左右两端面上有销孔和螺钉孔可与泵盖进行连接；与之相连的长方形底座底面中部有一长方形凹槽，两侧有两个安装孔，如图 12-3 所示。

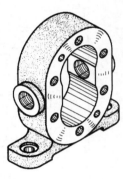

图 12-3　泵体的轴测图

（2）确定零件的视图表达方案

根据泵体的特征，可参考装配图表达方案，结合箱体类零件的表达特点，确定其表达方案。关于零件的表达方案，前面零件图一章已经讨论过。需要重申的是，一个零件，其表达方案并非是唯一的，可多考虑几种方案，选择最佳方案。

（3）画零件草图

零件的表达方案确定后，凭目测或利用手边的工具粗略地测量之后，得出零件各部分的比例关系；再根据这个比例，徒手在白纸或方格纸上画出草图。尺寸的真实大小只是在画完尺寸线后，再用工具测量，得出数据，填到草图上去。具体画零件草图的步骤如下。

① 确定绘图图幅和比例：根据零件大小、视图数量，确定图纸大小和适当的比例。

② 定位布局：根据所选比例，粗略确定各视图应占的图纸面积，在图纸上画出主要视图的作图基准线、中心线。注意留出标注尺寸和画其他补充视图的地方。

③ 详细画出零件的内外结构和形状。先画主要结构，再画次要结构及细节。注意各部分结构之间的比例应协调。

④ 检查、加深相关图线。

⑤ 根据零件工作情况及加工情况，合理地选择尺寸基准，将应该标注尺寸的尺寸界线、尺寸线全部画出。

⑥ 集中测量，进行尺寸测量和标注，对有配合要求的尺寸，应进行精确测量并查阅有关手册，拟订合理的极限配合级别。

⑦ 零件的各项技术要求（包括尺寸公差、几何公差、表面粗糙度、材料、热处理及硬度要求等）应根据零件在装配体中的位置、作用等因素来确定。也可参考同类产品的图

纸，用类比的方法来确定。

⑧ 最后检查、修改全图并填写标题栏，完成草图，如图 12-4 所示。

零件草图不是潦草的图，必须有图框、标题栏等，视图和尺寸同样要求正确、清晰、线型分明，图面整洁，技术要求完整。

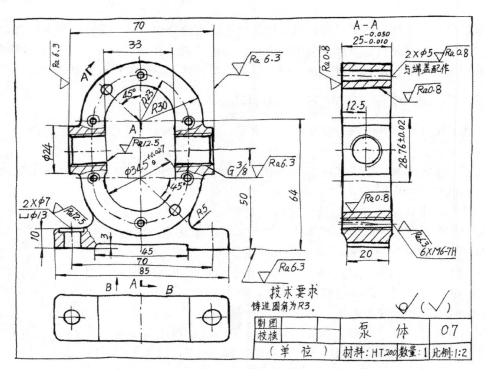

图 12-4 泵体的零件草图

(4) 画零件工作图

零件草图完成后，应经校核、整理，并进行必要的修改补充，最后根据草图绘制出零件工作图。

12.2.2 常用的测量工具和测量方法

(1) 常用的测量工具

测绘零件的尺寸是零件测绘过程中的必备步骤。测量尺寸时，需要使用多种不同的测量工具和仪器，才能比较准确地确定各种复杂程度和精度要求不高的零件尺寸。

在零件测绘中，常用的测量工具、量具有：直尺、内卡钳、外卡钳、游标卡尺、内径千分尺、外径千分尺、高度尺、螺纹规、圆弧规、量角器、曲线尺、铅丝和印泥等，如图 12-5 所示。

(2) 常用的测量方法

在测绘零件时，正确测量零件上各部分的尺寸，对确定零件的形状大小非常重要。对于精度要求不高的尺寸，一般用直尺、内外卡钳等即可，精确度要求较高的尺寸，一般用游标卡尺、千分尺等精确度较高的测量工具。特殊结构，一般要用特殊工具如螺纹规、圆弧规、曲线尺来测量。

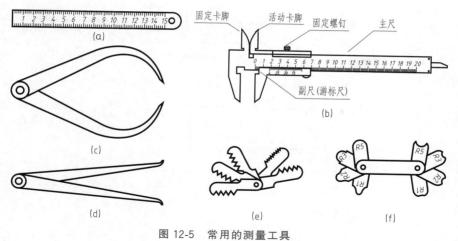

图 12-5　常用的测量工具

表 12-1 介绍的几种常见的测量方法可供学习时参考。

表 12-1　常用的测量方法

内容	图　　例	说明
线性尺寸	94 13 28 游标卡尺	用直尺或游标卡尺直接测量
直径尺寸	外卡钳　内卡钳　游标卡尺 游标读数方法　$D=34.25$　d	用内、外卡钳和直尺配合间接测量，较精确的直径尺寸，可用游标卡尺或内、外千分尺直接测量
壁厚	D C Y $Y=C-D$　　A C B $B=A-C$	用直尺或游标卡尺尾部直接测量，也可用内卡钳或外卡钳与直尺配合测量
孔间距	D A L $L=A+D$	用内、外卡钳或游标卡尺测量

续表

内容	图例	说明
中心高	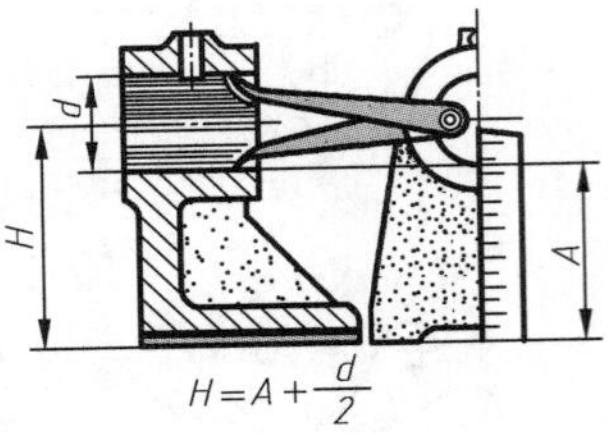d H A $H=A+\frac{d}{2}$	用内卡钳或游标卡尺和直尺配合测量
螺纹	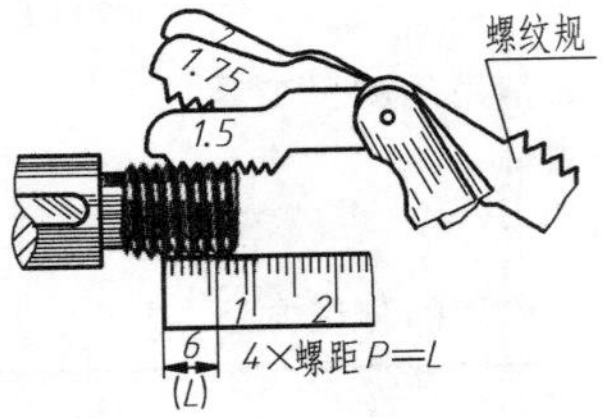螺纹规 1.75 1.5 1 2 6 (L) 4×螺距P=L	用螺纹规测量螺距，用卡尺测量螺纹大径，再查表核对螺纹标准值
圆弧半径	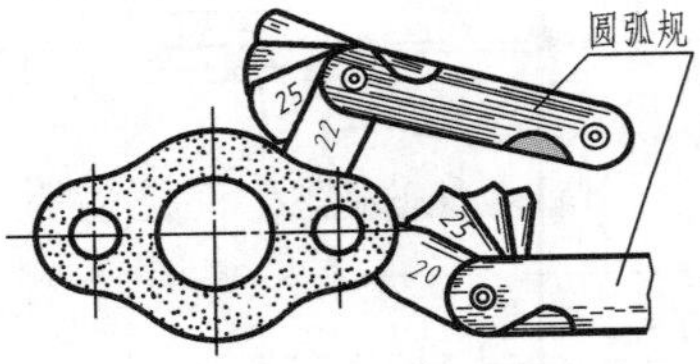圆弧规 25 22 23 20	测量较小的圆弧，可直接用圆弧规。测量大的圆弧，可用拓印法、坐标法等方法
齿顶圆直径	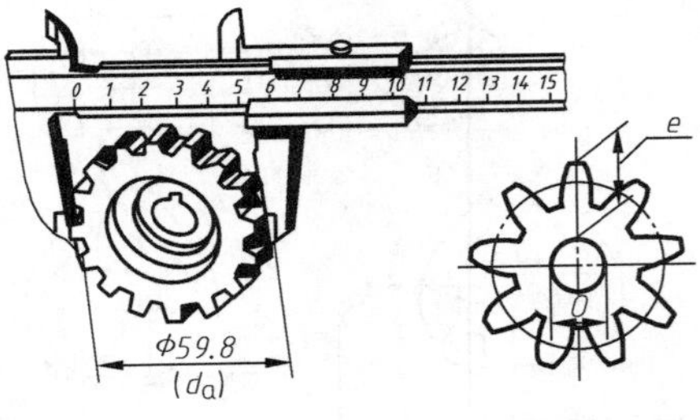0 1 2 3 4 5 6 7 8 9 10 11 12 13 14 15 Φ59.8 (d_a) e	偶数齿，齿轮的齿顶圆直径可用游标卡尺直接测量（左图）。奇数齿，可间接测量（右图）
角度	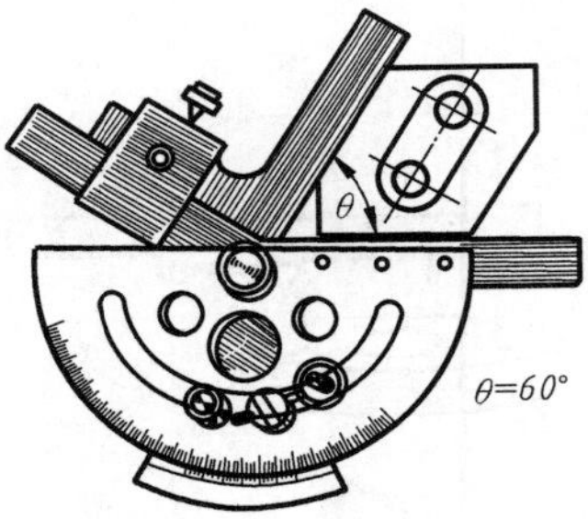θ θ=60°	用游标量角规测量

内容	图 例	说明
曲线或曲面半径	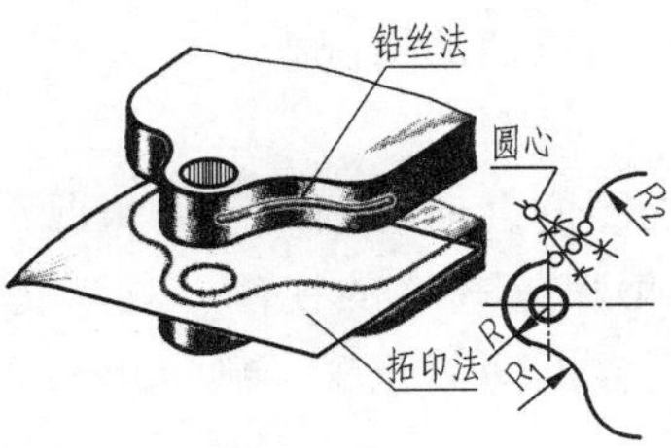 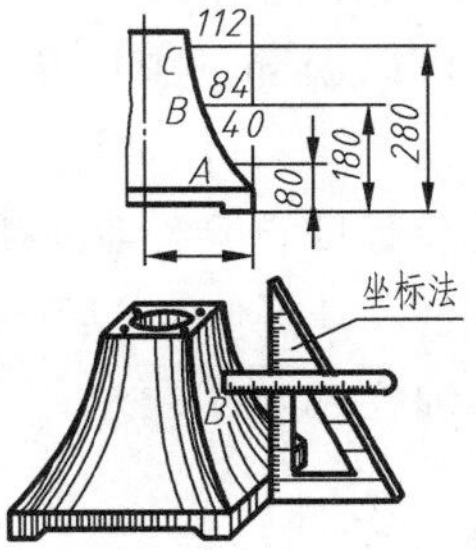	用纸拓印其轮廓，或用铅丝弯成与其曲面相贴的实形，得平面曲线，再用中垂线法求得圆弧的中心和半径（左图）。也可用直尺和三角板定出曲线或曲面上各点的坐标，作出曲线再测出其形状尺寸（右图）

12.2.3 测绘注意事项

① 零件制造的缺陷和长期使用所造成的磨损都不应画出，如铸造缩孔、砂眼、加工的疵点、磨损等。

② 零件因制造装配的需要而形成的工艺结构都必须画出，如倒角、圆角、凹坑、凸台和退刀槽等。

③ 有配合关系的尺寸，一般只要测出它的基本尺寸，而配合性质和相应的公差值应经过分析考虑后，再查阅有关手册，按照手册推荐的优化值来最后确定。

④ 没有配合关系的尺寸或不重要的尺寸，允许将测量所得的尺寸做适当的圆整。

⑤ 对螺纹、键槽、齿轮的轮齿等标准结构的尺寸，应该把测量的结果与标准值核对后，采用标准结构尺寸，方便制造。

⑥ 严格检查尺寸是否遗漏或重复，相关零件尺寸是否协调一致，以保证零件图、装配图的顺利绘制。

12.3 由装配示意图和零件图绘制装配图

根据装配示意图和零件图绘制装配图的过程，是一次检验、校对零件形状、尺寸的过程。零件图（或零件草图）中的形状和尺寸如有错误或不妥之处，应及时协调改正，以保证零件之间的装配关系能在装配图上正确地反映出来。

下面以齿轮油泵为例介绍拼画装配图的方法和步骤（图12-6）。

(1) 准备工作

对已有资料进行整理、分析，进一步弄清装配体的性能及结构特点，对装配体的完整结构形状做到心中有数。

(2) 确定表达方案

确定部件的装配图表达方案，参考装配图章节的相关内容进行。齿轮油泵采用两个视图表达（图12-7），安装底座的底面水平放置，即传动齿轮轴的轴线处于水平位置为主视图位置，以垂直于传动齿轮轴的轴线的方向为主视图投影方向，采用相交两剖切平面剖切齿轮油泵，画出一个全剖视图作为主视图，反映齿轮油泵的内外结构及零件间的装配关系、连接情况等。左视图是采用沿左端盖 4 与泵体 7 结合面剖切后移去了垫片 6 的半剖视图 B—B，它清楚地反映这个油泵的外部形状、泵盖上螺钉和销的分布、齿轮的啮合情况以及吸、压油的工作原理；再以局部剖视反映吸、压油的情况。

（3）确定比例和图幅

根据装配体的大小及复杂程度选定绘制装配图的合适比例。一般情况下，应尽量选用 1∶1 的比例画图，以便于看图。比例确定后，再根据选好的视图，并考虑标注必要的尺寸、零件序号、标题栏、明细栏和技术要求等所需的图面位置，确定出图幅的大小。

（4）画装配图的步骤

① 选比例，定图幅，画边框和图框线、画标题栏和明细表。

② 依据表达方案布置图面，画出各主要视图的作图基准线，如图 12-6（a）所示。

③ 画底稿。从主要装配干线入手，逐渐向外扩展，一般先画主视图，准确找出定位面；运动件一般按其工作位置绘制，螺纹连接件一般按将连接零件压紧的位置绘制，如图 12-6（b）～（d）所示。

④ 画剖面线，标尺寸，编序号，检查加深。

⑤ 填写技术要求、明细表和标题栏，如图 12-7 所示。

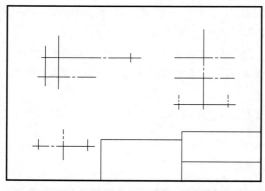

(a) 画基准线、标题栏和明细表外框

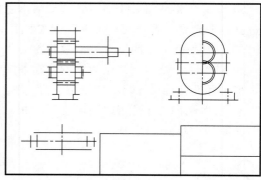

(b) 齿轮轴和泵体

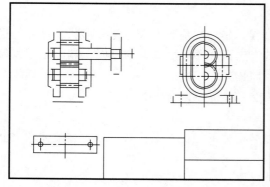

(c) 画左右泵盖和传动齿轮

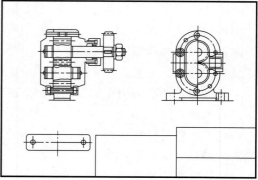

(d) 画压紧套、螺钉等其余零件

图 12-6　拼画齿轮油泵装配图的步骤

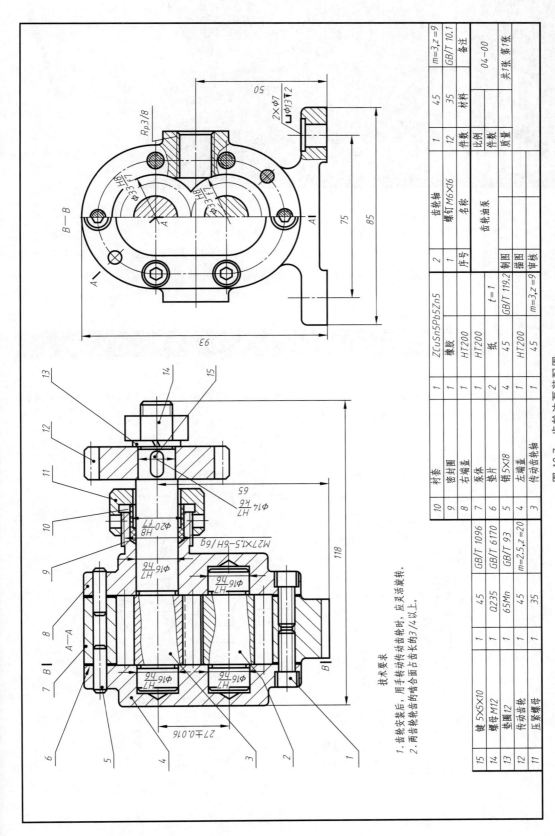

图 12-7　齿轮油泵装配图

技术要求

1. 齿轮安装后，用手转动传动齿轮时，应灵活旋转。
2. 两齿轮齿合面占齿长的3/4以上。

15	键 5×5×10	1	45	GB/T 1096
14	螺母 M12	1	Q235	GB/T 6170
13	垫圈12	1	65Mn	GB/T 93
12	传动齿轮	1	45	m=2.5,z=20
11	压紧螺母	1	35	

10	衬套	1	ZCuSn5Pb5Zn5	
9	密封圈	1	橡胶	
8	右端盖	1	HT200	
7	泵体	1	HT200	
6	垫片	2	纸	t=1
5	销 5×18	4	45	GB/T 119.2
4	左端盖	1	HT200	
3	传动齿轮轴	1	45	m=3,z=9

2	齿轮轴	1	45	m=3,z=9
1	螺钉 M6×16	12	35	GB/T 10.1
序号	名称	件数	材料	备注

齿轮油泵		比例	件数	04—00
			质量	共1张 第1张
制图				
描图				
审核				

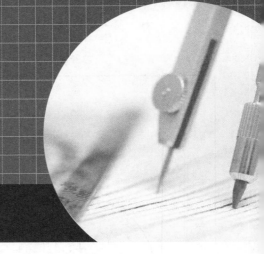

第 13 章

其他机械图样简介

本章主要介绍除一般零件图和装配图以外的其他机械图样的基本知识及基本表达方法，如展开图、焊接图、模具图、铸件图、锻件图、工艺图、机构运动简图、塑性成型零件图等，并以实例介绍其具体应用，供相关专业及工艺人员学习参考。

13.1 表面展开图

在工业生产中，常会遇到管道、壳体和容器等薄壁板制件，如图 13-1 所示的集粉筒。制造这类板件时，必须先在板材上画出展开图，然后下料，再加工成型。

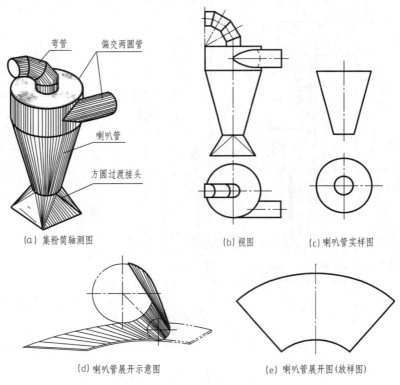

(a) 集粉筒轴测图   (b) 视图   (c) 喇叭管实样图

(d) 喇叭管展开示意图   (e) 喇叭管展开图(放样图)

图 13-1　集粉筒

将立体表面展开，按其实际形状，依次摊平在同一平面上，称为立体表面展开，展开后所得的图形称为展开图。展开图在化工、锅炉、造船、冶金、机械制造、建材等工业部门广泛应用。立体的表面展开按其几何性质不同，展开图的画法也就不同。

① 平面立体　其表面都为平面多边形，展开图由若干个平面多边形组成。

② 可展曲面　在直线面中，若连续相邻两素线平行或相交（共面直线），则为可展曲面。

③ 不可展曲面　直线面中的连续相邻两素线交叉（异面直线），则为不可展曲面。

13.1.1　表面展开的基础知识

画展开图时经常需要求出线段的实长或平面的实形。求作线段实长或平面实形的方法很多，常用的有直角三角形法和垂直轴旋转法。

(1) 直角三角形法

图 13-2 (a) 表示直角三角形法的空间几何关系。现分析空间直线与其投影之间的关系，从中寻找求线段实长的图解方法。

分析：在直角三角形 ABC 中，其斜边 AB 是线段的实长；一直角边 AC 的长度等于线段 AB 的水平投影 ab；另一直角边 BC 的长度等于线段 AB 两端点的 z 坐标差（$b'c'$）。知道直角三角形两直角边的长度，便可作出此直角三角形，其斜边即为实长。

第一种作图方法［图 13-2 (b)］

① 求 z 坐标差。过 a' 作 OX 轴的平行线得 c'，$b'c'$ 即为 z 坐标差。

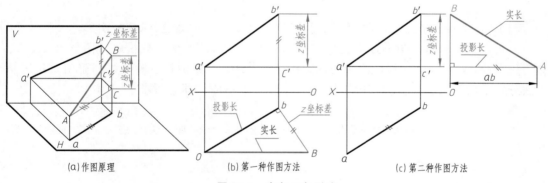

图 13-2　直角三角形法

② 作直角三角形。以 ab 为一直角边，过点 b 作 ab 的垂线（其长度等于 z 坐标差），求得另一直角边 bB，连接 aB 完成直角三角形，其斜边 aB 即等于实长。

第二种作图方法［图 13-2 (c)］

① 求 z 坐标差。过 a' 作 OX 轴的平行线得 c'，$b'c'$ 即为 z 坐标差。

② 作直角三角形。以 z 坐标差为一直角边、以水平投影 ab 为另一直角边作直角三角形，斜边 AB 即等于实长。

直角三角形法的作图要领归结如下。

① 以线段某一投影长度为一直角边。

② 以同一线段另一投影两端点的坐标差为另一直角边。

③ 所作直角三角形的斜边即为线段的实长。

【例 13-1】 已知线段 AB 的两面投影，试利用 y 坐标差求实长。

解法一 ［图 13-3（b）］：

① 求 y 坐标差。过 b 作 OX 轴的平行线得 c，ac 即为 y 坐标差。

② 作直角三角形。以 $a'b'$ 为一直角边，过点 a' 作 $a'b'$ 的垂线（其长度等于 y 坐标差），求得另一直角边 $a'A$，连接 $b'A$ 完成直角三角形，其斜边 $b'A$ 即等于实长。

解法二 ［图 13-3（c）］：

① 求 y 坐标差。过 b 作 OX 轴的平行线得 c，ac 即为 y 坐标差。

② 作直角三角形。以 y 坐标差 ac 为一直角边、以 $cB = a'b'$ 为另一直角边作直角三角形，斜边 aB 即等于实长。

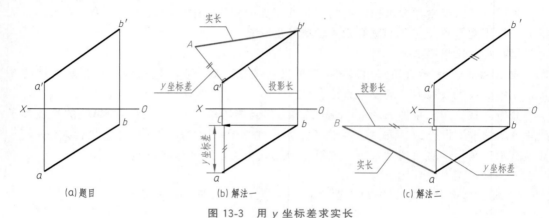

图 13-3　用 y 坐标差求实长

【例 13-2】 已知 $\triangle ABC$ 的两面投影 ［图 13-4（a）］，试求 $\triangle ABC$ 的实形。

分析：只要知道三角形各边实长，便可求出三角形的实形。分析题目图形可知：BC 边为正平线，$b'c'$ 等于实长，不必另求；AB 边和 AC 边为一般位置直线，需用直角三角形法分别求出其实长；再用三段实长线作出三角形 ABC，即为所求。

解：

① 求 y 坐标差，过 a 作 OX 轴的平行线，求得 y 坐标差，如图 13-4（b）所示；

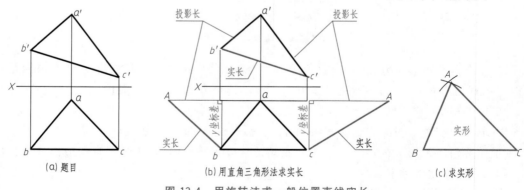

图 13-4　用旋转法求一般位置直线实长

② 分别求实长，以 y 坐标差为一直角边、以正面投影 $a'b'$、$a'c'$ 为另一直角边，分别作直角三角形，其斜边 bA、cA 即等于实长，如图 13-4（b）所示；

③ 用三段实长线作出三角形 ABC，即为所求，如图 13-4（c）所示。

（2）**垂直轴旋转法**

根据正投影规律可知，当直线平行于某一投影面时，其投影反映实长。因此，求作一般位置直线实长时，可以垂直于某一投影面的直线为轴，将其旋转到与另一投影面平行的位置，其投影即反映实长。

分析：如图 13-5（a）所示，AB 为一般位置直线，过端点 A 以垂直于 H 面的直线 OO_1 为轴，将 AB 绕该轴旋转到正平线位置 AB_1，其新的正面投影 $a'b_1'$ 即反映实长。从图中可以得出点的旋转规律。

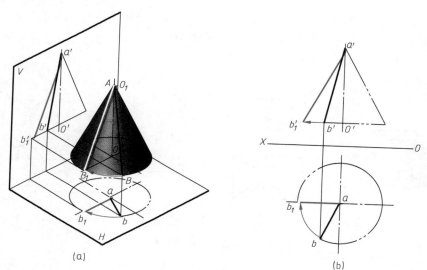

图 13-5　用旋转法求一般位置直线实长

13.1.2　平面立体表面展开

平面立体的表面都是平面，只要将其各表面的实形求出，并依次排在一个平面上，即可得到平面立体的表面展开图。

（1）**棱柱管的展开**

图 13-6（a）、（b）为一斜口四棱柱管。由于底面与水平投影面平行，因此水平投影反映各底边实长；各棱线均与底面垂直，所以正面投影反映各棱线实长。由此可直接画出展开图，如图 13-6（c）所示。

（2）**棱锥管的展开**

图 13-7（a）、（b）为一平口四棱锥管。它由四个等腰梯形围成，但在投影图中均不反映实形。为了作出其展开图，必须先求出这四个梯形的实形。梯形四个边中，上、下底边的水平投影反映实长，而梯形的两腰是一般位置直线。为了求出梯形的实形，必须先求出梯形的两腰的实长，再求出梯形的对角线实长（注意：仅知道梯形的四边实长，梯形的实形是不确定的，还需要求出其对角线实长）。将平口四棱锥管的各棱面分别画成两个三角形，利用直角三角形法求出各边实长，即可画出其展开图，如图 13-7（c）、（d）所示。

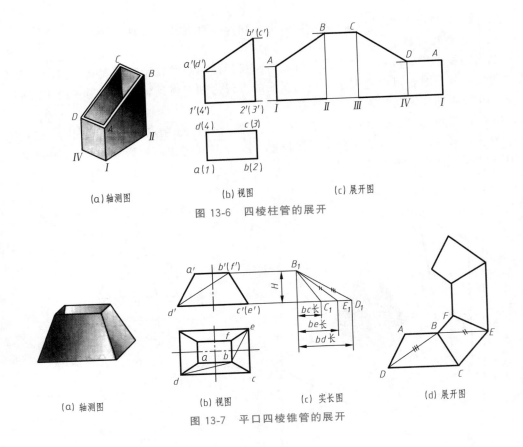

(a) 轴测图　　　　(b) 视图　　　　(c) 展开图

图 13-6　四棱柱管的展开

(a) 轴测图　　　　(b) 视图　　　　(c) 实长图　　　　(d) 展开图

图 13-7　平口四棱锥管的展开

13.1.3　可展曲面的展开

可展曲面上相邻两素线是平行或相交的，能展开成一个平面。因此，做展开图时，可以将相邻两素线作为平面展开。其展开方法与棱柱、棱锥的展开方法相同。

（1）圆柱管的展开

① 斜口圆柱管的展开　图 13-8（a）、（b）为一斜口圆柱管。由于底圆与水平投影面平行，因此水平投影反映各底圆实长；各素线均与底面垂直，所以正面投影反映实长。画展开图时，将底圆画成直线，并找出直线上各等分点Ⅰ、Ⅱ、Ⅲ等所在位置，过这些点作

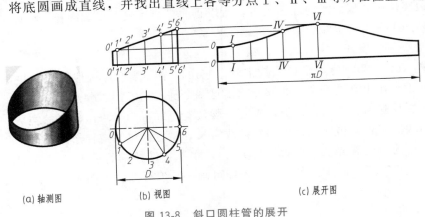

(a) 轴测图　　　　(b) 视图　　　　(c) 展开图

图 13-8　斜口圆柱管的展开

垂线；再在垂线上依次截取其投影图上对应素线的实长；最后将各素线的端点连成光滑曲线即可画出其展开图，如图13-8（c）所示。

　　② 等径三通管的展开　　图13-9为一等径三通管。画其展开图时，应以相贯线为界，分别画两圆管的展开图。由于两圆管轴线都平行于正面，其素线的正面投影均反映实长，故可按图13-8的展开方法画出A部和B部的展开图。画B部的展开图时，先将其画成一个矩形；然后以对称线为界，分别向两侧量取 $I_0II_0=\overline{1''2''}$、$II_0III_0=\overline{2''3''}$、$III_0IV_0=\overline{3''4''}$（以其弦长代替弧长）得到等分点 I_0、II_0、III_0、IV_0；再过各等分点作水平线，与过 $1'$、$2'$、$3'$、$4'$ 各点向下垂线相交，将各交点圆滑地连接，即得到其展开图。

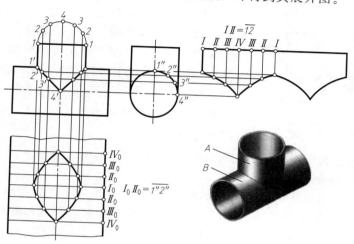

图13-9　等径三通管的展开

　　（2）圆锥管的展开

　　① 正圆锥管的展开　　正圆锥表面的展开图为扇形，扇形的半径等于圆锥的素线长度，弧长等于圆锥底圆的周长，扇形角 $\alpha=180°d/R$，如图13-10（a）所示。

　　用作图法画圆锥表面展开图时，以内接正圆锥的三角形棱面代替相邻两素线所夹的锥面，顺次展开，如图13-10（b）所示。

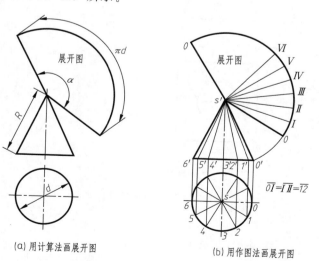

（a）用计算法画展开图　　　　（b）用作图法画展开图

图13-10　正圆锥管的展开

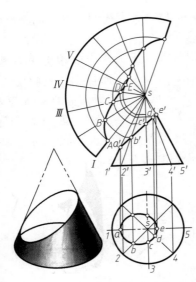

图 13-11　斜口锥管的展开

② 斜口锥管的展开　图 13-11 为一斜口锥管。其轴线是铅垂线，因此其正面投影的轮廓线 $1'a'$ 和 $5'e'$ 反映锥管的最左、最右素线的实长，其他素线的实长从视图中不能直接反映，可用旋转法求出。画其展开图时，可先画出完整锥管的扇形，然后画出锥管切顶后各素线余下部分的实长，如 ⅡB、ⅢC 等，最后将 A、B、C、D 等点连接成圆滑曲线，即得到其展开图。

（3）方接圆变形接头的展开

为了画出各种变形接头的表面展开图，须按具体形状将其划分成许多平面及可展曲面，然后依次画出其展开图，即可得到整个变形接头的展开图。

图 13-12（a）为一上圆下方变形接头，它由四个相同的等腰三角形和四个相同的部分圆锥面组成，展开图作图如下。

① 利用直角三角形法求出锥面素线的实长 AⅠ（AⅠ=AⅣ）和 AⅡ（AⅡ=AⅢ），分别为 L 和 M，如图 13-12（b）所示。

② 在展开图上取 $AB=ab$，分别以 A、B 为圆心，L 为半径画圆弧，交点为 Ⅳ，得到三角形 ABⅣ，再以 Ⅳ 和 A 为圆心，分别以 34 的弧长和 M 为半径画圆弧，得到三角形 AⅢⅣ。用相同方法依次求出各三角形 AⅡⅢ 和 AⅠⅡ。

③ 圆滑连接Ⅰ、Ⅱ、Ⅲ、Ⅳ等点，即可得到一个等腰三角形和一个部分圆锥面的展开图。

④ 用同样方法依次求出其他部分的展开图，即可完成整个方圆变形接头的展开图，如图 13-12（c）所示。

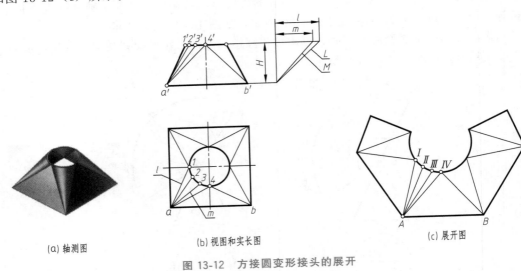

（a）轴测图　　　　　（b）视图和实长图　　　　　（c）展开图

图 13-12　方接圆变形接头的展开

13.1.4　不可展曲面的近似展开

工程上常见的不可展曲面有圆环面、球面等，由于不能将其形状、大小准确地摊平在一个平面上，就先将其分成若干部分，然后把各部分近似看成可展的柱面、锥面或平面，再依次拼接成展开图。

（1）环形弯管的近似展开

由于圆环面是不可展曲面，因此常见的环形弯管是由等径圆柱连接而成，如图 13-13（a）所示。

由图 13-13（b）可知，弯管两端管口平面相互垂直，各为半节，中间是两个全节，相当于三个全节组成。四节都是斜口圆管。

为了简化作图和省料，可把四节斜口圆管拼成一个直圆管来展开，如图 13-13（c）所示。其作图方法与斜口圆管的展开方法相同（图 13-8）。

按展开曲线将各节切割后，卷制成斜口圆管，并按顺序连接即可，如图 13-13（d）所示。

（2）球面的近似展开

图 13-14 所示方法是把球面分为若干部分，将它近似看成柱面来展开，得到的每块展开图呈柳叶状。展开图作图方法如下。

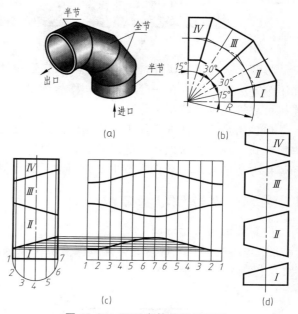

图 13-13　环形弯管的近似展开

① 用过球心的铅垂面将球面的水平投影分成若干等份（图中分为 6 等份）。

② 将半球的正面投影轮廓线分为若干等份（图中分为 4 等份），得到点 $1'$、$2'$、$3'$、$4'$，求出其对应水平投影 1、2、3、4 点，过点作同心圆，分别与半径水平投影等分线交于 a、b、c、d 点。

③ 画出 DD，$DD = dd$，过 DD 的中点作垂线 $O\mathrm{IV}$，$O\mathrm{IV} = 0'4'$的弧长，$O\mathrm{I} = 0'1'$的弧长……；然后过 I、II、III、IV…作水平线，取 $AA = aa$、$BB = bb$…。

④ 依次光滑连接各点 O、A、B…完成 1/6 半球面的展开图，用相同方法可画出 6 个柳叶状展开图，如图 13-14（c）所示，即可组合成半球面。

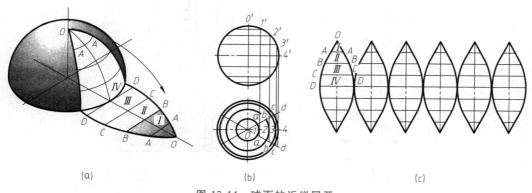

图 13-14　球面的近似展开

361

13.2 焊接图

将两个被连接金属件，经电弧或火焰在连接处进行局部加热，并采用填充熔化金属或加压等方法使其熔合在一起的过程，称为焊接。焊接是一种不可拆连接，具有施工简单、连接可靠等优点，应用十分广泛。

焊接图是焊接件进行加工时所用的图样，它应能清晰地表示出各焊接件的相互位置、焊接形式、焊接要求以及焊缝尺寸等。国家标准规定了焊缝的画法、符号、尺寸标注方法和焊接方法的表示符号。本节主要介绍常见的焊缝符号及其标注方法。

13.2.1 焊缝的表示方法

(1) 焊缝的表示法

① 焊缝的形式　常见的焊缝接头有对接接头、T形接头、角接接头、搭接接头等四种，如图13-15所示。

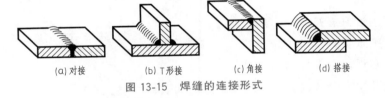

图 13-15　焊缝的连接形式

② 焊缝的画法　工件经焊接后所形成的接缝称为焊缝。在技术图样中，一般按GB/T 12212—2012规定的焊缝符号表示焊缝，用以说明焊缝形式和焊接要求。如需在图样中简易地绘制焊缝时，可用视图、剖视图或断面图表示，也可用轴测图表示。

在图中，焊缝一般用与轮廓线垂直的细实线段表示，也可采用图线宽度的2～3倍粗实线表示。在同一图中只允许采用一种画法。在剖视图或断面图中，焊缝的断面形状可涂黑表示。焊缝的规定画法，如图13-16所示。

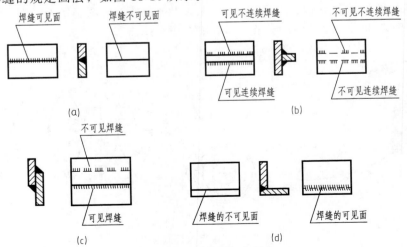

图 13-16　焊缝的规定画法

（2）焊缝符号表示法

焊缝符号一般由基本符号与指引线组成。必要时还可以加注辅助符号、补充符号和焊缝尺寸符号等。

① 基本符号 基本符号是表示焊缝横断面形状的符号，近似于焊缝横断面的形状。基本符号用粗实线绘制。常用焊缝的基本符号、图示法及符号的标注方法示例，见表 13-1。

表 13-1 常用焊缝的基本符号及标注示例

焊缝名称	基本符号	焊缝形式	一般图示法	符号表示法标注示例
Ⅰ形焊缝	 ‖		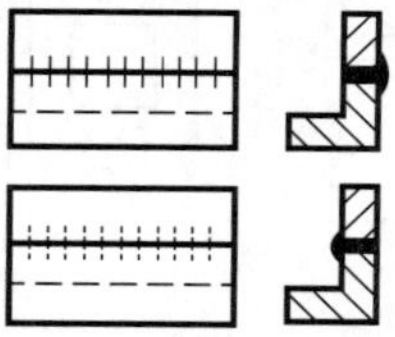	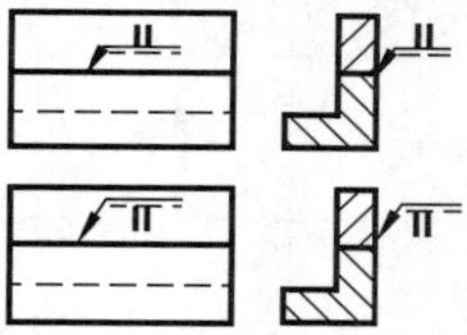
Ⅴ形焊缝	 ∨		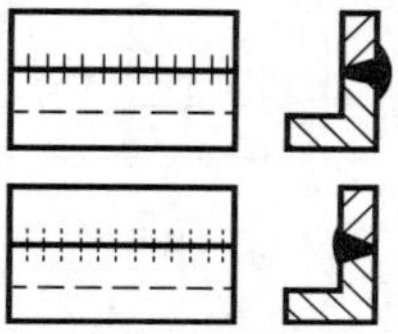	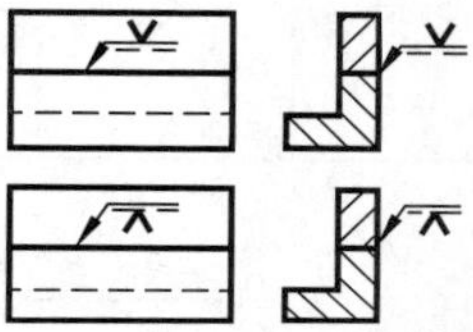
角焊缝	 ◁	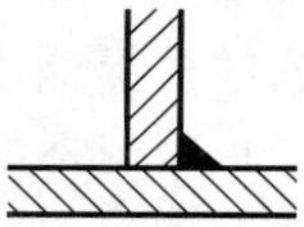	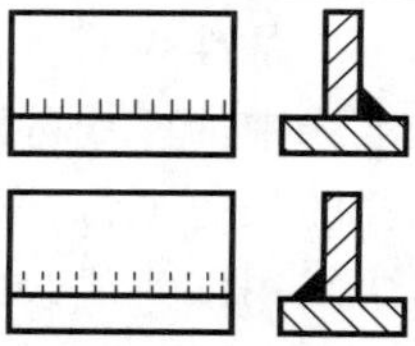	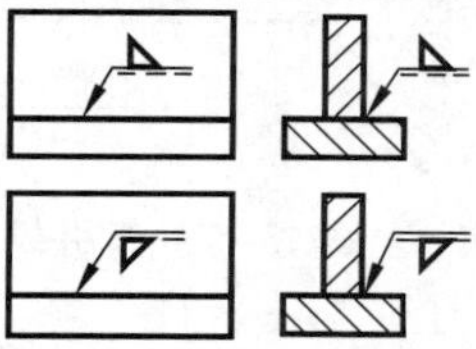
点焊缝	 ○	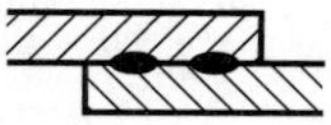	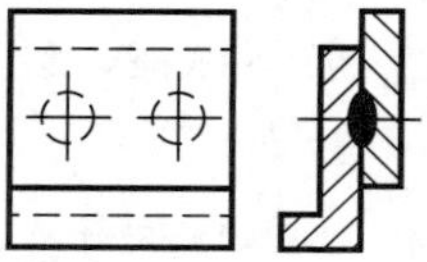	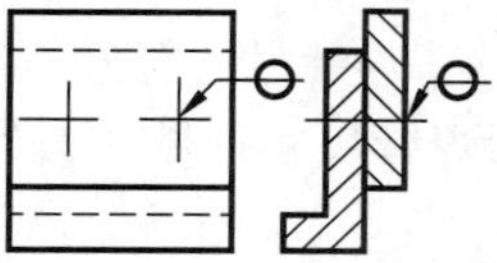

② 辅助符号 辅助符号是表示焊缝表面形状特征的符号，用粗线绘制。不需要确切说明焊缝的表面形状时，可以不用辅助符号。常用的辅助符号及标注示例见表 13-2。

表 13-2 常用焊缝的辅助符号及标注示例

名称	符号	示意图	标注示例	说明
平面符号	—		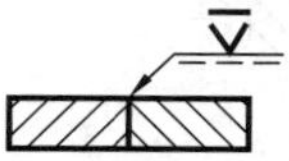	表示 V 形焊缝表面平齐（一般通过加工）
凹面符号	⌣	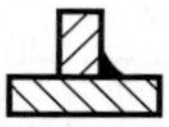	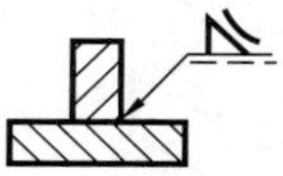	表示角焊缝表面凹陷
凸面符号	⌢		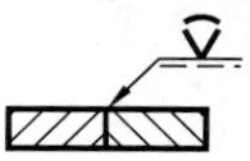	表示 V 形焊缝表面凸起

③ 补充符号 为了补充说明焊缝的某些特征，用粗实线绘制补充符号，见表 13-3。

表 13-3　常用焊缝的补充符号及标注示例

名称	符号	示意图	标注示例	说明
三面焊缝符号	⊏			表示三面施焊的角焊缝
周围焊缝符号	○			表示现场沿工件周围施焊的角焊缝
现场符号	▶			
尾部符号	⟨		5 ⟩ 250 ⟨ 3	需要说明相同焊缝数量及焊接工艺方法时，可在实线基准线末端加尾部符号。图中表示有 3 条相同的焊缝

④ 指引线　指引线由带箭头的箭头线和两条基准线（一条细实线，一条虚线）组成，如图 13-17 所示。

基准线的上下方用来加注各种符号和焊缝尺寸，基准线中的虚线可画在细实线的上侧或下侧，一般与标题栏的长边平行，必要时，也可与标题栏的长边垂直。箭头线用细实线绘制，箭头指向有关焊缝处，必要时允许箭头线折弯一次。当需要说明焊接方法时，可在基准末端增加尾部符号，参见表 13-3。

图 13-17　指引线

⑤ 焊缝尺寸符号　焊缝尺寸一般不标注，设计或生产需要注明焊缝尺寸时才标注，常用焊缝尺寸符号见表 13-4。

表 13-4　常用焊缝尺寸符号及标注示例

名称	符号	示意图	标注示例
工件厚度 坡口角度 坡口深度 根部间隙 钝边高度	δ α H b p		
焊缝段数 焊缝长度 焊缝间距 焊角高度	n l e K		K ⟍ $n \times l(e)$　或　K ⟍ $n \times l(e)$
熔核直径	d		或 d ○ $n \times (e)$　d ○ $n \times (e)$
相同焊缝数量符号	N		

13.2.2 焊缝的标注

通常焊接件不但按焊缝的规定画法绘制，还要标注出焊缝的各种符号和尺寸，以说明焊缝的形式、结构尺寸、焊接方法和工艺要求等。

（1）焊缝的标注方法

焊缝符号的标注必须遵循如下规定。

① 当标注的箭头指向焊缝的焊接面时，基本符号必须注写在基准线的细实线一侧，如图 13-18（a）所示。

② 指引线的箭头指向焊缝的非焊接面（即焊缝的背面）时，基本符号必须注写在基准线的虚线一侧，如图 13-18（b）所示。

③ 在标注对称焊缝或双面焊缝时不加虚线，基本符号必须注写在基准线的两侧，如图 13-18（c）所示。

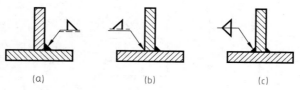

图 13-18　焊缝基本符号的标注

④ 箭头线所指明的焊缝位置一般没有特殊要求，当所标注的焊缝为单边坡口时，箭头必须指向焊缝带有坡口的一侧，如图 13-19 所示。

⑤ 若有几条焊缝的焊缝符号相同时，可采用公共基准线进行标注；若焊缝符号及焊缝在接头中的位置也相同时，可将相同焊缝的条数注写在基准线的尾部，如图 13-20 所示。

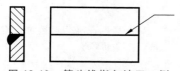

图 13-19　箭头线指向坡口一侧

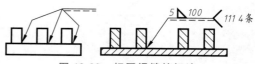

图 13-20　相同焊缝的标注

⑥ 焊缝横截面上的尺寸，如钝边高度 p、坡口深度 H、焊角高度 K、增高量 h、熔透深度 S、根部弧 R、焊缝宽 c、熔核直径 d 等尺寸，必须注写在基本符号的左侧，如图 13-21 所示。

⑦ 焊缝长度方向上的尺寸，如焊缝段数 n、焊缝长度 l、焊缝间距 e 等尺寸，必须注写在基本符号的右侧，如图 13-21 所示。

⑧ 对于焊缝的坡口角度 α、坡面角度 β、根部间隙 b 等尺寸，必须注写在基本符号的上侧或下侧，如图 13-21 所示。

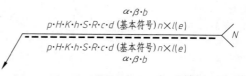

图 13-21　焊缝尺寸标注原则

（2）焊缝的标注示例

常见焊缝的标注示例见表 13-5。

表 13-5 常用焊缝标注示例

接头形式	焊缝示例	标注示例	说　明
对接接头	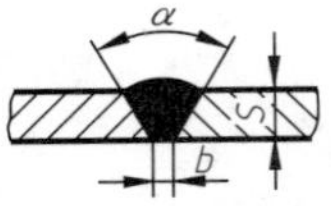	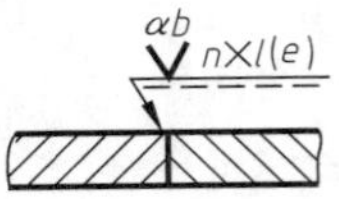	V 形焊缝,坡口角度为 α,根部间隙为 b,有 n 条焊缝,焊缝长度为 l,焊缝间距为 e
	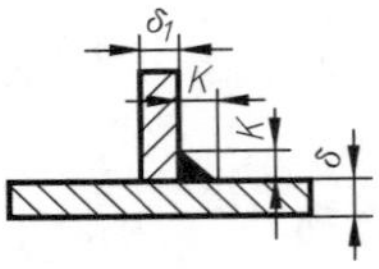	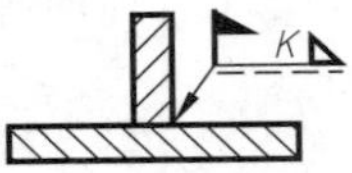	在现场装配时焊接,焊角高度为 K
T 形接头	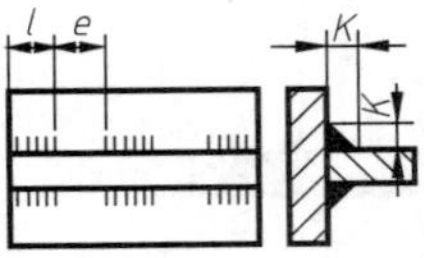	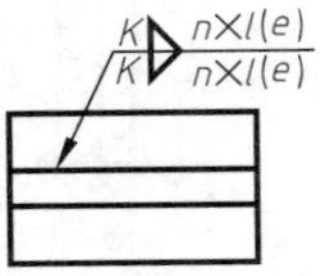	有 n 条双面断续链状角焊缝,焊缝长度为 l,焊缝间距为 e,焊角高度为 K
	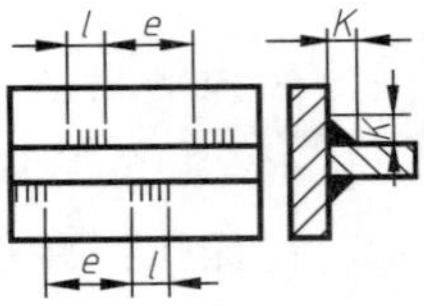	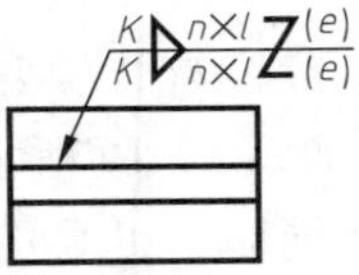	有 n 条交错断续角焊缝,焊缝长度为 l,焊缝间距为 e,焊角高度为 K
角接接头	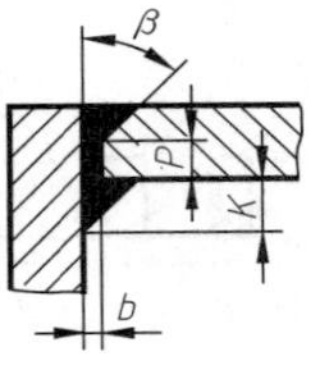	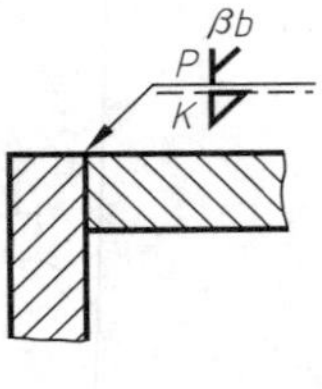	双面焊缝,上面为单边 V 形焊缝,下边为角焊缝
搭接接头	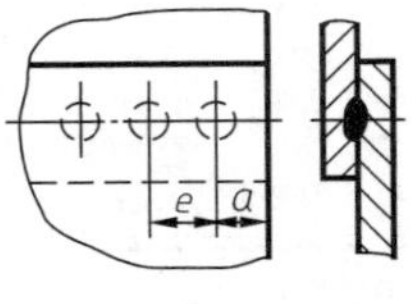	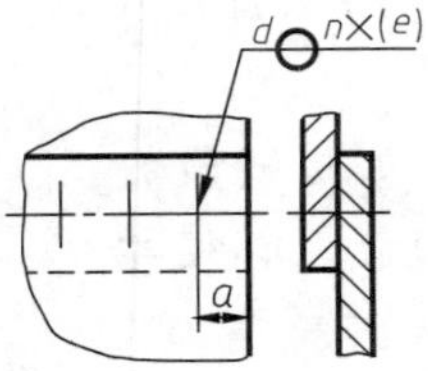	点焊,熔核直径为 d,共 n 个焊点,焊点间距为 e

（3）焊接图示例

图 13-22 支座焊接图为一焊接实例。图中的焊缝标注表明了各构件连接处的接头形式、焊缝符号及焊缝尺寸。焊接方法在技术要求中统一说明,因此在基准线尾部不再标注焊接方法的符号。

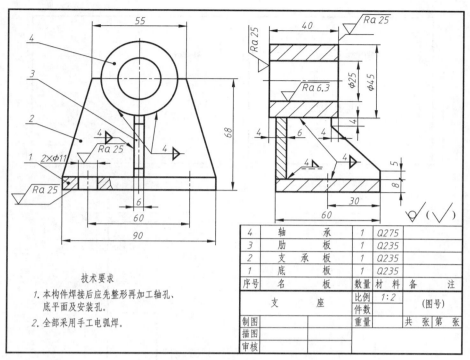

技术要求

1. 本构件焊接后应先整形再加工轴孔、底平面及安装孔。

2. 全部采用手工电弧焊。

4	轴　　承	1	Q275	
3	肋　　板	1	Q235	
2	支承板	1	Q235	
1	底　　板	1	Q235	
序号	名　板	数量	材　料	备　　注

支　　　座		比例	1:2	
		件数		（图号）
制图		重量		共　张 第　张
描图				
审核				

图 13-22　支座焊接图

13.3 模具图

13.3.1　模具装配图的画法

模具装配图要达到最主要的目的是反映模具的基本构造，表达零件之间的相互装配关系，包括位置关系和配合关系。从这个目的出发，一张模具装配图所必须达到的最基本要求为：首先，模具装配图中各个零件（或部件）不能遗漏，不论哪个模具零件，装配图中均应有所表达；其次，模具装配图中各个零件位置及与其他零件间的装配关系应明确。在模具装配图中，除了要有足够的说明模具结构的投影图、必要的剖视图、断面图、技术要求、标题栏和填写各个零件的明细栏外，还应有其他特殊的表达要求。模具装配图的绘制要求须符合国家制图标准。模具总装图的一般布置方法如图 13-23 所示。

（1）主视图

绘制主视图时，模具一般应处于闭合状态，如图 13-24 所示，或接近闭合状态，也可以一半处于闭合工作状态，另一半处于非闭合状态。应采用全剖视、半剖视或局部剖视，尽量使每一类模具零件都反映在主视图中。按先里后外、由上而下，即产品零件图、凸模、凹模的顺序绘制。零件太多时允许只画出一半，无法全部画出时，可在左视图或俯视图中画出。

主视图中应标注模具闭合高度尺寸，条料和工件剖切面应涂黑，以使图面更清晰。在

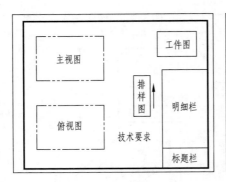

(a) 冲压模图纸布局

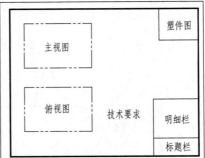

(b) 注塑模图纸布局

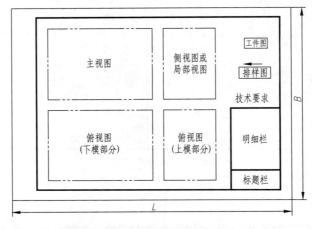

(c) 其他视图布局

图 13-23 模具图纸布局

剖视图中所剖切到的凸模和顶件块等回转体，其剖切面不画剖面线；有时为了图面结构清晰，非回转体的凸模也可不画剖面线。

在模具装配图中，为了减少局部剖视图，当剖切平面通过部分结构，在不影响剖视图表达的情况下，可将剖切平面以外部分平移或旋转到剖视上来表达。

(2) 俯视图

模具装配图的俯视图，其重点是为了反映下模部分所安装的工作零件的情况。俯视图一般只绘制出下（动）模，对于对称结构的模具，也可上（定）、下（动）模各画一半，非对称零件如果需要，上（定）、下（动）模视图可分别画出，均绘制俯视可见部分，如图 13-24 所示。有时为了了解模具零件之间的位置关系，对未见部分用虚线表示。俯视图与主视图应一一对应画出，并标注前后、左右平面轮廓尺寸。下模俯视图中的排样图轮廓线用双点画线表示。

剖切面的选择：如图 13-24 所示，模具的上模部分剖切面的选择应重点反映凸模的固定、凹模洞口的形状、各模板之间的装配关系（即螺钉、销钉的安装情况）、模柄与上模座间的安装关系及由打杆、打板、顶杆和推块等组成的打料系统的装配关系等。上述需重点突出的地方应尽可能地采用全剖或半剖，而除此之外的一些装配关系则可不剖而用虚线画出或省去不画，在其他视图上（如俯视图）另作表达即可。模具下模部分剖切面的选择

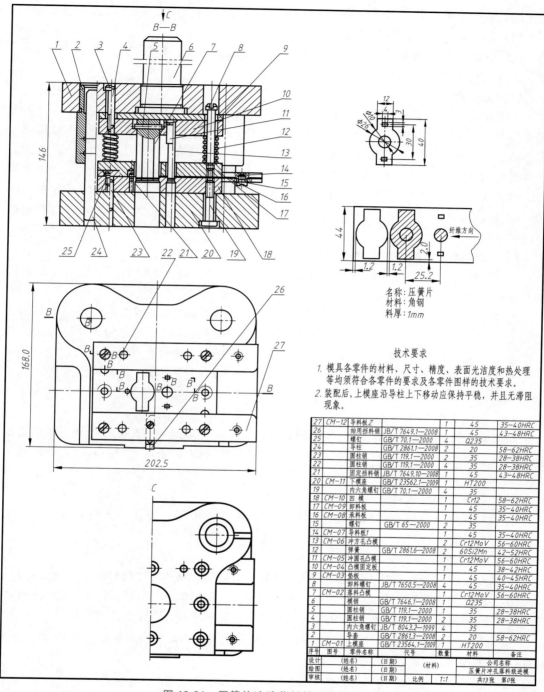

名称:压簧片
材料:角钢
料厚:1mm

技术要求

1. 模具各零件的材料、尺寸、精度、表面光洁度和热处理等均须符合各零件的要求及各零件图样的技术要求。
2. 装配后,上模座沿导柱上下移动应保持平稳,并且无滞阻现象。

序号	图号	零件名称	代号	数量	材料	备注
27	CM-12	导料板Z		1	45	35-40HRC
26		始用挡料销	JB/T 7649.1-2008	1	45	43-48HRC
25		螺钉	GB/T 70.1-2000	4	Q235	
24		导柱	GB/T 2861.1-2008	2	20	58-62HRC
23		圆柱销	GB/T 119.1-2000	2	35	28-38HRC
22		圆柱销	GB/T 119.1-2000	4	35	28-38HRC
21		固定挡料销	JB/T 7649.10-2008	1	45	43-48HRC
20	CM-11	下模座	GB/T 23562.1-2009	1	HT200	
19		内六角螺钉	GB/T 70.1-2000	4	35	
18	CM-10	凹模		1	Cr12	58-62HRC
17	CM-09	卸料板		1	45	35-40HRC
16	CM-08	承料板		1	45	35-40HRC
15		螺钉	GB/T 65-2000	2	35	
14	CM-07	导料板1		1	45	35-40HRC
13	CM-06	冲方孔凸模		1	Cr12MoV	56-60HRC
12		弹簧	GB/T 2861.6-2008	2	60Si2Mn	42-52HRC
11	CM-05	冲圆孔凸模		1	Cr12MoV	56-60HRC
10	CM-04	凸模固定板		1	45	38-42HRC
9	CM-03	垫板		1	45	40-45HRC
8		卸料螺钉	JB/T 7650.5-2008	4	45	40-45HRC
7	CM-02	落料凸模		1	Cr12MoV	56-60HRC
6		模柄	GB/T 7646.1-2008	1	Q235	
5		圆柱销	GB/T 119.1-2000	1	35	28-38HRC
4		圆柱销	GB/T 119.1-2000	2	35	28-38HRC
3		内六角螺钉	JB/T 8043.2-1999	4	45	
2	CM-01	导套	GB/T 2861.3-2008	2	20	58-62HRC
1		上模座	GB/T 23564.1-2009	1	HT200	
序号	图号	零件名称	代号	数量	材料	备注

设计	(姓名)	(日期)		(材料)	公司名称	
绘图	(姓名)	(日期)			压簧片冲孔落料级进模	
审核	(姓名)	(日期)	比例	1:1	共13张	第0张

图 13-24 压簧片冲孔落料级进模装配图

应重点反映凸凹模的安装关系、凸凹模的洞口形状、各模板间的安装关系(即螺钉、销钉如何安装)、漏料孔的形状等,这些地方应尽可能考虑全剖,其他一些非重点之处则尽量简化。

图 13-24 中上模部分全剖了凸模的固定、凹模的洞口形状、模柄与上模座的连接及螺钉、销钉的安装情况(并在左面布置销钉与紧固螺钉、右面布置卸料螺钉及弹簧),对于

使用挡料销的装配情况采用虚线及局部剖视图的表达方式。

（3）侧视图、局部视图和仰视图

这些视图一般情况下不要求画出。只有当模具结构过于复杂，仅用上述主、俯视图难以表达清楚时，才有必要画出。

（4）工件图

工件图是经冲压或模塑成形后得到的冲压件或塑料件图形，如图 13-24 所示，一般画在总装图的右上角，并说明材料的名称、厚度及必要的尺寸。对于不能在一道工序内完成的产品，装配图上应将该道工序图画出，并且还要标注与本道工序有关的尺寸。工件图应严格按比例画出，一般与模具装配图的比例一致，特殊情况下可以缩小或放大。若图面位置不够，或工件较大时，可另立一页。工件图的方向应与冲压方向或模塑成形方向一致（即与工件在模具图中的位置一样），若特殊情况下不一致时，必须用箭头注明冲压件或模塑成形方向。

（5）冲压模具装配图中的排样图

① 利用带料、条料时，应画出排样图，一般画在总装图右上角的工件图下面或俯视图与明细栏之间。

② 排样图应包括排样方式、零件的冲裁过程、定距方式（用侧刃定距时侧刃的形状和位置）、材料利用率、步距、搭边、料宽及公差，对弯曲、卷边工序的零件要考虑材料纤维方向。通常从排样图的剖切线上可以看出是单工序模还是复合模或级进模。

③ 排样图上的送料方向与模具结构图上的送料方向必须一致，以使读图人员一目了然，如图 13-24 所示。

（6）装配图中应标注的尺寸

模具总装图上应标注的尺寸有模具闭合高度尺寸、外形尺寸、特征尺寸（与成型设备配合的尺寸）、装配尺寸（安装在成型设备上螺钉孔中心距）、极限尺寸（活动零件的起始位置之间的距离）。

（7）标题栏和明细栏

标题栏和明细栏放在总装图右下角，若图面不够，可另立一面，其格式应符合国家标准。

（8）技术要求

技术要求中一般仅简要注明对本模具的使用、装配等要求和应注意的事项，例如冲压力的大小、所选设备型号、模具闭合高度、防氧化处理、模具编号、刻字、标记、油封、保管等要求，有关试模及检验方面的要求等。当模具有特殊要求时，应详细注明有关内容。

应当指出，模具总装图中的内容并非一成不变，在实际设计中可根据具体情况，允许做出相应的增减。

13.3.2　模具零件图的绘制

（1）模具零件图的绘制要求

模具零件图是模具加工的重要依据，对于模具总装图中的非标准零件，均需绘制零件图。有些标准零件需要补充加工时，也需画出零件图。绘制零件图时应尽量按该零件在总装图中的装配方位画出，不能任意旋转或颠倒，以防画错，影响装配。此外，还应符合以下要求。

① 视图要完整。所选视图应充分而准确地表示零件内部和外部的结构形状和尺寸大小，而且视图和剖视图的数量应为最少，且宜少勿多，以能将零件结构表达清楚为限。

② 尺寸标注要齐全、合理，符合国家标准。零件图的尺寸是制造和检验零件的依据，故应认真细致地标注。尺寸既要完整，同时又不重复。在标注尺寸前，应研究零件的加工和检测的工艺过程，正确选定尺寸的基准面，做到设计、加工、检验基准统一，以利于加工和检验。

③ 制造公差、几何公差、表面粗糙度选用要适当，既要满足模具加工质量的要求，又要考虑尽量降低制模成本。

④ 注明所用材料的牌号、热处理要求以及其他技术要求，技术要求通常放在标题栏的上方。

⑤ 对于总装图中有相关尺寸的零件，应尽量一起标注尺寸和公差，以防出错。

(2) **零件图绘图实例**

① **零件图的绘制方法** 零件图的绘制方法依各人习惯而不尽相同，以下的观点及建议，可供参考。

a. 零件图的绘制条件。画零件图的目的是反映零件的构造，为加工该零件提供图示说明。一切非标准件或虽是标准件但仍需进一步加工的零件均需绘制零件图。

以图 13-24 冲孔落料级进模为例，下模座 20 虽是标准件，但仍需要在其上面加工漏料孔、螺钉过孔及销钉孔，因此要画零件图；导柱、导套及螺钉、销钉等零件是标准件也不需进一步加工，因此可以不画零件图。

b. 零件图的视图布置。为保证绘制零件图的正确性，建议按装配位置画零件图，但轴类零件按加工位置画零件图（一般轴心线为水平布置）。以图 13-24 所示的凹模 18 为例，装配图中该零件的主视图反映了厚度方向的结构，俯视图则为原平面内的结构情况，如图 13-25 所示，在绘制该凹模 18 的零件图时，建议就按装配图上的状态来布置零件图的视图。实践证明：这样能有效地避免投影关系绘制的错误。

c. 零件图的绘制步骤。绘制模具装配图后，应对照装配图来拆画零件图。推荐绘制步骤如下。

绘制零件图时，尺寸线可先引出，相关尺寸后标注。如图 13-24 所示，模具可分为工作零件、辅助构件及其他零件三大部分。在画零件图时，绘制的顺序一般采用"工作零件优先，由下至上"的步骤进行，如图 13-24 所示。凹模 18 是工作零件可以首先画出，如图 13-25 所示。

绘完凹模 18 后，对照装配图，卸料板 17 与凹模 18 相关，其内孔与凹模洞口完全一致，内孔尺寸应比凹模洞口单边大出 0.5mm，根据这一关系画出卸料板 17，如图 13-26 所示。

接下来再画冲圆孔凸模 11（图 13-27）、冲方孔凸模 13（图 13-28）及落料凸模 7（图 13-29）；然后画凸模固定板 10，如图 13-30 所示，再对照模具装配图画出垫板 9（图 13-31）和上模座 1（图 13-32）。在画上模部分的零件图时，应注意经过上模座 1、上垫板 9、冲孔凸模固定板 10 及凹模 18 等模板上的螺钉、销钉孔的位置应一致。在画下模部分的零件图时，一般采用"工作零件优先，自上往下"的步骤进行。对照凹模先画两个导料板 14（图 13-33）、27（图 13-34）；然后对照装配图上的装配关系，画始用挡料销钉孔，再画承料板 16（图 13-35）；在凹模上加上挡料销钉孔。在画下模的零件图时，也应注意经过导料板 14、凹模 18 及下模座 20 上的螺钉与销孔位置，同时下模座 20（图 13-36）上漏料孔的位置要与凹模的孔位一致。按照上述步骤，根据装配关系对零件形状的要求，就能很容易地绘制出模具的零件图形，并使之与装配关系完全吻合。

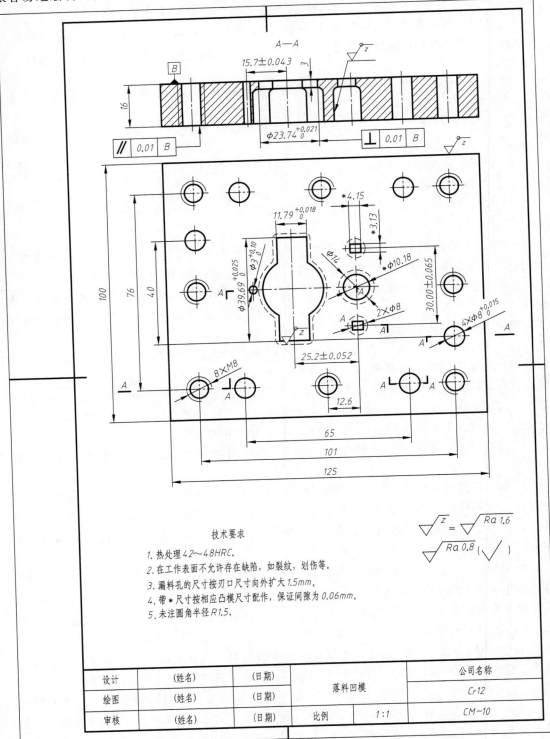

技术要求

1. 热处理42~48HRC。
2. 在工作表面不允许存在缺陷，如裂纹，划伤等。
3. 漏料孔的尺寸按刃口尺寸向外扩大1.5mm。
4. 带*尺寸按相应凸模尺寸配作，保证间隙为0.06mm。
5. 未注圆角半径R1.5。

设计	（姓名）	（日期）	落料凹模		公司名称	
绘图	（姓名）	（日期）			Cr12	
审核	（姓名）	（日期）	比例	1：1	CM—10	

图 13-25 凹模零件图

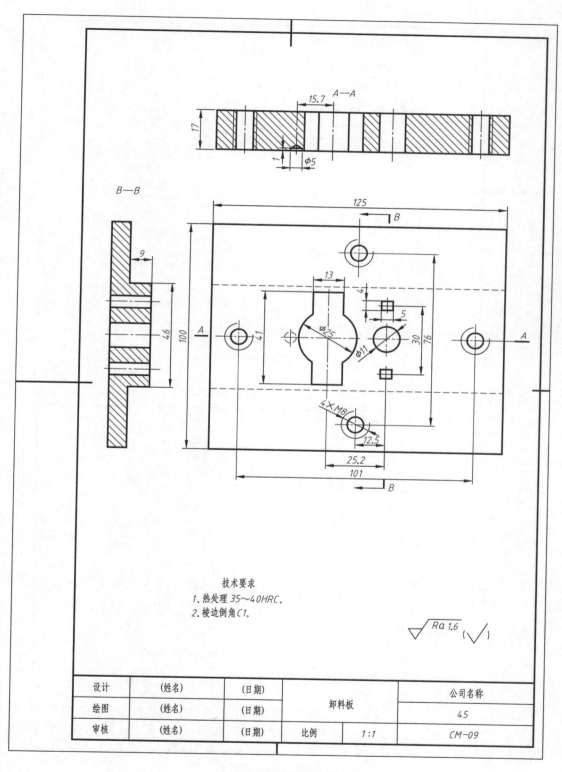

技术要求
1. 热处理 35~40HRC。
2. 棱边倒角C1。

$\sqrt{Ra\ 1.6}$ $\left(\sqrt{}\right)$

设计	(姓名)	(日期)			公司名称
绘图	(姓名)	(日期)	卸料板		45
审核	(姓名)	(日期)	比例	1:1	CM-09

图 13-26 卸料板零件图

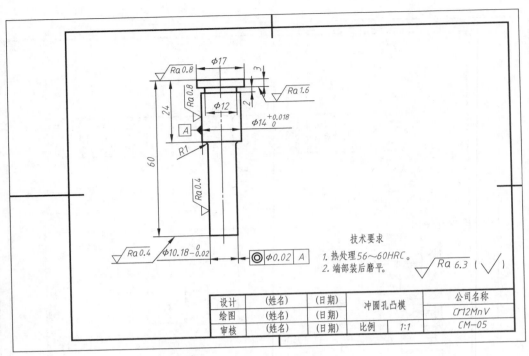

设 计	(姓名)	(日期)	冲圆孔凸模		公司名称
绘 图	(姓名)	(日期)			Cr12MnV
审 核	(姓名)	(日期)	比例	1:1	CM-05

图 13-27　冲圆孔凸模零件图

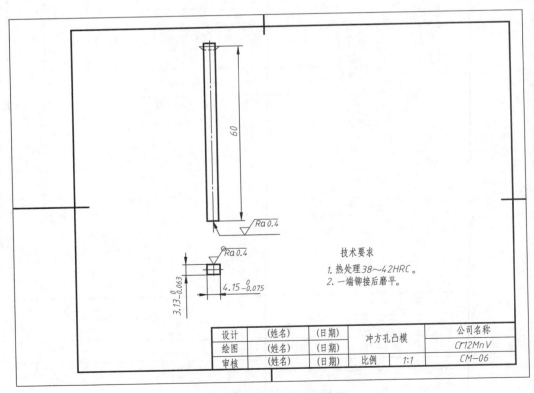

技术要求

1. 热处理38～42HRC。
2. 一端铆接后磨平。

设 计	(姓名)	(日期)	冲方孔凸模		公司名称
绘 图	(姓名)	(日期)			Cr12MnV
审 核	(姓名)	(日期)	比例	1:1	CM-06

图 13-28　冲方孔凸模零件图

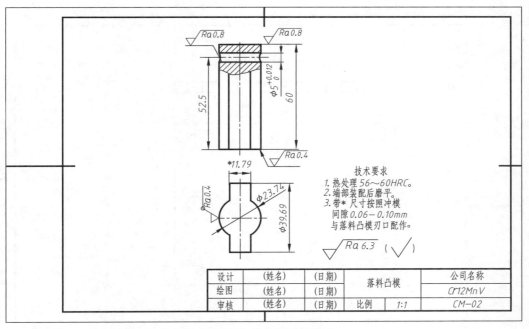

图 13-29 落料凸模零件图

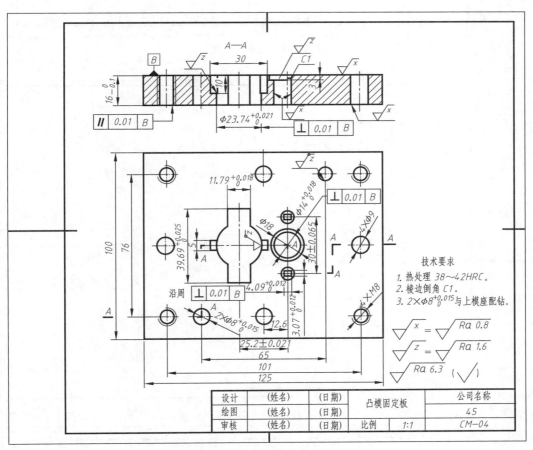

图 13-30 凸模固定板零件图

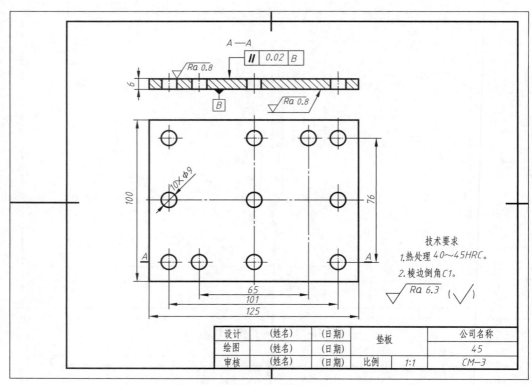

图 13-31 垫板零件图

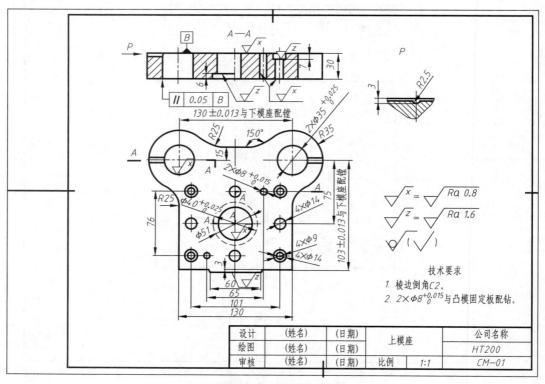

图 13-32 上模座零件图

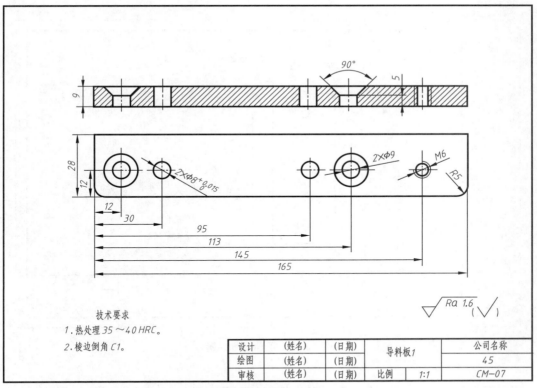

图 13-33　导料板 1 零件图

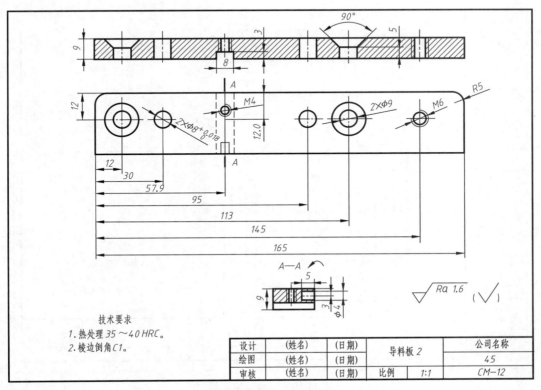

图 13-34　导料板 2 零件图

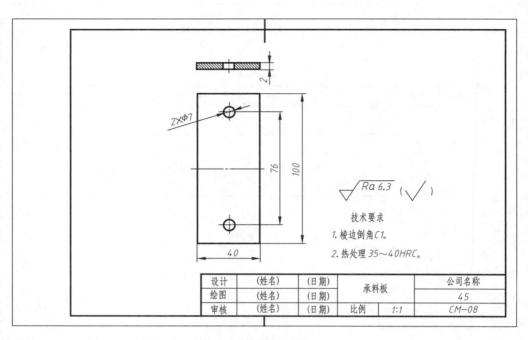

图 13-35　承料板零件图

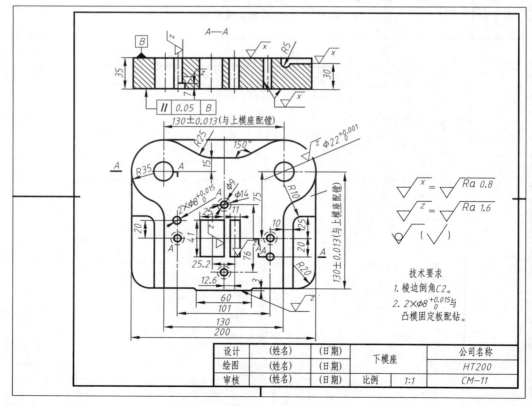

图 13-36　下模座零件图

② 尺寸标注方法　从事模具设计的人都有这样的体会，标注尺寸是一大难点。然而初学者中普遍存在一种"重图形、轻尺寸标注"的倾向，在零件图上所标注的尺寸经常出现错误较多或标注混乱的情况，甚至出现螺孔、销钉孔错位，致使模具无法装配的严重错误，漏尺寸、漏公差值等现象更为普遍。因此进行尺寸标注时，建议根据装配图上的装配关系，用"联系对照"的方法标注尺寸，可有效提高尺寸标注的正确率，具有较好的合理性。

a. 尺寸的布置方法。初学者出现尺寸标注紊乱、无条理等现象的原因，主要是尺寸的布置方法不当。要使所有标注的尺寸在图面上布置合理、条理清晰，必须很好地运筹。图 13-30 所示的凸模固定板零件图中，共有近 24 个尺寸与 4 个几何公差尺寸的标注，其中俯视图左侧与下侧用来布置螺钉、销钉孔的孔距尺寸及模板的外形尺寸；内部则布置孔形的尺寸，尽量错开标注，避免交叉；几何公差尺寸插空标注。这种布置方法合理地利用了零件图形周围的空白，既条理分明，又方便读图。

b. 尺寸标注的思路。要使尺寸标注正确，就要把握尺寸标注的"思路"。前面要求绘制所有零件图的图形而先不标注任何尺寸，就是为了在标注尺寸时能够统筹兼顾，用一种正确的"思路"来正确地标注尺寸。下面以图 13-24 冲孔落料级进模为例，阐述尺寸标注的"思路"。

标注工作零件的刀口尺寸。工作零件刀口尺寸的标注依据制造工艺的不同有两种形式。一是互换法制造，则凸模和凹模分别标注公称尺寸和公差；二是配合法制造，则基准件标注公称尺寸及公差，而配合件标注公称尺寸和与基准件的配合间隙。

标注相关零件的相关尺寸。相关尺寸正确，各模具零件才能装配组成一套模具。在下模部分，相关尺寸的标注建议按照"自上而下"的顺序进行。观察装配图 13-24，先从工作零件凹模 18 开始，与该零件模具相关的零件有内六角螺钉 19、销钉（圆柱销）23、沉头螺钉 25、导料板 14，应从分析这些相关关系入手进行相关尺寸的标注。凹模 18 与销钉 23 成 H7/m6 配合，故销钉孔直径为 ϕ18H7。销钉 23 与凹模 18、下模座 20 成 H7/m6 配合，因此下模座 20 上销钉孔直径也应为 ϕ18H7，同时孔距为 40 和 101，可在下模座 20 的零件图上标出这些尺寸。

凹模 18 与 4 个 M8 的内六角螺钉 19 是螺纹连接，因此凹模 18 的图纸上对应螺纹孔应标注为 4×M8；螺钉由下模座拧入，故相应的图纸上应立即标注 4×M8，螺纹孔距在相应的图纸上均为 76 和 101。

凹模 18 还与导料板 14、27 相关。从装配关系知：两个导料板与凹模各用两个沉头螺钉 25 及两个销钉 22 连接，所以在凹模上要标出 4 个 M8 的沉头螺钉 25 的螺纹孔，与 4 个 M8 的内六角螺钉 19 的孔一起可以标注为 8×M8；凹模上的四个销钉孔可以分别标注 2×ϕ8H7 也可以一起标为 4×ϕ8H7；与之对应的导料板的标注如图 13-33，图 13-34 所示。标注完凹模与凸模相关零件上的相关尺寸后，再标注凸模固定板 10 上相关零件的相关尺寸，以此类推，直至上模中所有零件的相关尺寸标注完毕。上模部分的螺钉与销钉通过垫板的孔时双边应有 0.5~1mm 的间隙，因此垫板 9 上相应的过孔直径为 ϕ9mm，也应在相应的图样上标出。

再举一例进一步说明相关尺寸的标注。装配图中的冲孔凸模 11、13 与冲孔凸模固定板 10 相关；其中冲孔凸模固定板 10 相应处为一吊装固定台阶孔，台阶深度与冲圆孔凸模吊装段等高，即同为 3mm，孔径应比凸模台阶直径大出 0.5~1mm，为 ϕ17mm；ϕ14mm

的孔与凸模固定板成 H7/m6 的配合，即冲孔凸模固定板 10 上的对应孔直径应为 ϕ14mm。上述尺寸应依次同时标注。冲孔凸模 11、13 与落料凸模 7 的零件图尺寸标注如图 13-27～图 13-29 所示。模具上模部分的相关尺寸标注可按"自下而上"的顺序标注。先标注弹压卸料板 17 与挡料销 21，弹压卸料板与卸料螺钉之间的相关尺寸；同样方法直至所有相关尺寸标注完毕。

补全其他尺寸及技术要求。这个阶段可逐个零件进行，先补全其他尺寸，例如轮廓大小尺寸、位置尺寸等；再标注各加工面的表面粗糙度要求及倒角、圆角的加工情况；最后是选材及热处理，并对本零件进行命名等。

尺寸标注中，一般冲压模具零件表面粗糙度值选取可参照如下经验值。

冲压模具的上、下模座，上、下垫板，凸、凹模固定板，卸料板，压料板，打料板与顶料板等零件表面粗糙度 Ra 值通常为 1.6～0.8μm。板类零件周边表面粗糙度 Ra 值通常为 6.3～3.2μm。

冲压模具的凸模与凹模工作面表面粗糙度 Ra 值通常为 0.8～0.4μm；凸模与凹模固定部位及与之配合的模板孔表面粗糙度 Ra 值通常为 3.2～0.8μm。

卸料（顶料）零件与凸模（凹模）配合面的表面粗糙度 Ra 值通常为 6.3～3.2μm。

螺栓或其他零件的非配合过孔面表面粗糙度 Ra 值通常为 12.5～6.3μm。销钉孔面表面粗糙度 Ra 值通常为 0.8μm。

c. 其他尺寸标注问题如下。

复杂型孔的尺寸标注。形状越复杂，尺寸就越多，由此造成的标注困难是初学者设计冲压模时的主要障碍。如图 13-30 所示的凸模固定零件，因洞口形状的尺寸繁多而出现标注困难。此时有两个解决方法：一是放大标注法，即将凹模零件图适当放大后再标注尺寸；二是移出放大标注法，即将复杂的洞口型孔单独移至零件图外面的合适位置，再单独标注型孔尺寸，而零件图内仅标注型孔图形的位置尺寸即可。

其他模板上型孔的配制标注。在进行凹模洞口的刃口尺寸计算时，如何处理半径尺寸，实践中视对尺的测量手段以及使用要求而定，如有能精确测定尺值的量具，则需对尺值进行刀口尺寸的计算；如仅有靠尺等常规测量工具，则可在凹模图上标注原注 R 值。由于凸模外形、凹模洞口及其他模板上相应的型孔都是在同一台线切割机床上用同一加工程序，根据线切割机床的"间隙自动补偿"功能使其在线切割机床的割制过程中自动配制一定的间隙而成，因此其他模板上型孔可按上述配制加工的特点进行标注，既简单明晰，又符合模具制作的实际。凸模固定模板按配制法特点进行标注时，仅需在模板内标注型孔的位置尺寸，而型孔的形状尺寸则在图样的适当位置加注"型孔尺寸按凸模的实际尺寸成 0.02mm 的过盈配合"即可。

13.4

铸件图

13.4.1　铸件图的作用

铸件图是反映铸件实际尺寸、形状和技术要求的图样，它是铸造生产、铸件检验与验收的主要依据。铸件图一般由铸造厂家在产品工艺开发阶段，在产品图样的基础上添加起模斜度、加工余量、不铸出的孔和槽以及尺寸等技术要求而绘制。

13.4.2 铸件图的画法

① 在铸件图上用粗实线表示铸件的外形轮廓，用细双点画线表示零件的外形，在粗实线与细双点画线之间标注加工余量数值，在剖面图上用网格线表示加工余量或不铸孔、槽等。

② 尺寸的标注多以零件尺寸为基准，即铸件图上标出零件的实际尺寸，加工余量（包括起模斜度）则在零件的尺寸线上向外标注，不铸的孔和槽均不标注尺寸，铸件图也应用符号标出分型面。

③ 铸件图上还应标出公差、硬度、不允许出现的铸造缺陷及检验方法等技术要求。图 13-37 为齿轮油泵中泵盖的铸件图。

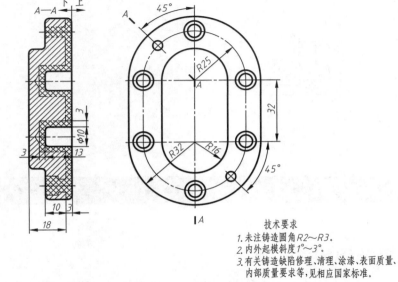

技术要求
1. 未注铸造圆角R2～R3。
2. 内外起模斜度1°～3°。
3. 有关铸造缺陷修理、清理、涂漆、表面质量、
   内部质量要求等，见相应国家标准。

图 13-37 齿轮油泵泵盖的铸件图

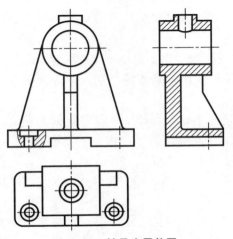

图 13-38 轴承座零件图

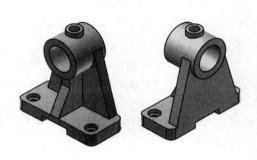

图 13-39 轴承座立体图

图 13-38 和图 13-39 分别为轴承座零件图和轴承座立体图。铸造工艺图的绘制过程为：可在零件图中注明铸造工艺方案，标出分型面、分模面、浇注系统、冒口、加工余量、拔模斜度、活块、型芯和芯头等，不铸出的孔用细线打叉，收缩率标注在零件图右下方，如图 13-40 所示。

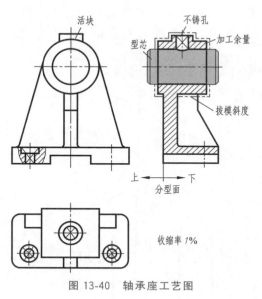

收缩率 1%

图 13-40　轴承座工艺图

13.5 锻件图

13.5.1　锻件图的规定画法

锻件图是以零件图为基础绘制的零件毛坯图。它以零件图为基础，加上余块（为简化锻件形状以便于锻造而在零件上添加的一部分金属）、机械加工余量、锻造公差及特殊留量（如热处理夹头等）。锻件图既要标注锻件的外形尺寸，又要标注机械加工后零件最终要达到的外形尺寸。

绘制零件图的方法同样适合于绘制锻件图，但绘制锻件图还有以下特殊规定。

① 锻件图中锻件轮廓线用粗实线绘制，零件轮廓线用双点画线绘制，锻件分型线用点画线绘制。

② 锻件图中应包含机械加工余量的大小，标注尺寸时，锻件尺寸数字应标注在尺寸线的中上方，零件相应部分的尺寸数字标注在该尺寸线的中下方括号内。

③ 对模锻后有精压要求的锻件，在精压面尺寸线上标明精压尺寸数字与公差，并在精压尺寸数字上方注明精压前的模锻尺寸数字与公差，再分别于相应尺寸数字后注明"精压"和"模锻"。

④ 锻件图中标出第一道机械加工工序的定位基准面，以"⌄"表示。基准面应避免选在锻件分型线上。

⑤ 用双点画线和文字注明外廓包容体。

13.5.2　锻件图画法示例

图 13-41 是齿轮简化零件图和锻件图，加括号的尺寸是零件的最终尺寸，其余尺寸是锻件尺寸。

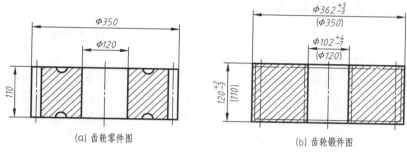

(a) 齿轮零件图　　　　　(b) 齿轮锻件图

图 13-41　齿轮简化零件图和锻件图

图 13-42 为一齿轮零件的锻件图，图 13-43 为齿轮锻件立体图。齿轮零件的外径为 171.8mm，高 48mm。按要求确定锻件的外径、内径和高度余量为 2.0mm；基本模锻斜度为 7°和 10°；圆角半径分别为 3mm、4mm、8mm、10mm 和 15mm；外径为 175.8mm，孔径为 33mm，齿轮宽度为 27mm。

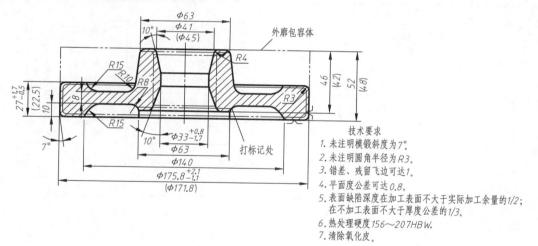

技术要求
1. 未注明模锻斜度为7°。
2. 未注明圆角半径为R3。
3. 错差、残留飞边可达1。
4. 平面度公差可达0.8。
5. 表面缺陷深度在加工表面不大于实际加工余量的1/2；在不加工表面不大于厚度公差的1/3。
6. 热处理硬度156～207HBW。
7. 清除氧化皮。

图 13-42　齿轮锻件图

图 13-43　齿轮锻件立体图

13.6 工序简图

13.6.1 工序简图的基本要求

工序简图是零件工艺过程的加工图样，它反映了本工序的加工内容，即零件加工部位的形状、尺寸、相对位置、精度及粗糙度的要求。

绘制工序简图的基本要求如下。

① 用粗实线表示该工序的各加工表面，其他部位用细实线绘制。

② 可按比例缩小，并尽量用较少的视图来表明本工序的加工表面及零件的安装方式。与此无关的视图和线条可以省略或简化。

③ 标明本工序各加工表面加工后的工序尺寸及偏差、表面粗糙度、几何精度及要求。其他尺寸不应填写在简图上。

④ 用规定的定位、夹紧符号表明本工序的零件安装方式，并说明安装要求。定位、夹紧的符号参见表 13-6。

表 13-6　定位和夹紧符号

项目		独立定位		联合定位	
		标注在视图轮廓线上	标注在视图正面	标注在视图轮廓线上	标注在视图正面
定位符号	固定式				
	活动式				
	辅助支撑				
夹紧符号	机械				
	液压		Y	Y	Y
	气动	Q	Q	Q	Q
	电动	D	D	D	D

13.6.2 工序简图绘制示例

图 13-44 为轴套的零件图简图，图 13-45 为轴套的毛坯简图，其主要加工工序简图如表 13-7 所示。

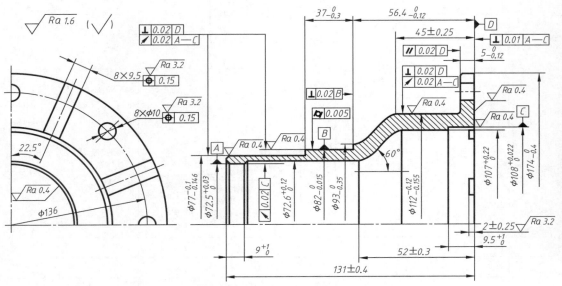

图 13-44 轴套零件图简图

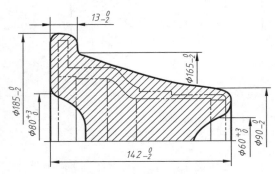

图 13-45 轴套毛坯简图

表 13-7 轴套主要加工工序

工序号	工序名称	工序简图	设备
1	粗车小端		卧式车床

工序号	工序名称	工序简图	设备
2	粗车大端及内孔	$Ra\ 6.3$　$53.3^{+0.3}_{0}$　$\phi70^{+0.46}_{0}$　$105.5^{+0.54}_{0}$　$133.4^{0}_{-0.4}$	卧式车床
3	粗车外圆	$96^{0}_{-0.35}$　$57^{0}_{-0.3}$　$52.38^{0}_{-0.25}$　$8^{0}_{-0.15}$　$Ra\ 6.3$　$\phi113.8^{0}_{-0.54}$　$\phi83.4^{0}_{-0.54}$　$\phi78.5^{0}_{-0.46}$	卧式车床
4	中期检查		
5	热处理	调质处理,硬度 301～339HV	
6	车大端及内腔	$Ra\ 6.3$　$\phi174^{0}_{-0.4}$　$7^{0}_{-0.1}$　$\phi71.5^{+0.19}_{0}$　$\phi107^{+0.22}_{0}$　$53.3^{+0.19}_{0}$	卧式车床
7	精车外圆	$94^{0}_{-0.14}$　$57^{0}_{-0.12}$　50.78 ± 0.15　$6^{0}_{-0.1}$　$Ra\ 6.3$　$\phi112.6^{0}_{-0.22}$　$\phi82.3^{0}_{-0.087}$　$\phi77.4^{0}_{-0.074}$　$131.3^{0}_{-0.50}$	卧式车床
8	磨外圆	$Ra\ 0.8$　$56^{0}_{-0.1}$　$\phi112.2^{0}_{-0.087}$	外圆磨床

工序号	工序名称	工序简图	设备
9	钻孔		立式钻床
10	精镗内腔表面		卧式车床
11	铣槽		卧式铣床
12	磨内孔及端面		内圆磨床
13	磨外圆		端面外圆磨床
14	磁力探伤		
15	最终检验		
16	发黑处理		

13.7 装配系统图与装配工艺系统图

装配系统图与装配工艺系统图比较清楚而全面地反映了装配单元的划分、装配顺序和装配工艺方法。它是装配工艺规程设计中的主要文件之一，也是划分装配工序的依据；有很强严肃性，有一定的强制性；常用装配单元系统图来清晰地表示装配顺序。

装配单元系统图的绘制方法如下。

用一个长方格表示一个零件或装配单元，即用该长方格可以表示参加装配的零件、合件（是由若干零件固定连接而成，如铆、焊、热压等）、组件（是指一个或几个合件与零件的组合）、部件（是若干组件、合件及零件的组合）和机器（是由零件、合件、组件和部件等组成）。在该方格内，上方注明零件或装配单元名称，左下方填写零件或装配单元的编号，右下方填写零件或装配单元的件数，如图13-46所示。

装配单元系统图的绘制方法与步骤如下。

首先，画一条较粗的横线，横线右端指向装配单元的长方格，横线左端为基准件的长方格。

其次，按装配先后顺序，从左向右依次将装入基准件的零件、合件、组件和部件引入。表示零件的长方格画在横线上方，表示合件、组件和部件的长方格画在横线下方。

图13-46 装配单元及零件表示法

合件装配系统图如图13-47所示，组件装配系统图如图13-48所示，部件装配系统图如图13-49所示，机器装配系统图如图13-50所示。它们清晰地反映了合件、组件、部件和机器的装配特点。

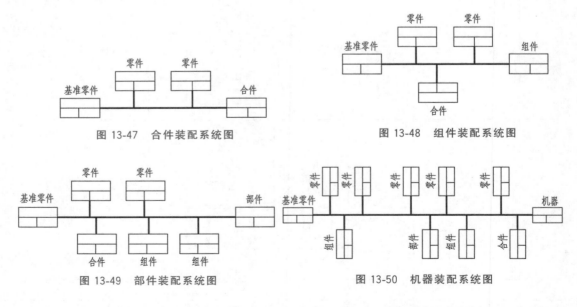

图13-47 合件装配系统图

图13-48 组件装配系统图

图13-49 部件装配系统图

图13-50 机器装配系统图

对比较简单的产品也可把所有装配单元的装配系统图画在机器装配系统图中，称之为装配单元系统合成图，如图13-51所示。

在装配单元系统图上加注所需的工艺说明内容，如焊接、配钻、配刮、冷压、热压和检验等，就形成装配工艺系统图，如图13-52所示。

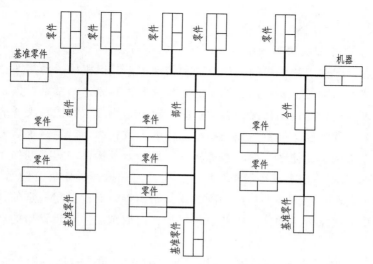

图 13-51 装配单元系统合成图

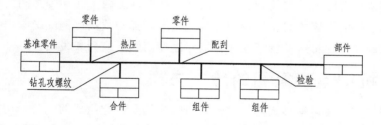

图 13-52 部件装配工艺系统图

13.8

机构运动简图

用简单的线条和符号来代表构件和运动副，并按一定比例表示各运动副的相对位置，用以说明机构各构件间相对运动关系的简单图形，称为机构运动简图。

机构运动简图表示与原机构有完全相同的运动，可以准确地表达机构的组成和传动情况，可以作为研究分析机构运动与受力的依据和设计新机构的参考资料。它不按尺寸比例，只表明机构运动情况，也无须求出运动参数数值。

常用机构运动简图的符号见 GB/T 4460—2013。

13.8.1 绘制机构运动简图的目的

绘制机构运动简图的目的就是将那些与机构运动无关的外部形态，如构件的截面尺寸、组成构件的零件数目和运动副的具体结构等撇开，而把决定机构运动性质的本质上的要素，如运动副的数目、类型、相对位置及某些尺寸等抽象出来，清晰地表示出机械的组成、机构运动传递关系，以便于对机械进行运动和动力分析。

13.8.2　绘制要求

① 机构运动简图和机械制图中的装配示意图是有本质区别的。首先，两者在表达内容上虽有共同点，即都表达机构的工作原理和传动关系，但机构运动简图比装配示意图更简洁、清楚；装配示意图主要表达零件间的装配关系，其表达的基本对象是零件，而机构运动简图主要表达机构的运动情况，表达的基本对象是构件。其次，表达的方法不同，装配示意图对一般零件需要用简单的线条画出零件的大致轮廓，对轴承等需要用示意画法表达实际结构，而机构运动简图一概不考虑构件的形状以及构件和运动副的实际结构。

② 机构运动简图一定要画得简单、明了。为此必须抛开一切与机构运动无关的因素，如构件的外形、断面尺寸、构件和运动副的具体结构等，而仅仅用规定的符号表示运动副的类型，用简单的线条表示构件。因此，画机构运动简图必须熟悉常用的运动副符号及构件的表示方法。

③ 机构运动简图与它所表达的实际机构具有完全相同的运动特性。它不仅可以简明地表达出机构的运动情况，而且还可以根据它用图解法对机构进行运动分析和动力分析。当绘图的目的是后者时，凡与运动有关的尺寸，如构件上两个转动副之间的距离、移动副导路的位置、凸轮的轮廓曲线、齿轮的节圆直径等，都必须按比例准确画出。在简图上应注明绘图的比例尺，并将运动特征尺寸直接标注在简图上或列表说明。

13.8.3　机构运动简图的绘制方法

先对机构的结构及运动形式进行分析，研究机构是怎样组成的，各个构件又是怎样运动的，即从主动件开始，顺次观察各构件的运动及其结构和形状。其次，确定构件之间的连接方式，即各运动副类型和数目。然后选择恰当的投影面，一般选择机构中多数构件的运动平面为投影面，必要时也可以就机械的不同部分选择两个或两个以上的投影面，再展开到同一图面上。

原动件的位置可以任意选定（避免构件之间互相重叠或交叉，否则会使图形不易辨认），其他构件与其相对位置就自然确定了。使用测量工具测量出机构的基本参数，并采用同一比例尺依构件的连接次序逐步画出机构运动简图。图中由机架开始，沿着主动件依次用数字标注构件，用字母分别标注各运动副，同时用箭头标明主动件的运动方向。

其基本步骤和要求是：确定机械的原动部分和工作部分以及各自的动力和运动的传递路线；确定该机械的构件数目以及所构成的运动副的形式和数目；准确判断各构件间的相对运动；量取构件上只与运动有关的尺寸；选取最能清楚地表达多数构件的运动平面作为简图的视图平面，必要时也选择两个或两个以上的视图平面，然后将其展示到同一个平面上；选取适当的比例尺并定出各运动副之间的相对位置；表示转动副的小圆，其圆心必须与相对回转轴线重合；表示移动副的滑块、导杆或导槽，其导路必须和相对移动的方向一致；表示平面高副的曲线，其曲率中心的位置必须与构件的实际轮廓相符；最后，以简单的线条和各种运动副的符号，画出机构运动简图。

13.8.4　机构运动简图的检查方法

在画完机构运动简图之后，需要检查一下是否符合"三个一样""一个相等"的原则，即"实物中的构件数、运动副类型与数目、运动学尺寸"要与简图中的一样，"原动件数"与"自由度数"要相等。

13.8.5　机构运动简图的绘制步骤

机构运动简图的绘制步骤如下。

① 恰当地选择投影面，投影面应为机构中大多数构件的运动平面。必要时也可选择两个或两个以上的投影面，然后展示到同一图面上。

② 认清机架、主动（输入）构件和输出构件。

③ 理清机构运动传递路线。标出机件和主动件，按照机构运动传递路线，分析有几个活动构件，各实现何种形式的相对运动，并标上构件序（件）号。

④ 确定与机构运动特性相关的运动要素；运动副间的相对位置；高副的廓线形状，包括其曲率中心和曲率半径等。

⑤ 选取适当的机构长度比例尺，用表示运动简图的规定符号绘出相应于主动件某一位置时的机构运动简图。

⑥ 主动（输入）构件和输出构件可用规定符号标出其运动形式和方向。

13.8.6　机构运动简图示例

表 13-8 列出了几种机构的运动简图，供参考。

表 13-8　机构运动简图图例

序号	名称	机构运动简图
1	小型压力机	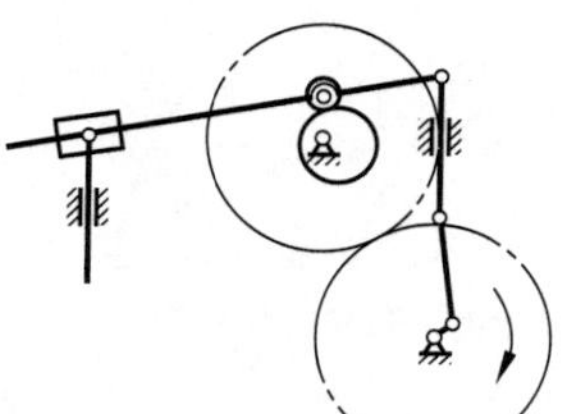
2	冲床传动机构	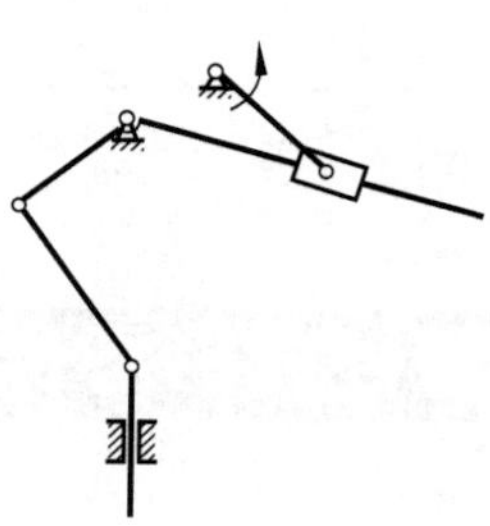

序号	名称	机构运动简图
3	牛头刨床	
4	汽车前窗刮雨器机构	
5	缝纫机机针与上送料压脚缝合送料机构	
6	测转速差的同步转速仪机构	

13.9

塑性成形零件图

常见的塑性成形零件（这里指的是冷变形）有钣金件、冲压件、折弯件等。

13.9.1 钣金零件

钣金件是一种由板材在常温下折边成形的零件；冲压件是由模具将板材通过弯曲、拉深、挤压、胀形、翻边等加工工序制成的零件；折边件或冲压件在折弯处有圆角过渡。

在表达零件时，板材中的孔，一般只画出圆的投影，由于板材较薄，另一投影只画出中心线，剖切时，板材壁厚较薄，剖面涂黑。根据需要可画出展开图，并在图的上方标注"展开图"。图 13-53（a）是一个常用的夹子，是由板材冲压而成的，由四个零件组成，如图 13-53（b）所示。

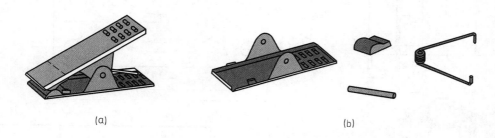

(a)   (b)

图 13-53 夹子直观图

在表达零件时，既需要给出夹子成品的形状和大小，还要给出展开后的形状和大小，展开图中用虚线表示折弯线。半夹子的零件图如图 13-54 所示。

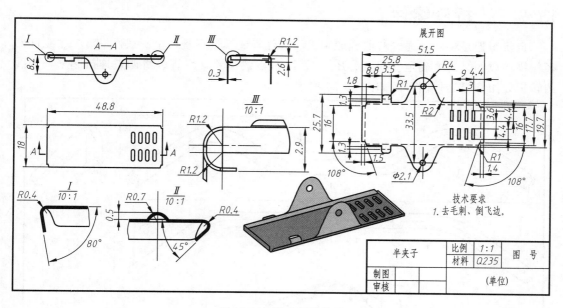

图 13-54 半夹子零件图

13.9.2 冲压零件

冲压壳体零件图如图 13-55 所示。

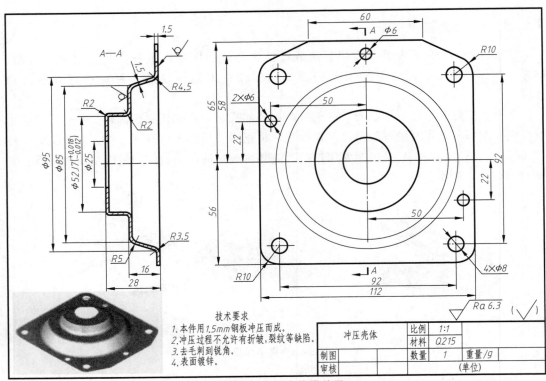

图 13-55 冲压壳体零件图

13.9.3 折弯零件

自行车把是将圆管通过弯曲成形制成的零件，建模过程是一个圆截面沿着一个空间路径扫描而成的，需要确定空间 A、B、C、D 四点的位置，用直线将四点连接起来，两线的转折处用圆弧连接即可，如图 13-56 所示。

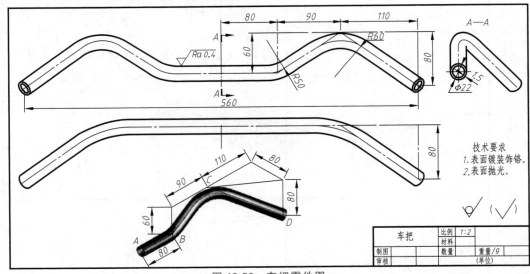

图 13-56 车把零件图

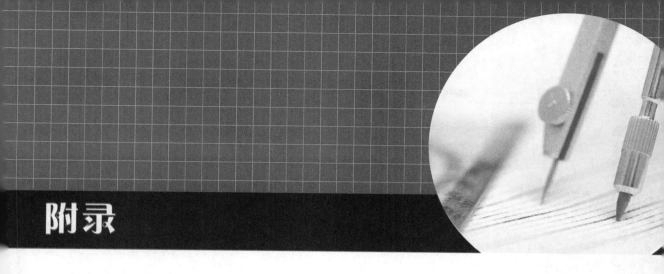

附录

一、螺纹

附表1　普通螺纹（GB/T 193—2003，GB/T 196—2003）

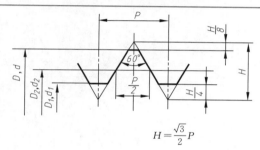

$$H = \frac{\sqrt{3}}{2}P$$

标记示例

公称直径为24mm，螺距为3mm的粗牙右旋普通螺纹　M24

公称直径为24mm，螺距为1.5mm的细牙左旋普通螺纹　M24×1.5-LH

直径与螺距系列、基本尺寸　　　　　　　　　　　　mm

公称直径 D,d		螺距 P		粗牙小径 $D_1、d_1$	公称直径 D,d		螺距 P		粗牙小径 $D_1、d_1$
第一系列	第二系列	粗牙	细牙		第一系列	第二系列	粗牙	细牙	
3		0.5	0.35	2.459		22	2.5	2,1.5,1,(0.75),(0.5)	19.294
	3.5	(0.6)		2.850	24		3	2,1.5,1,(0.75)	20.752
4		0.7	0.5	3.242	27		3	2,1.5,1,(0.75)	23.752
	4.5	(0.75)		3.688	30		3.5	(3),2,1.5,1,(0.75)	26.211
5		0.8		4.134	33		3.5	(3),2,1.5,(1),(0.75)	29.211
6		1	0.75,(0.5)	4.917	36		4	(3),2,1.5,(1)	31.670
8		1.25	1,0.75,(0.5)	6.647		39	4		34.670
10		1.5	1.25,1,0.75,(0.5)	8.376	42		4.5	(4),3,2,1.5,(1)	37.129
12		1.75	1.5,1.25,1,(0.75),(0.5)	10.106		45	4.5		40.129
	14	2	1.5,(1.25),1,(0.75),(0.5)	11.835	48		5		42.587
16		2	2,1.5,1,(0.75),(0.5)	13.835		52	5		46.578
	18	2.5	2,1.5,1,(0.75),(0.5)	15.294	56		5.5		50.046
20		2.5		17.294					

注：1. 优先选用第一系列，括号内尺寸尽可能不用。第三系列未列入。

　　2. 中径 D_2、d_2 未列入。

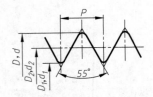

标记示例

管子尺寸代号为 3/4 左旋螺纹　G3/4-LH（右旋不注）
管子尺寸代号为 1/2A 级右旋外螺纹　G1/2A
管子尺寸代号为 1/2B 级右旋外螺纹　G1/2B

mm

尺寸代号	每25.4 mm内的牙数	螺距 P	基本直径			外螺纹					内螺纹			
			大径 $d=D$	中径 $d_2=D_2$	小径 $d_1=D_1$	大径公差 T_d		中径公差 T_{d_2}			中径公差 T_{d_2}		小径公差 T_{d_1}	
						下偏差	上偏差	下偏差		上偏差	下偏差	上偏差	下偏差	上偏差
								A 级	B 级					
1/16	28	0.907	7.723	7.142	6.561	−0.214	0	−0.107	−0.214	0	0	+0.107	0	+0.282
1/8	28	0.907	9.928	9.147	8.566	−0.214	0	−0.107	−0.214	0	0	+0.107	0	+0.282
1/4	19	1.337	13.157	12.301	11.445	−0.250	0	−0.125	−0.250	0	0	+0.125	0	+0.445
3/8	19	1.337	16.662	15.806	14.950	−0.250	0	−0.125	−0.250	0	0	+0.125	0	+0.445
1/2	14	1.814	20.995	19.793	18.631	−0.284	0	−0.142	−0.284	0	0	+0.142	0	+0.541
5/8	14	1.814	22.911	21.749	20.587	−0.284	0	−0.142	−0.284	0	0	+0.142	0	+0.541
3/4	14	1.814	26.441	25.279	24.117	−0.284	0	−0.142	−0.284	0	0	+0.142	0	+0.541
7/8	14	1.814	30.201	29.039	27.877	−0.284	0	−0.142	−0.284	0	0	+0.142	0	+0.541
1	11	2.309	33.249	31.770	30.291	−0.360	0	−0.180	−0.360	0	0	+0.180	0	+0.640
$1^{1/3}$	11	2.309	37.897	36.418	34.939	−0.360	0	−0.180	−0.360	0	0	+0.180	0	+0.640
$1^{1/2}$	11	2.309	41.910	40.431	38.952	−0.360	0	−0.180	−0.360	0	0	+0.180	0	+0.640
$1^{2/3}$	11	2.309	47.803	46.324	44.845	−0.360	0	−0.180	−0.360	0	0	+0.180	0	+0.640
$1^{3/4}$	11	2.309	53.746	52.267	50.788	−0.360	0	−0.180	−0.360	0	0	+0.180	0	+0.640
2	11	2.309	59.614	58.135	56.656	−0.360	0	−0.180	−0.360	0	0	+0.180	0	+0.640
$2^{1/4}$	11	2.309	65.710	64.231	62.752	−0.434	0	−0.217	−0.434	0	0	+0.217	0	+0.640
$2^{1/2}$	11	2.309	75.184	73.705	72.226	−0.434	0	−0.217	−0.434	0	0	+0.217	0	+0.640
$2^{3/4}$	11	2.309	81.534	80.055	78.576	−0.434	0	−0.217	−0.434	0	0	+0.217	0	+0.640
3	11	2.309	87.884	86.405	84.926	−0.434	0	−0.217	−0.434	0	0	+0.217	0	+0.640
$3^{1/2}$	11	2.309	100.330	98.851	97.372	−0.434	0	−0.217	−0.434	0	0	+0.217	0	+0.640
4	11	2.309	113.030	111.551	110.072	−0.434	0	−0.217	−0.434	0	0	+0.217	0	+0.640
$4^{1/2}$	11	2.309	125.730	124.251	122.772	−0.434	0	−0.217	−0.434	0	0	+0.217	0	+0.640
5	11	2.309	138.430	136.951	135.472	−0.434	0	−0.217	−0.434	0	0	+0.217	0	+0.640
$5^{1/2}$	11	2.309	151.130	149.651	148.172	−0.434	0	−0.217	−0.434	0	0	+0.217	0	+0.640
6	11	2.309	163.830	162.351	160.872	−0.434	0	−0.217	−0.434	0	0	+0.217	0	+0.640

注：1. 对薄壁管件，此公差适用于平均中径，该中径是测量两个互相垂直直径的算术平均值。
　　2. 本标准适用于管接头、旋塞、阀门及其附件。

附表3 60°圆锥管螺纹基本尺寸（GB/T 12716—2011）

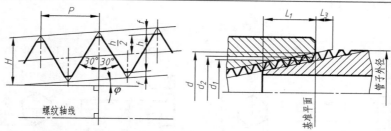

$$P=25.4/n;\ H=0.866P;\ h=0.8P;\ f=0.033P;\ \varphi=1°47';\ 锥度\ 2\tan\varphi=1:16$$

标记示例：NPT 3/8-LH 表示60°圆锥管螺纹，尺寸代号为3/8，左旋（如螺纹为右旋，则不标）

mm

尺寸代号	每25.4mm内的牙数/n	螺距 P	基面上的基本直径 大径 D、d	中径 D_2、d_2	小径 D_1、d_1	基准距离 L_1	牙数	装配余量 L_3	牙数
1/16	27	0.941	7.895	7.142	6.389	4.064	4.32	2.822	3
1/8			10.242	9.489	8.736	4.102	4.36		
1/4	18	1.411	13.616	12.487	11.358	5.786	4.10	4.234	3
3/8			17.055	15.926	14.797	6.096	4.32		
1/2	14	1.814	21.223	19.772	18.321	8.128	4.48	5.443	3
3/4			26.568	25.117	23.666	8.611	4.75		
1	11.5	2.209	33.228	31.461	29.694	10.160	4.60	6.627	3
1¼			41.985	40.218	38.451	10.668	4.83		
1½			48.054	46.287	44.520	10.668	4.83		
2			60.092	58.325	56.558	11.074	5.01		
2½	8	3.175	72.699	70.159	67.619	17.323	5.46	6.350	2
3			88.608	86.068	83.528	19.456	6.13		
3½			101.316	98.776	96.236	20.853	6.57		
4			113.973	111.433	108.893	21.438	6.75		

附表4 梯形螺纹直径与螺距系列（摘自 GB/T 5796.2—2005 和 GB/T 5796.3—2005）

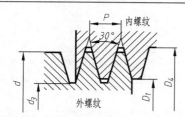

标记示例

公称直径28mm，螺距5mm，中径公差带代号为7H的单线右旋梯形内螺纹，其标记为：Tr28×5-7H；

公称直径28mm，导程10mm，螺距5mm，中径公差带代号为8e的双线左旋梯形外螺纹，其标记为：Tr28×10（P5）LH-8e

内外螺纹旋合所组成的螺纹副的标记为：Tr28×5-7H/8e

mm

公称直径 d 第一系列	第二系列	螺距 P	大径 D_4	小径 d_3	D_1	公称直径 d 第一系列	第二系列	螺距 P	大径 D_4	小径 d_3	D_1
16		2	16.50	13.50	14.00	24		3	24.50	20.50	21.00
		4	16.50	11.50	12.00			5	24.50	18.50	19.00
	18	2	18.50	15.50	16.00			8	25.00	15.00	16.00
		4	18.50	13.50	14.00		26	3	26.50	22.50	23.00
20		2	20.50	17.50	18.00			5	26.50	20.50	21.00
		4	20.50	15.50	16.00			8	27.00	17.00	18.00
	22	3	22.50	18.50	19.00	28		3	28.50	24.50	25.00
		5	22.50	16.50	17.00			5	28.50	22.50	23.00
		8	23.00	13.00	14.00			8	29.00	19.00	20.00
30		3	30.50	26.50	29.00	36		3	36.50	32.50	33.00
		6	31.00	23.00	24.00			6	37.00	29.00	30.00
		10	31.00	19.00	20.50			10	37.00	25.00	26.00
32		3	32.50	28.50	29.00		38	3	38.50	34.50	35.00
		6	33.00	25.00	26.00			7	39.00	30.00	31.00
		10	33.00	21.00	22.00			10	39.00	27.00	28.00
	34	3	34.50	30.50	31.00	40		3	40.50	36.50	37.00
		6	35.00	27.00	28.00			7	41.00	32.00	33.00
		10	35.00	23.00	24.00			10	41.00	29.00	30.00

附表 5　六角头螺栓

六角头螺栓——C 级（GB/T 5780—2016）

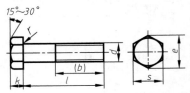

六角头螺栓——A 级和 B 级（GB/T 5782—2016）

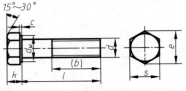

标记示例

螺纹规格 d＝M12，公称长度 l＝80mm，性能等级为 8.8 级，表面氧化，A 级的六角头螺栓：

螺栓 GB/T 5782　M12×80

mm

螺纹规格 d			M3	M4	M5	M6	M8	M10	M12	M16	M20	M24	M30	M36	M42
b 参考	$l\leqslant125$		12	14	16	18	22	26	30	38	46	54	66	—	—
	$125<l\leqslant200$		18	20	22	24	28	32	36	44	52	60	72	84	96
	$l>200$		31	33	35	37	41	45	49	57	65	73	85	97	109
c max			0.4	0.4	0.5	0.5	0.6	0.6	0.6	0.8	0.8	0.8	0.8	0.8	1
d_w	产品	A	4.6	5.9	6.9	8.9	11.6	14.6	16.6	22.5	28.2	33.6	—	—	—
	等级	B	4.6	5.7	6.7	8.7	11.5	14.5	16.5	22	27.7	33.2	42.7	51.1	60
e	产品	A	6.01	7.66	8.79	11.1	14.4	17.8	20.0	26.8	33.5	40.0	—	—	—
	等级	B,C	5.9	7.50	8.63	10.9	14.2	17.6	19.9	26.2	33.0	39.6	50.9	60.8	72.0
k 公称			2	2.8	3.5	4	5.3	6.4	7.5	10	12.5	15	18.7	22.5	26
r min			0.1	0.2	0.2	0.25	0.4	0.4	0.6	0.6	0.8	0.8	1	1	1.2
s 公称＝max			5.5	7	8	10	13	16	18	24	30	36	46	55	65
l（商品规格范围）			20~30	25~40	25~50	30~60	40~80	45~100	50~120	65~160	80~200	90~240	110~300	140~360	160~400
l 系列			12,16,20,25,30,35,40,45,50,55,60,65,70,80,90,100,110,120,130,140,150,160,180,200,220,240,260,280,300,320,340,360,380,400												

注：1. A 级用于 $d\leqslant24$mm 和 $l\leqslant10d$ 或 $\leqslant150$mm 的螺栓；B 级用于 $d>24$mm 和 $l>10d$ 或 >150mm 的螺栓。

2. 材料为钢的螺栓性能等级有 5.6、8.8、9.8、10.9 级，其中 8.8 级为常用。

附表 6　双头螺柱

b_m＝1d（GB/T 897—1988）、b_m＝1.25d（GB/T 898—1988）、b_m＝1.5d（GB/T 899—1988）、b_m＝2d（GB/T 900—1988）

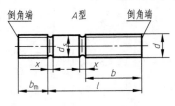

B 型：d_s≈螺纹中径

标记示例

两端均为粗牙普通螺纹，d＝10mm，l＝50mm，性能等级为 4.8 级，不经表面处理，b_m＝1.25d 的双头螺柱

若 A 型，则标记为：螺柱 GB/T 898　AM10×50

若 B 型，则标记为：螺柱 GB/T 898　M10×50

旋入机体一端为粗牙普通螺纹，旋螺母一端为螺距 P＝1mm 的细牙普通螺纹，d＝10mm，l＝50mm，性能等级为 4.8 级，不经表面处理，A 型，b_m＝1d 的双头螺柱：

螺柱　GB/T 897　AM10-M10×1×50

螺纹规格		M5	M6	M8	M10	M12	M16	M20	M24	M30 mm
b_m	GB/T 897—1988	5	6	8	10	12	16	20	24	30
	GB/T 898—1988	6	8	10	12	15	20	25	30	38
	GB/T 899—1988	8	10	12	15	18	24	30	36	45
	GB/T 900—1988	10	12	16	20	24	32	40	48	60
d_s	max	5	6	8	10	12	16	20	24	30
	min	4.7	5.7	7.64	9.64	11.57	15.57	19.48	23.48	29.48
X	max	\multicolumn{9}{c}{2.5P}
$\dfrac{l}{b}$		$\dfrac{16\sim22}{10}$	$\dfrac{20\sim22}{10}$	$\dfrac{20\sim22}{12}$	$\dfrac{25\sim28}{14}$	$\dfrac{25\sim30}{16}$	$\dfrac{30\sim38}{20}$	$\dfrac{35\sim40}{25}$	$\dfrac{45\sim50}{30}$	$\dfrac{60\sim65}{40}$
		$\dfrac{25\sim50}{16}$	$\dfrac{25\sim30}{14}$	$\dfrac{25\sim30}{16}$	$\dfrac{30\sim38}{16}$	$\dfrac{32\sim40}{20}$	$\dfrac{40\sim55}{30}$	$\dfrac{45\sim65}{35}$	$\dfrac{55\sim75}{45}$	$\dfrac{70\sim90}{50}$
			$\dfrac{32\sim75}{18}$	$\dfrac{32\sim90}{22}$	$\dfrac{40\sim120}{26}$	$\dfrac{45\sim120}{30}$	$\dfrac{60\sim120}{38}$	$\dfrac{70\sim120}{46}$	$\dfrac{80\sim120}{54}$	$\dfrac{95\sim120}{60}$
					$\dfrac{130}{32}$	$\dfrac{130\sim180}{36}$	$\dfrac{130\sim200}{44}$	$\dfrac{130\sim200}{52}$	$\dfrac{130\sim200}{60}$	$\dfrac{130\sim200}{72}$
l 系列		\multicolumn{9}{l}{16,(18),20,(22),25,(28),30,(32),35,(38),40,45,50,(55),60,(65),70,(75),80,(85),90,(95),100,110,120,130,140,150,160,170,180,190,200,210,220,230,240,250,260,280,300}

注：P 为粗牙螺纹的螺距；尽可能不采用括号内的规格。

附表7 圆柱头开槽螺钉（摘自 GB/T 65—2016）

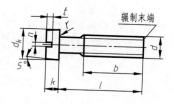

辗制末端

标记示例

螺纹规格 $d=$ M5,公称长度 $l=20$mm,性能等级为 4.8 级,不经表面处理的开槽圆柱头螺钉：

螺钉　GB/T 65　M5×20

螺纹规格 d	M4	M5	M6	M8	M10 mm
P(螺距)	0.7	0.8	1	1.25	1.5
b	\multicolumn{5}{c}{38}
d_k	7	8.5	10	13	16
k	2.6	3.3	3.9	5	6
n	1.2	1.2	1.6	2	2.5
r	0.2	0.2	0.25	0.4	0.4
t	1.1	1.3	1.6	2	2.4
l(公称长度)	5~40	6~50	8~60	10~80	12~80
l 系列	\multicolumn{5}{l}{5,6,8,10,12,(14),16,20,25,30,35,40,45,50,(55),60,(65),70,(75),80}

注：1. 公称长度 $l\leqslant40$mm 的螺钉,制出全螺纹。

2. 括号内的规格尽可能不采用。

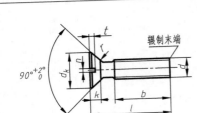

标记示例

螺纹规格 $d=$ M5，公称长度 $l=$ 20mm，性能等级为 4.8 级，不经表面处理的开槽沉头螺钉：

螺钉　GB/T 68　M5×20

mm

螺纹规格 d	M1.6	M2	M2.5	M3	M4	M5	M6	M8	M10
P（螺距）	0.35	0.4	0.45	0.5	0.7	0.8	1	1.25	1.5
b	25					38			
d_k	3.6	4.4	5.5	6.3	9.4	10.4	12.6	17.3	20
k	1	1.2	1.5	1.65	2.7	2.7	3.3	4.65	5
n	0.4	0.5	0.6	0.8	1.2	1.2	1.6	2	2.5
r	0.4	0.5	0.6	0.8	1	1.3	1.5	2	2.5
t	0.5	0.6	0.75	0.85	1.3	1.4	1.6	2.3	2.6
公称长度 l	2.5～16	3～20	4～25	5～30	6～40	8～50	8～60	10～80	12～80
l 系列	2.5,3,4,5,6,8,10,12,(14),16,20,25,30,35,40,45,50,(55),60,(65),70,(75),80								

注：1. 括号内的规格尽可能不采用。

　　2. M1.6～M3，公称长度 $l\leqslant$30mm 的螺钉，制出全螺纹；M4～M10、公称长度 $l\leqslant$45mm 的螺钉，制出全螺纹。

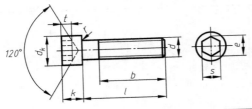

标记示例

螺纹规格 $d=$ M5，公称长度 $l=$ 20mm，性能等级为 8.8 级，表面氧化的内六角圆柱头螺钉：

螺钉　GB/T 70.1　M5×20

mm

螺纹规格 d	M3	M4	M5	M6	M8	M10	M12	M16	M20
螺距 P	0.5	0.7	0.8	1	1.25	1.5	1.75	2	2.5
b 参考	18	20	22	24	28	32	36	44	52
d_k	5.5	7	8.5	10	13	16	18	24	30
d_k							12	16	20
k	3	4	5	6	8	10			
t	1.3	2	2.5	3	4	5	6	8	10
s	2.5	3	4	5	6		10	14	17
s						8	10	16	19.44
e	2.87	3.44	4.58	5.72	6.86	9.15	11.43		
r	0.1	0.2	0.2	0.25	0.4	0.4	0.6	0.6	0.8
公称长度 l	5～30	6～40	8～50	10～60	12～80	16～100	20～120	25～160	30～200
$l\leqslant$表中数值时，制出全螺纹	20	25	25	30	35	40	45	55	65
l 系列	2.5,3,4,5,6,8,10,12,16,20,25,30,35,40,45,50,55,60,65,70,80,90,100,120,130,140,150,160,180,200,220,240,260,280,300								

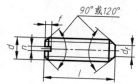

开槽锥端紧定螺钉
GB/T 71—2018

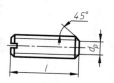

开槽平端紧定
螺钉GB/T 73—2017

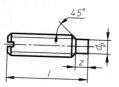

开槽长圆柱端紧定螺钉
GB/T 75—2018

标记示例

螺纹规格 d＝M5,公称长度 l＝12mm,性能等级为 14H 级,表面氧化的开槽平端紧定螺钉:

螺钉　GB/T 73　M5×12

螺纹规格 d		M2	M2.5	M3	M4	M5	M6	M8	M10	M12 mm
螺距 P		0.4	0.45	0.5	0.7	0.8	1	1.25	1.5	1.75
n		0.25	0.4	0.4	0.6	0.8	1	1.2	1.6	2
t		0.84	0.95	1.05	1.42	1.63	2	2.5	3	3.6
d_t		0.2	0.25	0.3	0.4	0.5	1.5	2	2.5	3
d_p		1	1.5	2	2.5	3.5	4	5.5	7	8.5
z		1.25	1.5	1.75	2.25	2.75	3.25	4.3	5.3	6.3
公称长度 l	GB/T 71	3～10	3～12	4～16	6～20	8～25	8～30	10～40	12～50	14～60
	GB/T 73	2～10	2.5～12	3～16	4～20	5～25	6～30	8～40	10～50	12～60
	GB/T 75	3～10	4～12	5～16	6～20	8～25	10～30	10～40	12～50	14～60
l 系列		2,2.5,3,4,5,6,8,10,12,(14),16,20,25,30,35,40,45,50,(55),60								

注：括号内的规格尽可能不采用。

附表 11　1 型六角螺母——A 和 B 级（摘自 GB/T 6170—2015）、

1 型六角螺母——C 级（摘自 GB/T 41—2016）

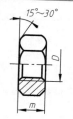

标注示例

螺纹规格 D＝M12、性能等级为 8 级、不经表面处理、A 级的 1 型六角螺母:

螺母　GB/T 6170　M12

螺纹规格 D		M3	M4	M5	M6	M8	M10	M12	M16	M20	M24	M30	M36	M42 mm
e	GB/T 41	—	—	8.63	10.89	14.20	17.59	19.85	26.17	32.95	39.55	50.85	60.79	72.02
	GB/T 6170	6.01	7.66	8.79	11.05	14.38	17.77	20.03	26.75	32.95	39.55	50.85	60.79	72.02
s	GB/T 41	—	—	8	10	13	16	18	24	30	36	46	55	65
	GB/T 6170	5.5	7	8	10	13	16	18	24	30	36	46	55	65
m	GB/T 41	—	—	5.6	6.1	7.9	9.5	12.2	15.9	18.7	22.3	26.4	31.5	34.9
	GB/T 6170	2.4	3.2	4.7	5.2	6.8	8.4	10.8	14.8	18	21.5	25.6	31	34

注：A 级用于 $D \leqslant 16$；B 级用于 $D > 16$。产品等级 A、B 由公差取值决定，A 级公差数值小。材料为钢的螺母；
GB/T 6170 的性能等级有 6、8、10 级，8 级为常用；GB/T 41 的性能等级为 4 和 5 级。这两类螺母的螺纹规格为
M5～M64。

附表 12　1 型六角开槽螺母——A 和 B 级（GB/T 6178—1986）

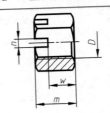 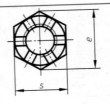

标记示例

螺纹规格 D＝M5、性能等级为 8 级、不经表面处理、A 级的 1 型六角开槽螺母：

螺母　GB/T 6178　M5

mm

螺纹规格 D	M4	M5	M6	M8	M10	M12	(M14)	M16	M20	M24	M30
e	7.7	8.8	11	14	17.8	20	23	26.8	33	39.6	50.9
m	6	6.7	7.7	9.8	12.4	15.8	17.8	20.8	24	29.5	34.6
n	1.2	1.4	2	2.5	2.8	3.5	3.5	4.5	4.5	5.5	7
s	7	8	10	13	16	18	21	24	30	36	46
w	3.2	4.7	5.2	6.8	8.4	10.8	12.8	14.8	18	21.5	25.6
开口销	1×10	1.2×12	1.6×14	2×16	2.5×20	3.2×22	3.2×25	4×28	4×36	5×40	6.3×50

注：1. 尽可能不采用括号内的规格。

2. A 级用于 $D{\leqslant}16$ 的螺母，B 级用于 $D{>}16$ 的螺母。

附表 13　平垫圈

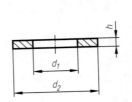

平垫圈 A 级 (GB/T 97.1—2002)
小垫圈 A 级 (GB/T 848—2002)

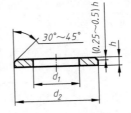

平垫圈 —— 倒角型 A 级
(GB/T 97.2—2002)

标记示例

标准系列，公称规格 8mm，性能等级为 140HV 级，不经表面处理的 A 级平垫圈：垫圈　GB/T 97.1　8

mm

公称规格（螺纹大径）d		1.6	2	2.5	3	4	5	6	8	10	12	16	20	24	30	36
d_1	GB/T 848	1.7	2.2	2.7	3.2	4.3	5.3	6.4	8.4	10.5	13	17	21	25	31	37
	GB/T 97.1	1.7	2.2	2.7	3.2	4.3	5.3	6.4	8.4	10.5	13	17	21	25	31	37
	GB/T 97.2	—	—	—	—	—	5.3	6.4	8.4	10.5	13	17	21	25	31	37
d_2	GB/T 848	3.5	4.5	5	6	8	9	11	15	18	20	28	34	39	50	60
	GB/T 97.1	4	5	6	7	9	10	12	16	20	24	30	37	44	56	66
	GB/T 97.2	—	—	—	—	—	10	12	16	20	24	30	37	44	56	66
h	GB/T 848	0.3	0.3	0.5	0.5	0.5	1	1.6	1.6	1.6	2	2.5	3	4	4	5
	GB/T 97.1	0.3	0.3	0.5	0.5	0.8	1	1.6	1.6	2.5	3	3	4	4	5	
	GB/T 97.2	—	—	—	—	—	1	1.6	1.6	2	2.5	3	3	4	4	5

附表 14　标准型弹簧垫圈（摘自 GB/T 93—1987）、轻型弹簧垫圈（摘自 GB/T 859—1987）

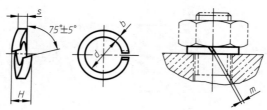

标记示例

规格 16mm,材料为 65Mn,表面氧化的标准型弹簧垫圈:垫圈　GB/T 93　16

规格（螺纹大径）		3	4	5	6	8	10	12	16	20	24	30
d		3.1	4.1	5.1	6.1	8.1	10.2	12.2	16.2	20.2	24.5	30.5
H	GB/T 93	1.6	2.2	2.6	3.2	4.2	5.2	6.2	8.2	10	12	15
	GB/T 859	1.2	1.6	2.2	2.6	3.2	4	5	6.4	8	10	12
$s(b)$	GB/T 93	0.8	1.1	1.3	1.6	2.1	2.6	3.1	4.1	5	6	7.5
s	GB/T 859	0.6	0.8	1.1	1.3	1.6	2	2.5	3.2	4	5	6
$m\leqslant$	GB/T 93	0.4	0.55	0.65	0.8	1.05	1.3	1.55	2.05	2.5	3	3.75
	GB/T 859	0.3	0.4	0.55	0.65	0.8	1	1.25	1.6	2	2.5	3
b	GB/T 859	1	1.2	1.5	2	2.5	3	3.5	4.5	5.5	7	9

注: m 应大于零。

附表 15　普通平键的型式尺寸（摘自 GB/T 1096—2003）

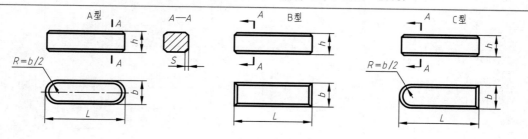

标记示例

普通 A 型平键,宽度 $b=16$mm,高度 $h=10$mm,长度 $L=100$mm;GB/T 1096　键 16×10×100
普通 B 型平键,宽度 $b=16$mm,高度 $h=10$mm,长度 $L=100$mm;GB/T 1096　键 B 16×10×100
普通 C 型平键,宽度 $b=16$mm,高度 $h=10$mm,长度 $L=100$mm;GB/T 1096　键 C 16×10×100
注:A 型平键可省略"A"

mm

宽度 b	2	3	4	5	6	8	10	12	14	16	18	20	22
高度 h	2	3	4	5	6	7	8	8	9	10	11	12	14
倒角或倒圆 s	0.10~0.25			0.25~0.40			0.40~0.60					0.60~0.80	
长度范围 L	6~20	6~36	8~45	10~56	14~70	18~90	22~110	28~140	36~160	45~180	50~200	56~220	63~250
L 系列	6,8,10,12,14,16,18,20,22,25,28,32,36,40,45,50,56,63,70,80,90,100,110,125,140,160,180,200,220,250,280,320,360,400,450,500												

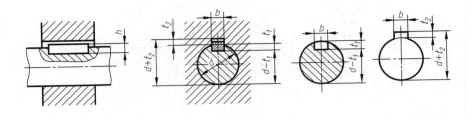

注：在工作图中，轴槽深用 t_1 或（$d-t_1$）标注，轮毂槽深用（$d+t_2$）标注

轴的直径 d	键尺寸 $b\times h$	宽度 b 基本尺寸	正常连接 轴N9	正常连接 毂JS9	紧密连接 轴和毂P9	松连接 轴H9	松连接 毂D10	深度 轴 t_1 基本尺寸	轴 t_1 极限偏差	深度 毂 t_2 基本尺寸	毂 t_2 极限偏差	半径 r min	半径 r max
自6～8	2×2	2	−0.004 −0.029	±0.0125	−0.006 −0.031	+0.025 0	+0.060 +0.020	1.2	+0.1 0	1	+0.1 0	0.08	0.16
>8～10	3×3	3						1.8		1.4			
>10～12	4×4	4	0 −0.030	±0.015	−0.012 −0.042	+0.030 0	+0.078 +0.030	2.5		1.8		0.16	0.25
>12～17	5×5	5						3.0		2.3			
>17～22	6×6	6						3.5		2.8			
>22～30	8×7	8	0 −0.036	±0.018	−0.015 −0.051	+0.036 0	+0.098 +0.040	4.0	+0.2 0	3.3	+0.2 0		
>30～38	10×8	10						5.0		3.3			
>38～44	12×8	12	0 −0.043	±0.026	+0.018 −0.061	+0.043 0	+0.120 +0.050	5.0		3.3		0.25	0.40
>44～50	14×9	14						5.5		3.8			
>50～58	16×10	16						6.0		4.3			
>58～65	18×11	18						7.0		4.4			
>65～75	20×12	20	0 −0.052	±0.031	+0.022 −0.074	+0.052 0	+0.149 +0.065	7.5		4.9		0.40	0.60
>75～85	22×14	22						9.0		5.4			
>85～95	25×14	25						9.0		5.4			
>95～110	28×16	28						10.0		6.4			
>110～130	32×18	32	0 −0.062	±0.037	−0.026 −0.088	+0.062 0	+0.180 +0.080	11.0	+0.3 0	7.4	+0.3 0	0.70	1.0
>130～150	36×20	36						12.0		8.4			
>150～170	40×22	40						13.0		9.4			
>170～200	45×25	45						15.0		10.4			

注：1.（$d-t_1$）和（$d+t_2$）两组组合尺寸的极限偏差按相应的 t_1 和 t_2 的极限偏差选取，但（$d-t_1$）极限偏差应取负号（−）。

2. 轴的直径不在本标准所列，仅供参考。

附表 17　圆柱销（GB/T 119.1—2000）

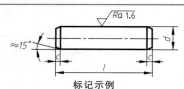

标记示例

销　GB/T 119.1　10m6×90（公称直径 $d=10$mm、公差为 m6、公称长度 $l=90$mm、材料为钢、不经淬火、不经表面处理的圆柱销）

销　GB/T 119.1　10m6×90-Al（公称直径 $d=10$mm、公差为 m6、公称长度 $l=90$mm、材料为 Al 组奥氏体不锈钢、表面简单处理的圆柱销）

$d_{公称}$	2	2.5	3	4	5	6	8	10	12	16	20	25
$c\approx$	0.35	0.4	0.5	0.63	0.8	1.2	1.6	2.0	2.5	3.0	3.5	4.0
$l_{范围}$	6～20	6～24	8～30	8～40	10～50	12～60	14～80	18～95	22～140	26～180	35～200	50～200
$l_{公称}$	2、3、4、5、6～32（2 进位）、35～100（5 进位）、120～200（20 进位）（公称长度大于 200，按 20 递增）											

附表 18　圆锥销（GB/T 117—2000）

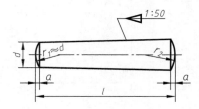

A 型（磨削）：锥面表面粗糙度 $Ra=0.8\mu$m

B 型（切削或冷镦）：锥面表面粗糙度 $Ra=3.2\mu$m

$$r_2\approx\frac{a}{2}+d+\frac{(0.02l)^2}{8a}$$

标记示例

销　GB/T 117 6×30（公称直径 $d=6$mm、公称长度 $l=30$mm、材料为 35 钢、热处理硬度 28～38HRC、表面氧化处理的 A 型圆锥销）

$d_{公称}$	2	2.5	3	4	5	6	8	10	12	16	20	25
$a\approx$	0.25	0.3	0.4	0.5	0.63	0.8	1.0	1.2	1.6	2.0	2.5	3.0
$l_{范围}$	10～35	10～35	12～45	14～55	18～60	22～90	22～120	26～160	32～180	40～200	45～200	50～200
$l_{公称}$	2、3、4、5、6～32（2 进位）、35～100（5 进位）、120～200（20 进位）（公称长度大于 200，按 20 递增）											

附表 19　开口销（GB/T 91—2000）

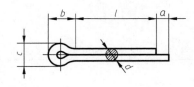

标记示例

销　GB/T 91　5×50

（公称直径 $d=5$mm、长度 $l=50$mm、材料为 Q215 或 Q235，不经表面处理的开口销）

mm

d		1	1.2	1.6	2	2.5	3.2	4	5	6.3	8	10	13
c	max	1.8	2	2.8	3.6	4.6	5.8	7.4	9.2	11.8	15	19	24.8
	min	1.6	1.7	2.4	3.2	4	5.1	6.5	8	10.3	13.1	16.6	21.7
$b\approx$		3	3	3.2	4	5	6.4	8	10	12.6	16	20	26
a　max		1.6		2.5			3.2		4			6.3	
l 系列		4,5,6,8,10,12,14,16,18,20,22,24,25,28,32,36,40,45,50,56,63,71,80,90,110,112,125,140,160,180,200,224,250											

附表 20　深沟球轴承（摘自 GB/T 276—2013）

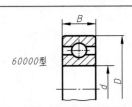

60000型

标记示例

内径 $d=50$mm 的 60000 型深沟球轴承,尺寸系列为 02:

滚动轴承　6210　GB/T 276—2013

轴承代号	尺寸/mm			轴承代号	尺寸/mm		
	d	D	B		d	D	B
02 系列				6308	40	90	23
6200	10	30	9	6309	45	100	25
6201	12	32	10	6310	50	110	27
6202	15	35	11	6311	55	120	29
6203	17	40	12	6312	60	130	31
6204	20	47	14	6313	65	140	33
6205	25	52	15	6314	70	150	35
6206	30	62	16	6315	75	160	37
6207	35	72	17	6316	80	170	39
6208	40	80	18	6317	85	180	41
6209	45	85	19	6318	90	190	43
6210	50	90	20	6319	95	200	45
6211	55	100	21	6320	100	215	47
6212	60	110	22	**04 系列**			
6213	65	120	23	6403	17	62	17
6214	70	125	24	6404	20	72	19
6215	75	130	25	6405	25	80	21
6216	80	140	26	6406	30	90	23
6217	85	150	28	6407	35	100	25
6218	90	160	30	6408	40	110	27
6219	95	170	32	6409	45	120	29
6220	100	180	34	6410	50	130	21
03 系列				6411	55	140	33
6300	10	35	11	6412	60	150	35
6301	12	37	12	6413	65	160	37
6302	15	42	13	6414	70	180	42
6303	17	47	14	6415	75	190	45
6304	20	52	15	6416	80	200	48
6305	25	62	17	6417	85	210	52
6306	30	72	19	6418	90	225	54
6307	35	80	21	6420	100	250	58

附表 21　推力球轴承（摘自 GB/T 301—2015）

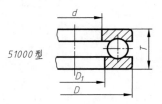

51000型

标记示例

内径 $d=17$mm 的 51000 型推力球轴承,尺寸系列为 12:

滚动轴承　5/203　GB/T 301—2015

轴承代号	尺寸/mm				轴承代号	尺寸/mm			
	d	D_1 min	D	T		d	D_1 min	D	T
12 系 列					51309	45	47	85	28
51200	10	12	26	11	51310	50	52	95	31
51201	12	14	28	11	51311	55	57	105	35
51202	15	17	32	12	51312	60	62	110	35
51203	17	19	35	12	51313	65	67	115	36
51204	20	22	40	14	51314	70	72	125	40
51205	25	27	47	15	51315	75	77	135	44
51206	30	32	52	16	51316	80	82	140	44
51207	35	37	62	18	51317	85	88	150	49
51208	40	42	68	19	51318	90	93	155	50
51209	45	47	73	20	51320	100	103	170	55
51210	50	52	78	22	14 系 列				
51211	55	57	90	25	51405	25	27	60	24
51212	60	62	95	26	51406	30	32	70	28
51213	65	67	100	27	51407	35	37	80	32
51214	70	72	105	27	51408	40	42	90	36
51215	75	77	110	27	51409	45	47	100	39
51216	80	82	115	28	51410	50	52	110	43
51217	85	88	125	31	51411	55	57	120	48
51218	90	93	135	35	51412	60	62	130	51
51220	100	103	150	38	51413	65	68	140	56
13 系 列					51414	70	73	150	60
51305	25	27	52	18	51415	75	78	160	65
51306	30	32	60	21	51417	85	88	180	72
51307	35	37	68	24	51418	90	93	190	77
51308	40	42	78	26					

附表 22　圆锥滚子轴承（摘自 GB/T 297—2015）

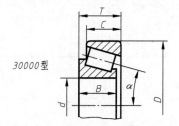

30000型

标记示例

内径 $d=70\text{mm}$ 的 30000 型圆锥滚子轴承,尺寸系列为 22:

滚动轴承 32214　GB/T 297—2015

轴承代号	尺寸/mm						轴承代号	尺寸/mm					
	d	D	T	B	C	α		d	D	T	B	C	α
02 系 列							03 系 列						
30203	17	40	13.25	12	11	12°57′10″	30302	15	42	14.25	13	11	10°45′29″
30204	20	47	15.25	14	12	12°57′10″	30303	17	47	15.25	14	12	10°45′29″
30205	25	52	16.25	15	13	14°02′10″	30304	20	52	16.25	15	13	11°18′36″
30206	30	62	17.25	16	14	14°02′10″	30305	25	62	18.25	17	15	11°18′36″
30207	35	72	18.25	17	15	14°02′10″	30306	30	72	20.75	19	16	11°51′35″
30208	40	80	19.75	18	16	14°02′10″	30307	35	80	22.75	21	18	11°51′35″
30209	45	85	20.75	19	16	15°06′34″	30308	40	90	25.25	23	20	12°57′10″
30210	50	90	21.75	20	17	15°38′32″	30309	45	100	27.25	25	22	12°57′10″
30211	55	100	22.75	21	18	15°06′94″	30310	50	110	29.25	27	23	12°57′10″
30212	60	110	23.75	22	19	15°06′34″	30311	55	120	31.50	29	25	12°57′10″
30213	65	120	24.75	23	20	15°06′34″	30312	60	130	33.50	31	26	12°57′10″
30214	70	125	26.25	24	21	15°38′32″	30313	65	140	36.00	33	28	12°57′10″
30215	75	130	27.25	25	22	16°10′20″	30314	70	150	38.00	35	30	12°57′10″
30216	80	140	28.25	26	22	15°38′32″	30315	75	160	40.00	37	31	12°57′10″
30217	85	150	30.50	28	24	15°38′32″	30316	80	170	42.50	39	33	12°57′10″
30218	90	160	32.50	30	26	15°38′32″	30317	85	180	44.50	41	34	12°57′10″
30219	95	170	34.50	32	27	15°38′32″	30318	90	190	46.50	43	36	12°57′10″
30220	100	180	37.00	34	29	15°38′32″	30319	95	200	49.50	45	38	12°57′10″
							30320	100	215	51.50	47	39	12°57′10″

轴承代号	尺寸/mm						轴承代号	尺寸/mm					
	d	D	T	B	C	α		d	D	T	B	C	α
22 系列							32212	60	110	29.75	28	24	15°06′34″
32204	20	47	19.25	18	15	12°28′	32213	65	120	32.75	31	27	15°06′34″
32205	25	52	19.25	18	16	13°30′	32214	70	125	33.25	31	27	15°38′32″
32206	30	62	21.25	20	17	14°02′10″	32215	75	130	33.25	31	27	16°10′20″
32207	35	72	24.25	23	19	14°02′10″	32216	80	140	35.25	33	28	15°38′32″
32208	40	80	24.75	23	19	14°02′10″	32217	85	150	38.5	36	30	15°38′32″
32209	45	85	24.75	23	19	15°06′34″	32218	90	160	42.5	40	34	15°38′32″
32210	50	90	24.75	23	19	15°38′32″	32219	95	170	45.5	43	37	15°38′32″
32211	55	100	26.75	25	21	15°06′34″	32220	100	180	49	46	39	15°38′32″

三、常见零件工艺结构

附表 23　零件倒圆与倒角（摘自 GB/T 6403.4—2008）

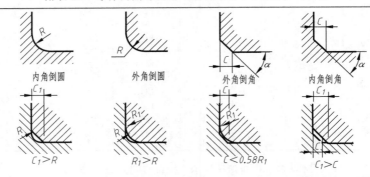

mm

ϕ	～3	>3～6	>6～10	>10～18	>18～30	>30～50	>50～80	>80～120	>120～180
C 或 R	0.2	0.4	0.6	0.8	1.0	1.6	2.0	2.5	3.0
ϕ	>180～250	>250～320	>320～400	>400～500	>500～630	>630～800	>800～1000	>1000～1250	>1250～1600
C 或 R	4.0	5.0	6.0	8.0	10	12	16	20	25

注：α 一般采用 45°，也可采用 30°或 60°。

附表 24　回转面及端面砂轮越程槽（摘自 GB/T 6403.5—2008）

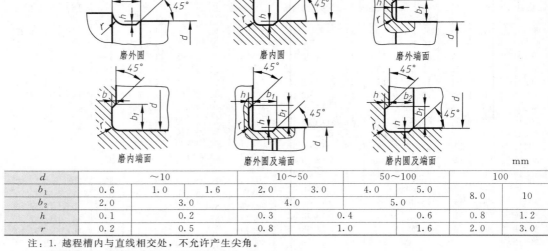

mm

d	～10			10～50		50～100		100	
b_1	0.6	1.0	1.6	2.0	3.0	4.0	5.0	8.0	10
b_2	2.0	3.0		4.0		5.0			
h	0.1	0.2		0.3	0.4	0.6		0.8	1.2
r	0.2	0.5		0.8	1.0	1.6		2.0	3.0

注：1. 越程槽内与直线相交处，不允许产生尖角。

2. 越程槽深度 h 与圆弧半径 r，要满足 $r \leqslant 3h$。

附表 25　普通螺纹退刀槽和倒角（摘自 GB/T 3—1997）

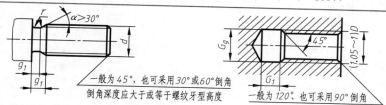

一般为45°，也可采用30°或60°倒角
倒角深度应大于或等于螺纹牙型高度

一般为120°，也可采用90°倒角

mm

螺距 P	粗牙螺纹大径 d、D	外螺纹				内螺纹			
		g_2 max	g_1 min	d_g	$r \approx$	G_1 一般	短的	D_g	$R \approx$
0.5	3	1.5	0.8	$d-0.8$	0.2	2	1		0.2
0.6	3.5	1.8	0.9	$d-1$		2.4	1.2		0.3
0.7	4	2.1	1.1	$d-1.1$		2.8	1.4	$D+0.3$	
0.75	4.5	2.25	1.2	$d-1.2$	0.4	3	1.5		0.4
0.8	5	2.4	1.3	$d-1.3$		3.2	1.6		
1	6；7	3	1.6	$d-1.6$		4	2		0.5
1.25	8；9	3.75	2	$d-2$	0.6	5	2.5		0.6
1.5	10；11	4.5	2.5	$d-2.3$	0.8	6	3		0.8
1.75	12	5.25	3	$d-2.6$	1	7	3.5		0.9
2	14；16	6	3.4	$d-3$		8	4		1
2.5	18；20	7.5	4.4	$d-3.6$	1.2	10	5		1.2
3	24；27	9	5.2	$d-4.4$	1.6	12	6	$D+0.5$	1.5
3.5	30；33	10.5	6.2	$d-5$		14	7		1.8
4	36；39	12	7	$d-5.7$	2	16	8		2
4.5	42；45	13.5	8	$d-6.4$		18	9		2.2
5	48；52	15	9	$d-7$	2.5	20	10		2.5
5.5	56；60	17.5	11	$d-7.7$		22	11		2.8
6	64；68	18	11	$d-8.3$	3.2	24	12		3
参考值	—	≈3P	—	—	—	=4P	=2P	—	≈0.5P

注：1. d、D 为螺纹公称直径代号。"短"退刀槽仅在结构受限制时采用。

　　2. d_g 公差：$d>3$mm 时，为 h13；$d\leqslant3$mm 时，为 h12。D_g 公差为 H13。

附表 26　紧固件通孔及沉孔尺寸（摘自 GB/T 152.2—2014、GB/T 152.3～152.4—1988）　mm

螺纹规格 d			M4	M5	M6	M8	M10	M12	M16	M18	M20	M24	M30	M36
通孔尺寸 d_1			4.5	5.5	6.6	9.0	11.0	13.5	17.5	20.0	22.0	26	33	39
GB/T 152.2	用于沉头及半沉头螺钉	d_2	9.6	10.6	12.8	17.6	20.3	24.4	32.4	—	40.4	—	—	—
		$t \approx$	2.7	2.7	3.3	4.6	5.0	6.0	8.0	—	10	—	—	—
		α	\multicolumn{12}{l}{$90°^{-2°}_{-4°}$}
GB/T 152.3	用于 GB/T 70 圆柱头螺钉	d_2	8.0	10.0	11.0	15.0	18.0	20.0	26.0	—	33.0	40.0	48.0	57.0
		t	4.6	5.7	6.8	9.0	11.0	13.0	17.5	—	21.5	25.5	32.0	38.0
		d_3	—	—	—	—	16	20		—	24	28	36	42
	用于 GB/T 65、GB/T 6190、GB/T 6191 圆柱头螺钉	d_2	8	10	11.7	15	18	20	26	—	33	—	—	—
		t	3.2	4	4.7	6.0	7.0	8.0	10.5	—	12.5	—	—	—
		d_3	—	—	—	—	16	20		—	24	—	—	—
GB/T 152.4	用于六角头螺栓及六角螺母	d_2	10	11	13	18	22	26	33	36	40	48	61	71
		d_3	—	—	—	—	16	20	22	24	28	36	42	
		t	\multicolumn{12}{l}{只要能制出与通孔 d_1 的轴线垂直的圆平面即可}

四、极限与配合

公称尺寸/mm	c11	d8	d9	e7	e8	f7	f8	g6	g7	h5	h6	h7	h8	h9	h10	h11	js6
≤3	−60 −120	−20 −34	−20 −45	−14 −24	−14 −28	−6 −16	−6 −20	−2 −8	−2 −12	0 −4	0 −6	0 −10	0 −14	0 −25	0 −40	0 −60	±3
>3~6	−70 −145	−30 −48	−30 −60	−20 −32	−20 −38	−10 −22	−10 −28	−4 −12	−4 −16	0 −5	0 −8	0 −12	0 −18	0 −30	0 −48	0 −75	±4
>6~10	−80 −170	−40 −62	−40 −76	−25 −40	−25 −47	−13 −28	−13 −35	−5 −14	−5 −20	0 −6	0 −9	0 −15	0 −22	0 −36	0 −58	0 −90	±4.5
>10~14	−95	−50	−50	−32	−32	−16	−16	−6	−6	0	0	0	0	0	0	0	±5.5
>14~18	−205	−77	−93	−50	−59	−34	−43	−17	−24	−8	−11	−18	−27	−43	−70	−110	
>18~24	−110	−65	−65	−40	−40	−20	−20	−7	−7	0	0	0	0	0	0	0	±6.5
>24~30	−240	−98	−117	−61	−73	−41	−53	−20	−28	−9	−13	−21	−33	−52	−84	−130	
>30~40	−120 −280	−80	−80	−50	−50	−25	−25	−9	−9	0	0	0	0	0	0	0	±8
>40~50	−130 −290	−119	−142	−75	−89	−50	−64	−25	−34	−11	−16	−25	−39	−62	−100	−160	
>50~65	−140 −330	−100	−100	−60	−60	−30	−30	−10	−10	0	0	0	0	0	0	0	±9.5
>65~80	−150 −340	−146	−174	−90	−106	−60	−76	−29	−40	−13	−19	−30	46	−74	−120	−190	
>80~100	−170 −390	−120	−120	−72	−72	−36	−36	−12	−12	0	0	0	0	0	0	0	±11
>100~120	−180 −400	−174	−207	−107	−126	−71	−90	−34	−47	−15	−22	−35	−54	−87	−140	−220	
>120~140	−200 −450	−145	−145	−85	−85	−43	−43	−14	−14	0	0	0	0	0	0	0	±12.5
>140~160	−210 −460																
>160~180	−230 −480	−208	−245	−125	−148	−83	−106	−39	−54	−18	−25	−40	−63	−100	−160	−250	
>180~200	−240 −530	−170	−170	−100	−100	−50	−50	−15	−15	0	0	0	0	0	0	0	±14.5
>200~225	−260 −550																
>225~250	−280 −570	−242	−285	−146	−172	−96	−122	−44	−61	−20	−29	−46	−72	−115	−185	−290	
>250~280	−300 −620	−190	−190	−110	−110	−56	−56	−17	−17	0	0	0	0	0	0	0	±16
>280~315	−330 −650	−271	−320	−162	−191	−108	−137	−49	−69	−23	−32	−52	−81	−130	−210	−320	
>315~355	−360 −720	−210	−210	−125	−125	−62	−62	−18	−18	0	0	0	0	0	0	0	±18
>355~400	−400 −760	−299	−350	−182	−214	−119	−151	−54	−75	−25	−36	−57	−89	−140	−230	−360	
>400~450	−440 −840	−230	−230	−135	−135	−68	−68	−20	−20	0	0	0	0	0	0	0	±20
>450~500	−480 −880	−327	−385	−198	−232	−131	−165	−60	−83	−27	−40	−63	−97	−155	250	−400	

常用配合轴的极限偏差表（摘自 GB/T 1800.2—2009）

μm

基本偏差代号（上行为字母，下行为公差等级"级"）：

k6	k7	m6	m7	n5	n6	p6	p7	r6	r7	s5	s6	t6	t7	u6	v6	x6	y6	z6
+6/0	+10/0	+8/+2	+12/+2	+8/+4	+10/+4	+12/+6	+16/+6	+16/+10	+20/+10	+18/+14	+20/+14	—	—	+24/+18	—	+26/+20	—	+32/+26
+9/+1	+13/+1	+12/+4	+16/+4	+13/+8	+16/+8	+20/+12	+24/+12	+23/+15	+27/+15	+24/+19	+27/+19			+31/+23	—	+36/+28	—	+43/+35
+10/+1	+16/+1	+15/+6	+21/+6	+16/+10	+19/+10	+24/+15	+30/+15	+28/+19	+34/+19	+29/+23	+32/+23	—	—	+37/+28	—	+43/+34	—	+51/+42
+12/+1	+19/+1	+18/+7	+25/+7	+20/+12	+23/+12	+29/+18	+36/+18	+34/+23	+41/+23	+36/+28	+39/+28	—	—	+44/+33	—	+51/+40	—	+61/+50
															+50/+39	+56/+45		+71/+60
+15/+2	+23/+2	+21/+8	+29/+8	+24/+15	+28/+15	+35/+22	+43/+22	+41/+28	+49/+28	+44/+35	+48/+35	—	—	+54/+41	+60/+47	+67/+54	+76/+63	+86/+73
												+54/+41	+62/+41	+61/+48	+68/+55	+77/+64	+88/+75	+101/+88
+18/+2	+27/+2	+25/+9	+34/+9	+28/+17	+33/+17	+42/+26	+51/+26	+50/+34	+59/+34	+54/+43	+59/+43	+64/+48	+73/+48	+76/+60	+84/+68	+96/+80	+110/+94	+128/+112
												+70/+54	+79/+54	+86/+70	+97/+81	+113/+97	+130/+114	+152/+136
+21/+2	+32/+2	+30/+11	+41/+11	+33/+20	+39/+20	+51/+32	+62/+32	+60/+41	+71/+41	+66/+53	+72/+53	+85/+66	+96/+66	+106/+87	+121/+102	+141/+122	+163/+144	+191/+172
								+62/+43	+73/+43	+72/+59	+78/+59	+94/+75	+105/+75	+121/+102	+139/+120	+165/+146	+193/+174	+229/+210
+25/+3	+38/+3	+35/+13	+48/+13	+38/+23	+45/+23	+59/+37	+72/+37	+73/+51	+86/+51	+86/+71	+93/+71	+113/+91	+126/+91	+146/+124	+168/+146	+200/+178	+236/+214	+280/+258
								+76/+54	+89/+54	+94/+79	+101/+79	+126/+104	+139/+104	+166/+144	+194/+172	+232/+210	+276/+254	+332/+310
+28/+3	+43/+3	+40/+15	+55/+15	+45/+27	+52/+27	+68/+43	+83/+43	+88/+63	+103/+63	+110/+92	+117/+92	+147/+122	+162/+122	+195/+170	+227/+202	+273/+248	+325/+300	+390/+365
								+90/+65	+105/+65	+118/+100	+125/+100	+159/+134	+174/+134	+215/+190	+253/+228	+305/+280	+365/+340	+440/+415
								+93/+68	+108/+68	+126/+108	+133/+108	+171/+146	+186/+146	+235/+210	+277/+252	+335/+310	+405/+380	+490/+465
+33/+4	+50/+4	+46/+17	+63/+17	+51/+31	+60/+31	+79/+50	+96/+50	+106/+77	+123/+77	+142/+122	+151/+122	+195/+166	+212/+166	+265/+236	+313/+284	+379/+350	+454/+425	+549/+520
								+109/+80	+126/+80	+150/+130	+159/+130	+209/+180	+226/+180	+287/+258	+339/+310	+414/+385	+499/+470	+604/+575
								+113/+84	+130/+84	+160/+140	+169/+140	+225/+196	+242/+196	+313/+284	+369/+340	+454/+425	+549/+520	+669/+640
+36/+4	+56/+4	+52/+20	+72/+20	+57/+34	+66/+34	+88/+56	+108/+56	+126/+94	+146/+94	+181/+158	+190/+158	+250/+218	+270/+218	+347/+315	+417/+385	+507/+475	+612/+580	+742/+710
								+130/+98	+150/+98	+193/+170	+202/+170	+272/+240	+292/+240	+382/+350	+457/+425	+557/+525	+682/+650	+822/+790
+40/+4	+61/+4	+57/+21	+78/+21	+62/+37	+73/+37	+98/+62	+119/+62	+144/+108	+165/+108	+215/+190	+226/+190	+304/+268	+325/+268	+426/+390	+511/+475	+626/+590	+766/+730	+936/+900
								+150/+114	+171/+114	+233/+208	+244/+208	+330/+294	+351/+294	+471/+435	+566/+530	+696/+660	+856/+820	+1036/+1000
+45/+5	+68/+5	+63/+23	+86/+23	+67/+40	+80/+40	+108/+68	+131/+68	+166/+126	+189/+126	+259/+232	+272/+232	+370/+330	+393/+330	+530/+490	+635/+595	+780/+740	+960/+920	+1240/+1200
								+172/+132	+195/+132	+279/+252	+292/+252	+400/+360	+423/+360	+580/+540	+700/+660	+860/+820	+1040/+1000	+1290/+1250

机械制图与识图从入门到精通

公称尺寸/mm	C 11	D 9	D 10	E 8	E 9	F 8	F 9	G 6	G 7	H 6	H 7	H 8	H 9	H 10	H 11	H 12
≤3	+120 / +60	+45 / +20	+60 / +20	+28 / +14	+39 / +14	+20 / +6	+31 / +6	+8 / +2	+12 / +2	+6 / 0	+10 / 0	+14 / 0	+25 / 0	+40 / 0	+60 / 0	+100 / 0
>3 ~6	+145 / +70	+60 / +30	+78 / +30	+38 / +20	+50 / +20	+28 / +10	+40 / +10	+12 / +4	+16 / +4	+8 / 0	+12 / 0	+18 / 0	+30 / 0	+48 / 0	+75 / 0	+120 / 0
>6 ~10	+170 / +80	+76 / +40	+98 / +40	+47 / +25	+61 / +25	+35 / +13	+49 / +13	+14 / +5	+20 / +5	+9 / +0	+15 / +0	+22 / +0	+36 / 0	+58 / 0	+90 / 0	+150 / 0
>10 ~14	+205 / +95	+93 / +50	+120 / +50	+59 / +32	+75 / +32	+43 / +16	+59 / +16	+17 / +6	+24 / +6	+11 / 0	+18 / 0	+27 / 0	+43 / 0	+70 / 0	+110 / 0	+180 / 0
>14 ~18	+205 / +95	+93 / +50	+120 / +50	+59 / +32	+75 / +32	+43 / +16	+59 / +16	+17 / +6	+24 / +6	+11 / 0	+18 / 0	+27 / 0	+43 / 0	+70 / 0	+110 / 0	+180 / 0
>18 ~24	+240 / +110	+117 / +65	+149 / +65	+73 / +40	+92 / +40	+53 / +20	+72 / +20	+20 / +7	+28 / +7	+13 / 0	+21 / 0	+33 / 0	+52 / 0	+84 / 0	+130 / 0	+210 / 0
>24 ~30	+240 / +110	+117 / +65	+149 / +65	+73 / +40	+92 / +40	+53 / +20	+72 / +20	+20 / +7	+28 / +7	+13 / 0	+21 / 0	+33 / 0	+52 / 0	+84 / 0	+130 / 0	+210 / 0
>30 ~40	+280 / +120	+142 / +80	+180 / +80	+89 / +50	+112 / +50	+64 / +25	+87 / +25	+25 / +9	+34 / +9	+16 / 0	+25 / 0	+39 / 0	+62 / 0	+100 / 0	+160 / 0	+250 / 0
>40 ~50	+290 / +130	+142 / +80	+180 / +80	+89 / +50	+112 / +50	+64 / +25	+87 / +25	+25 / +9	+34 / +9	+16 / 0	+25 / 0	+39 / 0	+62 / 0	+100 / 0	+160 / 0	+250 / 0
>50 ~65	+330 / +140	+174 / +100	+220 / +100	+106 / +60	+134 / +60	+76 / +30	+104 / +30	+29 / +10	+40 / +10	+19 / 0	+30 / 0	+46 / 0	+74 / 0	+120 / 0	+190 / 0	+300 / 0
>65 ~80	+340 / +150	+174 / +100	+220 / +100	+106 / +60	+134 / +60	+76 / +30	+104 / +30	+29 / +10	+40 / +10	+19 / 0	+30 / 0	+46 / 0	+74 / 0	+120 / 0	+190 / 0	+300 / 0
>80 ~100	+390 / +170	+207 / +120	+260 / +120	+126 / +72	+159 / +72	+90 / +36	+123 / +36	+34 / +12	+47 / +12	+22 / 0	+35 / 0	+54 / 0	+87 / 0	+140 / 0	+220 / 0	+350 / 0
>100 ~120	+400 / +180	+207 / +120	+260 / +120	+126 / +72	+159 / +72	+90 / +36	+123 / +36	+34 / +12	+47 / +12	+22 / 0	+35 / 0	+54 / 0	+87 / 0	+140 / 0	+220 / 0	+350 / 0
>120 ~140	+450 / +200	+245 / +145	+305 / +145	+148 / +85	+185 / +85	+106 / +43	+143 / +43	+39 / +14	+54 / +14	+25 / 0	+40 / 0	+63 / 0	+100 / 0	+160 / 0	+250 / 0	+400 / 0
>140 ~160	+460 / +210	+245 / +145	+305 / +145	+148 / +85	+185 / +85	+106 / +43	+143 / +43	+39 / +14	+54 / +14	+25 / 0	+40 / 0	+63 / 0	+100 / 0	+160 / 0	+250 / 0	+400 / 0
>160 ~180	+480 / +230	+245 / +145	+305 / +145	+148 / +85	+185 / +85	+106 / +43	+143 / +43	+39 / +14	+54 / +14	+25 / 0	+40 / 0	+63 / 0	+100 / 0	+160 / 0	+250 / 0	+400 / 0
>180 ~200	+530 / +240	+285 / +170	+355 / +170	+172 / +100	+215 / +100	+122 / +50	+165 / +50	+44 / +15	+61 / +15	+29 / 0	+46 / 0	+72 / 0	+115 / 0	+185 / 0	+290 / 0	+460 / 0
>200 ~225	+550 / +260	+285 / +170	+355 / +170	+172 / +100	+215 / +100	+122 / +50	+165 / +50	+44 / +15	+61 / +15	+29 / 0	+46 / 0	+72 / 0	+115 / 0	+185 / 0	+290 / 0	+460 / 0
>225 ~250	+570 / +280	+285 / +170	+355 / +170	+172 / +100	+215 / +100	+122 / +50	+165 / +50	+44 / +15	+61 / +15	+29 / 0	+46 / 0	+72 / 0	+115 / 0	+185 / 0	+290 / 0	+460 / 0
>250 ~280	+620 / +300	+320 / +190	+400 / +190	+191 / +110	+240 / +110	+137 / +56	+186 / +56	+49 / +17	+69 / +17	+32 / 0	+52 / 0	+81 / 0	+130 / 0	+210 / 0	+320 / 0	+520 / 0
>280 ~315	+650 / +330	+320 / +190	+400 / +190	+191 / +110	+240 / +110	+137 / +56	+186 / +56	+49 / +17	+69 / +17	+32 / 0	+52 / 0	+81 / 0	+130 / 0	+210 / 0	+320 / 0	+520 / 0
>315 ~355	+720 / +360	+350 / +210	+440 / +210	+214 / +125	+265 / +125	+151 / +62	+202 / +62	+54 / +18	+75 / +18	+36 / 0	+57 / 0	+89 / 0	+140 / 0	+230 / 0	+360 / 0	+570 / 0
>355 ~400	+760 / +400	+350 / +210	+440 / +210	+214 / +125	+265 / +125	+151 / +62	+202 / +62	+54 / +18	+75 / +18	+36 / 0	+57 / 0	+89 / 0	+140 / 0	+230 / 0	+360 / 0	+570 / 0
>400 ~450	+840 / +440	+385 / +230	+480 / +230	+232 / +135	+290 / +135	+165 / +68	+223 / +68	+60 / +20	+83 / +20	+40 / 0	+63 / 0	+97 / 0	+155 / 0	+250 / 0	+400 / 0	+630 / 0
>450 ~500	+880 / +480	+230 / +230	+230 / +230	+135 / +135	+135 / +135	+68 / +68	+68 / +68	+20 / +20	+20 / +20	0 / 0	0 / 0	0 / 0	0 / 0	0 / 0	0 / 0	0 / 0

常用配合孔的极限偏差表（摘自 GB/T 1800.2—2009）　　　　　　　μm

级

JS	JS	K	K	M	M	N	N	P	P	R	R	S	S	T	T	U
7	**8**	**6**	**7**	**7**	**8**	**6**	**7**	**6**	**7**	**6**	**7**	**6**	**7**	**6**	**7**	**6**
±5	±7	0 / −6	0 / −10	−2 / −12	−2 / −16	−4 / −14	−6 / −12	−6 / −16	−10 / −16	−10 / −20	−14 / −20	−14 / −24	—	—	−18 / −24	
±6	±9	+2 / −6	+3 / −9	0 / −12	+2 / −16	−5 / −13	−4 / −16	−9 / −17	−8 / −20	−12 / −20	−11 / −23	−16 / −24	−15 / −27	—	—	−20 / −28
±7	±11	+2 / −7	+5 / −10	0 / −15	+1 / −21	−7 / −16	−4 / −19	−12 / −21	−9 / −24	−16 / −25	−13 / −28	−20 / −29	−17 / −32	—	—	−25 / −34
±9	±13	+2 / −9	+6 / −12	0 / −18	+2 / −25	−9 / −20	−5 / −23	−15 / −26	−11 / −29	−20 / −31	−16 / −34	−25 / −36	−21 / −39	—	—	−30 / −41
±10	±16	+2 / −11	+6 / −15	0 / −21	+4 / −29	−11 / −24	−7 / −28	−18 / −31	−14 / −35	−24 / −37	−20 / −41	−31 / −44	−27 / −48	—	—	−37 / −50
														−37 / −50	−33 / −54	−44 / −57
±12	±19	+3 / −13	+7 / −18	0 / −25	+5 / −34	−12 / −28	−8 / −33	−21 / −37	−17 / −42	−29 / −45	−25 / −50	−38 / −54	−34 / −59	−43 / −59	−39 / −64	−55 / −71
														−49 / −65	−45 / −70	−65 / −81
±15	±23	+4 / −15	+9 / −21	0 / −30	+5 / −41	−14 / −33	−9 / −39	−26 / −45	−21 / −51	−35 / −54	−30 / −60	−47 / −66	−42 / −72	−60 / −79	−55 / −85	−81 / −100
										−37 / −56	−32 / −62	−53 / −72	−48 / −78	−69 / −88	−64 / −94	−96 / −115
±17	±27	+4 / −18	+10 / −25	0 / −35	+6 / −48	−16 / −38	−10 / −45	−30 / −52	−24 / −59	−44 / −66	−38 / −73	−64 / −86	−58 / −93	−84 / −106	−78 / −113	−117 / −139
										−47 / −69	−41 / −76	−72 / −94	−66 / −101	−97 / −119	−91 / −126	−137 / −159
±20	±31	+4 / −21	+12 / −28	0 / −40	+8 / −55	−20 / −45	−12 / −52	−36 / −61	−28 / −68	−56 / −81	−48 / −88	−85 / −110	−77 / −117	−115 / −140	−107 / −147	−163 / −188
										−58 / −83	−50 / −90	−93 / −118	−85 / −125	−127 / −152	−119 / −159	−183 / −208
										−61 / −86	−53 / −93	−101 / −126	−93 / −133	−139 / −164	−131 / −171	−203 / −228
±23	±36	+5 / −24	+13 / −33	0 / −46	+9 / −63	−22 / −51	−14 / −60	−41 / −70	−33 / −79	−68 / −97	−60 / −106	−113 / −142	−105 / −151	−157 / −186	−149 / −195	−227 / −256
										−71 / −100	−63 / −109	−121 / −150	−113 / −159	−171 / −200	−163 / −209	−249 / −278
										−75 / −104	−67 / −113	−131 / −160	−123 / −169	−187 / −216	−179 / −225	−275 / −304
±26	±40	+5 / −27	+16 / −36	0 / −52	+9 / −72	−25 / −57	−14 / −66	−47 / −79	−36 / −88	−85 / −117	−74 / −126	−149 / −181	−138 / −190	−209 / −241	−198 / −250	−306 / −338
										−89 / −121	−78 / −130	−161 / −193	−150 / −202	−231 / −263	−220 / −272	−341 / −373
±28	±44	+7 / −29	+17 / −40	0 / −57	+11 / −78	−26 / −62	−16 / −73	−51 / −87	−41 / −98	−97 / −133	−87 / −144	−179 / −215	−169 / −226	−257 / −293	−247 / −304	−379 / −415
										−103 / −139	−93 / −150	−197 / −233	−187 / −244	−283 / −319	−273 / −330	−424 / −460
±31	±48	+8 / −32	+18 / −45	0 / −63	+11 / −86	−27 / −67	−17 / −80	−55 / −95	−45 / −108	−113 / −153	−103 / −166	−219 / −259	−209 / −272	−317 / −357	−307 / −370	−477 / −517
										−119 / −159	−109 / −172	−239 / −279	−229 / −292	−347 / −387	−337 / −400	−527 / −567

五、常用的金属材料及热处理方法

附表29　常用铸铁牌号

名称	牌号	牌号表示方法说明	硬度 HB	特性及用途举例
灰铸铁	HT100	"HT"是灰铸铁的代号，它后面的数字表示抗拉强度（"HT"是"灰、铁"两字汉语拼音的第一个字母）	143～229	属低强度铸铁。用于盖、手把、手轮等不重要零件
	HT150		143～241	属中等强度铸铁。用于一般铸件如机床座、端盖、皮带轮、工作台等
	HT200 HT250		163～255	属高强度铸铁。用于较重要铸件如汽缸、齿轮、凸轮、机座、床身、飞轮、皮带轮、齿轮箱、阀壳、联轴器、衬筒、轴承座等
	HT300 HT350 HT400		170～255 170～269 197～269	属高强度、高耐磨铸铁。用于重要铸件如齿轮、凸轮、床身、高压液压筒、液压泵和滑阀的壳体、车床卡盘等
球墨铸铁	QT450-10 QT500-7 QT600-3	"QT"是球墨铸铁的代号，它后面的数字分别表示强度和延伸率的大小（"QT"是"球、铁"两字汉语拼音的第一个字母）	170～207 187～255 197～269	具有较高的强度和塑料。广泛用于机械制造业中受磨损和受冲击的零件，如曲轴、凸轮轴、凸轮、气缸套、活塞环、摩擦片、中低压阀门、千斤顶底座、轴承座等
可锻铸铁	KTH300-06 KTH330-08 KTZ450-05	"KTH""KTZ"分别是黑心和珠光体可锻铸铁的代号，它们后面的数字分别表示强度和延伸率的大小（"KT"是"可""铁"两字汉语拼音的第一个字母）	120～163 120～163 152～219	用于承受冲击、振动等零件，如汽车零件、机床附件（如扳手等）、各种管接头、低压阀门、农机具等。珠光体可锻铸铁在某些场合可代替低碳钢、中碳钢及低合金钢，如用于制造齿轮、曲轴、连杆等

附表30　常用钢材牌号

名称		牌号	牌号表示方法说明	特性及用途举例
碳素结构钢		Q215-A Q215-A·F	牌号由屈服点字母（Q）、屈服点数值、质量等级符号（A、B、C、D）和脱氧方法（F——沸腾钢，b——半镇静钢、Z——镇静钢、TZ——特殊镇静钢）等四部分按顺序组成。在牌号组成表示方法中"Z"与"TZ"符号可以省略	塑性大，抗拉强度低，易焊接。用于炉撑、铆钉、垫圈、开口销等
		Q235-A Q235-A·F		有较高的强度和硬度，延伸率也相当大，可以焊接，用途很广，是一般机械上的主要材料，用于低速轻载齿轮、键、拉杆、钩子、螺栓、套圈等
		Q255-A Q255-A·F		延伸率低，抗拉强度高，耐磨性好，焊接性不够好。用于制造不重要的轴、键、弹簧等
优质碳素结构钢	普通含锰钢	15	牌号数字表示钢中平均含碳量。如"45"表示平均含碳量为0.45%	塑性、韧性、焊接性能和冷冲性能均极好，但强度低，用于螺钉、螺母、法兰盘、渗碳零件等
		20		用于不经受很大应力而要求很大韧性的各种零件，如杠杆、轴套、拉杆等。还可用于表面硬度高而心部强度要求不大的渗碳与氰化零件
		35		不经热处理可用于中等载荷的零件，如拉杆、轴、套筒、钩子等；经调质处理后适用于强度及韧性要求较高的零件如传动轴等
		45		用于强度要求较高的零件。通常在调质或正火后使用，用于制造齿轮、机床主轴、花键轴、联轴器等。由于它的淬透性差，因此截面大的零件很少采用
		60		这是一种强度和弹性相当高的钢。用于制造连杆、轧辊、弹簧、轴等
		75		用于板弹簧、螺旋弹簧以及受磨损的零件等

名称		牌号	牌号表示方法说明	特性及用途举例
优质碳素结构钢	较高含锰钢	15Mn	化学元素符号 Mn，表示钢的含锰量较高	它的性能与 15 号钢相似，但淬透性及强度和塑性比 15 号都高些。用于制造中心部分的机械性能要求较高且需渗碳的零件。焊接性好
		45Mn		用于受磨损的零件，如转轴、心轴、齿轮、叉等。焊接性差。还可做受较大载荷的离合器盘、花键轴、凸轮轴、曲轴等
		65Mn		钢的强度高，淬透性较大，脱碳倾向小，但有过热敏感性，易生淬火裂纹，并有回火脆性。适用于较大尺寸的各种扁、圆弹簧，以及其他经受摩擦的农机具零件
合金钢	锰钢	15Mn2	①合金钢牌号用化学元素符号表示；②含碳量写在牌号之前，但高合金钢如高速工具钢、不锈钢等的含碳量不标出；③合金工具钢含碳量≥1%时不标出；<1%时，以千分之几来标出；④化学元素的含量<1.5%时不标出；含量>1.5%时才标出，如 Cr17，17 表示铬的含量约为 17%	用于钢板、钢管，一般只经正火
		20Mn2		对于截面较小的零件，相当于 20Cr 钢，可作渗碳小齿轮、小轴、活塞销、柴油机套筒、气门推杆、钢套等
		30Mn2		用于调质钢，如冷镦的螺栓及截面较大的调质零件
		45Mn2		用于截面较小的零件，相当于 40Cr 钢，直径在 50mm 以下时，可代替 40Cr 作重要螺栓及零件
	硅锰钢	27SiMn		用于调质钢
		35SiMn		除要求低温（-20℃），冲击韧性很高时，可全面代替 40Cr 钢作调质零件，亦可部分代替 40CrNi 钢，此钢耐磨、耐疲劳性均佳，适用于作轴、齿轮及在 430℃ 以下的重要紧固件
	铬钢	15Cr		用于船舶主机上的螺栓、活塞销、凸轮、凸轮轴、汽轮机套环，机车上用的小零件，以及用于心部韧性高的渗碳零件
		20Cr		用于柴油机活塞销、凸轮、轴、小拖拉机传动齿轮、以及较重要的渗碳件。20MnVB、20Mn2B 可代替它使用
	铬锰钛钢	18CrMnTi		工艺性能特优，用于汽车、拖拉机等上的重要齿轮，和一般强度、韧性均高的减速器齿轮，供渗碳处理
		35CrMnTi		用于尺寸较大的调质钢件
	铬钼铝钢	38CrMoAlA		用于渗氮零件，如主轴、高压阀杆、阀门、橡胶及塑料挤压机等
	铬轴承钢	GCr6	铬轴承钢，牌号前有汉语拼音字母"G"，并且不标出含碳量。含铬量以千分之几表示	一般用来制造滚动轴承中的直径小于 10mm 的钢球或滚子
		GCr15		一般用来制造滚动轴承中尺寸较大的钢球、滚子、内圈和外圈
铸钢		ZG200-400	铸钢件，前面一律加汉语拼音字母"ZG"	用于各种形状的零件，如机座、变速箱壳等
		ZG270-500		用于各种形状的零件，如飞轮、机架、水压机工作缸、横梁等。焊接性尚可
		ZG310-570		用于各种形状的零件，如联轴器气缸齿轮及重负荷的机架等

附表 31　常用有色金属牌号

名称		牌号	说　明	用 途 举 例
青铜	压力加工用青铜	QSn4-3	Q 表示青铜，后面加第一个主添加元素符号，及除基元素铜以外的成分数字组来表示	扁弹簧、圆弹簧、管配件和化工器械
		QSn6.5-0.1		耐磨零件、弹簧及其他零件
	铸造锡青铜	ZQSn5-5-5	Z 表示铸造，其他同上	用于承受摩擦的零件，如轴套、轴承填料和承受 10 个大气压以下的蒸汽和水的配件
		ZQSn10-1		用于承受剧烈摩擦的零件，如丝杆、轻型轧钢机轴承、蜗轮等
		ZQSn8-12		用于制造轴承的轴瓦及轴套，以及在特别重载荷条件下工作的零件

名称		牌号	说　明	用　途　举　例
青铜	铸造无锡青铜	ZQAl 9-4		强度高,减磨性、耐蚀性、受压、铸造性均良好。用于在蒸汽和海水条件下工作的零件及受摩擦和腐蚀的零件,如蜗轮衬套、轮钢机压下螺母等
		ZQAl 10-5-1.5		制造耐磨、硬度高、强度好的零件,如蜗轮、螺母、轴套及防锈零件
		ZQMn5-21		用在中等工作条件下轴承的轴套和轴瓦等
黄铜	压力加工用黄铜	H59	H 表示黄铜,后面数字表示基元素铜的含量。黄铜系铜锌合金	热压及热轧零件
		H62		散热器、垫圈、弹簧、各种网、螺钉及其他零件
	铸造黄铜	ZHMn58-2-2	Z 表示铸造,后面符号表示主添加元素,后一组数字表示除锌以外的其他元素含量	用于制造轴瓦、轴套及其他耐磨零件
		ZHAl66-6-3-2		用于制造丝杆螺母、受重载荷的螺旋杆、压下螺钉的螺母及在重载荷下工作的大型蜗轮轮缘等
铝	硬铝合金	LY1	LY 表示硬铝,后面是顺序号	时效状态下塑性良好。切削加工性在时效状态下良好;在退火状态下降低。耐蚀性中等。系铆接铝合金结构用的主要铆钉材料
		LY8		退火和新淬火状态下塑性中等。焊接性好。切削加工性在时效状态下良好;退火状态下降低。耐蚀性中等。用于各种中等强度的零件和构件、冲压的连接部件、空气螺旋桨叶及铆钉等
	锻铝合金	LD2	LD 表示锻铝,后面是顺序号	热态和退火状态下塑性高;时效状态下中等。焊接性良好。切削加工性能在软态下不良;在时效状态下良好。耐蚀性高。用于要求在冷状态和热状态时具有高可塑性,且承受中等载荷的零件和构件
	铸造铝合金	ZL301	Z 表示铸造,L 表示铝,后面系顺序号	用于受重大冲击负荷、高耐蚀的零件
		ZL102		用于气缸活塞以及高温工作的复杂形状零件
		ZL401		适用于压力铸造用的高强度铝合金
轴承合金	锡基轴承合金	ZChSnSb9-7	Z 表示铸造,Ch 表示轴承合金,后面系主元素,再后面是第一添加元素。一组数字表示除第一个基元素外的添加元素含量	韧性强,适用于内燃机、汽车等轴承及轴衬
		ZChSnSb13-5-12		适用于一般中速、中压的各种机器轴承及轴衬
	铅基轴承合金	ZChPbSn16-16-2		用于浇注汽轮机、机车、压缩机的轴承
		ChPbSb15-5		用于浇注汽油发动机、压缩机、球磨机等的轴承

附表 32　常用的热处理名词解释

名词	标注举例	说　明	目　的	适　用　范　围
退火	Th	加热到临界温度以上,保温一定时间,然后缓慢冷却(例如在炉中冷却)	①消除在前一工序(锻造、冷拉等)中所产生的内应力。②降低硬度,改善加工性能。③增加塑性和韧性。④使材料的成分或组织均匀,为以后的热处理准备条件	完全退火适用于含碳量 0.8%以下的铸锻焊件;为消除内应力的退火主要用于铸件和焊件
正火	Z	加热到临界温度以上,保温一定时间,再在空气中冷却	①细化晶粒。②与退火相比,强度略有增高,并能改善低碳钢的切削加工性能	用于低、中碳钢。对低碳钢常用以代替退火

名词	标注举例	说　明	目　的	适用范围
淬火	C62（淬火后回火至 60～65HRC）；Y35（油冷淬火后回火至 30～40HRC）	加热到临界温度以上、保温一定时间，再在冷却剂（水、油或盐水）中急速地冷却	①提高硬度及强度。②提高耐磨性	用于中、高碳钢。淬火后钢件必须回火
回火	回火	经淬火后再加热到临界温度以下的某一温度，在该温度停留一定时间，然后在水、油或空气中冷却	①消除淬火时产生的内应力。②增加韧性，降低硬度	高碳钢制的工具、量具、刃具用低温（150～250℃）回火。弹簧用中温（270～450℃）回火
调质	T235（调质至 220～250HB）	在 450～650℃进行高温回火称"调质"	可以完全消除内应力，并获得较高的综合机械性能	用于重要的轴、齿轮，以及丝杆等零件
表面淬火	H54（火焰加热淬火后，回火至 52～58HRC）；G52（高频淬火后，回火至 50～55HRC）	用火焰或高频电流将零件表面迅速加热至临界温度以上，急速冷却	使零件表面获得高硬度，而心部保持一定的韧性，使零件既耐磨又能承受冲击	用于重要的齿轮以及曲轴、活塞销等
渗碳淬火	S0.5-C59（渗碳层深 0.5，淬火硬度 56～62HRC）	在渗碳剂中加热到 900～950℃，停留一定时间，将碳渗入钢表面，深度约 0.5～2mm，再淬火后回火	增加零件表面硬度和耐磨性，提高材料的疲劳强度	适用于含碳量为 0.08%～0.25% 的低碳钢及低碳合金钢
氮化	D0.3-900（氮化深度 0.3，硬度大于 850HV）	使工作表面渗入氮元素	增加表面硬度、耐磨性、疲劳强度和耐蚀性	适用于含铝、铬、钼、锰等的合金钢，例如要求耐磨的主轴、量规、样板等
碳氮共渗	Q59（氰化淬火后，回火至 56～62HRC）	使工作表面同时饱和碳和氮元素	增加表面硬度、耐磨性、疲劳强度和耐蚀性	适用于碳索钢及合金结构钢，也适用于高速钢的切削工具
时效处理	时效处理	①天然时效：在空气中长期存放半年到一年以上。②人工时效；加热到 500～600℃，在这个温度保持 10～20h 或更长时间	使铸件消除其内应力而稳定其形状和尺寸	用于机床床身等大型铸件
冰冷处理	冰冷处理	将淬火钢继续冷却至室温以下的处理方法	进一步提高硬度、耐磨性，并使其尺寸趋于稳定	用于滚动轴承的钢球、量规等
发蓝、发黑	发蓝或发黑	氧化处理。用加热办法使工件表面形成一层氧化铁所组成的保护性薄膜	防腐蚀、美观	用于一般常见的紧固件
硬度	HB（布氏硬度）	材料抵抗硬的物体压入零件表面的能力称"硬度"。根据测定方法的不同，可分布氏硬度、洛氏硬度、维氏硬度等	硬度测定是为了检验材料经热处理后的机械性能——硬度	用于经退火、正火、调质的零件及铸件的硬度检查
	HRC（洛氏硬度）			用于经淬火、回火及表面化学热处理的零件的硬度检查
	HV（维氏硬度）			特别适用于薄层硬化零件的硬度检查

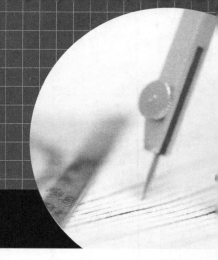

训练与提高答案

第 1 章

【题 1-1】 标注下列图形的尺寸（尺寸数值从图中度量并取整数）。

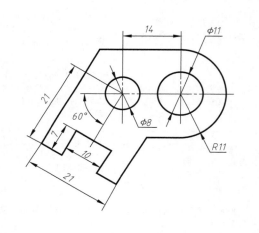

【题 1-2】 参照下列图形，分别按照 1：2 和 2：1 的比例画出下列图形。

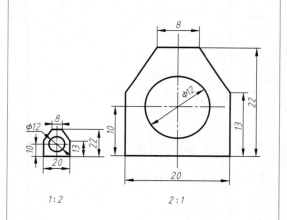

1：2   2：1

【题 1-3】 分析图中尺寸注法错误，并改正。

【题 1-4】 分析图中尺寸注法错误，并改正。

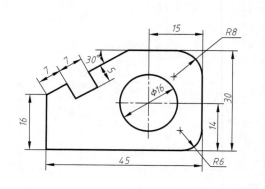

【题1-5】 标注尺寸数字，数值从图中直接量取。　　【题1-6】 分析图中尺寸注法错误，并改正。

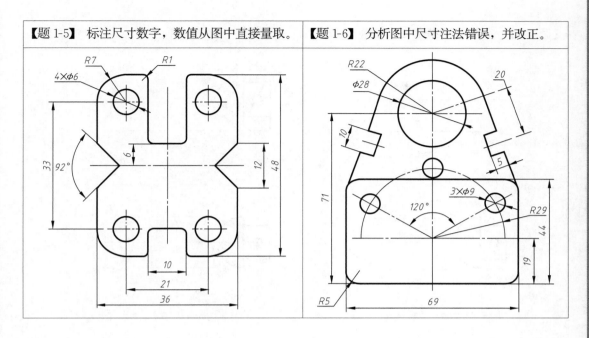

第2章

【题2-1】 用1：5的比例抄画下图。	【题2-2】 用1：1的比例抄画下图。	【题2-3】 在指定位置，按1：1的比例补画下列图形。

【题2-4】 分析下列平面图形的画图步骤。

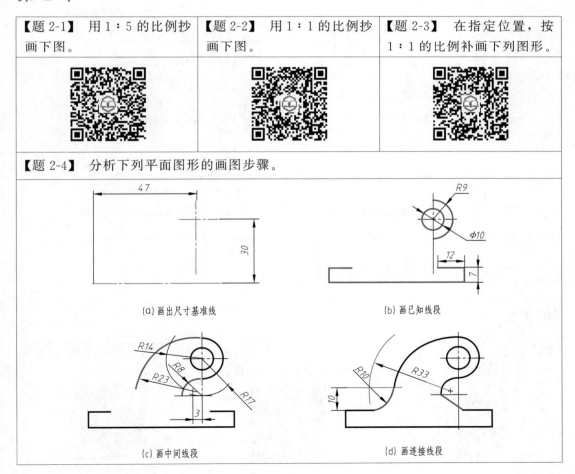

(a) 画出尺寸基准线　　　　　　(b) 画已知线段

(c) 画中间线段　　　　　　　　(d) 画连接线段

【题 2-5】 分析下列平面图形的画图步骤。

(a) 画基准线 A、B

(b) 画已知线段

(c) 作平行并相距 B 均为15的两平行线 Ⅱ、Ⅲ

(d) 作 Ⅰ、Ⅳ 分别平行于 Ⅲ、Ⅱ 并相距均为50

(e) 求中间线段的圆心 O₁、O₂

(f) 画中间线段 R50

(g) 画连接线段 R12

(h) 检查、加深

第 3 章

【题 3-1】 已知各点的两面投影，求作第三面投影。	【题 3-2】 已知平面的两面投影，求作其第三面投影。	【题 3-3】 画出下列直线的第三投影。

【题 3-4】 根据立体图，找出的对应三视图，将号码填入下面的横线上。

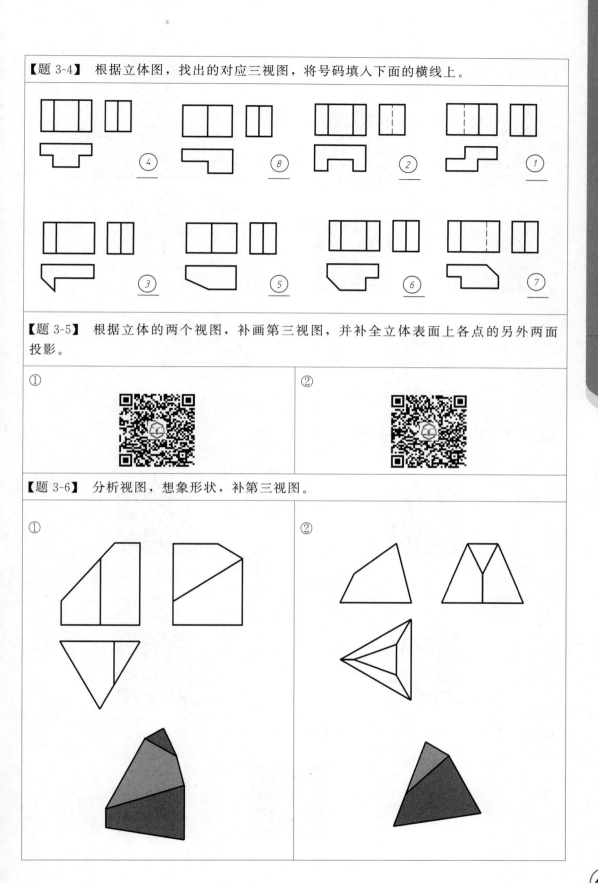

【题 3-5】 根据立体的两个视图，补画第三视图，并补全立体表面上各点的另外两面投影。

① ②

【题 3-6】 分析视图，想象形状，补第三视图。

① ②

【题 3-7】 分析回转体截切后的截交线形状，补全其第三视图。

① ②

④

③ ⑤

⑥

【题 3-8】 分析立体相交的相贯线，补全其三视图。

① ②

【题 3-9】 补画组合体三视图中所缺的图线。

① ②

【题 3-10】 根据轴测图画组合体三视图。

【题 3-11】 根据两个视图，补画第三视图。

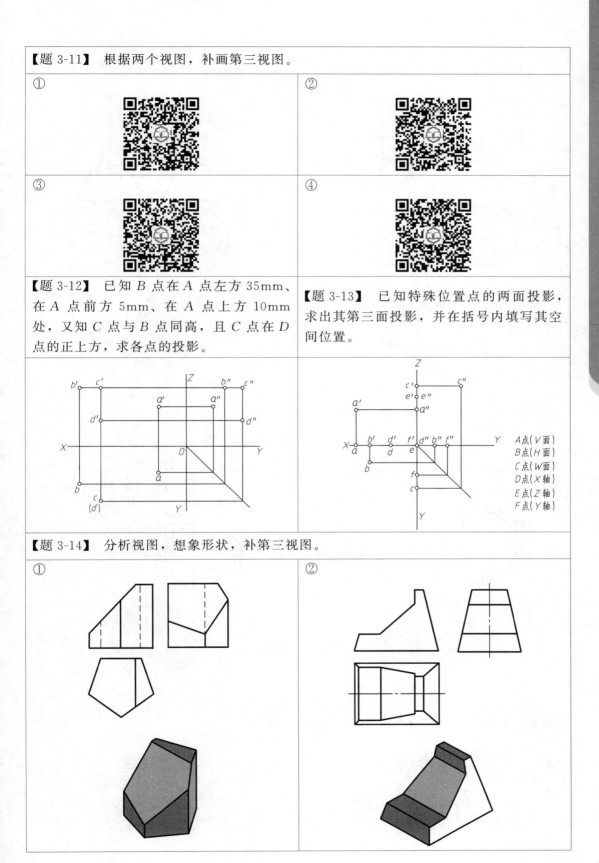

① ② ③ ④

【题 3-12】 已知 B 点在 A 点左方 35mm、在 A 点前方 5mm、在 A 点上方 10mm 处，又知 C 点与 B 点同高，且 C 点在 D 点的正上方，求各点的投影。

【题 3-13】 已知特殊位置点的两面投影，求出其第三面投影，并在括号内填写其空间位置。

A点(V面)
B点(H面)
C点(W面)
D点(X轴)
E点(Z轴)
F点(Y轴)

【题 3-14】 分析视图，想象形状，补第三视图。

① ②

【题 3-15】 根据给定的两个视图，想象空间形状，补画第三视图。

①

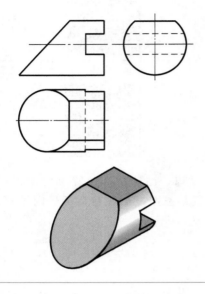

②

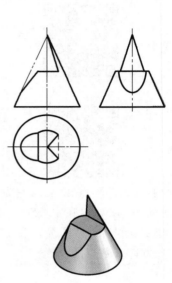

③

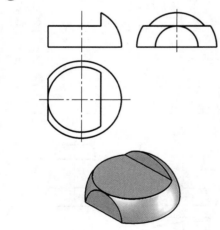

④

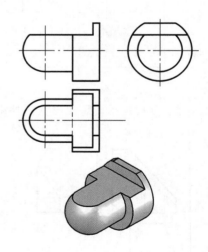

【题 3-16】 分析立体相交的相贯线，补全其三视图。

①

②

【题 3-17】 补全三视图中所缺图线。

①

②

【题 3-18】 根据两个视图，补画第三视图。

①

②

【题 3-19】 根据主视图，构思不同的形体，补画俯视图、左视图。

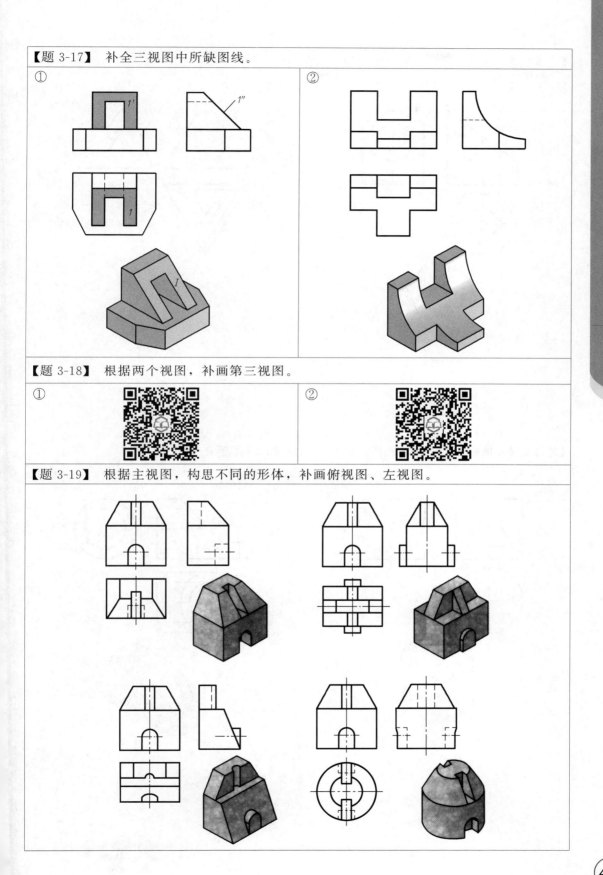

【题 3-20】 分析视图，想象形状，补第三视图。

①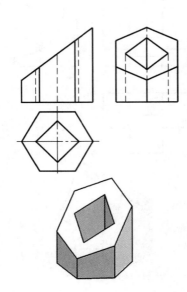

②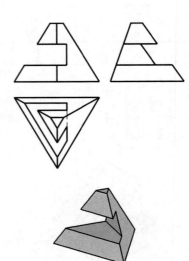

【题 3-21】 根据给定的两个视图，想象空间形状，补画第三视图。

①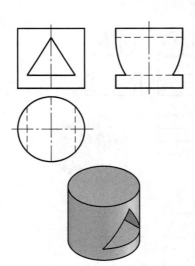

②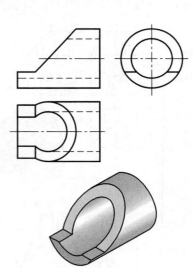

③

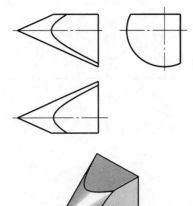

④

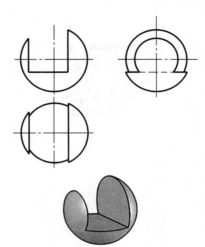

⑤

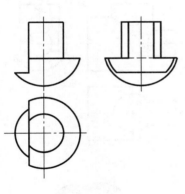

⑥

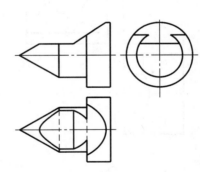

【题 3-22】 分析立体相交的相贯线，补全其三视图。

①

②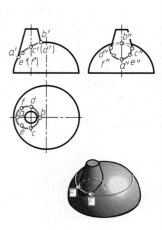

【题 3-23】 分析多立体表面相交的相贯线，补全三视图

①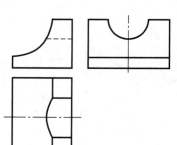

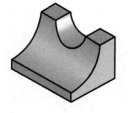

②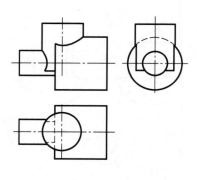

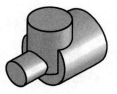

机械制图与识图从入门到精通

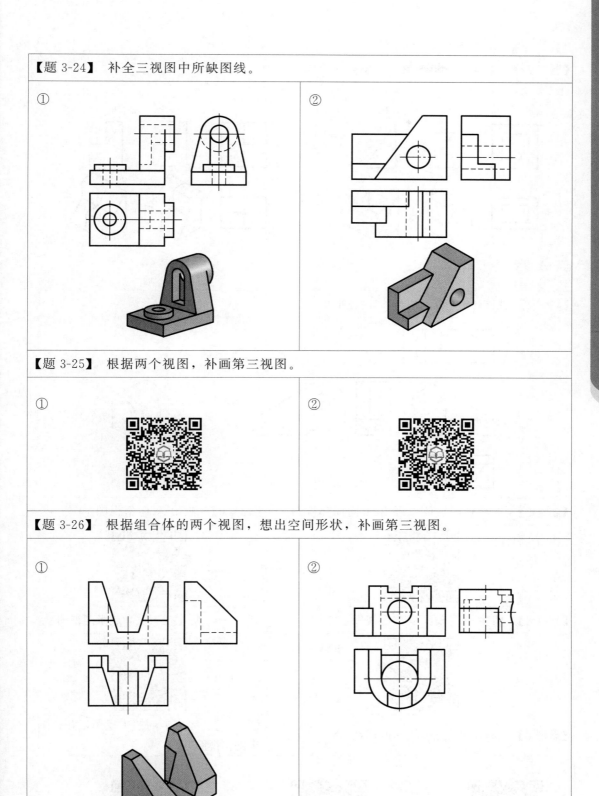

【题 3-24】 补全三视图中所缺图线。

① ②

【题 3-25】 根据两个视图，补画第三视图。

① ②

【题 3-26】 根据组合体的两个视图，想出空间形状，补画第三视图。

① ②

【题 3-27】 根据主、俯视图，构思空间形体，补画左视图。

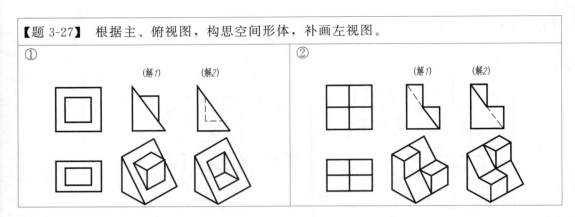

第 4 章

【题 4-1】 根据三视图，补画其仰视图和后视图。

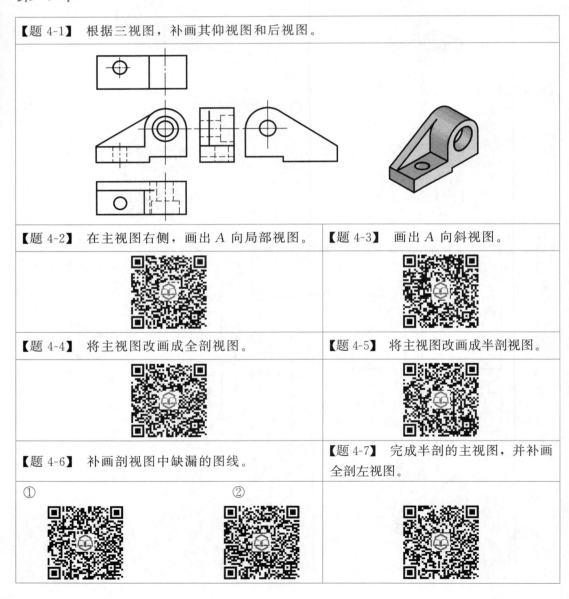

【题 4-8】 补画局部剖视图中的漏线

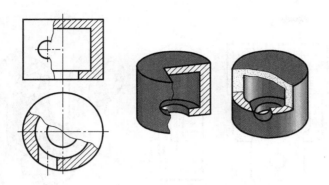

【题 4-9】 将主、俯视图改画成局部剖视图。

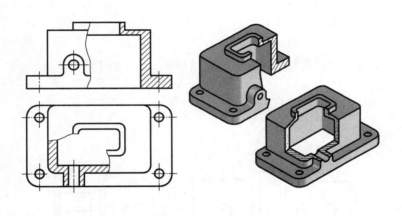

【题 4-10】 将主视图改画成全剖视图。

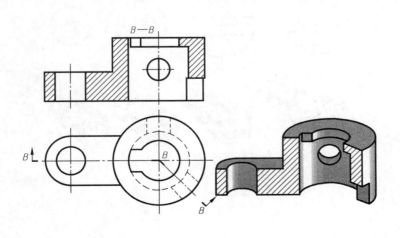

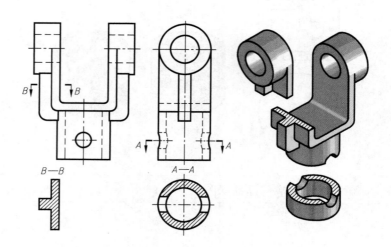

【题 4-11】 作 A—A、B—B 移出断面图。

【题 4-12】 画出指定位置的断面图（左侧键槽深 4mm，右侧键槽深 3mm）。

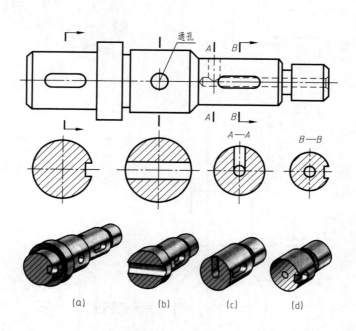

(a)　　　　(b)　　　　(c)　　　　(d)

 432

【题 4-13】 改正剖视图中的错误。

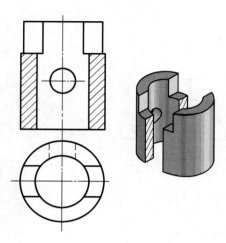

【题 4-14】 补全剖视图中所缺图线。

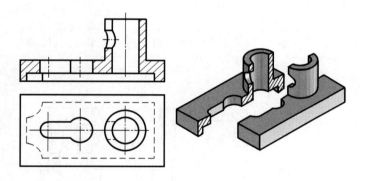

【题 4-15】 将机件的主视图改画成全剖视图。

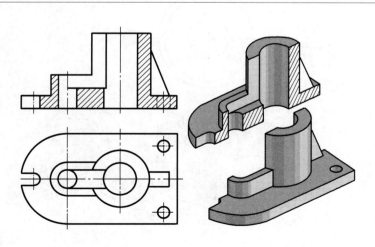

【题 4-16】 改正剖视图中的错误。

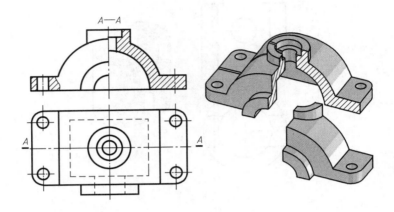

【题 4-17】 在指定位置将主视图改画成全剖视图，并补画半剖左视图。

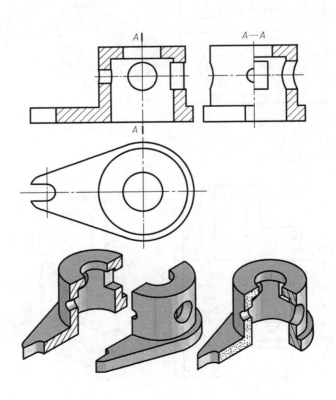

【题 4-18】 将主、俯视图画成适当的剖视。

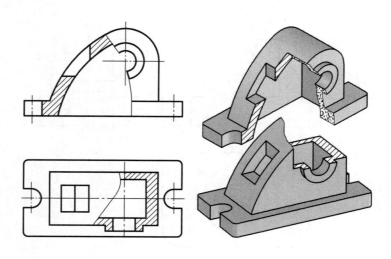

【题 4-19】 将机件的主视图改画成全剖视图。

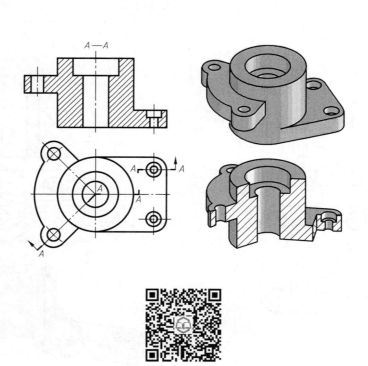

【题 4-20】 将机件的主视图改画成半剖视图，并补画全剖的左视图。

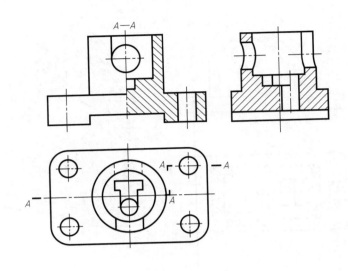

【题 4-21】 将机件的主、俯视图改画成局部剖视图。

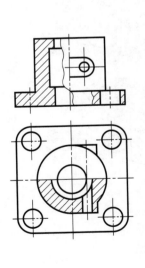

【题 4-22】 选用适当的剖切方法将主视图改画成剖视图。

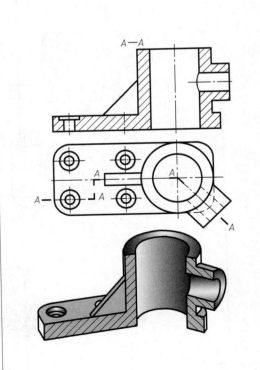

【题 5-1】 试用叠加法画出立体的轴测图。

【题 5-2】 画出立体的正等轴测图。

【题 5-3】 根据三视图，画出立体的正等轴测图。

【题 5-4】 用叠加法和切割法画出立体的正等轴测图。

【题 5-5】 画出立体的斜二等轴测图。

【题 5-6】 画出回转体的斜二等轴测图。

【题 6-1】 分析下列图中螺纹画法的错误，并画出正确的图形。

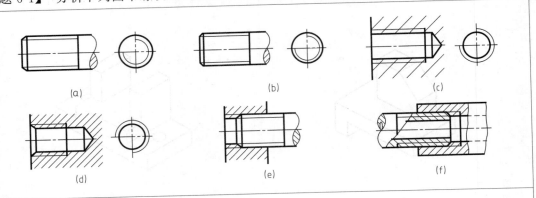

(a)　　　　　(b)　　　　　(c)

(d)　　　　　(e)　　　　　(f)

【题 6-2】 选择正确的答案。

第①题 B；第②题 C。

【题 6-3】 根据给定的螺纹数据，在图上作出正确的螺纹标记。

①细牙普通螺纹，大径 24mm，螺距 1.5mm，右旋，螺纹公差带代号：中径为 5g，顶径为 6g。	②粗牙普通螺纹，大径 24mm，螺距 3mm，右旋，螺纹公差带代号：中径、顶径均为 6H。	③ 梯形螺纹，大径 26mm，螺距 5mm，双线，右旋，螺纹公差带代号：中径为 7e，旋合长度为 L。
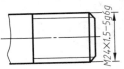	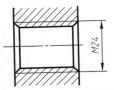	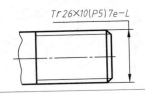
④非螺纹密封的管螺纹，尺寸代号 3/4，公差等级 A。	⑤用螺纹密封的管螺纹，尺寸代号 3/4。	⑥用螺纹密封的管螺纹，尺寸代号 3/4。
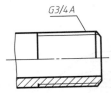	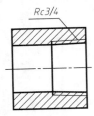	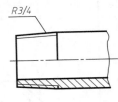

【题 6-4】 根据螺纹的标注，查表填空。

①该螺纹为 梯形螺纹，公称直径 20，螺距为 4，线数为 2，旋向为 左旋。

②该螺纹为非螺纹密封的管螺纹，尺寸代号为 1/2，③大径为 20.955，小径为 18.631，螺距为 1.814。

【题 6-5】 分析下列图中画法的错误，画出正确的视图，并按给定的螺纹要素进行尺寸标注。

①粗牙普通螺纹，大径 16mm，螺距 2mm，中径、顶径公差带代号均为 6g。

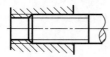

解：螺纹小径细实线应画入倒角内。左视图小径应画成 3/4 圈细实线。

②细牙普通螺纹，大径 16mm，螺距 1mm，中径、顶径公差带代号均为 7H。

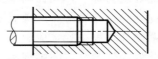

解：内螺纹大径应画成细实线，小径画成粗实线。剖视图中螺纹终止线为粗实线。左视图省略倒角圆。左视图大径为 3/4 圈细实线，小径为粗实线圆。

③内、外螺纹连接画法。

解：未旋入螺纹的内孔为螺纹孔，不能组成联结。

左视图应按螺孔画。

④外螺纹全部旋入时连接画法。

解：未旋合部分按内螺纹画，内、外螺纹大小径应对齐。

倒角为 120°。螺纹终止线为粗实线。

【题 6-6】 指出下列螺纹连接画法中的错误，并分析错误的原因。

（1）螺栓连接　　　（2）螺柱连接　　　（3）螺钉连接

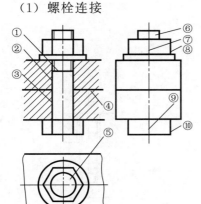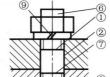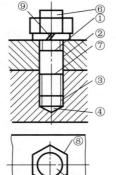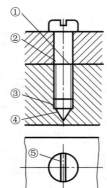

解：错误处如图中指引线所示，（1）有 10 处，（2）有 9 处，（3）有 5 处。原因、答案如下。

（1）螺栓连接

① 外螺纹终止线应为粗实线。

② 螺栓与孔径为非配合面，应画成两条线。

③ 此处为非配合面，有间隙，应画成两条线。

④ 相邻两零件表面剖面线方向应相反。

⑤ 漏画外螺纹小径，应画 3/4 圈细实线。

⑥ 此处为外螺纹，漏画螺纹小径细实线。

⑦ 此处为粗实线。

⑧ 此处宽度应与俯视图宽度相等。

⑨ 此处为粗实线。

⑩ 此处宽度应与俯视图宽度相等。

（2）螺柱连接

① 外螺纹终止线应为粗实线。

② 螺栓与孔径为非配合面，应画成两条线。

③ 此处应为螺孔，大径画细实线，小径画粗实线。

④ 此处为钻孔底部，应画成 120°，锥坑口部应与螺孔小径对应。

⑤ 漏画外螺纹小径，应画 3/4 圈细实线。

⑥ 此处为外螺纹，漏画细实线。

⑦ 螺纹终止线应与两板分界面平齐。

⑧ 此处六角方向不对，与主视图不对应。

⑨ 弹簧垫圈的开口方向反了。

（3）螺钉连接

① 此处螺纹终止线应上移，否则上板可能压不紧。

② 螺钉与孔径为非配合面，应画成两条线。

③ 此处应为螺孔，要按内螺纹画出。

④ 此处为钻孔底部，应画成 120°。

⑤ 一字槽应画成 45°方向。

正确画法如下图所示。

（1）螺栓连接　　　　（2）螺柱连接　　　　（3）螺钉连接

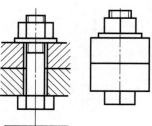
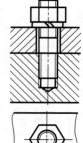
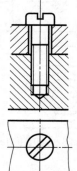
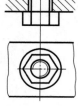

【题 6-7】 根据要求，用 1∶1 的比例画出轴承和弹簧。

① 已知阶梯轴，支承轴肩处直径为 25mm，分别用规定画法和示意画法按 1∶1 的比例画出轴承的下半部分。

解：（a）规定画法　　　　　　　（b）示意画法

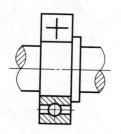 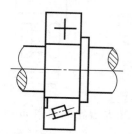

② 已知圆柱螺旋压缩弹簧簧丝的直径 $d=6$mm，弹簧外径为 $D=56$mm，节距 $t=10$mm，有效圈数 $n=7$，支承圈数 $n_2=2.5$，左旋。用 1∶1 的比例画出弹簧的全剖视图。

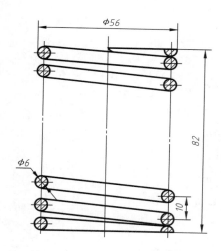

【题 6-8】 补全直齿圆柱齿轮的主、左视图，并查表标注键槽尺寸。其主要参数为：模数 $m=3$mm，齿数 $z=33$，齿宽 $b=20$mm，加工有平键槽的轮孔直径 $D=24$mm。

解：$d=mz=3\text{mm}\times33=99\text{mm}$

$d_a=m(z+2)=3\text{mm}\times(33+2)=105\text{mm}$

$d_f=m(z-2.5)=3\text{mm}\times(33-2.5)=91.5\text{mm}$

该齿轮结构典型由三部分组成：轮缘上加工轮齿；中间辐板为减轻重量，加工 6 个圆孔；内部是装轴用的轮毂，加工有键槽。

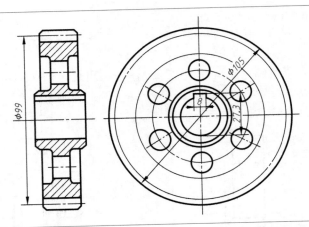

【题 6-9】 已知大齿轮的模数 $m＝4\text{mm}$，齿数 $z_2＝38$，两齿轮的中心矩 $a＝110\text{mm}$，试计算大小两齿轮分度圆、齿顶圆和齿根圆的直径及传动比。用 $1：2$ 的比例完成下列直齿圆柱齿轮的啮合图。

解：$a＝\dfrac{m}{2}(z_1＋z_2)＝\dfrac{4}{2}\text{mm}\times(z_1＋38)＝110\text{mm}$

所以：$z_1＝(110-76)/2＝17$

$i_{12}＝\dfrac{z_2}{z_1}＝\dfrac{38}{17}＝2.235$

$d_1＝mz_1＝4\text{mm}\times17＝68\text{mm}$

$d_2＝mz_2＝4\text{mm}\times38＝152\text{mm}$

$d_{a1}＝m(z_1＋2)＝76\text{mm}$

$d_{a2}＝m(z_2＋2)＝160\text{mm}$

$d_{f1}＝m(z_1-2.5)＝58\text{mm}$

$d_{f2}＝m(z_2-2.5)＝142\text{mm}$

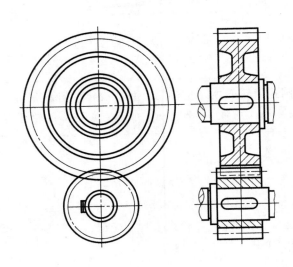

【题 6-10】 选择一组合适的标准件，完成联轴器的连接与紧定。

（1）确定标准件的规格

根据图中所示两个法兰和轴的位置、结构及将两轴连接在一起的情况可知，该联轴器须用螺栓、螺母、垫圈等紧固件和普通平键、圆柱销及紧定螺钉连接。其规格的确定方法如下。

① 螺栓、螺母、垫圈的规格。螺栓孔为 $\phi7$，故选用螺纹规格为 M6 的螺栓、螺母和垫圈为宜。查螺母表（GB/T 6170—2000）得螺母厚度 5.2，查垫圈表（GB/T 97.1—2002）得垫圈厚度为 1.6；螺栓的长度 $l=9+9+5.2+1.6+1.8$（螺栓伸出螺母的长度按 $0.3d$ 计算）$=26.6$，故在螺栓表（GB/T 5782—2000）中取标准长度 30。即螺栓为 M6×30；螺母为 M6；垫圈为 6。

② 键的规格。根据轴的直径 $\phi17$ 查普通平键表（GB/T 1096—2003）确定 A 型普通平键：键的宽度和高度均为 5，键的长度根据尺寸 23，可选标准长度 20。

③ 圆柱销的规格。根据 $\phi4$ 及 $\phi35$ 从圆柱销表（GB/T 11.9—2000）中可选取圆柱销的公称尺寸为 4×35。

④ 紧定螺钉的规格。从 $\phi35$ 及 $\phi17$ 可知，紧定螺钉连接处的壁厚为 9，从螺钉表（GB/T 71—1985）中选用开槽锥端紧定螺钉，其公称长度为 10，即规格为 M5×10。

（2）标准件的连接画法

① 螺栓连接画法。该螺栓、螺母是采用简化画法绘制的，应注意光孔与螺杆之间应有间隙，画成两条线。

② 键连接的画法。键与键槽的两侧有配合关系，键与键槽的底面相接触，都只画一条线，键的顶面与法兰键槽的底面有间隙，应画成两条线。

③ 圆柱销的连接画法。圆柱销与销孔是配合关系，故销与销孔为接触面，均画成一条线。

④ 紧定螺钉的连接画法。螺钉杆全部旋入螺孔内，按外螺纹的画法绘制，螺钉的锥端应顶住轴上的锥坑。

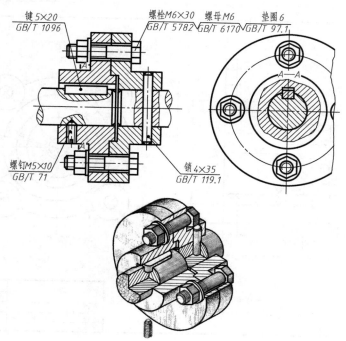

第 7 章

【题 7-1】 根据轴的立体图绘制其零件图。

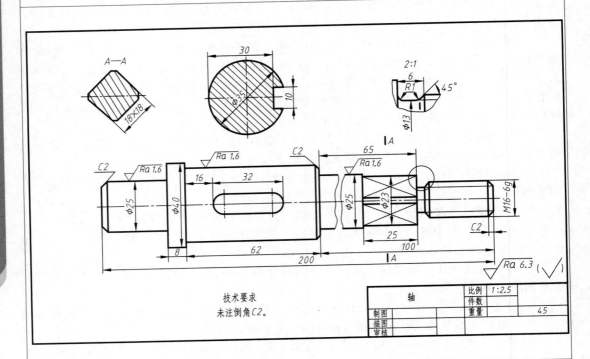

技术要求
未注倒角C2。

轴		比例	1:2.5	
		件数		
制图		重量		45
描图				
审核				

【题 7-2】 根据阀盖的立体图绘制其零件图。

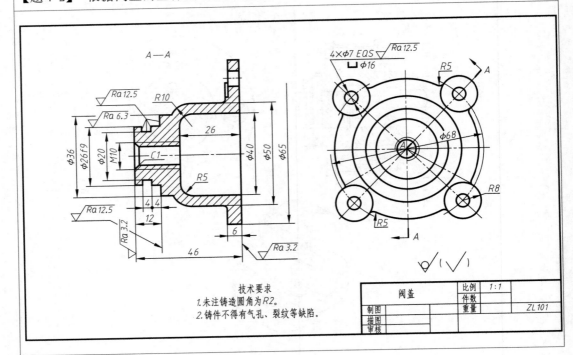

技术要求
1.未注铸造圆角为R2。
2.铸件不得有气孔、裂纹等缺陷。

阀盖		比例	1:1	
		件数		
制图		重量		ZL 101
描图				
审核				

【题 7-3】 根据踏架的立体图绘制其零件图。

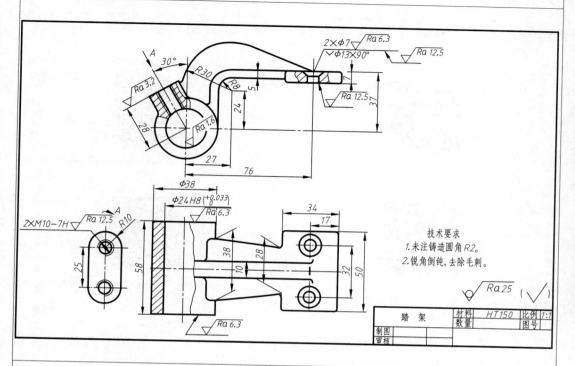

技术要求
1. 未注铸造圆角 R2。
2. 锐角倒钝，去除毛刺。

	踏 架	材料	HT150	比例	1:1
		数量		图号	
制图					
审核					

【题 7-4】 根据阀体的立体图绘制其零件图。

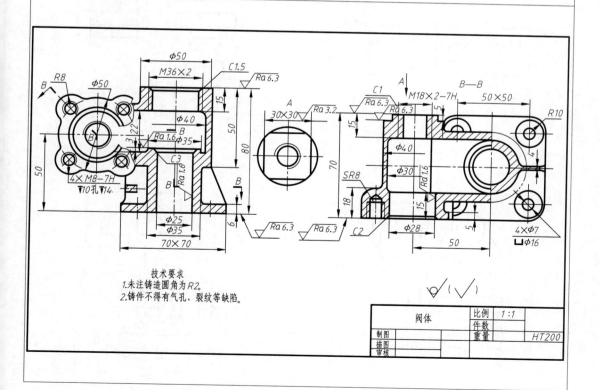

技术要求
1. 未注铸造圆角为 R2。
2. 铸件不得有气孔、裂纹等缺陷。

	阀 体	比例	1:1
		件数	
制图		重量	
描图			HT200
审核			

第 8 章

【题 8-1】 标注下列各组合体的尺寸（尺寸数值按 1：1 的比例在图中量取）。

①

②

③

④

【题 8-2】 分析视图，读懂组合体的空间形体，标注尺寸。

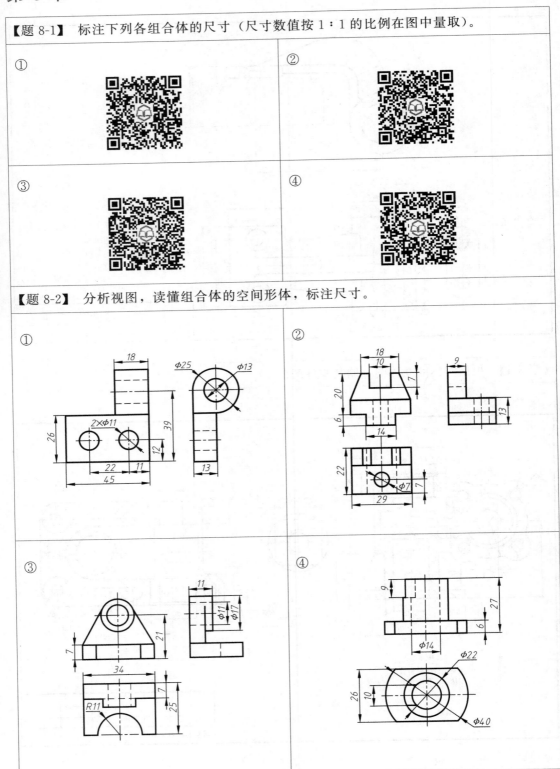

⑤

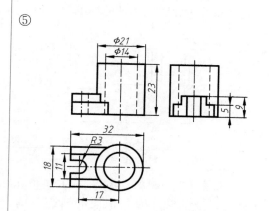

⑥

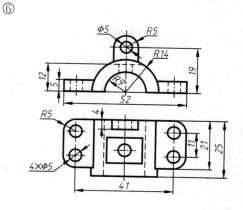

⑦

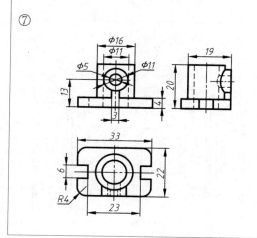

⑧

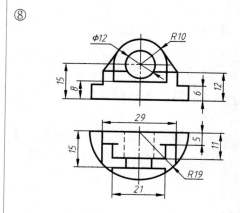

第 9 章

【题 9-1】 极限与配合的标注及填空。

① 说明下列零件尺寸中的字母和数字的意义。

$\phi26m6$：其中 m6 是轴的公差带代号，m 是轴的基本偏差符号，6 是轴的标准公差等级。

$\phi26H7$：其中 H7 是孔的公差带代号，H 是孔的基本偏差符号，7 是孔的标准公差等级。

$\phi26^{\ 0}_{-0.013}$：其中 $\phi26$ 是轴的公称尺寸，上极限偏差是 0，下极限偏差是 -0.013。

② 已知孔和轴的公称尺寸为 40mm，孔的公差带代号为 N7，轴的公差带代号为 h6，试在下图中作出相应的标注。

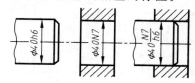

③根据装配图中的配合代号，在零件图的公称尺寸后面标注孔、轴的极限偏差值。

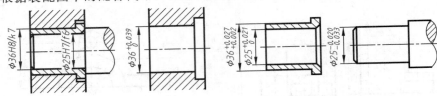

【题 9-2】 解释图中几何公差的含义。

① 被测 $\phi42$ 外圆的轴线，对 $\phi27$ 基准轴线 A 的同轴度公差为 $\phi0.02$；被测 $\phi27$ 外圆的圆柱度公差为 0.01。

② 被测 $\phi32$ 外圆的圆度公差为 0.005；被测 $\phi32$ 外圆的轴线对圆锥段的轴线 A 的同轴度公差为 $\phi0.01$。

【题 9-3】 根据装配图的配合尺寸，在各零件图上注出公称尺寸和上下极限偏差数值，并填空。

①轴和轴承内圈的配合采用基孔制过渡配合。轴的公差带代号是 m6。

②轴承外圈和壳体圆孔的配合采用基轴制过渡配合。壳体上圆孔的公差带代号为 K7。

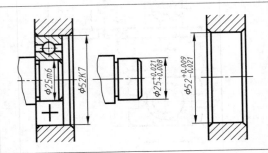

【题 9-4】 将轴测图上所给出的粗糙度符号正确地标注在零件图上。

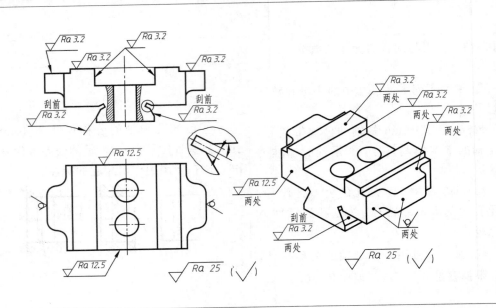

【题 9-5】 用几何公差代号将下列技术要求标注在图中。

技术要求

① φ25h6 圆柱面对 2×φ17k5 公共轴线的径向全跳动公差为 0.025。

② 左端φ17k5 轴线对右端φ17k5 轴线的同轴度公差为 0.02。

③ 端面 A 对φ25h6 轴线的垂直度公差为 0.04。

④ 键槽 8P9 对φ25h6 轴线的对称度公差为 0.03。

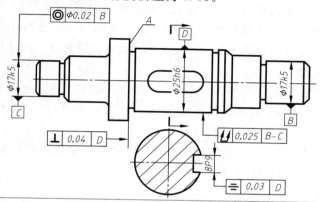

第 10 章

【题 10-1】 读懂下列搅拌轴的零件图，并回答问题。

① 零件的名称是<u>搅拌轴</u>，材料是 <u>45 钢</u>，比例是 <u>1：2</u>。

② 该零件共用了 <u>3</u> 个图形表达，其主视图采用局部剖视图，主视图下方有 <u>2</u> 个图，分别称为<u>移出断面图</u>和<u>局部放大图</u>，它们分别反映键槽和退刀槽的结构和尺寸。

③ 轴右端的螺纹为<u>细牙普通螺纹</u>，大径为 <u>24</u>，其有效长度为 <u>20</u>；轴左上方的螺孔为<u>粗牙普通螺纹</u>，其有效深度为 <u>10</u>。

④ 键槽宽度是 <u>8</u>，长度是 <u>34</u>，定位尺寸是 <u>4</u>。

⑤ 图中尺寸 3×1 的含义是：<u>槽宽×槽深</u>。

⑥ 零件表面粗糙度要求最高的部位是<u>φ30h7</u> 的圆柱面，Ra 值为 <u>1.6</u>。

【题 10-2】 读懂下列轴套的零件图，并回答问题。

① 该零件的名称是<u>轴套</u>，材料是 <u>45 钢</u>，比例是 <u>1：2.5</u>，属于缩小比例。

② 该零件共用了 <u>5</u> 个图形来表达，其中主视图作了<u>全剖视</u>，A-A 是<u>移出断面图</u>，B-B 是<u>移出断面图</u>，I 处和 II 处局部放大图。

③ 在主视图中，左边两条虚线的距离是 <u>16</u>，与两条虚线右边相连圆的直径是<u>φ40</u>。中间正方形的边长是 <u>36</u>。中间 40 长的圆柱孔的直径是<u>φ78</u>。

④ 该零件长度方向的尺寸基准是<u>右端面</u>，宽度方向和高度方向的尺寸基准是<u>轴线</u>。

⑤ 主视图中，227 和 142±0.2 属于<u>定位</u>尺寸，40 和 49 属于<u>定形</u>尺寸；ⓐ所指的曲线是<u>φ40 圆柱孔与φ60 圆柱孔</u>的相贯线，ⓑ所指的曲线是<u>φ40 圆柱孔与φ95 圆柱孔</u>的相贯线。

⑥尺寸φ132±0.2的上极限尺寸是φ132.2，下极限尺寸是φ131.8，公差是0.4。

⑦ <u>◎ φ0.03 C</u> 表示：φ95h6圆柱的<u>轴线</u>对φ60H7圆柱<u>孔轴线</u>的<u>同轴度</u>公差值为φ0.03。

【题10-3】 读懂下列托脚盖的零件图，并回答问题。

① 该零件的主视图是<u>全剖</u>视图，是采用<u>相交剖</u>切面剖切的。

② 零件长度方向的尺寸基准是<u>φ90的右端面</u>；径向尺寸基准为<u>φ16H7的回转轴线</u>。

③ 解释图中Rc1/4▽17的含义：<u>用螺纹密封的圆锥管螺纹，尺寸代号1/4，螺孔深度为17</u>。其定位尺寸为<u>10</u>。

④ 解释φ55g6的含义：φ55为<u>公称尺寸</u>，g6为<u>公差带</u>代号，g表示<u>基本偏差代号</u>，6表示标准公差等级代号，查表得到其上极限偏差为<u>−0.010</u>，下极限偏差为<u>−0.029</u>，公差为<u>0.019</u>，该圆柱表面粗糙度数值为<u>1.6</u>。

⑤ 零件上有两处几何公差的要求，它们的特征名称项目为<u>垂直度</u>和<u>同轴度</u>，其基准部位为<u>φ16H7圆柱面的回转轴线</u>。

【题10-4】 读懂下列弯臂的零件图，并回答问题。

① 该零件采用的表达方法有<u>主视图、左视图、B向斜视图、移出断面</u>。

② 图中2×M12-7H表示的是<u>粗</u>（粗、细）牙普通螺纹，公称直径为<u>12</u>，螺距为<u>1.75</u>。

③ 尺寸C2中的C表示<u>45°倒角</u>，2表示<u>倒角尺寸</u>。

④ 尺寸$\phi 20^{+0.021}_{0}$的公称尺寸是φ20，上极限尺寸是<u>φ20.021</u>，下极限尺寸是<u>φ20</u>，上极限偏差是<u>+0.021</u>，下极限偏差是<u>0</u>，公差值是<u>0.021</u>。

【题10-5】 读懂下列阀座的零件图，并回答问题。

① 该零件采用了<u>2</u>视图，主视图采用<u>全剖</u>视图。

② 图中"Tr12×2"表示<u>梯形</u>螺纹，公称直径是<u>12</u>，螺距是<u>2</u>，该螺纹为<u>单</u>线螺纹（单、多）。

③ 螺纹退刀槽的槽宽是<u>2</u>，槽底直径为φ22。该零件底板上φ8的孔有<u>4</u>个，其定位尺寸为<u>φ60</u>。

④ 孔φ16H8的公称尺寸是<u>φ16</u>，公差等级为<u>8</u>级，基本偏差代号为<u>H</u>，上极限偏差是<u>+0.027</u>，下极限偏差是<u>0</u>，公差值是<u>0.027</u>。

【题10-6】 看懂底座的零件图，并回答问题。

① 该零件采用<u>4</u>个视图，视图名为"A"的视图是<u>局部</u>视图。其中主视图为<u>全剖</u>视图。

② 零件上端边缘有<u>4</u>个小孔，小孔直径为φ11。

③ 零件底板边缘有<u>4</u>个小孔，小孔直径为φ11。

④ 零件前侧法兰上安装孔有<u>2</u>个，定位尺寸为<u>42</u>。

【题 10-7】 读懂下图所示泵体零件图，想象空间形状。要求：①分析尺寸基准；②画出主视图外形，补画 C 向视图。

① 该零件属于壳体类零件，主体内形为 $\phi60$ 和 $\phi15H7$ 的两圆柱形空腔，这一部分的外形基本与内形一致，左边圆柱端面上有六个螺孔，右边圆柱端面有三个螺孔。底板是带有两个 $\phi9mm$ 安装孔的长方体，泵体的中部是 T 型连接板，其立体图如下。

尺寸基准：高度方向是安装底面；宽度方向是前后对称面；长度方向是左端面。

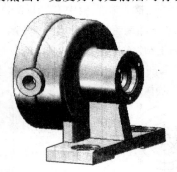

② 读懂形体，完成泵体的主视图外形和 C 向视图如下。

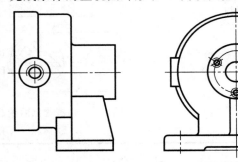

第 11 章

【题 11-1】 看懂推杆阀装配图，拆画阀体 4 零件图。

（1）读装配图

推杆阀是低压管路中的开关装置，由 8 种不同的零件组成。由主视图的全剖视图可知该阀的工作原理和装配关系，当推杆 1 在外力作用下向左移动时，推杆通过钢球 5 压缩弹簧 6，使钢球向左移动离开 $\phi11$ 孔，管路中的流体就可从进口处经过 $\phi11$ 孔流到出口处。当外力消失时，在弹簧作用下又将钢球向右推，将 $\phi11$ 孔的通道堵上，这时流体被阻。弹簧左面的旋塞 8 是用来调节弹簧压力的，而密封圈 3 是为了密封设置的。主视图也清楚表达了该阀 8 种零件功用及相互位置关系。左视图表达了阀体 4 和接头 7 的形状，并给出拆装接头的夹持面宽度。俯视图主要表达阀体底板的形状。B 向视图单独表达导塞 2 的六棱柱结构。

通过分析，弄清各视图的表达内容和表达意图。看主视图抓住由推杆、钢球、弹簧和旋塞等组成的装配干线，就明确了推杆阀的工作原理和装配关系。其他三个视图是为了表达主要零件的形状。

（2）拆画零件图

① 分离阀体的视图，并构思该零件的结构形状 在装配图中，分离出阀体 4 所对应的视图，如图 1 所示，构思出该零件的结构形状。阀体是推杆阀的主要零件，它支承和包容该阀的其他零件。阀体零件结构可分为上、中、下三大部分：上部右侧有螺纹孔，连接导塞，支承和容纳推杆；上部左侧有螺纹孔，连接接头，支承和容纳钢球、弹簧和旋塞，在这两个螺纹孔之间的空腔与进、出口连通，形成流体通道。下部是安装底板，底板的左侧有安装固定用的宽 11mm 的 U 形槽，在底板中有 G1/2 的螺纹孔，连接管路。中部是轴线铅垂的圆柱筒，连接上下两部分，是流体的通道。工艺结构可以自行分析。

② 在搞清阀体结构的基础上确定表达方案 阀体的主视图应按工作位置原则进行选取，由于有内部结构，采用全剖视图。左视图表达阀体上部的主要形状特征等。俯视图采用全剖视图，表达了阀体的中下部的主要形状特征等，如图 2 所示。

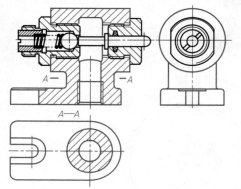

图 1 从装配图中分离出阀体的轮廓

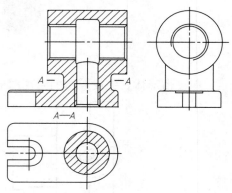

图 2 补画被遮挡的轮廓和省略的工艺结构

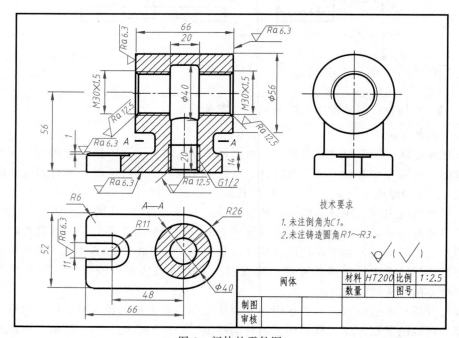

图 3 阀体的零件图

③ 标注尺寸　运用形体分析或结构分析，再根据"抄、量、查、算"的方法进行标注。

④ 标注技术要求　根据推杆阀的工作情况及各表面的作用要求，拟订出它的表面粗糙度、尺寸极限、形位公差等技术要求。

完成后的阀体零件图如图 3 所示。

【题 11-2】　读懂手压阀的装配图，并拆画手柄 3 和阀体 8 的零件图。

（1）读装配图

由装配图可看出，该装配图名称为"手压阀"，大致用途是以手动方式控制阀门的开启和关闭，按下手柄 3，使阀杆 5 下移，从而打开阀门，松开手柄 3，阀杆 5 在弹簧 9 的作用下，自动复位，将阀门关闭。

从明细表和图上的零件编号中，可以看出该手压阀由 11 种共 11 个零件组成，其中标准件有 1 种。

图中共用了 3 个视图：主视图采用局部剖视图，表达了工作原理和大部分零件之间的配合和连接关系；左视图采用局部剖视图，表达了销钉 4 和阀体 8、手柄 3 之间的配合关系及阀体的外形；俯视图采用了拆卸画法，重点表达外形结构。

为了使手压阀在工作过程中无卡阻现象，阀杆 5 和阀体 8、销钉 4 和阀杆 8、销钉 4 和手柄 3 均采用了基孔制的间隙配合方式。

图中尺寸 φ10H8/f8 和 18H9/f9 属于配合形式的装配尺寸；50、84 和 49 为装配时须保证零件之间位置的装配尺寸；208、150 和 φ56 为外形尺寸；Rp3/8 决定了与手压阀相连零件中螺纹的规格，属于安装尺寸；剩下的尺寸为其他一些重要的尺寸。

手压阀中零件的拆卸顺序为：1→4→2→3→10→11→9→6→5→7→8。

手压阀的各零件结构及装配体结构如图 1 所示。

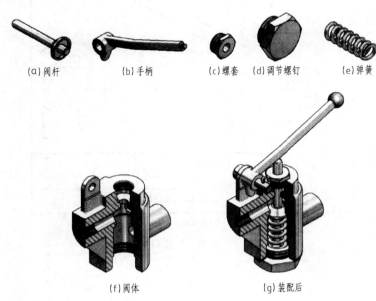

(a)阀杆　　(b)手柄　　(c)螺套　(d)调节螺钉　　(e)弹簧

(f)阀体　　　　　　(g)装配后

图 1　手压阀中主要零件立体图

（2）拆画零件图

按照要求需要拆画手柄3和阀体8的零件图。

拆画手柄3零件图的步骤如下：

① 首先根据零件序号、装配关系、投影关系、剖面线的方向和间隔等将所拆零件分离出来，如图2（a）所示。

② 接着补画所缺的图线，如图2（b）所示。

③ 确定表达方案。根据零件图的表达要求及该零件的结构特征，选择表达方案。如图2（c）所示。

④ 最后进行尺寸标注、制定技术要求及填写标题栏等。完成的零件图如图2（c）所示。

拆画阀体8零件图的步骤和手柄3相同，这里不再赘述，其步骤如图3所示。

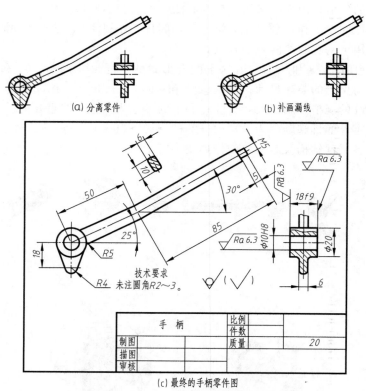

图2 拆画手柄零件图

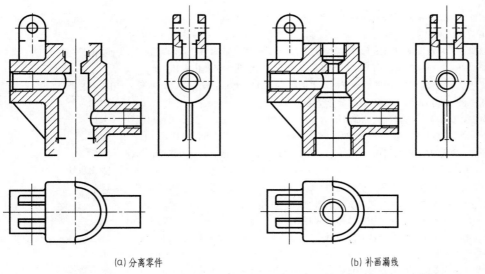

(a) 分离零件　　　　　　　　　(b) 补画漏线

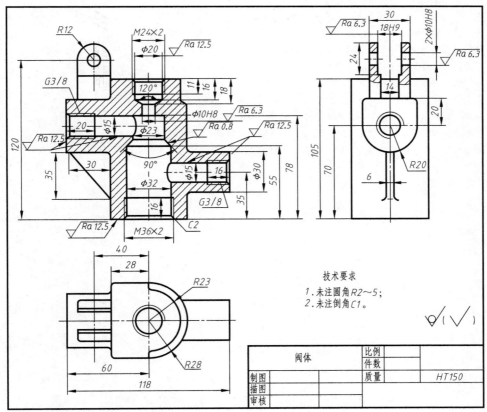

(c) 最终的阀体零件图

图 3　拆画阀体零件图

参 考 文 献

[1] 郭红利. 工程制图 [M]. 3 版. 北京：科学出版社，2018.

[2] 张元莹，郭红利. 机械制图 [M]. 北京：化学工业出版社，2011.

[3] 周明贵. 机械制图与识图实例教程 [M]. 北京：化学工业出版社，2015.

[4] 周明贵. 机械绘图与识图 300 例 [M]. 2 版. 北京：化学工业出版社，2013.

[5] 周明贵. 机械制图与识图难点分析及实例详解 [M]. 北京：化学工业出版社，2014.

[6] 张春侠. 模具识图 [M]. 北京：化学工业出版社，2014.

[7] 樊宁，何培英. 典型机械零部件表达方法 350 例 [M]. 北京：化学工业出版社，2019.

[8] 何铭新，钱可强，等. 机械制图 [M]. 7 版. 北京：高等教育出版社，2016.

[9] 樊宁，何培英. 机械图识读从入门到精通 [M]. 北京：化学工业出版社，2018.

[10] 刘明涛，刘合荣，范竞芳，等. 机械工程实用图样精编手册 [M]. 北京：机械工业出版社，2015.

[11] 叶玉驹，焦永和，张彤. 机械制图手册 [M]. 5 版. 北京：机械工业出版社，2012.

[12] 曾红，姚继权. 画法几何与机械制图 [M]. 北京：北京理工大学出版社，2014.

[13] 万静，许纪倩. 零起点快速读懂机械制图 [M]. 北京：中国电力出版社，2015.

[14] 杨裕根. 画法几何及机械制图 [M]. 北京：北京邮电大学出版社，2016.

[15] 唐克中，朱同钧. 画法几何及工程制图 [M]. 4 版. 北京：高等教育出版社，2009.

[16] 丁一，陈家能. 机械制图 [M]. 重庆：重庆大学出版社，2012.

[17] 王一军. 工程制图基础 [M]. 北京：机械工业出版社，2014.

[18] 王兰美，殷昌贵. 画法几何及工程制图 [M]. 北京：机械工业出版社，2014.

[19] 刘炀. 现代机械工程图学 [M]. 北京：机械工业出版社，2011.

[20] 胡建生. 工程制图 [M]. 第六版. 北京：化学工业出版社，2018.

[21] 邹宜侯，窦墨林，潘海东. 机械制图 [M]. 6 版. 北京：清华大学出版社，2012.

[22] 石世铫. 注塑模具图样画法及正误对比图例 [M]. 北京：机械工业出版社，2014.

[23] 何瑛，欧阳八生. 机械制造工艺学 [M]. 长沙：中南大学出版社，2015.

[24] 杜冬梅，崔永军. 工程制图 [M]. 北京：中国电力出版社，2009.

[25] 左小明. 工程制图习题解答 [M]. 北京：机械工业出版社，2007.